励志人生

将来的你
一定会感谢现在
拼命的自己

宋犀堃

主编

新华出版社

前　言

　　人生就是一段旅程，我们在旅行中不断成长，不断在摸爬滚打中变得成熟、坚强。

　　成长中，我们都会受伤，都会疼痛。伤过，就会明白，人生并不是一马平川；痛过，就会懂得，生活不会一帆风顺。生活，总有坎坷，总有心酸，在经历生活的五味杂陈后，我们需要时刻警示自己：幸福很近，需要前进；幸福很远，继续努力。

　　人的成长在于经历，个人的经历有多有少，有浓有淡，有顺有逆，有成有败，喜怒哀乐愁尽在其中。任何经历，无论是成功或者失败，总会在人生的轨迹上留下些许痕迹，蓦然回首时从中受益。当有一天我们回首往事，回首人生之路时，是丰富多彩还是苍白一片，是辉煌灿烂还是风尘弥漫，这取决于昨天的我们究竟到过什么地方，做过哪些事情，有过什么追求，取得过哪些成绩，明天的我们又将开始怎样的旅程，又会去结识哪些形形色色的人，经历怎么样的阴晴圆缺、悲欢离合。

任何经历都是一种积累，积累得越多，人越成熟。经历得多，生命有长度；经历得广，生命有厚度。经历过险恶的挑战，生命有高度；经历过困苦的磨炼，生命有强度；经历过挫折的考验，生命有亮度。

生命中的故人，积攒的故事，这些都是历练。人都是在历练中慢慢成熟的。一些事，闯进生活，高兴的，痛苦的，时间终将其消磨变淡。经历的事多了，心就坚强了，路就踏实了。

成长是一种经历，成熟是一种阅历。每个人都会成长，但不是每个人都会成熟。

我们每个人内心都渴望成熟，渴望成长，但是心智成熟的道路绝不是一帆风顺的。只要我们有决心，有毅力，有勇气去面对现实，面对挑战，有勇气去改变自己，完善自己，总有一天你会发现，自己已经变得更坚强了，愿本书能在一段路途中带给你力量。将来的你，一定会感谢今天拼命的自己！

2018 年 8 月

目 录
CONTENTS

第一章 找准自己的方向，人生才不会跌跌撞撞
做正确的事远比正确地做事重要 / 002
人生路上，别走错方向 / 004
依照目标和计划行事 / 007
做适合自己的事 / 016

第二章 接纳并相信自己，未来才会更广阔
确信自己有获得成功的能力 / 020
生命不可能尽善尽美 / 023
让信念贯穿整个生命 / 025
拥有积极的心态 / 029

培养富足之心，笑看输赢得失／032

第三章　习惯千差万别，未来天壤之别
好习惯是成功的翅膀／036

播种好习惯，收获大成就／040

时刻自我反省／043

养成诚实守信的习惯／046

养成终身学习的习惯／051

第四章　讲究方法，找到通往成功的捷径
灵活变通，游刃于职场／056

出人头地的五大要诀／059

寻找解决问题的敲门砖 / 063

方法胜过勤奋 / 067

尊重你的工作 / 070

把问题简单化 / 074

编排好优先次序 / 077

第五章 战胜悲伤，坦然面对生活中的黑暗

坚决地战胜不幸 / 082

从悲痛中凝聚力量 / 085

跳出悲伤的陷阱 / 088

战胜孤独情绪 / 091

学一点自我关怀的技巧 / 094

第六章　谦虚低调是做人之本

放低姿态，飞得更高 / 098

把握好自信的度 / 101

谦恭做人，勤勉做事 / 105

谦虚是另一种自我肯定 / 109

做低调的成功者 / 112

深藏不露是聪明之举 / 116

第七章　改变思维，你能把握的就是你自己

脑子里多装个"为什么" / 120

打破惯性思维 / 122

利用集体的智慧 / 124

敢于冒险 / 127

勇于改变规则／131
穷人用蛮力做事，富人用脑袋做事／139
穷人想改变生活，富人想改变命运／145
穷人跟自己妥协，富人跟自己较劲／151

第八章　做幸福快乐的自己
快乐是一种内心感受／158
别和自己过不去／161
享受自己的生活，让别人不平衡去吧／165
为自己喜爱的事业忙碌不停／168
敞开自己的心扉／171
勤于做"内在清扫"／174
让幸福成为一种习惯／177

第一章

找准自己的方向，人生才不会跌跌撞撞

做正确的事远比正确地做事重要

正确地做事,更要做正确的事,这不仅仅是个重要的方法,更是一种宝贵的生活态度。任何时候,对于任何人而言,在生活中"做正确的事"远比"正确地做事"重要。

"正确地做事"与"做正确的事"有着本质上的区别。"正确地做事"是以"做正确的事"为前提的,如果没有这样的前提,"正确地做事"将变得毫无意义。首先要做正确的事,然后才存在正确地做事。

我们的生活、工作中有许许多多的事情需要去做,是否这些都是"正确的事"呢?不是的。比如,你在第二天有重要的工作要做,现在需要充分地休息,可这时接到一个朋友的电话邀请你去酒吧聊天。那么,"休息"就是"正确的事",而"去酒吧聊天"就不是"正确的事"。

我们每天面对的众多事情,怎么才能区分哪些是需要做的"正确的事"呢?其实,按照轻重缓急的程度,可以将我们遇到的事情分为以下四个层次：(1)重要而且紧迫的事情；(2)重要但不紧迫的事情；(3)紧迫但不重要的事情；(4)既不紧迫又不重要的事情。

只要按照这个标准做事，那我们就是在做正确的事。

人生路上，别走错方向

有效的行动来自正确的努力，如果方向不正确，事情就会与设想的背道而驰，只有一开始就将力道用对，我们的行动才能产生最大的效能。

有一天，小海马做了一个梦，梦见自己拥有了7座金山。从美梦中醒来之后，小海马觉得这个梦是一个神秘的启示：它现在全部的财富是7个金币，但总有一天，这7个金币会变成7座金山。

于是，小海马带着仅有的7个金币毅然离开了家，去寻找梦中的7座金山。小海马是竖着身子游动的，游得很缓慢。它在大海里艰难地游动，心里一直在想：那7座金山会突然出现在眼前。然而金山并没有出现，出现在眼前的是一条鳗鱼。鳗鱼在得知小海马要找金山但却游得太慢时，提议可以卖给小海马一个鳍，如果它肯出4个金币的话，小海马爽快地答应了。

海马戴上买来的鳍,发现自己游动的速度果然快了一倍。海马欢快地游着,心想金山马上就会出现在眼前了。

然而出现在海马面前的是一个水母。水母又给小海马出了一招:"你看,这是一个喷气式快速滑行艇,你只要给我3个金币,我就可以把它卖给你,有了它,你可以在大海里飞快地行驶,想到哪里就能到哪里。"

小海马坐上神奇的小艇,速度一下子快了5倍。小海马想,用不了多久,金山就会出现在眼前了。

然而,金山还是没有出现,出现的是一条大鲨鱼。鲨鱼对它说:"你太幸运了,对于如何加快你的速度,我有一套彻底的解决方案。我本身就是一条在海里飞快行驶的大船,你只要搭乘我这艘大船,你就会节省大量的时间。"大鲨鱼说完,就张开了大嘴。

"那太好了,谢谢你,鲨鱼先生!"小海马一边说一边钻进了鲨鱼的口里,向鲨鱼的肚子深处欢快地游去……

"没有比漫无目的地徘徊更令人无法忍受得了。"这是荷马史诗《奥德赛》中的一句至理名言。 高尔夫球教练也总是说:"方向是最重要的。"其实,人生何尝不是如此?然而在现实生活中,有很多的人都做着毫无方向的事情,过着漫无目的的生活。 这种没有方向的人生注定是失败的人生。

人生并不是什么时候都需要坚强的毅力,毅力和坚持只在正确的方向下才会有用。 在必败的领域,毅力和坚持只会让人南辕北辙，输得更惨。 大多数情况下，人更需要的是分辨方向的智慧。 很多时候我们已经很努力，可是成绩并不乐观，这就是走错了方向。 所以，我们在做事之前一定要选对方向。

一粒种子的方向是冲出土壤，寻找阳光，而根的方向是伸向土层，汲取更多的水分。 人生亦如此，正确的方向让我们事半功倍，而错误的方向会让我们误入歧途，甚至误人一生。

依照目标和计划行事

现实生活中,想必你搭过便车。如果你能表明你的目的地,那么你将能搭上更多的车,这就是明确的目标。但要做到的是,你要一边准备搭车,一边朝着要去的方向走。

你不是预言家,但却能够用一个最简单的问题,预测一个人的未来。只要问:"你的人生有何明确的目标?你计划怎样达成目标?"

如果你问 100 个人同样的问题,其中 98 个人会这样回答:"我要让自己过得好,努力追求成功。"这个答案乍听之下,似乎言之有理,但是仔细一想,你就会发现,真正成功的人,都有明确的目标及确实的执行计划;而随波逐流的人,一生都将一事无成,充其量只能捡拾成功者的残羹剩饭。所以,你必须适时制订出你的目标,并且制订达成目标的步骤。

几年以前,一个名叫纳尔逊·史威德克的人,写了一个发明家的故事，他自己也从故事中得到启示，下定决心并且成功地改变了自己的一生，否则他至今可能还是一个穷作家。

他放弃记者的工作，回学校攻读法律课程，准备做一名专利律师，认识他的人对于这项决定都极为惊讶。他不想当一名泛泛的专利律师，他要成为"全美国最顶尖的专利律师"。他把计划付诸行动，凭着这份热忱，他在破纪录的短时期内，完成了法律课程。

开业之后，他刻意承办最棘手的案件，很快扬名全国，案件应接不暇。

一个人只要依照目标和计划行事，就会有很多机会。如果你不知道自己想要什么，不知道自己该何去何从，别人又如何帮助你追求成功？你必须要有明确的目标，才能克服所有的挫折和阻碍。

李·马朗兹是美国各类加盟店的鼻祖。他知道自己要什么，也知道该怎么做。马朗兹是机械工程师，他发明了一种自动的冰激凌冷却器，能够制作松软可口的冰激凌。他希望从美国东岸到西岸开设冰激凌连锁店，于是拟订计划并且付诸行动，终于梦想成真。

他帮助别人达成目标，因而促成了自己的成功。他提供设备及营运企划，协助别人开设冰激凌店，这种做法在当时是一项创举。他以成本价卖出冰激凌制造机，然后从冰激凌成品的销售额中获得利润。结果呢？马朗兹冰激凌连锁店如雨后春笋般,在美国各地纷纷开业。

"如果你对自己、对你正在做的事情及你想要做的事情都深具信心,就没有克服不了的难题。"他说。

如果你想要成功,从今天开始,拟出确实可行的计划之后,立刻把你的未来操纵在自己手中,现在就可以决定你将来的成败。

你一定要先确定目的地,并且带好地图,才能开车出远门。 然而,100个人当中,大约只有两个人清楚自己一生要的是什么,并且有可行的计划达成目标。 这些人都是各行各业中的领导者,没有虚度此生的成功者。 奇怪的是,这些人和其他庸庸碌碌的人比起来,机会都一样多。

如果你确实知道自己要什么,对自己的能力有绝对的信心,你就会成功。 如果你不知道自己的一生想要追求什么,那么现在就开始,就在此时此刻,想好自己要什么,你有几分决心,什么时候会做到。 在此,你可利用以下四个步骤达成你的目标:

把最想要的东西,用一句话清楚地写下来,当你得到你想要的东西或完成你要做的事,你就成功了。

写出明确的计划,如何达成这个目标,清楚地写出你要如何做。

定出完成既定目标明确的时间表。

牢记你所制订的东西,每天复述几遍。

遵照这几项步骤,很快地,你可能会惊讶地发现,你的人生愈变愈好。 这一套模式将引导你与无形的伙伴结合,让它替你除去途中的障碍，带来你梦寐以求的有利机会。持续进行这些步骤，你就不会因为别人的怀疑而动摇。

记住，任何事情都不会偶然发生，一定都是有准备的，包括个人的成功。成功者都是下定决心、相信自己会做到的人，成功是切实的行动、谨慎的规划及不懈的努力的结果。

华特·克莱斯勒用毕生的积蓄买了一辆车，他想要从事汽车制造业，所以必须彻底了解汽车的构造与性能。他把汽车拆开，再重新组合起来，耗费了许多时间。他的举动让他的朋友感到非常惊讶，大家都认为他的心理有问题，然而，他坚持目标，终于在汽车界赢得了一席之地。

克莱斯勒的成功让你了解到，教育程度不高或资金不足，都不能影响你选择人生的目标。

居里夫人发现镭，爱因斯坦利用原子分裂产生巨大能量，有许多意志不够坚定的人，都认为那是不可能的。

明确的目标让"不可能"这句话失去作用，它是所有成功的起点。不用一分钱，每个人都可以轻易拥有，只要你下定决心，切实执行。

你必须知道自己的一生想要追求什么，下定决心得到它，否则你就只能拾有方向、有计划的人们所剩下的残渣碎屑。

一心一意地专注于你的目标和志向，才能确保成功。思考并且规划你想要追求的目标，完全不去理会任何干扰，这就是所有赚得大钱的成功人士所遵循的公式。

在生活中，许多人并没有太高要求，只求衣食无忧、开开心心享受每一天。应该说，这个目标不难达到，他们本人的能力也够用。但他们终其一生也不曾达到这个小小的目标。这究竟为什么呢？原因就在于，他们给自己定下的目标太低。

人生是一个选择的过程。目标不同，你对人、对事、对自己的要求也不同，结果就会大不一样。如果你的目标很高，你会觉得很多人、很多事都可以忍受。如果你的目标仅仅是享受生活，付出如此代价就太不值得了。其结果是，一遇到为难之事，就会一再迁就，一再放松，一再退缩，最后竟连一个小小的目标也实现不了。

树立了大的目标，未必就一定能够实现。但是，无论目标能否达成，一生的成就也要比一般凡夫俗子高。假设你的目标是成为一流商人，最后虽然只成为二流商人，"衣食无忧"肯定早就没有问题了。

事实上，你确立了一个宏伟的目标，必然会对自己、对他人严格要求。一旦将自己和团队的潜力发挥出来，就有力量实现看似不可能实现的目标，创造出一个奇迹。

矶田一郎是一个喜欢创造奇迹的人，曾让多家大企业从困境中起死回生。1977年，他应邀出任日本住友银行总经理。住友银行曾经是日本第一大银行，由于受世界性石油危机的冲击，加上管理失当，造成2000亿日元的损失，元气大伤，排名跌到第五位。

上任第一天，矶田一郎在就职演说中大胆宣布：一定要在3年之内领导住友银行夺回日本银行第一的荣誉。

以住友银行当时的处境来说，这一目标无异于狂想。

与会者都露出怀疑的目光,认为这可能只是一个玩笑。很显然,如果矶田一郎将实现目标的时间定为30年,人们一定觉得更合理。

但矶田一郎很快用行动证明他不是在开玩笑。他立即着手成立一个前线指挥部,开始了紧张的工作。他放弃舒适的家庭生活,住在公寓里,每天工作16个小时以上。他这种拼命工作的劲头,感染了身边的每一个人。一时间,整个住友银行都呈现出一种紧张的决战气氛。

两年多的疲劳战,使矶田一郎的体重下降了十几公斤,还得了老年性消化不良症和一个绰号——死不服输的逞强汉。

矶田一郎为什么要将公司目标定得如此之高呢?为什么要将自己逼到成功希望渺茫而一旦失败就颜面无存的境地呢?这正是许多人感到疑惑的问题。

矶田一郎认为,一个优秀的企业家,要敢于摒弃按常规办事的陈规陋习,在必要时要敢于冒大的风险。否则,就算不上第一流的企业家。他还直言不讳地说:"从我参加工作的那一天起,我就决心不做二流企业家,优柔寡断不是我的个性。"

凭着这种信念,矶田一郎创造了奇迹:在他担任总经理的第三年,住友银行重登全日本第一的宝座。矶田一郎本人还被美国《投资者》杂志评为1982年度世界最佳银行家。

无论个人还是团队,都应该把目标"悬挂"出来,让自己和别人看到。如果只是让它留在心里，不过是一个想法而已。"悬挂"出来后，无疑会带来很大的压力，一旦实现不了，还会受到世人的讥笑。但是，压力即是动力，它能焕发自己的斗志，激活团队的潜力。

胸无志向者往往一生贫穷。因为人是有惰性的，容易自我满足，喜欢为自己的懒惰和不负责任找理由。如果目标很低，任何一点小成就都足以让自己得意扬扬，向上的进取心也就松懈了下来。

如果目标很高远，就不得不对自己高标准严要求。一些跟目标相距甚远的成就，没有什么好得意的。

盛田昭夫与他的朋友共同创办了索尼公司，最初以生产录音机及配套的磁带为主。产品的销路在本国取得突破后，他们将目光瞄准了国际市场。当时日本货在国际市场上的信誉度不高，一向以质量低劣而遭轻视。鉴于此，盛田昭夫给公司制定了一个宏大的目标：用高质量的日本产品赢得世界的信誉。

当时，日本经济刚刚从"二战"后的萧条中苏醒过来，技术基础非常薄弱。为了生产高质量的产品，盛田昭夫决定引进美国最先进的技术，制造市场上还没有的产品。当他听说美国有人发明了晶体管时，就力排众议，以高价买下了这项专利。凭借这项专利，索尼公司制造出了世界上第一台晶体管收音机。

不久后，美国一家著名的电子公司派代表找到盛田昭夫，建议由该公司在美国及其他国家代销索尼的产品，前提是将索尼产品的制造者改为这家公司,并换上这家公司的商标。从商业角度看,这是一个互利互惠的条件,为索尼产品进入美国以及世界市场打开了通道,盈利前景十分乐观。任何一个以赚钱为目标的老板都不会错过这个良机。然而,盛田昭夫的目标是"用高质量的日本产品赢得世界的信誉",一旦产品改了厂名、商标,还能算"日本产品"吗?所以,他毫不犹豫地谢绝了这个建议。

几年后,索尼公司终于成功地打开了美国市场,这是任何一家日本公司以前想做而没有做到的。所以,盛田昭夫获得了"日本企业在美国的成功拓荒者"这一荣誉。

盛田昭夫并未因此而满足,为了让更多产品进入世界市场,他决定不断开发新产品,以保持技术的领先优势。

在盛田昭夫的领导下,索尼公司全体员工为公司目标不懈努力,创造了多个世界第一:第一台手提式磁带录音机,第一台微型单放机(随身听),第一台微型电视机,第一台大角度彩色电视机……索尼公司也逐渐发展成一家拥有72个子公司、3000多家工厂的超级公司,产品行销世界各地,盛田昭夫完全实现了他当年提出的宏伟目标。

个人不宜以享受生活为目的,应该有出人头地的追求;公司不宜仅以赚钱为目的,应该有为国争光、服务大众的目标。所以，想做一个成功的大商人，要把追求出人头地和服务国家与社会融合到一起。因为享受生活没有标准，没有标准就无所谓好坏；赚钱没有止境，没有止境就无所谓成败。当一个人处于没有好坏成败的状况时，事实上已失去他的目标，得到的只是迷茫失落，永远也享受不到成功的喜悦。

做适合自己的事

不管你是腰缠万贯还是一贫如洗，不管你是达官显贵还是一介草民，只要所做的是自己所喜欢的，你就会全身心地投入，就会体悟到其中的乐趣，就会使自己走向成功，获得幸福。

可以毫不夸张地说，人生的成功，在很大限度上取决于自己对强项和弱项的抉择。每个人都有自己的强项和弱项，如果抱着自己的弱项不放，那就荒废了自己的强项。

成功学者的看法是，我们不可以盲目地跟风，模仿别人，把别人对你的看法看得太重，从而压抑自己。其实在很多时候，我们大可显现出真正的自我。我们要提醒自己，别人眼中的成功不一定会使自己快乐，我们完全可以尝试成功与快乐的滋味，并且，设定自己的成功标准。

那些仅仅追求外在成功的人实际上是没有自己真正喜欢做的事的，他们真正喜欢的只是名利，一旦在名利场上受挫，内在的空虚就暴露无遗。而成功者的看法大多是，把自己真正喜欢做的事做好，尽量做得完美，让自己满意，这才是成功的真谛。

有个男孩子出生在一个贫穷的犹太人家里。他的性格十分内向、懦弱，没有一点男子汉气概，非常敏感多愁，总是觉得周围环境对他产生压迫和威胁，防范和逃避的想法在他心中可谓根深蒂固。

因此，男孩的父亲竭力想把他培养成一个标准的男子汉，希望他具有风风火火、宁折不弯、刚毅勇敢的性格。

在父亲那粗暴、严厉而又很自负的培养下，他的性格不但没有变得刚烈勇敢，反而更加懦弱自卑，并从根本上丧失了信心，致使生活中每一个细节、每一件小事，对他来说都是一个不大不小的灾难。他在困惑痛苦中长大，整天都在察言观色。常独自躲在角落里悄悄咀嚼受到伤害的痛苦，小心翼翼地猜度着又会有什么样的伤害落到他的身上。看他的那个样子，简直就没出息到了极点。

看来，懦弱、内向的他，即使想要改变也改变不了。因为他的父亲做过很多努力，可是根本无济于事。

然而，令人们始料未及的是，这个男孩后来却成了20世纪上半叶世界上最伟大的文学家之一，他就是奥地利的卡夫卡。

卡夫卡的成功在于他找到了适合自己穿的鞋，他内向、懦弱、多愁善感的性格，使他很适合从事文学创作。

在这个他为自己营造的艺术王国中,在这个精神家园里,他的懦弱、悲观、消极等弱点,反倒使他对世界、人生以及命运有了更尖锐、敏感和深刻的认识。在作品中,他把荒诞的世界、扭曲的观念以及变形的人格,解剖得更加淋漓尽致,从而给世界留下了许多不朽的著作。

的确,人的性格是与生俱来不可随意逆转的,就像我们的双脚,脚的大小无法选择。因此,抱怨双脚是没用的,去选择一双适合自己的鞋才是明智的做法。

比尔·盖茨说:"做自己喜欢和善于做的事,上帝也会助你走向成功。"从成功心理学的角度来看,判断一个人是不是成功,最主要的是看他是否最大限度地发挥了自己的优势。科学家通过研究发现,人类有400多种优势。这些优势本身的数量并不重要,最重要的是你应该知道自己的优势是什么,然后将生活、工作和事业发展都建立在你的优势之上,这样才会离成功越来越近。

第二章

接纳并相信自己,未来才会更广阔

确信自己有获得成功的能力

有这样一个故事:

　　一个纽约的商人看到一个衣衫褴褛的铅笔推销员,顿生一股怜悯之情。他把1美元丢进卖铅笔人的盒子里,就准备走开。但他想了一下,又停下来,从盒子里取了一支铅笔,并对卖铅笔的人说:"你跟我都是商人,只不过经营的商品不同,你卖的是铅笔。"

　　几个月后,在一个社交场合,一位穿着整齐的推销商迎上这位纽约商人,并自我介绍:"你可能已经记不得我了,但我永远忘不了你,是你给了我自尊和自信。我一直觉得自己和乞丐没什么两样,直到那天你买了我的铅笔,并告诉我是一个商人。"

　　"推销员"一直做乞丐,不就是因为缺乏自信心吗?正是从纽约商人的一句话中,"推销员"找到了自尊和自信,并开始了全新的生活，从中不难看出自信心的威力。缺乏自信常常是性格软弱和事业不能成功的主要原因。对此，著名的推销员齐格曾有过切身的体会。

齐格参加过一个在北卡罗来纳州查勒提开办的由田纳西纳什维尔的梅里尔指导的全日制培训课程。

培训结束后，梅里尔先生将齐格留下说："你有许多能力，你可以成为一个了不起的人，甚至一个全国优胜者。我绝对相信，如果你真正投入工作，真正相信自己，你能冲破一切困难获得成功。"

说真的，齐格细细品味这些话时，他惊呆了。你必须理解齐格当时的处境，才有可能意识到这些话对他有多大的影响。他回忆道："当我是个小男孩时，我长得很小，即使在穿得最多时也没超过120磅（1磅≈0.45千克）。我上学后，从五年级开始，放学后和周六的大部分时间都在工作，运动方面也不是很活跃。另外，我还很胆小，直到17岁才敢和女孩约会，而且还是别人指定给我的一个盲目性约会。一个从小镇中出来的小人物，希望回到小镇上一年赚上5000美元，我的自我意识仅限于此。现在却突然有一个受我尊敬的人对我说'你能成为一个了不起的人'。"庆幸的是，齐格相信了梅里尔先生，开始像一个优胜者一样思考、行动，把自己看成优胜者，于是，他真的就是个优胜者了。

齐格说："梅里尔先生并未教给我很多推销技巧，但那年年底，我在美国一家7000多名推销员的公司中，推销成绩名列第 2 位。我从用克莱斯勒车变成用豪华小汽车，而且有望获得提升。第二年，我成为全州报酬最高的经理之一，后来我成为全国最年轻的地区主管。"

齐格遇到梅里尔先生后，并不是获得了一系列全新的推销技巧，也不是他的智商提高了 50 点，只是梅里尔先生让他确信自己有获得成功的能力，并给了他目标和发挥自己能力的信心。如果齐格不相信梅里尔先生，梅里尔先生的话对他也就不会有什么影响。

生活对于任何一个男女都非易事，我们必须要有坚韧不拔的精神；最要紧的，还是我们自己要有信心。我们必须相信，我们对一件事情具有天赋的才能，并且，无论付出任何代价，都要把这件事情完成。当事情结束的时候，你要能够问心无愧地说："我已经尽我所能了。"一个人只要有自信，那么他就能成为他希望成为的那种人。

生命不可能尽善尽美

悦纳自己，爱自己，你才会发现自己的美，你的人生才能因此而美丽，充满阳光与鲜花。

悦纳自己是自信心的表现。没有自信的人，不管有多大的能耐，最后都会被自己击垮。理解这个问题，并非难事。每个人的生命只有一次，而且不可选择。造物主又总是与人开玩笑，让你的生命有这样那样的缺陷，或是长相，或是个性，或是智力，或是运气，全都美中不足，都藏着旦夕祸福。这怎么办呢？请发挥自己生命中的优点悦纳自己。悦纳自己，丑也能转化为美。

有一位现代长相并不出众的女性也曾经历过这样一段日子后重新审视自己，改变了态度，热爱自己的生命，恢复了人性的自觉。她说："青春时期我也因为无知，就很为自己的丑陋自卑了好几年，但终究没有用处，长时间地为丑而郁闷，丝毫不能改变现状，仍然无法完成精神整容的奇迹，而且还在一张本来就丑的脸上徒然添了一层压抑……尔后年龄愈大，面相愈发奇丑无比，客观规律不以个人的意志为转移，也就索性彻底放任自流了，干脆丑出一份个性来。"

这样索性使她从自卑心理中走了出来，不再为上帝造物的缺陷所累，而是发挥自己生命的长处，获得了人生自信。丑女这样对自己说：或许是别人眼中的小丑，但我并不示人以忧伤的脸孔。我自信有世上至善的心灵，对人慷慨而且真诚。只要人们要，只要我有，我都不曾吝惜。

我的世界有花有果，有香有色，有笑有泪，不是一片荒野，我拥有千百个热情的笑容。

我很丑，可是我幸福快乐，丑就是我的旗帜。

丑女的变化是因为热爱自己的生命，实现了由自卑到自信的人生升华，完成了精神美容。

其实，不管美丑，生命来到世上都是平等的，都可以创造成功。热爱自己的生命首先就要克服自卑自贱的心理，树立自信心。

我们必须明白，生命不可能尽善尽美。不足与缺陷是自然存在的，接受这个现实，我们就能以平常心对待自己，就不会自惭形秽，自我贬低。

一位名叫雪莉的年轻女人，长得非常漂亮，但却非常自卑，总觉得自己有某些地方不如别人。虽然很多男人都追求她，但是一经接触之后却不欢而散。因为自卑，她总爱说一些否定自己价值的话。她根本不相信有谁会爱她，因为她自己就觉得自己不值得爱，这样的人生又怎么会成功呢？

让信念贯穿整个生命

在英国伦敦,有个年轻人名叫斯尔曼,他是一对著名登山家夫妇的儿子。在斯尔曼11岁时,他的父母在乞力马扎罗山上遭遇雪崩,不幸双双遇难。父母临行时,留给了年幼的斯尔曼一份遗嘱,希望他们的儿子斯尔曼能接着像他们一样,一座接一座登上世界著名的高山。在遗嘱中,他们赫然罗列了一些高山的名字:乞力马扎罗山、阿尔卑斯山、喜马拉雅山。

这样的遗嘱,对于斯尔曼来说,简直就是一场灵魂的地震,因为从年幼的时候,他就是一个残疾的孩子。他的一条腿患上了慢性肌肉萎缩症,走起路来都有些跛,甚至有资深医生预测说:"用不了多少年,斯尔曼必须锯掉他的那条残腿!"但捧着父母遗嘱的那一刻,残疾的斯尔曼并没有害怕和退缩,他的眼睛里流露着一缕火焰般的坚毅:"爸爸、妈妈,请你们在那几座高山之巅等待着我,我一定会征服那一座座高山,并在世界之巅和你们的灵魂相会!"

以后的六七年里,斯尔曼抱着征服世界巅峰的坚定信念,马不停蹄、坚持不懈地锻炼着自己年轻却又残疾的躯体:他跛着腿参加越野跑,跟随南极科考队在白雪皑皑的南极适应冰天雪地的艰苦生活,甚至远行非洲,到一望无际的撒哈拉沙漠上考验自己在弹尽粮绝时的野外生存能力。

终于在19岁那年,凭着自己的坚强和毅力,斯尔曼不远万里来到了尼泊尔,来到了世界第一高峰珠穆朗玛峰的脚下——他要首先登上这座世界最高的雪山,在珠峰之巅和他父母的灵魂相会。一个身有残疾的人要征服珠穆朗玛峰,斯尔曼的壮举引起世界各国新闻媒体的瞩目。

经过半个月艰苦卓绝的攀登,在暴风雨、雪崩、零下几十度的严寒威胁下一次次死里逃生后,斯尔曼以残疾之躯终于登上了世界最高峰珠穆朗玛峰,站到了地球之巅。他的壮举,赢得了举世的崇敬。当众多媒体在他载誉归来争抢着采访他时,他只说了一句话:"因为这是我父母遗嘱中提到的一座山,还有阿尔卑斯、乞力马扎罗……许多高山还在等着我呢!"

21岁时,斯尔曼登上了阿尔卑斯山。

22岁时,斯尔曼登上了乞力马扎罗山……

28岁前,斯尔曼一座一座全部登上了父母遗嘱中所开列给他的高峰。在登完最后一座高山后,为了表达人们对这位身残志坚勇士的崇敬与钦佩之意,欧洲多家慈善机构联合捐助，请来世界上最优秀的外科医生，为斯尔曼实施了截肢手术，给他装上了世界上最先进的脉感反应假肢。

假肢装上并适应了一段时间后，他可以一口气轻而易举爬上20层高的大楼，也可以行动自如地骑马、游泳、打高尔夫球，正常人可做的事情斯尔曼都做到了。当人们为他祝福并满怀期待地希望他能再创下其他什么纪录时，却传来令人惊骇不已的消息：28岁那年的秋天，斯尔曼在他的寓所里触电自杀了！

在自杀现场，人们看到了斯尔曼留下的痛苦遗书。在遗言中，斯尔曼不无颓废地写道："这些年来，作为一个残疾人，我创造了那么多征服世界著名高峰的壮举，那都是父母的遗嘱给了我生命的一种信念。如今，当我攀登完那些所有的高山之后，功成名就的我感觉无事可做了，我没有了新的目标，我厌倦爬山、上楼甚至走路，对生活和生命有了一种乏味的感觉。假若再有几座比珠穆朗玛峰更高的山峰，或许我会攀登到50岁或60岁，可现在没有了。我感到了无奈和绝望……"

斯尔曼的观点固然是极端的、片面的，但或许真的如斯尔曼所言，不是过早地征服完乞力马扎罗山、阿尔卑斯山、喜马拉雅山，那么他肯定还会顽强地生活着，不懈地努力着，因为他心中有目标、有信念。斯尔曼的悲剧在于他没有及时为自己找到新的生活目标，没有将已有的信念及时更新并贯穿始终。

人生就像一根蜡烛,能燃烧多久,并不取决于它的长短,而是取决于烛芯的长短。足够长的烛芯,可以让所有的蜡汁全都绽开成绚烂的火焰;而烛芯太短,当它燃烧到尽头时,即使蜡汁尚余,也会芯尽光竭的。

生命如蜡汁,而信念如烛芯,只有让信念贯穿我们的整个生命,我们的生命才会发出永恒的烛光。

拥有积极的心态

做事成功的起点就是你积极的心态,做事成功的前提就是认识你的心态。

心态即人的心理状态。任何人的心理状态都有两方面,即积极的心态和消极的心态。那么,这两种不同的心态各有什么作用呢?

积极心态是做事有"心计"并渴望成功的人必须具备的心态,积极心态具有惊人的力量:它能创造财富、创造成功、创造健康和快乐;它能获得朋友、消除烦恼;它能使你的人生更加辉煌。

消极心态同样具有惊人的力量:它拒斥财富,拒斥健康和快乐,使你远离成功;它使你的朋友离你而去,使你愁上加愁、苦中添苦,它只会使你的人生黯然失色。

所以,要想拥有好的积极的心态,就必须要有一个好的"心计"。好"心计"是好心态的前提,没有好"心计"就调节不出好的心态。

"心计"为什么具有如此神奇的力量？让我们看一看台湾塑胶大王王永庆成功的故事。

王永庆出生在台北县新店镇。小时候家里很穷，王永庆小学毕业后就到一家米店打工，打工时他就心存大志，想日后开一家米店。于是，打工时他就细心观察老板的经营诀窍。16岁时，王永庆独自开了一家米店。米店开张之初经营得很困难，因为生意的对象是每个家庭，而几乎每个家庭都已经有了固定的米店供应。但王永庆并不悲观，他计上心来，上门推销，终于争取到了几个用户。

争取到用户后，王永庆想：如果我的米的品质和服务质量不比别人好的话，争取来的用户也会流失，我得在米的品质和服务上下功夫。于是，他主动上门服务，了解每一个顾客的需求，力争把米的质量提高到最好程度。这使得王永庆的米店终于跻身大规模米店的行列。

王永庆开米店的成功，完全归功于王永庆好的"心计"和积极心态，他始终都在积极争取一个个的成功，这才使得他的生意越来越红火。

从心理学的角度来说，当一个人拥有了积极的心态之后，他就树立起了人生的信念。有了信念就能够很好地完成自己的工作，并且会觉得工作时很有信心，也很快乐，而且在工作中一旦有了小小的成绩，他的信念则会越发坚定，他的心态也会随之更为积极。这样，"心计"—心态—信念—

工作，工作—信念—心态—"心计"之间就形成了一种良性循环。 相反，当你的心态处在消极的一面的时候，你会对你自己和你的工作失去信念，没有了信念也就没有了干劲儿，身上原来拥有的能力也会因你信念的消失而消失，这时的工作也就会越来越不好做，人生也就会越来越不顺心。 工作越难做，人生越不顺心，信念就越不坚定；信念越不坚定，"心计"就越差，心态就越差。 这无形之中就形成了一种恶性循环。

这两种循环都是情绪和行为相对应的一种反映。 两种循环都取决于人的心态。 前一种循环通往成功，后一种循环铸就平凡。 因此，可以肯定地说，做事成功的起点就是你积极的心态，做事成功的开端就是认识你的心态，而主宰这一切的是你的"心计"。

如果你还不认识你的心态，那么你就将滑到落伍者的行列。

培养富足之心，笑看输赢得失

有个可以让你快乐起来的方法，那就是改变你思考问题的重心，试着去想一些美好的东西。不是抱怨你的薪水，而是感激你拥有一份工作；不是期望你能去夏威夷度假，而是想到你家附近亦有乐趣。

一个能够笑看输赢得失的人，是一个胸怀宽广者，也是一个淡泊名利者，更是一个做事有"心计"的人，他们深信自己的潜能足以实现任何梦想，他们认为积极美好的心态是做事成功的精神食粮。

如何培养富足之心，笑看输赢得失呢？

（1）享受孤独

富足之心是宁静的。个性并不害怕孤独，反而会享受它。孤独是个性中最美好的一部分，原本就不存在能不能忍受的问题。

笑看输赢的人总是能够给自己留出时间，享受独处的欢乐，整理往事、展望前程，想象出类拔萃的美好生活。内心贫乏的人，生性急躁，喜欢喧嚣和热闹，也离不开从他人眼中找寻自己赖以生存的保障，独处时会备感寂寞，但自身环境却又窄得令人窒息。 笑看输赢的人，独自享受个性滋润、修身养性。 他们享受宁静和孤寂，在反省中看见自身的不足。 他们先让自己准备得很充分，再投入步调紧凑的生活中去。

（2）不求回报

笑看输赢的人愿意尽其所能地帮助他人，不求名、不求利、不求回报。 他们知道内心里献出东西，依旧会从内心里产生出来。 它就像自己的一家能源工厂，生产力很高，永远能保持满足。

（3）心胸开阔

笑看输赢者对损失看得淡如云烟。 他们相信相对于整体而言，损失的不过是小小的局部。 他们心胸开阔、襟怀坦荡，遇到烦恼不会不能释怀，不会老是对自己怨艾和指责，知道谁都有犯错的时候，他们勇于承认错误，并宽恕自己和他人，他们会采取行动来挽回损失，满心喜悦地做着自己能力范围内的事。

（4）幸福没有高度

不要说等我拿了多少工资后就会幸福，不要认为等到某一天到来了你才能握住幸福的手。 如果你拥有"多多益善"的想法，认为物质生活"越多越好"，那么你就永远不会满足，永远抵达不了你给自己定的幸福的高度。

每当我们得到什么，或达到了某一目标时，我们大部分人就会立即再继续做下一件事。 这压制了我们对生活、对幸福的美好感受。

　　学会满足并不是说你不能、不会或不该想得到比你所拥有的更多的东西,只是说你的幸福不要依赖于它。你可通过着眼于现在,来学会安享现有的一切,而不是太注重你想得到的东西。

　　幸福没有高度,只需要你以新的眼光看待你的生活,就像是第一次看到它。当你建立起这一新的意识,你将会发现,当新的财产或成就进入你的生活,你的欣赏程度将会被提高,而生活将会变得更加快乐。

第三章

习惯千差万别，未来天壤之别

好习惯是成功的翅膀

　　一位著名的大学教授多才多艺。退休后,他把自己演奏小提琴的心得分享给大家。

　　当有人问他为什么能把曲子演奏得如此优美时,他说:"我是这样来练习的。在练习曲目前,我必定先了解曲目是由几小节构成的。比如:准备练习30小节,一天练习1小节,一个月即可练习完毕,不过,我并非从头到尾依次练习,而是从最简单的1小节开始。第二天,再从所剩的29小节中挑选最简单的练习。用这种方法练习完整首,不但轻松自如,而且还在练习完之后找到了各个小节之间的响应关系,从整体上理解了曲目。"

　　从心理学的角度来看,他的练习法是相当合理的,因为人有惰性,往往会找借口逃避工作,加上碰上困难的工作,更不敢面对现实,而这位教授的方法正可满足自己的成就感,克服了惰性,给自己增添了信心。 每完成1小节,就增一份信心,这可以说是巧妙的解决办法。

"天下大事必作于细,天下难事必成于易。"从最简单的做起给了你成就感和自信心,同时也会使你工作和学习的热情逐渐高涨,注意力更加集中,能够取得好的成绩。不管是在工作中,还是在学习中,最重要的是一定要有热情,而且要专心致志。

这个世界上留存下来的辉煌业绩和杰出成就,无一例外得益于勤奋的工作,不管是文学作品还是艺术作品,不管是诗人还是艺术家。

美国著名的政治家丹尼尔·韦伯斯特在 70 岁生日那天,谈起他成功的秘密时说:"努力工作使我取得了现在的成就。在我的一生中,还从来没有哪一天不辛勤工作。"

四次出任英国首相的格莱斯顿在 90 岁高龄时说:"我很早就养成了勤奋工作的习惯。这种习惯本身就会给你很多回报。年轻人总觉得休息就是终止所有努力,但我发现,最好的休息是改变工作方式。如果长时间看书、思考,弄得脑子昏沉沉的,那就到阳光灿烂的室外呼吸呼吸新鲜空气、锻炼锻炼身体,让思维恢复。要知道,自然的努力是无止境的。我们睡觉的时候,心脏也不会停止跳动。一旦大自然伟大的活动有一刻停止,人就会死去。我尽量顺应自然规律生活,在工作的时候也模仿大自然的方式。我所获得的回报就是良好的睡眠、健康的消化功能、身体的各个器官保持在最好状态。相信我的话吧,这就是勤奋工作所带来的最重要的回报。"

彼得大帝作为俄国王位的继承者,是通过难以想象的艰苦努力才得到王位的。当他看到西欧文明的成果在俄国几乎不为人知时,感到痛心疾首,下决心进行自我教育,把文明和知识带回来,提高国民素质。26岁,对其他的王子们来说,正是耽于享乐的年龄,他却开始周游列国。他的目的并不是游山玩水,而是向这些国家的优秀人才学习。在荷兰,他自愿当一位造船师的学徒;在英国,他在造纸厂、磨坊、制表厂和其他工厂工作。他不仅细心地揣摩学习,而且像普通工人一样干活、拿工资。

彼得大帝亲手铸造的铁棒,有一根保存在美国匹兹堡的国家珍奇博物馆,作为对亲自参加工作的这位伟大国王的纪念。每个俄国人都懂得了这样的道理:国家要永久地繁荣,无论是谁,都要像彼得大帝那样辛勤工作。

只有兢兢业业地工作,才会拥有辉煌而充实的幸福生活。浅尝辄止、安于现状、不思进取的人,是不会做出什么成绩的。一个有崇高目标、期望成就大业的人,总是不停地超越自我,拓宽思路,扩充知识,敞开生活之门,希望比周围的人走得更远。他有足够坚强的意志,激励自己做出更大的努力,争取最好的结果。

作为一个职员,你如果想迅速获得提升,就要努力工作,超越那些资历比你高的职员。如果你做起事来总是精益求精,总是让别人惊喜,主管领导自然会注意到你,自然会把你提拔到重要的位置上来。没有一个老板不喜欢有上进心的下属，他们也在随时观察着你的工作表现。

千万不可养成不被监督不被逼迫就不能好好工作的恶习。无论主管领导在与不在，都要忠于职守、全力以赴。要记住，辛勤的工作是在为自己的发展创造条件。你必须把经验、学识、智慧和创造力，在工作中发挥得淋漓尽致，争取达到惊人的效果。过于计较自己付出的劳动是否超过了报酬，这样的人永远不会有升迁的机会，哪怕他才华横溢。

有许多人太过于计较，太过于抱怨。他们抱怨公司老板严厉，抱怨工作时间过长，抱怨管理制度过严。有时候，这些抱怨的确能够赢得一些善良人的宽慰之词，使自己的内心压力暂时得到一定程度的缓解。虽然口头的抱怨就其本身而言，不会给公司和个人带来直接的经济损失，但是，持续的抱怨会使人的思想摇摆不定，进而在工作上敷衍了事。抱怨会给他人造成思想肤浅，心胸狭窄的印象。一个将自己头脑装满了抱怨的人，是无法容纳未来的，只会使他们与公司的理念格格不入，更使自己的发展道路越走越窄。

即使在平凡的职业中、极其低微的位置上，也往往藏着发展的机会。只要把自己的工作做得比别人更专注、更迅速、更正确、更完美，只要调动自己全部的智力，创新工作方法，便能引起别人的注意，从而使自己有发挥本领的机会。无论做什么工作，只要沉下心来，脚踏实地，都能有所收获。

播种好习惯，收获大成就

在一次诺贝尔奖获得者的聚会上，一位记者向他们提出了这样一个问题："您认为您是在哪所大学或者哪个实验室学到了最重要的东西？"

对于这个问题，一位满头白发的老学者不假思索地回答："我认为我是在幼儿园学到了最重要的东西，而不是在大学或者实验室。"

老学者的回答令记者颇感意外。记者紧追不放地又问："那么，您在幼儿园学到的最重要的东西是什么呢？"

老学者不无自豪地回答："把自己的东西分给小伙伴；不是自己的东西不乱拿；东西要摆放整齐；饭前便后要洗手；午饭后要休息片刻；做了错事要敢于承认；多思考，勤观察。从根本上说，我要在幼儿园学到的就是这些。其实，也就是说，我养成了良好的习惯。"

对于老学者的回答，其他与会人员也都深表赞同。

可见，良好的习惯既是获得成功的基石，也是收获成功的阶梯。我们要想获得成功，就必须养成良好的习惯。

伟大的发明家爱迪生，一生共创造了1093项发明，堪称"前无古人，后无来者"。人们对爱迪生敬仰有加，而他本人却把这些归于自己勤于思考的习惯。

爱迪生曾说："正如肌肉可以通过锻炼得到加强一样，我们同样可以锻炼和开发我们的大脑。恰当地锻炼和开发大脑，将使我们的思维能力得到加强和提高。思维能力得到加强和提高后，又将进一步拓展大脑的容量，并使我们获得新的能力。"

爱迪生还说："缺乏思考习惯的人，其实错过了生活中最大的快乐。不仅如此，他也会因此无法充分发挥和展现自己的才能。"

爱迪生的成功得益于养成了勤于思考的良好习惯。考察每个杰出人才的辉煌人生，你不难发现他们无不具有良好的习惯。一个人拥有的良好习惯越多，取得成功的可能性就越大。

英国唯物主义哲学家、现代实验科学的鼻祖、科学归纳法的奠基人培根，一生成就斐然。在谈到习惯时，培根用他那充满哲理意味的话语说："习惯真是一种顽强而巨大的力量，它可以主宰人的一生。因此，我们应该通过教育培养一种良好的习惯。"

在沃伦·巴菲特和比尔·盖茨聚首华盛顿大学做演讲时，同学们提出了一个十分有趣的问题："你们怎么会变得比上帝还富有？"

沃伦·巴菲特直言不讳地说："这个问题非常简单。原因不在于智商,而在于习惯。"

比尔·盖茨非常赞同沃伦·巴菲特的观点:"我认为沃伦关于习惯的话完全正确。"

这两位在不同领域达到财富顶峰的富豪道出了自己成功的诀窍:良好的习惯是收获成功的阶梯。

俄国著名教育家乌申斯基说:"良好的习惯乃是人在神经系统中存放的道德资本。这个资本不断地增值,而人在其整个一生中就享受着它的利息。"的确,习惯是一个人独立于社会的基础,又在很大程度上决定他的工作效率和生活质量,并进而影响他一生的成功和幸福。因此,注重养成好的习惯,是人生迈向成功的第一步。

如果将成功比喻成果实,那么习惯自然就是种子。早在公元前350年,古希腊哲学家亚里士多德就说出了这样的话:"正是一些长期的好习惯加上临时的行动才构成了成功。"

很多杰出人物之所以敢扬言,即使现在一败涂地,也能很快东山再起,就是因为他们养成的某种习惯锻造了他们的性格,而性格铸就了他们的成功。

石油大王洛克菲勒就曾经说:"即使你们把我身上的衣服剥得精光,一个子儿也不剩,然后把我扔在撒哈拉沙漠的中心地带,但只要有两个条件——给我一点时间,并且让一支商队从我身边经过,那么,要不了多久,我就会成为一个新的亿万富翁。"

好习惯是成功的起点,只要这种信念存在,即便是身处荒漠中也能结出成功之果。

时刻自我反省

一个人只有懂得时刻反省自己，才能不断进步。

人是随着时间的推移而改变的，不仅形体如此，心智也是如此。10年前也许你认为金钱万能，只要有了钱就算是拥有了世界。5年前你可能认为唯有事业成功，这一生才算是没有白过。现在呢？或许你会觉得唯有心境愉快才是生命的最终意义。

不管这10年来的改变如何，也不管改变是正面还是负面，你都得反省自己。因为这样至少可使你知道自己是个什么样的人，也会了解为什么会有这样的变化。

大多数人就是因为缺乏自省能力，不知道自己这些年的转变，才会看不清楚自己的本质。而一个不知道自身变化的人，就无法由过去的演变经验来思考自己的未来，当然只能过一天算一天了。

再者，我们的一切作为都和环境息息相关，过去的变化以及未来的动向都是和环境互动的结果。如果不能以正确的看法来解读外在环境的话,当然也无从定位自身所处的立场。

如果能随时反复诘问自己过去的转变,就可以找出以往看待事物的观点是对是错,若是正确的,则往后当然可以继续以此眼光去面对这个世界;万一是错的,也可以加以修正。如此,则可以帮助你往后以正确的观点去看待周遭的事物。

有空时多想想吧!请随时自我反省,因为良好的心态有益于健康。

当然,自省不是要你一味地沉浸在往日的失意里悲叹生命的不公,自省中你必须保持乐观情绪。你在工作中因一时疏忽而挨了领导的批评,上班时发现自行车的气门芯被人拔掉……人生中常有一些让人心烦的琐事,所以,自省最关键的是要善于调整心态,俗话说"笑一笑,十年少"。积极乐观的心态不仅能使你显示青春活力,还将有助于增强机体免疫力,使自己免受疾病的侵袭。

时刻自省能让你坦然面对现实。在快节奏的都市生活中,人们会面临种种压力,勇敢地面对现实,把压力当作是一种挑战将更有利于人的身心健康。

时刻自省能帮你抛弃怨恨,学会原谅。怀有怨恨心理的人情绪波动较大,不是整天抱怨,就是后悔;不是对人怀有敌意,就是自暴自弃,这样容易患心理障碍。所以,平时应学会抛弃怨恨,要原谅别人,更要原谅自己。

自我反省可以让你热爱生活。当一个人患病时,热爱生活的人会多听取医生的意见,积极配合治疗,并能消除紧张情绪。

　　自省中你要善于宣泄感情。不善于用语言来表达自己的忧伤或难过等感情的人容易患病,而压抑愤怒对机体也同样有害,更不能用酗酒、纵欲等不健康的生活方式来逃避现实。伤心的人痛哭一场,或与知心朋友谈谈心,或参加剧烈的体育运动后,常会感到心情舒畅,这就是宣泄感情的意义。

　　时刻反省会让你拥有更多的爱心。拥有爱心不仅会使世界变得更美好,而且会更有助于自己的身心健康。乐于助人还可使你广交朋友,这不仅是人生的一大乐事,还会使人更长寿。

养成诚实守信的习惯

谎言就像气球一样,是极其脆弱的,很容易被刺破。欺骗别人是一种很危险的行为,会导致你的信用破产,会让别人不信任你。最后,你就会像喊"狼来了!"的那个孩子一样,被人们所抛弃。

从前,有一位贤明而受人爱戴的国王,把国家治理得井井有条,人民安居乐业。国王的年纪逐渐大了,但膝下并无子女,这件事让国王很伤心。国王终于决定,在全国范围内挑选一个孩子收为义子,把他培养成自己的接班人。

国王选子的标准很独特。他给孩子们每人发一些花的种子,宣布谁如果能用这些种子培育出最美丽的花朵,那么谁就能成为他的义子。

孩子们领回种子后,开始了精心的培育。从早到晚,浇水、施肥、松土,谁都希望自己能够成为幸运者。有个叫阿牛的男孩，也整天精心地培育花种。但是，10天过去了，没有发芽。半个月过去了，还是没有发芽。一个月过去了，花盆里依然只有一片黑土，更别说开花了。

苦恼的阿牛去请教母亲，母亲建议他把土换一换，但依然无效，母子俩束手无策。

国王决定的观花日期到了。无数个穿着漂亮衣裳的孩子涌上街头。他们各自捧着盛开着鲜花的花盆，用期盼的目光看着缓缓巡视的国王。国王环视着争奇斗艳的花朵与漂亮的孩子们，并没有像大家想象中的那样高兴。

忽然，国王看见了端着空花盆的阿牛。阿牛无精打采地站在那里，眼角还有泪花。国王把他叫到跟前，问他："你为什么端着空花盆呢？"

阿牛抽咽着把自己如何精心侍弄，但种子怎么也不发芽的经过说了一遍。最后，阿牛还说："这可能是报应，因为我曾在别人的花园中偷过一个苹果吃。"没想到，国王的脸上却露出了最开心的笑容。他把阿牛抱了起来，高声说："孩子，我找的就是你！"

"为什么是这样？"大家不解地问国王。

国王说："我发下的花种全部是煮过的，根本就不可能发芽开花。"

听完国王的话，捧着鲜花的孩子们都低下了头。

现代社会里，为了利益，越来越多的人习惯于弄虚作假，然而这个习惯只会毁了他们，对他们不会有任何帮助。最终，他们也只能像那些捧着鲜花的孩子，由于弄虚作假而受到嘲弄。

正直诚实的习惯,是一种宝贵的财富。一个诚实正直的人一定会赢得别人的认同。

生活中,诚实有时被看成是呆板木讷的代名词,然而不可否认的是,大多数时候,我们还是喜欢同诚实的人打交道、做朋友。所以,需要别人诚实地对待自己,自己先要以诚实对待别人。

一位中国留学生从德国某著名大学毕业后,雄心勃勃地在德国找工作。他本来自信十足,认为凭自己的实力,一定可以找到一份不错的工作,然而却接二连三地碰壁,每次都是把简历递上去就没了回音。

一次,他参加某大公司的面试,连和老总面谈的机会都没有,就被踢出局。他生气地大喊:"你们这是种族歧视!"见状,面试的组织者连忙把他带到一个小房间,客气地说:"先生,请您不要激动!您先看一下这个,就明白我们为什么不安排你面试了!"说完,递给留学生一份材料,原来是这名留学生在德国三次逃票被抓的记录。

留学生不服气地说:"难道就为了逃几次票,你们就不愿意用我?"负责人严肃地回答:"先生,德国的检票抽查率是万分之三,而您竟然三次被发现逃票。因此,我们不能相信你,你的信用已经破产了!"

不守信用的习惯,使这名留学生根本无法在德国立足,因为失去了信誉,他也失去了美好的前途。所以,无论在生活中还是在工作中,我们都要守信用。信用是我们成功的基石,是一笔巨大的财富。生活中,我们会发现那些受欢迎的人,常用各种不同的方式把他们的特点展现在人们面前,其中最显著的特点便是任何时候都坚持守信、遵约的美德。

在现实生活中,讲信用、守信义是立身之道,是一种高尚的情操。它既体现了对他人的尊敬,也表现了对自己的尊重。一个守信用的人,走到哪里都会受人欢迎,不守信用的人只能处处受到人们的鄙弃。守信用的习惯,确实会影响一个人的人际关系。

是否守信用对事业成败也有巨大影响。有多少人信任你,你就拥有多少次成功的机会。

初出道的摩根先生是一家名叫"伊特纳火灾"的小保险公司的股东。因为这家公司不用马上拿出现金,只需在股东名册上签上名字就可成为股东,这正符合当时摩根先生没有现金却希望获得收益的情况。

当时,有一家在伊特纳火灾保险公司投保的客户发生了火灾。按照规定,如果完全付清赔偿金,保险公司就会破产。股东们一个个惊慌失措,纷纷要求退股。

摩根先生却认为信誉比金钱更重要。他四处筹款并卖掉了自己的住房,低价收购了所有要求退股的股份,然后将赔偿金如数付给了投保的客户。

一时间,伊特纳火灾保险公司声名鹊起,妇孺皆知。

虽然已经身无分文的摩根先生成为保险公司的所有者,但保险公司却面临破产。无奈之中他打出广告,凡是再到伊特纳火灾保险公司的客户，保险金一律加倍收取。

出乎意料的是，客户很快蜂拥而至。原来，在很多人的心目中，伊特纳火灾保险公司是最讲信誉的保险公司，这一点使它比许多有名的大保险公司更受欢迎。伊特纳火灾保险公司从此崛起。

许多年后，一位名叫摩根的人主宰了美国华尔街金融帝国。而当年的摩根先生，正是他的祖父，美国亿万富翁摩根家族的创始人。

信誉是人与人之间最为宝贵的东西，是无法用金钱衡量的。

以诚待人是成大事者的基本做人准则。青年人做人做事也要讲"诚信"二字，养成诚实守信的习惯。在事业上用这种习惯来工作，就可在竞争中取得胜利。

养成终身学习的习惯

人的一生是终身学习、不断充实的一生。有了良好的学习习惯，才能不断汲取知识、丰富体验，使自己的生命更富有意义。

在忙碌而焦躁的生活里，在寂寞而黑暗的风雨夜里，书籍可以给我们的心灵以温暖和充实。当你遇到烦恼、忧愁和不快的事时，应首先学会自我解脱，去读一读或翻一翻你喜欢的书籍和杂志，分散心思、改变心态、平静情绪，从而减少精神痛苦。

书可以成为一个忠实的朋友、一个良好的导师、一个可爱的伴侣和一个委婉的安慰者。雨果曾经说过："各种蠢事，在每天阅读好书的情况下，会仿佛烤在火上一样，渐渐熔化。"古人曰："腹有诗书气自华。"知识真正成为心灵的一部分，可以显现出内在的涵养。

心灵是智慧之根，要用知识去浇灌。只有这样，才能在生活中运筹帷幄、决胜千里，才能有指挥若定的挥洒自如。

香港首富李嘉诚，没有高学历，也没受过正规教育，由于生活所迫，他很早就开始了自我谋生之路，那么他的成功与知识就没有关系吗？让我们听听李嘉诚自己是如何说的。

有一次，当记者问到他如何掌控和管理那么巨大的集团，又怎样推动这个王国长久前进时，他毫不犹豫地回答："依靠知识。"

李嘉诚已是年逾古稀的老人，至今每天晚上睡觉前都要看书。当记者追问他前一天晚上看的是什么书时，他说："我昨天晚上看的是关于资讯科技前景研究的书。我相信这个行业发展会非常快。未来两三年里，电影、电视都可以在小小的手提电话中显示出来。我比较喜欢科技、历史和哲学方面的书籍，最近对网络资讯也比较感兴趣。"

那么，日理万机的他又是如何安排自己的时间的呢？李嘉诚坦言：每天早上不到6点就起床了，打一个半小时的高尔夫球，白天工作、开会，晚上睡觉前是固定的看书时间。

在知识经济时代，所有的经济力量莫不依赖于知识，产生于知识。 市场的竞争已经从产品的竞争发展到了知识的竞争，人才的竞争。

劳动生产率的说法已经日益过时，而知识生产率已经成为越来越多人的共识。

许多人都在抱怨没有读书的时间。 然而如果你能把你的工作和生活安排得科学化些，必然可以挤出不少空闲时间。"秩序""系统"最能节省时间，所以我们做事，必须力求秩序化、系统化，以便留出一点时间，用之于"自我改进"与延长生命——读书。

大多数人都肯在自己心爱的事上留出相当的时间来。假使你真是有求知之饥渴，读书之热望，你总会找出时间来的。

大多数人的缺点，就是一心希望在顷刻之间获得渊博的学识。知识是慢慢积累的，因此人们应不断地努力读书自修，不断地充实自己的知识宝库，本着活到老学到老的学习态度，渐渐地扩大知识范围。只有这样，知识才会越积越多，力量才会越来越大。

即便一个人不断地进行学习，有时候也会觉得知识不够用。学习是永远不够、永远不能停止的，正如有人所说："学习就是一辈子的事。"

今天是一个靠学习能力高低决定成败的信息经济时代，每一个人都有机会胜出。现在的社会，要想永远立于不败之地，就必须拥有自己的核心竞争力。要想拥有超强的核心竞争力，就必须有超强的学习力。如果我们只是看到自己曾经取得的成就，认为自己已经掌握的知识足够使用，那么肯定会在某一天被时代抛弃。

真正有头脑的人，往往不是走一步算一步，而是在考虑十步之后，再走一步。他们永远着眼于未来，将眼光放到足够远的地方。万向集团董事会主席鲁冠球曾说过这样一句话："不把过去的优势当作现在的优势，现在的优势不等于将来的优势。"换言之就是，现在拥有知识的人并不代表将来还会使用这些多年以前的知识，拥有了现在的知识并不代表已经拥有了将来的知识。 所以，为了以后的发展，为了自己将来的个人事业，我们不仅要立足于现在，更要着眼于未来，未雨绸缪，为将来而学习。

为将来学习并不是说要抛弃现在。 每个人都是生活在今天的，而明天永远是未知的，所以我们为将来学习是一种有远大目标的表现。 人的一生是终身学习、不断充实的一生。有了良好的学习习惯才能不断汲取知识、丰富体验，使自己的生命更富有意义。

一个人要在这个社会上生存，就一定要永不停息地学习，养成终身学习的好习惯。 只有这样才不会被时代抛弃，也不会成为一个思想陈旧，与新科学、新文化脱节的人。

第四章

讲究方法,找到通往成功的捷径

灵活变通，游刃于职场

现实生活中，有些人内心方正，有些人内心圆滑，有些人对外方正，有些人对外圆滑。从这个角度考察，人物呈现四种形态：内方外方，内方外圆，内圆外圆，内圆外方。"到什么山上唱什么歌。"和不同形态的人物交往，要用不同的交际之道。

（1）对内方外方的人要诚实委婉

日常交往中，有些人直来直去，有棱有角，从而不太讨人喜欢。他们往往性太直，情太真，血太热，气太傲。他们往往处世认真，不留余地。这种形态的人，便是内方外方的人。表里如一、秉公立世，是对这些人的美丽评价。忠心耿耿的屈原、刚直无私的包拯，是这类人物的典型代表。

同这种形态的人物交往，一要诚实。内方外方的人不会口蜜腹剑，不会阳奉阴违，是个值得信赖、值得尊重的人物，所以要待之以诚，关心爱护。如果对他们虚伪猜忌，往往会使他们产生强烈反感情绪。二要委婉。当看到内方外方的人口无遮拦、尖锐抨击时，要采用一个合适的方式转移主题，或者幽上一默，赞扬一句，巧妙地加以引导。

(2)对内方外圆的人要有礼有节

内方外圆的人，他们洁身自好，处世练达，唯唯诺诺，谨小慎微，既有原则性，又有灵活性。因为聪明强干，而又锋芒不露，喜怒不形于色。洞明世事的诸葛亮、谦虚自律的曾国藩，是这类人物的典型代表。

同这种形态的人物交往，一要有礼有理。内方外圆的人虽然表面随和，但内心却是厌恶粗鲁，仇视邪恶，无礼无理的人是不能和这类人结为至交的。如果想缩短同这类人的心理距离，就必须表现出你的积极、健康、向上的交往心态。二要有节有度。内方外圆的人，即使对他人相当反感，也不会把不满情绪表现在脸上，他表面上对你很友好，但他的内心究竟如何却使你捉摸不透。因此，同他们交往，要讲究分寸，把握适度，不要因为他的脸上挂着微笑，就得寸进尺，忘乎所以。

(3)对内圆外圆的人要有板有眼

生活中，有些人长于研究"人事"，偏重于个人私利，该低的头就低，该烧的香就烧，该拉的关系就拉，该糊涂的事就糊涂，该下手时就下手。这种形态的人物，便是内圆外圆的人。这种人的代表，当属一些市井无赖，街头小人。

同这种形态的人交往，要有板有眼。对他们的不当做法，应该明确指正，不要因为太爱面子，便不好意思将实情说出口，使自己受委屈。另外，与内圆外圆的人合作，要有所保留，有所提防，不要过于相信他们。内圆外圆的人非常清楚自己的缺点，所以也害怕别人不讲义气，不守诺言，因此，和这样的人打交道，要清楚地示意他们：如果你讲信用，那么我就守诺言。在这种做法引导下，能够使他们在正确的交际轨道上行驶。

(4)对内圆外方的人要灵活变通

同这种形态的人物交往，要灵活变通。由于他们嘴上一套，心里一套，所以和他们打交道，既不能不听他们说的，又不能完全相信他们说的。如何交往，运用什么策略，采用什么方式，说出什么内容，要根据当时情况灵活变通，切不可被他们的"精彩论述"迷住了双眼，进入了死胡同。与这类人交往，首要的任务是根据各个方面的信息，分析出他的真实内心，然后再对症下药，巧妙引导。如此的话，就能够把他们带到正确的交往轨道上来。

出人头地的五大要诀

你有没有筹划一下自己的生活,还是做一天和尚撞一天钟,一切随遇而安?如果你没有明确的目标,就很可能失利。

你要想胜人一筹,就必须了解一些职场求生的法则。这一切并无奥秘,只需正视事实。

(1)了解别人,争取支持

请想想,商政以至其他各界的领袖人物,他们大都知道怎样使自己要做的事获得别人的支持。他们会说服别人接纳其观点,也知道别人会怎样做。

你要想获得别人的支持,你必须知道:他们最重视的是什么?他们有什么信仰和恐惧?你要说什么才可以获得他们的信任?你要驾驭别人,也必须尊重别人的自尊,同时要让他感到"此事对我有益"。

你要向可信赖、经验丰富的人学习。例如你找到了一份新工作,就应向一两位老员工探听公司操作的方式。他们熟知公司的情况,可以告诉你高层的喜好,甚至告诉你晋升的秘诀。

你必须明白自己和同事"为什么"以及"怎样"做目前的工作。你要了解人类的天性，只有这样，你做的一切才能引起别人的共鸣。

（2）对自己的行为负责

假如你不喜欢目前的工作，假如你活得不快乐，责任在你自己的身上。只要你承认，目前情况是自己造成的，那么，你就可以分析，自己是怎样导致如今的局面的。你是否误信他人，或忘了提出自己的要求，或对自己的要求过低？

明白了自己的责任，你就开窍了，不会再说："他们为什么这样对我？"你会说："我干吗这样对待自己？我要怎样自我改造，才能改变这种局面？"你明白了解决问题要靠自己，就会行动起来改变自己的生活。

注意我没说你该责怪自己，只是说你要对自己的所为负责，这里的差别是很重要的。

你要明白的是：怎样选择、怎样处事都由你自己决定，因而你应该为结果负责。即使你童年时曾经有过惨痛的经历，那时，你无力抗拒；现在你身为成年人，绝对可以自求多福。

你必须明白，过去的事已经过去，未来的事还未来临，你要知道取舍。

（3）正视问题，努力解决

假如你不愿意正视问题，就不可能解决问题。你必须切实了解自己的不是，不怕质疑自己的信念与行为。你是不是太懒惰了，太胆小？你有没有生活目标？是不是经常对自己失信？你不能一味替自己找借口推卸责任。推卸责任会扼杀梦想，甚至会使你走上绝路。

如果你总是推诿、逃避，你就永远不能正视问题，于是也就不能解决问题。你要承认自己不是完美的，要能够从经验中吸取教训，勇于抉择，改变不符合理想的现状。

(4) 积极行动，改变生活

人家怎样看你，会嘉许你还是惩罚你，都取决于你的行为。

换言之，行动才是最重要的。你心里想什么，人家不会在意。无论你有什么思想或大道理，假如不付诸实施，就没有任何价值。比如，医生明知病人已气息奄奄，却不闻不问，病人就死定了；你明知自己的婚姻已经出现危机，还不努力补救，婚姻最后一定以离婚收场。你只有切切实实地改弦易辙，才能改变生活。

请行动起来，为生活做一些事。这些事可以是健身，可以是重返校园，也可以是寻找新工作。总之，行动会为你的生活带来新的动力。

你会认识新朋友，找到新机会，不久就会发现生活多姿多彩。

(5) 目光远大，不懈努力

人生不可能没有困难和烦恼，有些人可能家庭生活一帆风顺，工作上却不顺利；有些人则相反，工作如意，家庭却一塌糊涂。接受这个事实，你就不会把每个问题都看成是危机，也不会认为自己是人生旅途上的败将。

你就是你自己的经理人，必须讲求效率，争取丰厚回报。假如你目前不是一个好经理人，那就得振作起来，下决心解决问题，而不是逆来顺受。

你要为自己制定全盘的计划，不要任由命运摆布。 要明白：你应该得到的一切不该比别人差，你要为自己努力。

如果你不求大富大贵，可能日子过得很舒服，但是这种生活暮气太重，未必真是福气。

你应该不断进取，为实现更高的目标而更加勤奋聪明地工作。

假设有一个精灵从瓶子里蹦出来说："请告诉我你要什么？"多数人会张口结舌，不知道要什么好。 他们大概会说："不要什么。"但是这可不行，你必须认定自己的目标。

建议你快一点儿制订大计。 如果你想跟孩子建立更亲密的关系，不要等他们长大了再做，那时已经没有用了。 那时，当你发觉自己错过了机会，你会追悔莫及的。 对你来说，成功是什么？成功的感觉是怎样的？你会怎样争取成功、在哪里争取、和谁一起争取？你必须大胆构思，但是不能脱离现实。 如果你已45岁，既不能跳又不能跑，却想做一个职业运动员，那就太不切实际了，你可能要选择其他的目标。

假如你的目标很高或很不寻常，请不要怯于启齿。 不少东西即使你提出要求，都未必得到；连要求都不提出，就更不用说了。 你在报纸上登广告卖二手车，要价7000美元，有人会出9000美元买吗？因此，目标不要定得太低，否则你终生会做着自己不愿意做的工作。

切记，你的目标必须务实，更要清晰。 只有当你制定了目标，你才可以为这目标努力奋斗。

寻找解决问题的敲门砖

相信很多人都看过这样一则寓言故事:

有两只蚂蚁一同来到一段墙的下面,它们要翻越这堵墙,去寻找食物。其中的一只红蚂蚁毫不犹豫地向上爬,它一直坚持着,就在爬了一半的时候,因筋疲力尽而跌落下来。然而这个挫折并没有使红蚂蚁气馁,一次次跌落下来,一次次重新开始。就在红蚂蚁爬墙、跌落的过程中,黑蚂蚁认识到:翻越这堵墙苦难太大了,于是它决定另辟蹊径,绕过墙去。很快,它就来到了食物的面前。结果出人意料,就在红蚂蚁还在奋斗的时候,黑蚂蚁已经开始享受美味的食物了。

看到这则寓言,或许很多人都会觉得红蚂蚁真笨,做着无谓的坚持。其实,红、黑两只蚂蚁正好代表了职场生活中的两种人:做事一根筋,不会变通,如"红蚂蚁";带着智慧去工作，能采用积极的方法解决问题，如"黑蚂蚁"。

在职场生活中，我们都会遇到一些无法回避，却又难以解决的问题。面对这些接踵而来的问题，红蚂蚁般的末流员工，只会一味地坚持，遇到困难，不会转变思维，从另外一个角度分析问题；而一流的员工则会像黑蚂蚁一样，用自己的智慧找到解决问题的方法，最终成就事业的辉煌。

中华人民共和国成立初期，上海一家贮藏水果的冷冻厂起火，等到人们把大火扑灭，才发现有18箱香蕉被火烤得有点发黄，皮上还沾满了小黑点。无奈之下，水果店老板便把香蕉交到他的店员手中，让他低价出售这些已经被烧坏的香蕉。

当时，这名店员在最繁荣的街道上摆设了一个水果摊，当他拿到被大火烧过的香蕉之后，无论他怎么样给别人解释，都无人理睬他，可怜的店员一根香蕉也没有卖出去。后来，他不得不认真研究那些被烧坏的香蕉。他无意中发现这些香蕉只是皮被熏黑了，但是一点儿也没变质，而且经过烟熏火烤，香蕉吃起来别有一番滋味。

第二天，这名店员一大早便开始叫卖："最新进口的阿根廷黑香蕉，南美风味，全城仅此一家。"不一会儿，水果摊已经被围得水泄不通了，人们充满了好奇，但面对着皮发黑的香蕉，很多人都不敢贸然去买，都在举棋不定，持观望态度。这时，店员注意到人群里面的一位小姐有点心动了，于是他就殷勤地剥了一根香蕉送到这位年轻小姐的手中，并说道："小姐，请你尝尝，我敢保证,你从来没有尝过这样美味的香蕉。"那位小姐一尝,发现果然和别的香蕉不同。于是她率先买了一些香蕉,之后,其他人也纷纷购买。不一会儿,被烟熏黑的18箱香蕉就被抢购一空。

这就是这名店员的销售"魅力",他面对18箱被烧坏的香蕉,积极从困难中找到突破口,并利用消费者的心理,成功地将无人问津的"丑陋香蕉"演绎成了独具南美风味的"奇物",从而引起人们的抢购。在工作中也是如此,面对工作中出现的困难,如果我们只是一味地坚持向前,只怕不但困难无法解决,还呈扩大化趋势;如果能够从困难中找到突破口,并积极地将自己的创意运用到工作中,就一定能将问题完美地解决掉。

正如拿破仑·希尔所说的:"你对了,整个世界就对了。"当工作陷入僵局的时候,我们不妨换一种思维,从另外一个角度去考虑,事情也可能会变得豁然开朗。 正所谓,方法是解决问题的敲门砖,只要掌握了方法,一切问题都会迎刃而解。

美国前总统罗斯福在参加总统竞选的时候,竞选办公室为其制作了一份宣传册,里面有关于罗斯福的一些竞选信息和照片。然而就在准备分发宣传册的时候,突然传来消息说这本宣传册里的一张照片的版权出了问题,说这张照片归某家照相馆所有,他们无权使用。

这时,如果分发下去,就意味着要支付一笔巨大的版权索赔费。如果重新制作,时间又来不及。若是按照常理来说,竞选办公室应该立即派人去照相馆协调,以最低的价格,买下这张照片的版权。然而,竞选办公室却没有这么做。

竞选办公室只是通知照相馆说:"竞选办公室将在制作的宣传册中放一幅罗斯福总统的照片。目前有好几家照相馆的照片都在备选之中,而贵照相馆中的一张照片也在其中,竞选办公室决定以拍卖的方式来决定最后的照片,出价最高的照相馆将得到这次机会。"

没过多久,竞选办公室就收到了这家照相馆的竞标和支票。

面对这样一个突如其来的问题,竞选办公室通过非常路线,把原本向对方付费的问题变成了对方付费的问题。竞选办公室之所以能够把时局扭转过来,完全取决于正确的方法。工作中亦是如此,只要我们掌握了正确的方法,才能在工作中化被动为主动,将烦人的问题完美地解决掉!

方法胜过勤奋

俗话说"勤奋出天才,方法出效益",在现代企业里,恐怕由勤奋而生出的天才不在少数,但是真正用方法带来效益却往往凤毛麟角。 然而,企业的目标就是盈利,就是创收,任何一个企业都不需要一个没有效益的天才,相反却会更看重一个说不上是天才的摇钱树。 成功一定要勤奋,这是绝对没有错的。 但勤奋中也要讲究方法,只有勤奋而没有方法、没有思考,那就是瞎忙,不仅浪费时间,更浪费精力,甚至是在浪费自己的生命。 有不少员工经常抱怨没有休息时间,经常在加班,经常有忙不完的事情,但是忙来忙去又产生不了什么效率和成果。 这个时候,倒不妨停下来问问自己是不是有更好的方法能让工作进行得顺利些。

1995 年,玄彬毕业于某大学汉语言文学专业,毕业后分配到一家大型建筑企业办公室工作。但是在企业里,玄彬接触到不少涉法问题,如劳动争议处理、建筑施工合同签订、工程款诉讼等，于是心中就萌生了自学法律的远期想法。

但是，玄彬不是学法律出身，再加之在职，学习起来困难可想而知。然而，玄彬觉得只要勤奋，就能抵达胜利的彼岸。于是买来法律方面的书籍在工作之余和下班后慢慢啃起来。两年下来，不知道牺牲了多少休息时间，放弃了多少与亲人团聚的机会。

1998年，玄彬报名参加了当年的司法考试，结果名落孙山，而且分数低得可怜。但是，玄彬没有气馁，他再次捧起了书籍。2006年，司法考试报名时，玄彬再次报名，结果又名落孙山。之后，认为勤奋就能创造一切的玄彬在2007年和2008年，又连续两次落第。当时，玄彬真的死心了，他知道自己的勤奋已经无以复加了，还是没考过，那就只能说明自己头脑太笨！

就在玄彬决定放弃时，却意外地遇到了自己高中时的老师。老师对他说："别灰心，总会有方法的。"真是"听君一席话，胜读十年书"，玄彬回想了自己这几年的考试过程，除了自己死啃书本外，他什么都没想过。于是，之后他向很多人请教，并找到了一位志同道合的朋友。两人住到了一起，他们在复习的进度上基本上保持一致，互相讨论，经常切磋、交流，有时为了一个问题，常常争得面红耳赤，然后翻阅各种资料，问老师，如此多次，使得他对一些难点得以充分掌握。同时，玄彬还报名参加培训班、研究历年考试题、注意重点知识的采撷，并尽可能地参与公司里的案例。在2009年时，玄彬终于如愿以偿地通过了国家司法考试。

之后,玄彬总是爱说一句话——勤奋对于一件事情成功的孕育至关重要,但是没有方法,勤奋常常没有结果!

所以,我们要学会勤奋的思考,有方法地做事,这样才能更快取得成功;勤奋一定要有方法,只有智慧的勤奋才能卓有成效。 如果我们把工作比喻成一只小鸟,那么勤奋就是小鸟的双脚,而方法则是小鸟的翅膀。 小鸟没有翅膀也可以前进,但是很慢,如果给小鸟一双翅膀,那么它就可以飞得更高更远。

尊重你的工作

工作不仅是我们赖以谋生的手段,同时也是我们实现人生价值的舞台,只有在工作中我们才能真正体现人生的意义,才能使我们的生命感到充实。一旦我们从事了某种工作,就一定要尊重它。而工作中的方法,也往往由于尊重而产生。如果你尊重你的工作,那么你就会全心全意地对它,当工作中有了难题,你也会全力以赴,有着这样的心态,还有什么做不好的呢?

南丁格尔是世界医学护理史上一个不朽的名字,甚至带有一点传奇的色彩。直到现在,以她的名字命名的奖项,通常都是由国家最高领导人颁发,因此南丁格尔奖也成了全世界护士梦寐以求的最高奖赏。

在南丁格尔25岁那年,她决心要当一名护士,但是这个想法却遭到了家人强烈的反对。因为在当时,大多数人觉得只有生了孩子的女人才能去干护士。

但是南丁格尔并没有这样的想法,她认为护士是一个非常伟大的职业,它可以让病人感到更舒服,所以,她一直坚持自己的想法——做一名护士是值得全力以赴去工作的伟大事业。对她来说,这也是她一生最伟大的选择。然而面对家人的反对,南丁格尔也有些为难,但她最后还是想了一个不是方法的方法:她给家里留了一张字条,写道:"我始终坚信护士是一个神圣的职业,我从心里尊重它,并决定为它奋斗终生。"

就这样,南丁格尔在一片反对声中,在31岁那年终于进入了德国凯特斯劳滕护士学校,从此迈出了她作为一名护士的第一步。

1854—1856年,英、法、土耳其联军与沙皇俄国在克里米亚交战,由于当时医疗条件恶劣,英军的伤病员有50%以上死亡。南丁格尔率领护理人员奔赴战地医院,当她看到这种情况,万分焦急。但是凭着对护士工作的热爱,她想到了一个方法:健全医院的管理制度,提高护理质量,在短短数月内把伤员死亡率降至2.2%,士兵们都亲切地称她为"提灯女神"。

1860年,南丁格尔在英国建立了世界上第一所正规护士学校。她还撰写了《医院札记》《护理札记》等主要著作,这些都成为后来医院管理、护士教育的基础教材。她的办学思想由英国传到欧美及亚洲各国,南丁格尔也因此被誉为近代护理专业的鼻祖。

1901年,南丁格尔因操劳过度而双目失明。

1907年,为了表彰南丁格尔对医疗工作的卓越贡献,英国国王亲自授予她功绩勋章，她也成为英国首位获此殊荣的妇女。

对工作尊重不一定就是对某一工作从一而终，这是一种职业道德。在现代职场里，工作变动、岗位流动是正常的，人们追求更适合自己理想的工作也是正常的。然而，变化的是工作岗位，不变的是自己对每一份工作的尊重。有一些在普通劳动岗位上的员工，可能会感觉自己的工作岗位不体面，不值得尊重，从而对自己的工作产生厌恶，不仅影响工作热情，而且降低工作质量。其实，工作本身没有高低贵贱之分，无论你做什么工作，只要你能尊重它，真诚地热爱自己的工作，在不断追求工作完美的过程中追求人格的完美，就会创造一个美好的人生。

从前有一个农夫，他有一头老牛和一头骡子，两头牲畜一同负责耕作。

一天，骡子对老黄牛说："我们每天都这样低头耕地，总是被人们抽皮鞭，真是让我受不了，咱们装病休息一下吧。"

老黄牛听了，摇摇头，说："不行啊，耕地是我们的工作，你怎么能这么对待它呢？虽然耕地辛苦，但是我们可以想想别的办法呀。"

骡子听了便嘲笑老黄牛："真是傻瓜，耕地还能有什么办法呢？"

于是骡子就装病，果然被农夫带回家，还给骡子弄来新鲜的干草和谷物,好让它尽快好起来,骡子愉快地享受着一切。

到了傍晚,老黄牛从地里回到家,这时骡子早已美美地睡了一觉,看到劳累的老黄牛,骡子说:"你这是何苦呢,难道今天耕完了吗?"

老黄牛回答说:"还没耕完,但是我想到一个方法,耕地的时候靠左一点就不那么累了。"

骡子又问老黄牛:"今天主人有没有说我什么?"

"没有。"老黄牛回答道。

第二天,骡子照旧装病。老黄牛回来时,骡子又问当天耕种的情况。

"还不错,用我的方法,现在耕地快多了,再有一天就能耕完了。"老黄牛回答道。

"那主人说我了吗?"骡子又问道。

"没听清,"老黄牛说,"他只是和对面的屠夫说了很长时间的话。"

故事到这儿,结局已经可想而知了。当你对自己的工作热爱并尊重时,遇到问题你就会认认真真地想办法,最终也一定会有办法;但是当你对自己的工作不屑一顾时,就会不由自主地逃避,不仅办法想不出来,就连这份工作恐怕也不能维持长久。

把问题简单化

无论是在现实的生活中还是在实际的工作中，我们常常可以看到这样一种现象，有些人在处理日常生活或是工作中的一些事情时，总是不自觉地把简单的事情搞得很复杂，结果大大降低了做事的效率。

实际上，之所以有人把简单的问题复杂化，有人把复杂的问题简单化，主要是与个人的思维方式有很大关系，有的人一遇到事情就不由自主地往复杂的地方想，认为解决问题的方式越复杂就越好，如果不够复杂就好像不够重视一样，结果是自己钻进了"牛角尖"里出不来。这当然不是说做事情粗枝大叶就可以，而是说做事情或是工作不能总是左右延伸，上下挂钩。其实，很多事情并没有我们想象的那么复杂，试着把问题简单化，会让你的工作变得轻松很多，这才是一种大智慧。

有一次，爱迪生递给助手一个梨形的灯泡，让他测量一下这个灯泡的体积。

这名助手接过灯泡后，沉思了一会儿，然后就开始了工作，他先是用标尺测量了灯泡的各种尺寸，然后又列出了几十个复杂的数学公式，接着再把各种数据放入公式里进行计算，试图得出这个灯泡的体积。但是几个小时过去了，这名助手算来算去总是算不出结果来。他又换了不同的方法，不同的公式，但还是没有计算出来。怎么办呢？助手有点不知所措，于是他找来各种书籍，准备重新再计算一次灯泡的容积。

这时，爱迪生进来了，看见助手一片茫然的样子，觉得很奇怪，便问道："你在干什么？灯泡的体积还没有算出来吗？"

"还没有，可是我已经用了很多种方法，几乎用遍了那些体积公式，所以我打算从书中再找一些公式重新计算一遍。"助手回答说。

爱迪生无奈地看着助手说："有那么复杂吗？"

"当然了，您知道，这个灯泡是个不规则形状，它的半径就有好几个。"助手解释说。

爱迪生没有说话，他拿起灯泡，按住灯泡放入倒满水的量杯里说："这样不就得出我们所需要的答案了吗？"

助手顿时恍然大悟：原来这个问题如此简单，而自己却把它弄得这么复杂。在工作中我们总会遇到一个又一个的问题，特别是有时候老板亲自给你一个任务时，有一部分人就会错误地认为，"事情不可能就这么简单"，"老板为什么偏偏把这个任务交给我呢？"总觉得这事大有来头，于是不由自主地把事情想得很复杂。但实际的情况是，"复杂"不一定就是好事。很多时候，"复杂"都会成为累赘，甚至是画蛇添足，无谓的"复杂"只会让你忙乱不堪。所以，在工作中，我们应该学会把复杂的问题简单化，这样既能更好地解决问题，又能大大地提高工作效率，何乐而不为呢！

一个懂得把复杂的事情简单化的人，一定会生活得很洒脱、很超然。一个懂得把复杂的事情简单处理的员工，也一定工作得很轻松，很顺心。世界知名企业宝洁公司就有一项有意思的规定：一份报告的长度必须要控制在一页纸以内，而且要必须尽量做到精简。否则，你的报告是不会通过的。有人曾简单地把世界上的人分为两种：一种人总希望把复杂的问题简单化，另一种人则总喜欢把简单的问题复杂化。后者通常想问题比较复杂，但做事的效率一定会很差，因为这种人往往会把一件事弄成两件事甚至更多的事来做；而前者却总能够把复杂的事情抽丝剥茧，提纲挈领，拆分成几个简单的步骤，这样就事半功倍了。所以，对于在职场打拼的人来说，还是要学会把复杂的问题简单化，以最短的时间把事情做到最好，这才是你胜任的表现。

编排好优先次序

在工作中，我们常常会遇到各种琐事、杂事，有很多人由于没有一个良好的工作方法而被琐事、杂事纠缠，结果被弄得筋疲力尽、心烦意乱，到最后还是该做的事情没有做。有的人虽然看上去做的都是那些十万火急的事情，但却常常被"急"所蒙蔽，而落下了重要的事情，结果白白浪费了时间和精力，却收获甚微。

我们之所以会把有些重要的事情放在后面，是因为我们总是不自觉地依照某种准则决定事情的优先次序，比如我们会先做喜欢的事、熟悉的事、容易的事、花少量时间就能做完的事、已经安排好的事、迫在眉睫的事……这些也许是我们工作或做事时最容易遵循的优先次序，但很显然，这些准则并不符合高效工作的方法。因为我们工作的最终目的是要实现目标，在所有围绕实现目标而需要做的事情中，究竟哪些应该先做哪些可以延后呢？最大准则就是依照事情的重要程度来编排优先次序。

王宏从一名小职员升到公司的副总仅仅用了4年的时间，很多人对他的升职都抱着一种鄙夷的态度，都觉得他一定是由于某种关系才升到今天位置的。尤其是和王宏一起进入公司的李哲更是觉得委屈，还是在王宏第一次被升职的时候，李哲就曾经找总经理谈过，他说王宏在平时的工作中总是漫不经心，如果他要出去的时候电话响了，他都不接，但是却总是做一些不着边际的事情。但是，听了李哲对王宏的"控诉"，总经理并没有说什么，而是从抽屉里拿出了一张表格，递给李哲。李哲看了半天，但却还是一头雾水。这时，总经理拿过表格对李哲解释说："这是王宏给自己每天工作所做的分类……"

表格上，王宏画了一个坐标，横坐标是"紧迫的工作"，纵坐标是"重要的工作"，并以此划分出了四个象限，第一象限是紧迫且重要的工作，第二象限是重要但不紧迫的工作，第三象限是既不重要也不紧迫的工作，第四象限是紧迫但不重要的工作。总经理又给李哲解释说："你看，这样一划分，什么事情该做，什么事情可以不做，什么事情要先做，什么事情可以放一放就一目了然。比如：重要且紧迫的事情，比其他任何一件事情都值得优先去做，只有这部分事情得到了解决，你才有可能顺利进行下面的工作；重要但不紧迫的事情，需要你们有更多的主动性和自觉性，因为不急迫所以很多时候我们会拖延下去，直到最后才后悔当初为什么没有重视；紧迫但不重要的事情，随时随地都可能出现，如果你总是在应付这些事，那么虽然你很忙碌，但却不见成效；还有既不紧迫也不重要的事情，但却是你感兴趣的或是习惯的事情，如果你毫无节制地沉溺下去，就会浪费大量宝贵的时间。怎么样？王宏这个方法是不是不错啊？你也应该学一学，把自己每天的工作做一个分类，看看哪些事情一定要先做，哪些事情可以缓一缓，不要总是不分主次地乱干一通，搞得自己很累，但却总是没有功劳。"

李哲看着这张简单的表格，钦佩地点了点头。下班回到家里，李哲回想王宏和自己在工作上的差别：王宏做事分主次，尤其是上班后他做的第一件事，无论什么也打扰不了他；而自己却不是这样，一个电话，同事的一个请求，都会让自己放下手中的工作。看来，王宏的升职的确是必然的，他从没有耽误过重要的工作，而自己却总是被一些琐事杂事纠缠。想到这儿，李哲不再觉得自己心里不平衡了，而是从心底里感觉到王宏的确有他的过人之处。

著名的管理大师彼得·德鲁克发现，那些整天忙碌但却效率低下的人几乎把90％的时间花在了第四象限，而剩余的10％的时间又用在了第三象限。而那些工作高效的人却恰恰相反，他们把80％的时间用在了第一象限，而20％的时间用在了第二象限。这样，他们就永远都在做着重要的事情。所以，在我们的工作中不妨也拿出一小点时间来给工作做个分类，看看你的时间都花费在了哪个象限，如果是第三象限，那么你肯定每天都忙乱不堪，既没有工作效率，也没有工作效能，除了浪费时间，你将一无所获；如果是第四象限，那么你的工作效率就可想而知了，你的工作总是被别人的轻重缓急来决定，你始终被别人牵着鼻子走；如果是第一象限，那么你肯定是一个被老板赏识的人，但你每天都会很辛苦，长此以往，恐怕你会吃不消；如果是在第二象限，那么恭喜你，这才是卓有成效的个人管理的方法，虽然这些事情不是迫在眉睫，但却决定了你的生活质量、品味培养、工作业绩，等等，这样一个"做要事不做急事"的习惯，会让你工作起来驾轻就熟，并能保持良好的状态，这是最值得推荐的。

第五章

战胜悲伤,坦然面对生活中的黑暗

坚决地战胜不幸

悲伤的事情一旦发生了，就要去承认并接受它，想想应对的良策。这样做，总比整天沉浸在悲伤的氛围中更有意义。要知道："坚强"的代名词就是"勇气"，它包含了承受悲伤的勇气和果敢。

有些人在不幸发生后被悲伤情绪包围时，往往会激起否认的心理反应。这种行为，反映了人内心深处的一种逃避思想。比如，有人患了癌症后，不愿相信这是事实，老怀疑医院是不是搞错了，是不是和别人的检查结果搞混了。等检查结果被确认是自己的后，却承受不起，不愿正视现实。

在一次车祸中，阿柔残废了，无情的车轮碾断了她的右腿。原本幸福的生活，一下子被蒙上了阴影，快乐的她变得忧郁、消沉。在那阵剧烈的肉体疼痛消失后，继而便是一阵灵魂的抽搐，它深深地刺痛着她，使她在精神上背上了一个沉重的包袱。

当时，整天萦绕在阿柔脑子里的，尽是一些消极的思想：完了，这辈子算完了。一下子时空变得苍茫、昏暗，一瞬间，阿柔犹如掉进了一个冰窟，寒冷彻骨，使她深深地陷入绝望中，难以自拔。

直到有一天，阿柔被几个朋友"挟持"着拖上大街，行至十字路口，忽然看见一个身影，只见他双手握着板凳儿，一推一送地拖着他那失去双腿的身子，步履艰难地走了过来。

阿柔不由得停下脚步，望着他。当他走过阿柔身边时，他看了看她，随后对阿柔笑了笑，依然"迈着"坚定的步伐向前走去。那臂膀如此坚实，那身影异常稳健，更有那深邃的目光，透露出坚定不移的自信。

就这样，阿柔被震撼了，看着这逐渐消失的身影，她不住地沉思、自省。终于，就在这一瞬间，阿柔领悟了人生的真谛：一个人遭受不幸在所难免，回避就是逃避，只有接受不幸才能走出不幸。

逃避，永远是懦夫的行为，只会让我们自己更痛苦。不愿承认现实，否认已经存在的事实，其实是正常的心理防卫机制。但我们需要做的是，面对现实、接受现实，继而改变现实。

卢梭曾说过："人要是惧怕痛苦，惧怕折磨，惧怕不测，那么他的人生就只剩下'逃避'二字。"生活中不如意的事情很多，俗话说"不如意事常有八九"，我们一生很少能真正感到自己的生活是一帆风顺、海阔天空的。

人生际遇不是个人力量可以左右的，而在诡谲多变、不如意十常八九的环境中，唯一能使我们迎接伤痛而不被其击倒的办法，首先便是正视它、接受它。

史铁生说："对悲伤情绪先要对它说'是'，接纳它，然后试着跟它周旋，输了也是赢。"当我们在生活中遭遇不幸，最好的解决办法便是控制好自己悲伤的情绪，"迎上去"。当你有勇气面对任何悲伤的时候，也就不怕伤痛的侵扰了。所以，损失惨重的经历很可能会以你意想不到的方式给你以后的人生带来幸福和圆满。

当可怕的大灾难降临在你的生活中时，你的能力直接决定着你所能获得的成功和幸福的层次。战胜不幸的能力，是你获得成功与快乐所必须具备的基本素质之一。学会专注于自己内心真正的欲求，而不要因为外部世界的缺憾而失望沮丧。因此，你必须坚信你的命运就掌握在你手中，坚信你自己的才智和技能足以应对生活的大风大浪。一句话，你要相信自己。

与周围的世界保持和谐一致，有助于你战胜灾祸。不要让沮丧挫败感淹没了你的理性，当你面对不幸仍能清楚独立的思考时，你就能重新振作，有效化解压力给你带来的消极影响。如果你继续积极关注外界的信息，而不是自我封闭，与世隔绝，你就很可能消除挫败感。对付失望的新方法、新途径和窍门，就是收获"柳暗花明又一村"的喜悦。

从悲痛中凝聚力量

当我们在生活中遇到巨大的不幸时,与其沉浸在痛苦之中,不如化悲痛为力量,更加热情地投入工作和生活。

在常春藤联盟的大学里,一位叫杰利的年轻人在练习橄榄球,他的技巧还不足以在定期的球季比赛中踢球。但是在4年里,这个衷心付出、忠诚不二的年轻人,从未错过练球。教练对杰利的忠心耿耿与无私奉献印象深刻,同时也对他对待父亲的诚挚热爱感到惊讶。有好几次,教练曾经看到杰利和前来探访的父亲手挽手在校园内散步,但是教练没有机会与杰利谈到他的父亲或是认识他。

在杰利高年级时,赛季中最重要比赛前几天的某个晚上,教练听到有人敲门。打开门,他看到杰利,脸上充满悲伤表情。

"教练,我爸爸刚刚去世。"杰利喃喃地说,"我可不可以这几天不练球就回家?"

教练说:"我听到这消息很难过。当然,让你回家是毫无问题的。"

当杰利低声说"谢谢"并转身离去时,教练补充说:"请你不必在下星期六比赛前及时赶回来,你当然也不必担心比赛了。"

杰利点头后离开。

但是就在星期五晚上,离大赛仅数小时,杰利又再一次站在教练的面前。"教练,我回来了!"他说,"我有一个请求,可不可以让我参加比赛?"

教练原本想借着说明这场球赛对球队的重要性,来说服他放弃请求。但是,最后他却同意了。

那晚教练辗转反侧:"我为什么会对这个年轻人说可以呢?对方球队一般会赢我们三个球。我需要让最佳的球员参与整场比赛。假设开球轮到杰利,而他失误了;假设他参加比赛,而他们输了五六个球……"

显而易见地,教练不想让这个年轻人上场。这点是毫无疑问的,不过毕竟他已经答应了。

所以,当乐队开始演奏,观众兴奋吼叫时,杰利站在目标线上,等着踢开场球。

"反正球可能不会到他那边。"教练自己这么想。

"喔,不!"当开场球正中杰利怀中时,教练呻吟着。但是,未出现教练预期的失误,杰利紧紧控住球,闪开了3个冲刺的防卫,跑过中场后被扭倒在地。

处在优势的对手愣住了。那小子是谁?他甚至不在敌队的情报记录中,直到那个时候,他一年才参赛整整3

分钟。

在下半场，杰利继续激励自己的队友。最后枪响时，他的球队赢了。由于打赢了不可能的胜仗，球员休息室中闹哄哄的。教练找到杰利，发现他把头埋在手中，远远躲在角落里安静地坐着。

"孩子，刚刚在外头发生了什么事？"教练抱住他问，"你不可能打得像刚才那么好，你没有那么快、那么强壮，也没有那么纯熟的技巧。怎么回事？"

杰利望着教练，慢慢地说："你知道，教练，我父亲是盲人。这是第一次他可以看到我参加比赛。"

跳出悲伤的陷阱

人活在世间有很多无奈，就像秋叶不肯离开大树的怀抱，春花为不能永久绽放而伤心憔悴却也不得不枯萎一样，一些我们憧憬已久的美好梦想，在现实中无情地破裂。这也是命中注定，也许是我们短暂人生的必经之路，仅凭我们无力的双手是改变不了的，只有无可奈何地摇头。本来不属于我们的，也只有眼睁睁地看着它们离去。但这一切并非昭示我们前途的黑暗，也许前方不远处幸福在向你招手。

我们不能就此伤感不已。我们还要生活，还要勇敢地用微笑迎接属于我们自己的快乐。那份有缘无分抑或情深缘浅不属于自己的爱情，终究已逝去。徒劳的伤感只会让自己更痛苦。

甄珍全身心爱上了一个已婚男人，有些不顾一切，不惜和父母闹崩，离家独居。而那个男人呢，许诺的离婚竟遥遥不可及，像水中月一样，看得见却触及不到。

甄珍从21岁等到25岁了,朋友们劝她,分了吧,你有多少青春可以这样等待,还要等多久?她说,我要一直等下去。

4年的美丽青春年华里,她不平、愤懑、幽怨,在爱与恨交织的感情里进行着一场没有硝烟的战争。她会自卑,问道:难道我真的没有他老婆好,不如她漂亮、贤淑?她会神经质地穿上尽可能夸张的衣服,去酒吧喝个通宵;有时和她在街上走着走着,她会突然泪流满面;甚至她会和别人讨论各种自杀方式的利弊:她会玩消失,不向单位请假,不告诉任何人,跑到一个清静的地方玩上几天。

一个阳光的午后,朋友和甄珍在桌前吃樱桃,看鱼缸里养的小龟,朋友丢了一颗樱桃核进去,小龟马上爬过去,啃了起来,甄珍赶忙扔进一块樱桃肉进去,在小龟的眼前,小龟看也不看一眼,一味地啃着樱桃核,其实那颗樱桃核已经被甄珍的朋友玩了好长时间,一点肉也没有,小龟费力地啃着,却是徒劳。甄珍看着急说:"吃樱桃肉啊,笨蛋,放弃那颗樱桃核吧!"

小龟自费力气啃了半天,终于放弃了,转向那块樱桃肉,很欢畅地吃了起来。朋友说道:"看,放弃是多么好的一件事!"甄珍怔了怔,若有所思的神情。

没多久,甄珍和她的男友分手了,干净利落。她只是笑笑说:"我不能比小龟还笨,我也懂得放手。"到了年底,甄珍有了新的男朋友,一个斯文帅气的男孩,对她很体贴,让人很羡慕。失去了并不属于自己的爱情其实是一种幸福的开始。

也许在大师、圣人那里，坚持是一种精神，一种可贵的品质，可是在平凡的芸芸众生中，太多的坚持只能带来更多的麻烦，而放手，就能起到四两拨千斤的作用，有柳暗花明的妙处。

对于无法得到的东西，如果我们真要苦苦争取，分辨清楚，长时间陷入不良的情绪中，只是徒增伤害，而跳出来看，也许会发现别有洞天，一片新天地。

属于自己的自己要拿好了，不是自己的就不要勉强，该放手的时候就要放手，自己也轻松，别人也轻松。成全也是一种美德，成全了自己，也成全了别人。

在还没有伤到彼此的时候，请放开不属于自己的。在自己还可以去继续追寻的时候，寻找属于自己的。

人生有所得也有所失，失去的东西，其实从来未曾真正地属于你，所以不要陷入惋惜、伤感的情绪之中。已经失去的不妨让它失去，至少不再耽于等待。生命是属于你的，你应该根据自己的愿望去生活，去调整自己的情绪。

战胜孤独情绪

人的一生非常短暂,每个人都希望生活得多姿多彩,都想追求生活美满,都渴望拥有美丽精彩的人生。如果你也有这样的追求,那就千万不要让生活趋于枯燥,别让心灵孤独。

有一部名为《中锋在黎明前死去》的电影,讲的是一名著名的足球中锋队员,他曾经率领自己的球队获得过无数次荣誉。后来,一位百万富翁看中了他,并以高价聘请他。不过,这位富翁并不是让他去踢球,而是让他跟一位物理学家和舞蹈家一起,在自己的豪华别墅里作为"展品"存在,以满足其虚荣心和占有欲。离开了球场的中锋,虽然享受着优越的待遇,但整天无所事事,这让他陷入了一种无法忍受的孤独之中,最终在忧郁中死去。

这个故事说明,人是具有社会性的,离开了社会生活和人际交往，人的性格就会被扭曲变形，这是十分可怕的。因此，罗姆说过：“人之最根本的需要是克服分离，挣脱其孤独的牢狱。”

有一位心理学家认为，真正的孤独往往出现在那些与外界没有任何情感和思想交流的人身上。实质上，无论你身居何处，如果你对周围的环境缺乏了解，与外部的世界无法沟通，你就会陷入孤独的情绪当中。

战胜孤独情绪的最好办法是成熟一些，接受它并面对现实。但如果你真的寂寞难耐，不知怎么办才好，又不太习惯向他人倾诉，不妨考虑找点事做。想做什么就做什么，根据你的意愿而行，这可以帮你驱赶孤独的情绪。当你全身心地投入到自己最喜欢的事情上时，自然可以忘掉一切，再没有多余的时间来感慨孤独和无奈了。

结识几个志趣相投的朋友，并将你的喜恶感情与他们分享。

大自然是人类灵魂深处的归宿，置身于大自然的怀抱，可以心平气和、和谐愉悦。闲暇时在公园散步、慢跑或骑单车，可驱散所有压抑，重新为自己注入新的生命活力。

过度的工作量也会加重人的孤寂感，因此工作切忌过量。不少人终日只顾埋头工作，减少了与他人交流的时间，久而久之就会加重个人的孤寂感。工作并非逃避孤寂的有效方式，更好的途径可以是看话剧、听音乐会、朋友聚会等，所以请积极地面对孤寂吧！

如果你的住处邻近父母或相熟亲戚的家，就应该经常去拜访一下。因为毕竟你们有着相同的历史背景或相同的血脉，无论你身处何种境况，家人都会站在你的一边支持着你。

　　生活中，需要你伸出帮助之手的人有很多，除了金钱资助外，他们的心灵也同样需要你的关怀。选择适合自己的时间规划，参加各种义工服务，能够很好地提升你的心灵境界。

　　战胜孤独，就要走出自我封闭的状态，敞开心扉，多和别人交流，增进感情。当你感到孤独时，不妨翻开通讯录，跟远在异乡的亲朋好友联系一下，倾诉你的孤独与烦忧。

　　孤独就像是一封感染了病毒的电子邮件，时间越久，毒害越深。所以，拿出你的杀毒软件，勇敢地消灭它吧。只有摆脱孤独，你才能真切地体会到生命旅途中的快乐。

学一点自我关怀的技巧

艾琳的父亲叫莫里斯，住在他祖父在内布拉斯加州的农场附近。有一天，一把无名火烧掉了祖父的农场，祖父也被烧死在屋里。

艾琳说，火灾后，家里的每一个人都认为父亲会发疯。所有的家人都号啕大哭地谈论这一悲剧。而此时此刻，莫里斯租了一部推土机，把残破的房屋夷为平地。夜晚来临，一场阵雨熄灭了那场火。莫里斯却不去灭火，他正在埋葬他的父亲。他一分一秒地工作，任何人、任何事情都不能使他停下来。甚至他的妻子求他进屋，他仍继续地平整那块地。他的衬衫被汗水浸湿了，脸上也布满了灰沙，像是一副可怕的面具。

莫里斯的这种举动，是以一种他所特有的方式来表达悲伤。他只流泪，无须说话，只想铲平土地，不愿停下，直到断壁残墙被夷平为止。莫里斯要在埋葬他父亲的土地上耕种，但决不告诉你为什么，也不告诉别人。

为什么要这样做，他自己也不知道。但艾琳知道，她的父亲含着悲伤在做某件事，有事做总比没事做好，这或许是他所能做的最好的事。

有时候，一种不可解释的行为可能使我们的悲伤得到一种宣泄。

人们在悲伤时，往往对显而易见的事情也不会注意，求生的技巧与对生活的追求常被忽视。其实，在悲伤的时候，我们需要学会一点自我关怀的技巧，这样会让自己更舒服些。

当一个人运动扭伤了足踝时，他不能马上再去打球，潜在的、有害的活动应暂停下来，等它自然地复原。若不以扭伤的足踝来支撑全身的重量，足踝就会自然复原。悲伤的人也是如此，需要一段时间来保护与照顾自己的情绪。

一个人悲伤时最好避免接触某人或某地。一个年轻妇女在离婚过程中，如果她的父亲只会戳她受到伤害的痛处，比如说："我知道那家伙是什么人，早在12年前我就预料到你的婚姻有问题。我劝过你，但你还是不顾一切地与他结婚。"那么她就不必去看他了，何必在自己的伤口上撒盐呢？

悲伤的人不久就会发现，到处都有说"我曾告诉过你那个人存在"。当你感觉情绪不稳，谨防别人再踢你一脚。就像你扭伤了的足踝疼痛而且肿大，有人拿铁锤再敲它几下，你的脚肯定好不了。

不要辩白，也不要听电话。简单地看一下朋友寄来的信，把写得不得体的撕掉。或者你尽量避开人群。当你处于易受伤害的时期，不论做什么事你都需要学会保护自己。所有的创伤在复原时都需要有滋养性的环境。

如果你把羊圈在草场上，你不必去控制它，因为羊在广阔富饶的草地上如鱼得水。人在遭遇"不幸"后，也需要一片广阔的草地来翻滚，这样，你的情绪就不会失控！

第六章

谦虚低调是做人之本

放低姿态，飞得更高

在人生中，谁都想昂首挺胸，做人上人。可是，想归想，更重要的是面对现实。当能力不足、积累不足的时候，一定要放低姿态，不能勉强出头，否则只会以卵击石、自毁人生。要想成为一个飞得更高的人，就要在低姿态中做好准备。

有些人错误地把高傲当成了一种气质或魅力，这在为人处世中是个大忌。高傲的人会自然地把自己放在高人一等的位置，更不会以谦卑之心看人，无形中就形成了对别人的轻视，严重伤害别人的自尊心。也许你拥有一些别人所没有的长处，但正如"罗马不是一天建成的"一样，要想成功，靠单打独斗是不行的。每个人都有长处，只有懂得尊重，才能得到对方的尊重，对方才会主动帮助我们。因此，聪明的人一定会放低姿态，用谦卑之心真诚地和每一个人相处。

秦始皇兵马俑博物馆有一件镇馆之宝：一尊跪射俑。在出土、清理和修复的1000多尊各式兵马俑中，只有这尊跪射俑保存得最为完整。在未经人工修复的情况下，如果仔细观察，就会发现俑身的衣纹、发丝都还清晰可见。

这尊跪射俑何以保存得如此完整呢？其实是得益于它自身的低姿态。兵马俑坑是地下通道式的土木结构建筑，一旦棚顶塌陷、土木俱下时，高大的立姿俑自然首当其冲，而低姿的跪射俑受到的损害却很小。另外，跪射俑呈蹲跪姿，右膝、右足、左足这三个支点呈等腰三角形，完全支撑着上体，整个身体重心在下，增加了稳固性，这与两足站立的立姿俑相比，避免了倾倒、破损。因此，这尊跪射俑在经历了两千多年的岁月后，依然完整地呈现在我们面前。

其实，这与做人的姿态有相通之处。降低姿态后，能够避免出风头招致的各种危害，比如受人排挤、实力不足面临风险等，能够得到他人的善意帮助和提醒，避开各种风险，从而减少损失。

涉世不深的年轻人，习惯于张扬个性，率性而为，做事凭的是一腔热血，难以顾及后果和将来。以这样的方式表现出来的不是勇气和自信，而是鲁莽和自大，最终的结果往往是到处碰壁。涉世渐深后，一些人逐步走向成熟，开始明白了轻重，分清了主次，学会了内敛，并且能够做到少出风头、不争闲气、专心做事，这才具备了成功者所必须具备的态度。人生短暂，不要再用自己的生命去检验这个道理，以人为鉴，早日成熟，更早地取得成就。

纵观中国历史，有很多人物故事都可以成为我们借鉴的对象。越王勾践深深低下了高贵的头，以卧薪尝胆的低调姿态收回了旧山河。三国时期，刘备再三低头，从三顾茅庐到孙刘联合，每一次低头，都会迎来柳暗花明又一村的转折，也终于取得了三足鼎立的辉煌成就。从他们的例子可以看出，屈己尊人，方能孚众为王。

在人生的漫长跋涉中，我们必须学会降低姿态，这样做并不是妄自菲薄，也不是自我放弃，而是意味着谦逊、虚心和谨慎，是一种低头的智慧。著名的雕刻大师罗丹，把自己的智慧完美地蕴含在作品《沉思者》身上，这一作品引来了很多人的思考和追问。低头有沉下心做事的意味，只要埋头做事，把事情做好了，想不让别人赞美都难。

在现实生活中，只有意识到自己的不足，才能有所跨越，进而取得新的发展和进步。处世的智慧就在于能不能适时地咽下一口气，不去做无谓的坚持，其实做到这些并不是很难。当你摸到一把臭牌时，不要再希望这一盘你会是赢家，只有傻子才在手气不好的情况下，握紧手上的臭牌对自己说，只要努力就一定会胜利。

老子说过，当坚硬的牙齿脱落时，柔软的舌头却完好无损。很多时候，柔弱可以胜过强硬。学会在适当的时候，保持低姿态，不是懦弱和畏缩，而恰恰是一种聪明的保全自我的处事之道，是人生的大智慧、大境界。

漫漫人生路，退后几步，可以跳得更远。低头爬山，是为了避开仰头向后倒下去的危险，爬得更高。在待人处事的时候，要学会低姿态，给自己积蓄力量。等到厚积薄发的时候，成就也就开始慢慢得到。

把握好自信的度

一个自信的人拥有比别人更多的精力和干劲，也能够在别人的怀疑声中坚持自己，相信自己，战胜困难，走向成功。但是一个人盲目自信，表现出来的自信心超出本人的实际情况，就将演变成自大和自负。

中国人通常都喜欢谦虚的人。谦虚是一种美德，是进取和成功的必要前提，也是一个人社交成功的基础。但是由于对自信学说的盲目跟从，一些人忘掉了谦虚的意义，盲目的自大自负，自我膨胀，变得自以为是，令身边的人非常反感，人际关系也越来越糟糕。

想要赢得身边人的喜爱，每一个人都应该给自己一个正确的定位，在自信的基础上保持谦虚的美德，让自信发挥应有的魅力。

自信能给人带来能量和动力，使人们在人际交往中充满魅力。但是如果一个人过于盲目地追求自信到自我膨胀，将会变得狂妄自大，自信的魅力也将荡然无存，取而代之的是旁人的厌恶和人际关系的恶化。

自我膨胀的表现如：在工作上有点小成绩就开始目中无人，不尊重同事；生活上有了点小起色就看不起别人，对别人的生活指东道西等。

其实，人们自我膨胀只是一种自我感觉，别人并不这样看。你工作有了成绩，办事有了本事，生活有了进步，那只是你个人的东西，与别人无关。在取得成绩时可以自我欣赏，但是自我膨胀就显得愚蠢，拿自己的成绩作为炫耀的资本，往往会招来别人的反感和轻蔑。

一个卖油条的小伙子手艺出众，炸出的油条又香又脆，而且脸上总是挂着自信的微笑，每天的生意也非常红火。开始时，小伙子听了大家的赞赏总是心存感激，并会根据客户提出的建议努力改进，总能满足顾客的要求。但随着听到的赞赏越来越多，小伙子开始变得自大起来，觉得只有自己炸出的油条好吃，在平时生意中，对提意见的顾客横眉竖目，对来往的顾客也少了以前的热情。后来大家对小伙子的印象越来越差，最后来买油条的人越来越少，小伙子的生意日渐萧条，最后只得关门了。

这个故事听起来很可笑，但是细细品味，就能有所感悟。一个人如果过度自信到自我膨胀，不仅失去了自信的魅力，也会因为自大自负而招致别人的厌恶。

在人际交往中，过度自信到自我膨胀会令你失去自信的魅力，不懂谦虚的自大表现将令你人见人烦。在面对他人时，你要把握好自信的度，充满自信，但不要过度自信，更不要盲目自信，在自信的同时不要忘记谦虚，这样你的自信才充满魅力，你才能因自信博得他人的喜爱和欢迎。

自信到自我膨胀的人往往对身边的人态度高傲，觉得谁也不如自己，这种妄自尊大的心态对人际交往毫无益处。要想获得旁人的喜爱，你就要在自信中带上谦虚的美德，向人们呈现一个自信且谦虚的你，这样你才受人喜爱且受人崇敬。

19世纪法国有一位名叫贝罗尼的有名画家。有次他去瑞士度假。一天他来到日内瓦湖边写生，旁边来了三位女游客，她们一边看一边对贝罗尼的画指手画脚，一会说这里不对，一会又说那里不好。贝罗尼在听完后，经过思考把不好的地方一一都改了过来，在离开湖边的时候还很谦虚地对那三位女游客表达了谢意。

第二天，他又来到湖边写生，恰巧又碰到了那三位女游客。三位游客也认出了他，随后就与他攀谈起来："先生，我们听说大画家贝罗尼也在这里度假，而你也是画家，请问你认识他吗？知不知道他在什么地方？"贝罗尼听后朝她们微微弯腰后说："谢谢您的赞誉，不敢当，我就是贝罗尼。"三位游客听后都大吃一惊，最后都不好意思地离开了。在此之后，贝罗尼就给人们留下了一个谦虚的印象，而他本人也因为谦虚在绘画路上取得了更大的进步。

(1) 谦虚不等于自卑

谦虚指不自满,肯接受批评,并虚心向人请教。为人虚心,不夸大自己的能力或价值,但并不代表自己没有能力和价值。在取得成功后,要给自己一个准确的定位,要认清自己的位置,在谦虚的同时,也要肯定自己的能力,抱着这样的想法才能够更好地认清自己,提升自己。

(2) 谦虚有度

谦虚要有度,过于谦虚容易给人虚伪的感觉。一个为人真诚,做事认真的人,总是会获得大家的好感,而一个虚伪、不真实的人,就难以博得他人的信任,甚至让人厌恶。所以谦虚也要有个限度,适当地表现你的谦和与虚心,才能让身边的人更敬重你。

(3) 尽快为自己制定更高的目标

在取得一些成绩后,要尽快为自己制定一个更高的目标,避免自己过久沉浸在过去的成功之中不能自拔。为自己尽快制定更高的目标,这样不仅有利于思想的转移,而且还能有效避免自己沉溺于成功中不能进步。

谦恭做人，勤勉做事

晋武帝咸宁三年，黄帝封羊祜为南城侯，羊祜坚辞不受。羊祜每次晋升，常常辞让，态度恳切，因此声名远播，朝野上下都对他推崇备至，认为其应居宰相之位。羊祜历职二朝，掌握机要大权，却从不钻营权势，不向他所推荐而晋升的人邀功。他筹划的良计妙策和议论的稿子，过后都焚毁，世人不知其中的内容。有人认为羊祜过于缜密，他说："这是什么话啊！古有的训诫：入朝与君王促膝谈心，出朝则佯称不知，这我还恐怕做不到呢！不能举贤任能，有愧于知人之难啊！况且在朝廷签署任命，官员到私门拜谢，这是我所不敢的。"

羊祜平时清廉俭朴，衣被都用素布，得到的俸禄全拿来周济族人，或赏赐军士，家无余财，临终都不让把南城侯印放进棺柩。其外甥齐王司马攸上表陈述羊祜妻不愿按爵级别殓葬羊祜的想法时，晋武帝便下诏说："羊祜一向谦让，志不可夺。身虽死，谦让的美德却仍然存在，遗操更加感人。这是古代伯夷、叔齐之所以被称为贤人，季子之所以保全名节的原因啊！现在我允许恢复原来的封爵，用以表彰他的高尚美德。"

羊祜无疑是成功的，上至国君，下至黎民百姓，都对他表示敬佩。羊祜的参佐们赞扬他，位尊而谦恭。谦恭做人是一种智慧，更是强者一种行走社会的锐利武器。稻穗因其丰满而低首，大海以其最低成就伟大！谦恭的人往往会在静默中高高站立。所以，为人处世要懂得谦恭，放低姿态，勤勉做事，这样才能得到人们的尊重。

古人云：圣者无名，大者无形。人之圣，其名奄奄乎成其道；天之大，其形浩浩乎成其理。遁其名，隐其形，方为至圣，方为至大，方为永恒。

有人说：美德当不了饭吃。在这个一切讲究实际的社会里，那种"迂腐"的道德品质反而会让自己吃亏，这其实是一种短视之见。真正有眼光，会办事之人，无论是发自内心还是故意表现，都会把温良、谦恭等美德作为自己的处世工具，用以弥补自己的先天不足。

三国时期，刘备与其劲敌曹操的评价完全相反。不过，若从个人能力上来观察，刘备是一个无能之辈。曹操参战的获胜率为8成，而刘备只有2成，可以说是败多胜少。结果曹操顺利地扩充势力，而刘备却时沉时浮，举兵二十余年毫无建树。

既然如此，曹操为何将能力远不如己的刘备视为最强的对手呢？根本原因在于刘备拥有一种足以弥补个人能力不足的秘密武器，这种武器不是别的，是"德"。

譬如有名的"三顾茅庐"的故事，刘备为了寻求人才，请卧龙出山，不惜三次亲躬到诸葛亮的茅庐去请他。当时两人的地位相差悬殊，刘备虽在争霸中不太顺利，但也颇有名望。且刘备当时已年近五十，而孔明却是二十岁出头的无名小卒。刘备竟然会特地地三次亲躬隆中造访孔明，及至在孔明应允之后，又马上将全部作战计划等国家大事都委任于他。这实在是最彻底的谦虚态度及深切的信赖。

不仅对孔明一人如此，刘备对其他的部下也是这样。

比如，当赵云从敌人重围之中冒着生命危险救出太子阿斗之后，刘备不是像常人那样欣喜若狂，而是生气地将阿斗扔在地下，感叹地说："几乎因为你折损了一员大将。"这种举动，又怎能不使部下感动而誓死效忠呢？

刘备临终，曾经留给后主刘禅一封遗书来训诫他，其中有"唯贤惟德，能服于人"两句话，"贤"指聪明，"德"指仁德，德可谓人之所以为人的魅力所在。如果在位者缺少贤德，便无法推动臣下。刘备又说："你父亲是一个缺少贤德的人，你千万不要像我一样。"刘备自谦地认为自己没有贤德，实际上正好相反。刘备晚年终于建立了自己的势力范围，这种成就与其说是刘备自己的才智所获，不如说是来自部下们的奋斗更为恰当。像孔明、关羽、张飞、赵云等人甚至可以为了刘备赴汤蹈火而在所不辞，他们之所以这样的忠心耿耿，完全是因为刘备所具有的德的手腕，即温良、谦恭、以及对他人的信赖感。温良谦恭是作为一种内在道德修养的外在表现，既是做人之德，也是做事之器。我们常可以在生活中见到那么一种人，他们态度蛮横，行为霸道，恨不得将所有的好东西都据为己有，但结果他们又真正得到什么呢？而有着温、良、恭、俭、让这五种美好品德的人，虽然他并未成心有意去索取，但上天并不负于他，那些理应属于他的，以及他所配得到的东西，都会尽其所用，伸手可及。

朱熹《朱子类语》中有云："圣人之德无不备，非是只有此五者。但是此五者，皆有从后谦退不自圣之意，故人皆信而乐告之也。"所言极是。

谦虚是另一种自我肯定

古罗马大哲学家西刘斯对于成功有着独到的见解,他说:"想要达到最高处,必须从最低处开始。"这对于想要追求成功的年轻人是一个相当不错的建议。

目前,有不少刚刚走出校门的大学生,自视甚高,以为有知识有文化,应该成就一番大事业。他们没有一丝奉献精神,满心都是以索取为目标。他们忽略自己已经得到的,仰首期盼更高更远的东西,对现状也越来越不满意。

有一位名叫丹奴的年轻人,长久以来,他被内心的不满和失衡深深地折磨着。一次,他在和同伴尼尔一起乘船出海时,突然豁然开朗,明白了生活的真谛。

尼尔的父亲是一位老渔民,几十年来以打鱼为生。他在渔船上从容不迫地撒网捕鱼,吸引了丹奴的注意,两个人聊了起来。

丹奴问:"每天你要打多少鱼?"

老渔民说:"打多少鱼并不是最重要的,关键是只要不是空手回来就可以了。尼尔上学的时候,为了缴学费,不能不想着多打一点。现在他也毕业了,我也不奢望打多少了。"

年轻的丹奴陷入了沉思,他看着无边无际的大海,突然想听听老人对海的看法。他说:"海是够伟大的了,滋养了那么多的生灵……"

老渔民说:"那么你知道为什么海那么伟大吗?"

丹努表示愿意听他讲下去。

老渔民接着说:"海之所以能装那么多水,是因为它的位置最低。"

位置最低!丹努突然明白了,原来大海是以其位置最低成就其伟大的!老人之所以能够从容不迫,知足常乐,正是因为能够把要求放得很低。

现在有很多年轻人陷入迷茫和抑郁的情绪中不能自拔,就是因为不能摆正自己的位置,常常被得失成败所困扰,最要命的是他们过高估计自己的能力,经常为自己的一点成绩而沾沾自喜,夜郎自大。

很多人不明白,把自己的位置放得低一些,立足现实,站稳脚跟,然后一步步攀登,才能更快更稳地到达顶峰。

要想真正把自己放低,谦虚做人是我们时时刻刻都应该注意的。

很多人将谦虚理解成不自信的表现,其实谦逊并非自我贬低、自我否定,而是另一种自我肯定,相信自己为人的正直与尊严。谦逊是成功与失败的融合，既有我们对于过去的失败的认识，也有对于现在的成功的期许。我们内心追求成功，但是却不能被成败得失支配。

谦逊具有平衡作用，让我们正确认识自己，既不让我们凌驾于别人之上，也不让我们过分看低自己，小看自己的实际水平。谦逊是一种宁静的心态，使我们不致受往日失败的拖累，也不致因今日的成功而张狂。谦逊是情绪的调节器，使我们保持自我本色，平静地看待得失成败。

是否谦逊也能显示出一个人品行的高低。让我们从一件不经意的小事上显现出真正的伟大与渺小，以及他所具有的实际水平。托马斯·杰斐逊是美国第三任总统，曾在1785年担任驻法大使。当他去拜访法国外长的时候，他的谦虚有礼为他赢得了肯定和赞赏。在外长的办公室里，外长问他："您代替了富兰克林先生？"杰斐逊镇定地回答说，"是接替他，因为没有人能够代替得了他。"杰斐逊一直以谦逊、仁和的姿态出现在公众的视线中，给人们留下了深刻的印象。除了他以外，爱因斯坦和甘地等伟人也都是谦逊为怀者。他们都是生活的强者，对自己的知识、目标都充满了自信心，但是并不过高地看重自己和自己所拥有的一切。

相反，那些自以为是、不懂得放低身段的人常常夸夸其谈，却是真正没有实力和缺乏自信心的表现。

做低调的成功者

人们常用锋芒毕露来形容一个过于自信和表现的人。锋芒本意是刀剑的尖端,就像人们显露出来的才干。没有锋芒的人,有时会被看作是无能和软弱的。应该说,有锋芒是好事,是个人立世的前提,事业成功的基础。但任何事情都是两面的,锋芒可以显示出能力,也会彰显出杀气,因此,应该小心谨慎对待自己的锋芒,发挥出它的作用。

现在是一个追求个性张扬的时代,有自信、有能力是一件好事。但是不可否认,当你处事不留余地,咄咄逼人,有十分的才能与聪慧,就十二分地表现出来,把个性发挥到极致的时候,并不那么受欢迎。这样的个性会让你在人际交往中吃尽苦头。

大学生小舟一毕业即分配到某矿务局工作,可以算作是一个幸运儿了。可是他并不知足,刚来就对单位这也看不惯,那也看不顺。未到一个月,他就按捺不住张扬的个性,给单位领导上了洋洋万言的意见书,上至单位领导的工作作风与方法,下至单位职工的福利,一一列举了现存的弊端,提出了周详的改进意见。本来这样做是出于好意,既是为了帮助企业发展,也是为了突出自己的能力。但是事与愿违,他的意见书不仅不被采纳,还被单位掌握实权的领导视为"自大狂"乃至"神经病",同事对他也都敬而远之。无奈,他只好离开了这个单位。随后的两年内,他个性依然如此,频频跳槽,而且是一个比一个更不如意,他对工作和生活牢骚更甚,意见更多,却从来没有想过自己的问题。

可以说,小舟是典型的锋芒毕露者,应该说他是很有能力的,但是却不知道该如何发挥这样的能力,因为他不懂得与人交往的规范和尺度,不懂得如何保全自己,施展才华。这一类人也许会在一次次碰壁之后发现自己的不足,同时也一次次地失去唾手可得的发展机遇。随着时光的流逝,这种人往往不是因拥有锋芒而走向成功,而是在一次次打击中被逐渐磨去了锋芒,成为毫无棱角的钝器,他们离成功只能是越来越远了。

很多年轻人都会在初入职场的时候犯下类似小舟的错误。这样的错误虽然并不严重,但却足以让一个风华正茂的年轻人陷入被"雪藏"的境地,很长一段时间不能施展才华、打拼事业。所以,有些过失是不可弥补的。应该多从别人身上吸取教训,让自己的道路走得更加通畅。

如何巧妙地将自己的锋芒隐藏起来,也是一门精深的学问。

世界"时尚之都"巴黎一直以浪漫著称,满城的鲜花也是它的特色。巴黎每天都以她的美丽和古老的欧洲文明迎接着来自世界各地的游客。

一位来自美国的阔太太在这座城市游览,被城市里美丽的鲜花和园艺设施所折服。她漫步在林荫道和草坪中,忽然看见一位老园丁正在一丝不苟地打理花园的草木。阔太太在美国有一座私人花园,一直找不到称心如意的园丁来打理。她想,这位法国老头儿真是百里挑一的好园丁。在美国恐怕出高价也很难找到,现在既然有幸碰上了,一定要聘请他到美国去。

于是她找到这个老头儿,承诺可以给他高于法国三倍的工资,邀请他到美国去做她的私家园丁。为了说服老头儿,这位阔太太又把美国狠狠地吹嘘了一番。仿佛遍地是黄金,外国人去了人人都能发财。

"夫人,"老头儿很有礼貌地回答说,"真是不巧得很,我还有另外一个职务在身,一时离不开巴黎。"

"不管是什么工作,你统统辞掉吧!我都会给你补偿的。你除了园丁,还兼职干什么工作呢?是兼营副业?是送牛奶还是养鸡?"

"都不是,"老头儿微笑着说,"我希望人们下次不要再选我,我就好来接受你给的美差了。"

"选你做什么呀?"

"选我当……"

"你是……"

"我就是安里,我这个园丁兼着市长。"

堂堂一位市长,竟然将自己该有的大人物的锋芒藏得如此滴水不漏,真不得不为他表示赞叹。

锋芒毕露的结果通常不能给自己的成功加分,反而会把自己逼到绝路上去,因为锋芒毕露时,不仅把自己的优势显现出来,同时露出的还有自己的劣势。所以,一位低调的成功者首先应该学会的就是隐藏自己的锋芒。

深藏不露是聪明之举

《红楼梦》中的薛宝钗不仅是公认的美人，也被认为是大观园中最会做人的女子。她八面玲珑，处处讨巧，却又不像王熙凤那样锋芒毕露，招人怨妒，其中懂得"藏拙"是她做人的成功之处。生活对人的要求是复杂的，一方面，我们必须要有真本事才能在社会立足，另一方面，有了真本事又不可轻易外露，以免招致嫉妒和打压。要想自己的才华得以施展，并不是到处张扬自己的本事，而要懂得适时地展现自己，发挥才干。

社会上有一个有趣的现象，就是真正富有的人往往十分低调，不愿意露富，而那些大讲排场、办事铺张的人未必是真的有钱。因为聪明的富人有着强烈的自我保护意识，以免被人妒忌陷害。因此，一个真正有本事又足够聪明的人也应该懂得要将自己的本事藏起来。

河南省有一位闻名遐迩的武术教练，由于他培养的许多弟子都在武术界有所建树，因此不断地有慕名而来找他拜师学艺的青年。由于年迈体弱，老教练在60岁后，退出了专业教练的职务，可是依然有许多热爱武术、渴望成名的年轻人前来拜师，令他不厌其烦。

老教练以身体不适的原因谢绝所有前来拜师的学生，因此他得罪了几家邻居，连他的一个亲侄子也不理他了。不得已他花钱租用一间体操练习房，办了一个二十人的学习班，可这根本满足不了需求。每到上课时间，他根本上不了课，这间体操房里外都是人，而且他们家在半夜以前总有电话声，拿着朋友书信拜访的人，拎着礼物来拜师的人，揣着钱前来要求学武的人熙熙攘攘不断，他根本无法休息。

无奈，他只有采取躲的方式摆脱这种困境，他匆匆地搬了家。可是依然躲不掉满心狂热的拜师者，不断有人按图索骥找上门来。而且几个老朋友纷纷责怪："怎么搞的，我们家的电话成了找你的寻呼台了，整天电话声不断，烦死人了。"

为了彻底避开前来拜师的人，老教练决定回老家山东隐居起来。可好景不长，不到一个月，老教练又被找到了。一天，老教练与老伴在花园遛弯儿，猛然有四名青年跪在老教练面前拜师，老教练又惊又气，昏迷了过去。四个青年连忙打车将教练送医院。经过医生诊视，老教练并无大病，只是一时惊诧所致。后来，这四个青年被打发走了。可是，只要老教练依然健在，像他们这样的青年今后还会再次找上门来。

老教练的苦恼我们体会不到，但是俗话说，"人怕出名猪怕壮"。我们常常看到名人人前的风光无限,但是他们的不自由和无奈是我们看不到的。因此,适当的隐藏能够帮助我们避免许多不必要的麻烦。

  小王大学毕业后被分到一家研究所,从事标准化文献的分类编目工作。他是科班出身,认为自己比其他同事更专业,更有能力。刚上班时,领导非常重视他,摆出一副"请提意见"的虚心姿态,让他一度受宠若惊。于是他鼓足干劲,认真调研,立马对工作提了不少意见,领导表示非常满意,群众也没人反驳。很长一段时间,小王都沉浸在自己的"成就"当中。可是他的意见并未得到实施,一年中,领导竟没给他安排什么具体工作。

  正当他摸不着头脑的时候,一位同情他的"阿姨"悄悄对他说:"年轻人,我当初也同你一样,为了发展,你还是换个单位吧!因为在这儿你已经把所有的人都得罪了。"小王无奈,一段时间后,他调走了。令他不解的是,领导在他走的时候还说:"太可惜了!我真不想让你走,我还准备培养你当我的接班人哪!""太可惜"这三个字的意思是什么,小王至今都百思不得其解。

  深藏不露是聪明之举,但是很多人并不了解其中的奥妙,尤其是初入社会的年轻人,他们都鼓足干劲,力争上游,恨不得使出全身力气去拼一个未来,又怎么会懂得将聪明和本事适当地藏起来呢?他们往往会在团体中表现得太拔尖、太露骨,为此而遭受一些人的嫉恨,陷入了"众口铄金,积毁销骨"的被动境地而不自知。

第七章

改变思维，你能把握的就是你自己

脑子里多装个"为什么"

很多事，只要我们多问，就不会在行动中失去方向，走上歧途；而只有在多问的基础上，我们才能获得思考带来的益处。

丰田汽车工业公司总经理大野耐一认为，他之所以能发明"丰田生产方式"，根本原因在于他从不满足，善于"在没有问题中找出问题"。在世人看来，"不满足现状"总是不好的，但在丰田工厂里却有一个口号："不满足是进步之母。"丰田工厂鼓励员工对现状不满，但要求把这个不满足同改革结合起来，而不是和牢骚结合起来。大野本人就是个善于从不满中发现问题，并加以改进的人。大野曾总结他发现问题的秘诀，在于凡事要问5次"为什么"。

有一次，生产线上有台机器老是停转，修了多次都无效。大野就问："为什么机器停了？"

工人答："因为超负荷，保险丝烧断了。"

大野又问:"为什么超负荷呢?"

答:"因为轴承的润滑不够。"

大野再问:"为什么润滑不够?"

答:"因为润滑泵吸不上油来。"

大野再问:"为什么吸不上油来?"

答:"因为油泵轴磨损,松动了。"

这样,大野还不放过,又问:"为什么磨损了呢?"

答:"因为没有安装过滤器,混进了铁屑。"

于是。大野下令给油泵安上过滤器,终于使生产线恢复了正常。倘若不是这样打破砂锅问到底,只满足于换一个保险丝,或者换一下油泵轴,过一阵仍会出现同样的故障。大野说:"丰田生产方式就是积累并运用这种反复问5次'为什么'的科学探索方式才创造出来的。"

"多问几个为什么",虽说是老话重提,对于我们从表象推向问题的深层本质却是行之有效的纵向思考方式。

纵向思维就是要问"为什么",实际上"为什么"这三个字表达了一种深入开掘的欲望。很多时候,对那些寻常的事物,我们自认为很熟悉,想不起要问个"为什么",殊不知,事物的真实本质和改变创新的机遇,往往就隐藏于对寻常事物再问一个"为什么"的后面。

我们主张进行积极的思维活动,不管遇到什么问题,都要多问几个为什么。当你恰到好处地利用纵向思维这把开启脑力的钥匙后,整个世界也就为你敞开了大门。

打破惯性思维

古罗马侍奉的门神雅努斯有两个面孔,可以同时注视正反两个不同的方向,又被誉为两面神。雅努斯只要站在门口,就可以同时朝里看和朝外看。雅努斯给人们更深刻的启示意义在于从两个不同的角度或正反不同的方向去认识事物,能更全面地把握事物的本质。故后人称雅努斯为逆向思维之神。

巴黎的一条大街上,住着三个不错的裁缝。因为离得太近,生意上的竞争非常激烈。为了压倒别人,吸引更多的顾客,裁缝们纷纷在门口的招牌上做文章。一天,一个裁缝在门前的招牌上写上了"巴黎城里最好的裁缝",结果吸引了许多顾客光临。看到这种情况以后,另一个裁缝也不甘示弱,第二天,他在门口挂出了"全法国最好的裁缝"的招牌,结果同样招揽了不少顾客。

第三个裁缝非常苦恼,前两个裁缝挂出的招牌吸引了大部分的顾客，如果不能想出一个更好的办法，很可能就要成为"生意最差的裁缝"了。但是，什么词可以超过"全巴黎"和"全法国"呢？如果挂出"全世界最好的裁缝"的招牌，无疑会让别人感觉到虚假，也会遭到同行的讥讽。到底应该怎么办？正当他愁眉不展的时候，儿子放学回来了。当他知道父亲发愁的原因以后，笑着说："这还不简单！"随后挥笔在招牌上写了几个字，挂了出去。

第三天，另两个裁缝站在街道上等着看第三个裁缝的笑话，事情却超出了他们的意料。因为，他们发现，很多顾客都被第三个裁缝"抢"走了。这是什么原因？原来，妙就妙在他的那块招牌上，只见上面写着"本街道最好的裁缝"几个大字。

传统观念和思维习惯常常阻碍人们创造性思维活动的展开，逆向思维就是要打破固有模式，从现有的思路返回，从与它相反的方向寻找解决难题的办法。常见的方法是：就事物的结果倒过来思维，就事物的某个条件倒过来思维，就事物所处的位置倒过来思维，就事物起作用的过程或方式倒过来思维。

面对一个棘手的问题，当我们顺着某一个思路不能解决的时候，不妨换一个思路，沿着事物发展的相反方向，用反向探求的思维方式对事物进行逆向思考，也许就会"柳暗花明又一村"。养成逆向思维的好习惯，可以提高解决问题的能力，也能够激发大家的创造力。

利用集体的智慧

水击产生涟漪,石击产生火花。思想与思想的碰撞会激发新的思想,智慧与智慧的碰撞会启发新的智慧。

有一年,美国北方格外严寒,大雪纷飞,电线上积满冰雪,大跨度的电线常被积雪压断,严重影响通信。过去,许多人试图解决这一问题,都未能如愿以偿。后来,电信公司经理应用奥斯本发明的头脑风暴法,尝试解决这一难题。他召开了一种能让头脑卷起风暴的座谈会,参加会议的是不同专业的技术人员,要求他们必须遵守以下原则:

首先,自由思考。即要求与会者尽可能解放思想,无拘无束地思考问题并畅所欲言,不必顾虑自己的想法或说法是否"离经叛道"或"荒唐可笑"。

其次,延迟评判。即要求与会者在会上不要对他人的设想评头论足,不要发表"这主意好极了""这种想法太离谱了"之类的"捧杀句"或"扼杀句"。至于对设想的评判，留在会后组织专人考虑。

再次，以量求质。即鼓励与会者尽可能多而广地提出设想，以大量的设想来保证质量较高的设想的存在。

最后，结合改善。即鼓励与会者积极进行智力互补，在增加自己提出设想的同时，注意思考如何把两个或更多的设想结合成另一个更完善的设想。

遵照这种会议规则，大家七嘴八舌地议论开来。有人提出设计一种专用的电线清雪机；有人想到用电热来化解冰雪；也有人建议用振荡技术来清除积雪；还有人提出能否带上几把大扫帚，乘坐直升机去扫电线上的积雪，对于这种"坐飞机扫雪"的设想，大家心里尽管觉得滑稽可笑，但在会上也没有提出批评。相反，有工程师在百思不得其解时，听到用飞机扫雪的想法后，大脑突然受到冲击，一种简单可行且高效率的清雪方法冒了出来。他想，每当大雪过后，出动直升机沿积雪严重的电线飞行，依靠高速旋转的螺旋桨即可将电线上的积雪迅速扇落。他马上提出"用直升机扇雪"的新设想，顿时又引起其他与会者的联想，有关用飞机除雪的主意一下子又多了七八条。不到一个小时，与会的10名技术人员共提出90多条新设想。

会议结束后，公司组织专家对设想进行分类论证。专家们认为设计专用清雪机、采用电热或电磁振荡等方法清除电线上的积雪，在技术上虽然可行，但研制费用大，周期长，一时难以见效。那些因"坐飞机扫雪"激发出来的设想，倒是大胆的新方案，如果可行，将是一种既简单又高效的好办法。经过现场试验，发现用直升机扇雪真能奏效，一个久悬未决的难题，终于在头脑风暴会中得到了巧妙地解决。

俗话说，三个臭皮匠，顶个诸葛亮。一个人的智慧不够用，两个人的智慧用不完。集体的智慧无穷尽，集体的大脑是智慧库、思想库。在思维的领域中，一加一大于二，大于三，我提出一个思想，你提出一个思想，你增加了一个思想，我也增加了一个思想；你提出一个办法，我提出一个办法，你想起了许多新的办法，我也想起了许多新的办法。利用集体的智慧，在会议上通过互相交流、启发和激励而产生新思想的方法，这就是头脑风暴法。

头脑风暴法在使用过程中应遵守如下原则：

（1）庭外判决原则。对各种意见、方案的评判必须放到最后阶段，此前不能对别人的意见提出批评和评价。认真对待任何一种设想，而不管其是否适当和可行。

（2）欢迎各抒己见，自由鸣放。创造一种自由的气氛，激发参加者提出各种"荒诞"的想法。

（3）追求数量。意见越多，产生好意见的可能性越大。

（4）探索取长补短和改进办法。除提出自己的意见外，鼓励参加者对他人已经提出的设想进行补充、改进和综合。

敢于冒险

一直躲在战壕里的人是一点也不够刺激的。伸出你的头看一看，你会有完全不同的感受。是的，只要你把头抬高一点，你的事情再也不那么难办成了。

美国青年创业训练营每年都要招训成千渴望成为领导人物的青少年。这些青少年时时接受这样一句忠告："接受困难，勇于冒险。"

训练营中经常弥漫着一股尖锐的杀伐之气。这些青少年在种种场合中个个都想出人头地，崭露头角。棒球赛、跳水比赛、爬杆比赛，就像上心理课程一样，紧张刺激而全神贯注。老师们把课程排得非常紧凑而有趣。每一周都举行余兴节目，每一个人都要学习如何表现自己，怎样使他们感到快乐，把握自己的个性使它能吸引众人，一定争取最能够领导而又最能影响别人的机会与地位。在这样一个自励过程中，所有青年都在尽心尽力地表现自我、发展自我。来这里受训的学员能体验到生命的各个方面都充满趣味。还有什么地方更能让男孩子或女孩子体会到生命的新境界呢？训练营的格言是："随时随地，表现自我，倾尽心力！"随着训练项目的开展，他们尽其所能地生活着，光荣地完成训练。

对一个奉献自己的人来讲，生活是一项光荣的冒险事业。 一早从床上跳下来就充满着战斗力，面对可能使你沮丧的人或环境，那你是走在胜利的路上了。 因为只要你肯于对问题采取积极的态度，你的事情就已经解决了一半。 只要你使出更大的心力，胜利就会提早来临。

你也许会问，如何冒险？第一点是你要承认积极进取的生活可以改变人生整个的面貌。 大多数人都是忧虑、恐惧的牺牲者：怕生病、怕过苦日子、怕失去现有职业、怕失败。但你必须了解勇气之中就含有忧虑和恐惧成分，主要重点在于如何去克服它。 当你敢于向忧虑和恐惧进攻，那就说明你已经控制了忧虑和恐惧，不再为其所控制了。

人为什么要冒险？因为你不冒险就永远不会有胜利。 每一个人心里都希望自己成为某种人物，能达到某种境界。 问题出在大家坐等机会来临，机会是不会光临守株待兔的人的，只有进取的人才能抓到机会。

冒险首先要求的是勇敢精神，但不是盲目冒险。 成功者首要的是目的明确，在目标召唤下勇敢地去做、冒险地去做。

你需要改掉的是一整套的习惯。 首先，遇到有小事要决定的时候，练习"快动作"。 譬如说，决定看哪一部电影，写什么信，要不要买某一件外套。 电影只用五分钟决定，写信花一小时，买外套花二三小时。

强制自己在某一时限内做决定,决定好了就不要改变,不要写了信又撕掉,买了外套又退回店里。或许会觉得做这件事太莽撞,太不顾虑后果,这种想法正是问题真正所在。事情过了几天,说不定会意想不到地对自己的决定感到满意。

当然比较重大长远的事不能如法炮制,不要在有限的多少小时或分钟之内迅速决定婚姻、生子、投资之类的问题。不过,平时多采用快动作,可培养面临重大事项时的决断力。

许多画家就是以这个方法给自己实现求新及犯错的机会,譬如画一张平面立体感的画,三分钟内完成,假如效果好,自然很不错;假如不好,也可免得自以为完美无缺。要求永远不犯错,正是什么也做不成的原因。就好像一封信始终不写因为还没想到恰当的措辞,万一永远想不起来,不是永远也写不成了吗?

在这里应当说,冒险精神不是探险行动,但探险家的行动必须拥有足够的冒险精神。所以,郑和下西洋、张骞出使西域、哥伦布发现新大陆、麦哲伦环球航行,都具备人类最伟大的冒险精神。没有这一点,成功与他们无缘。

美国人哈默18岁接管父亲的制药厂,22岁就成为全球瞩目的大亨,其成功奥秘之一就是具有足够的冒险精神。比如他和苏联做生意,当时是1921年,苏联刚打完仗,接着年成不好闹饥荒。哈默听说列宁实行新经济政策,鼓励外商投资。当时西方世界对这个红色国家充满魔鬼般的恐惧，没人敢问津，但哈默却跃跃欲试。他先和列宁做粮食生意，觉得列宁挺好，各取所需，哈默赚了一笔。后来他又果敢地在苏联投资办企业。哈默一生商业成就为人称赞，而他在苏联的冒险成功尤其值得称道。

应当牢记的做事情之技：大多数人都喜欢走容易之路，找到捷径，这样可以节省些力气。精神与肉体都懒散的人就不喜欢改变现状，不过他们也从来没尝到过胜利的狂喜。

勇于改变规则

如果你能找到一种办法来改变游戏规则,让游戏规则来适合你而不是适合你的竞争者,那么这种变化就会赋予你一种独特的优势。

20世纪90年代早期,苹果公司推出了一种新兴的技术——手写辨认。你在屏幕上写字,软件就会辨认你写了什么。遗憾的是它做得还不够好。事实证明,让软件来辨认不同人的字迹非常困难。几家其他的公司尝试后均以失败告终。掌上电脑公司(Palm)改变了规则。它用一种称作涂鸦的特殊文本输入技术实现了创新。不是让掌上电脑(PDA)学会辨认你的字迹,而是你必须知道字迹的涂鸦风格,然后所有一切都变得很简单了。与计算机相比,人类的适应能力与学习能力更高。

海因茨在他的西红柿酱汁中遇到了一个问题。这种酱汁过于稠密,这使得酱汁流出瓶子的时候速度很慢,顾客们必须用力摇晃瓶子才能使酱汁流出来,而竞争者的酱汁很容易就能倒出来。处于海因茨这种状况的许多公司都努力使他们的酱汁减少黏性。但是海因茨找到了一种不同的方法。公司对这个问题进行了思考,从缺点中找出了优点。它改变了广告手法,对酱汁流出速度慢做了强调,暗示快速流出的酱汁其质量一定不高,它还使为取出酱汁而敲击瓶底看起来非常的酷。随后他提供了可挤压的塑料瓶装的酱汁,这样你就可以选择可挤压的塑料瓶或者是选择敲击玻璃瓶子。

你会怎样开始着手于找到一种新的体育运动的挑战呢?你可以从一张白纸开始,写下各种古怪的念头。一个不同而又可能有效的方法是从一种现有的游戏开始,看一看如果你一条一条地打破游戏规则会发生什么情况。足球比赛的一条规则是不能用手。正是大胆打破了这条规则才导致橄榄球比赛的出现。橄榄球比赛的一条规则是不能向前传球。正是大胆打破了这条规则才导致美国足球比赛的出现。再拿网球比赛来试一试,如果场上有三个队员会出现什么情况呢?如果球不是被猛击出线而是可以弹回来重新比赛会出现什么情况呢?如果中间没有网会出现什么情况呢?如果没有球拍会出现什么情况呢?如果球不能弹起来会出现什么情况呢(像羽毛球一样)?你很快就会看到每条规则被打破后都会诞生一项新的体育运动,其中一些与壁球、拍球游戏、长曲棍球、羽毛球等相似。

与体育运动一样,在企业中要开办一项新的业务,经常更容易通过改变现有企业模式来实现，而不需要从头开始设计一些东西。 亚马孙公司的杰夫·贝索斯通过运用互联网而不是传统的分销渠道，打破了书刊行业的规则。 理查德·布兰逊的维尔京集团在多个行业使已经建立的企业模式感受到了压力。 零售连锁店梅体小铺的创立者安尼塔·罗德蒂克有意与这个行业内的专家们反着做，并且这项策略使她获得了成功。 规则是需要打破的。 在体育运动中，裁判员会惩罚你，但是在企业中，市场担任裁判员，它会奖励通过创新来创造价值的规则打破者。

在20世纪80年代早期，如果你想在英国为汽车办理保险，你就要到大街上去找一位保险经纪人，他会在各种表格上记下你所有的细节，然后把它们发给保险公司，取得报价。 保险经纪人坚持认为他们会利用他们所有的技巧和经验来为你取得一张好的保单。 但是彼得·伍德做这项业务时采取了一种不同的视点。 他完全忽略了保险经纪人。 他的直线保险公司使用存有最新信息的计算机数据库，通过话务员银行即刻通过电话报出富有竞争力的价格。 这就重写了这个行业的规则，使直线保险公司发展成为英国最大的汽车保险公司。

彼得·伍德所做的一切只是利用电话与数据库技术，在当时，两者中哪一项都不是特别新的技术——把它们按照一种创新的方法运用，从而找到一种新的而且更好的办法来赢得顾客并为他们提供服务。把新的（或几乎新的）技术运用于传统的业务中，是在市场中实现创新以及绕过竞争者的马其诺防线的典型方式。亚马孙公司在使用互联网来避开传统的销书渠道,实现向各地用户销售第一批书籍,然后销售CD和其他商品的时候,它就做了一件类似的事情。

迈克尔·戴尔在1984年建立他的公司的时候只有18岁。他的目标是要与统治个人计算机业务的强大的IBM、康柏一较高低。它们都通过零售商建立了完善的渠道,零售商持有它们的存货,再把产品卖给它们的顾客。由于计算机仍然被看作是复杂的产品,当时尚未被改写的规则是个人计算机通过零售商以标准机型进入销售渠道,然后由零售商提供顾客所需要的帮助与支持。戴尔大胆地打破了这些规则。他没有利用渠道,而是直接向最终用户销售。他允许用户把包括磁盘容量和内存等在内的配置具体化。这些产品的质量都很好,因此他不需要现场服务工程师。而且,通过按照订购进行制造,戴尔计算机公司可以降低存货,这样当竞争对手持有75天到100天的销售存货的时候,戴尔只持有4天的存货。在快速变化的个人计算机行业,这意味着成本更低,顾客能够从最新的科技中受益。

打破规则的另一个例子是处于美国新闻纸行业的"美国今日"(USA Today)的故事。在它于1982年成立之前,首要报纸分析员约翰·莫顿抛弃了他对成功的期望:"自'二战'以来发行的大型报纸清单不只是很短——它根本就不存在。"报纸主要在不同的地区发行，但是美国今日从第一天开始就面向全国发行。通过使用彩色和图片，以及刊登通俗文化、体育和娱乐方面的短篇文章，这家印刷业的新贵戏剧般地爆发出来。它发现了一个新的读者群体——商务旅行者，这些读者想要在他们的早餐时间阅读全国以及地方的主要新闻。它找到了赢得这些顾客的新途径，即把旅馆和飞机场作为目标。当美国今日从现有的巨头如《华尔街日报》和《纽约时报》等手中夺取了大量的市场份额和广告收入时，这些巨头们也被迫增加彩色，降低枯燥程度，模仿这位年轻的挑战者。

IBM 的唐·埃斯特奇在 1980 年和他的小组设计 IBM 个人计算机的时候就打破了规则。在那个时候，从 IBM 到其他牌子的所有计算机都是使用专有的结构。设计是秘密进行的，并且受到版权的保护。埃斯特奇使 IBM 成为一个开放的系统，这样每个人都可以拿到说明书。这种计算机是用大宗买进的标准可用部件制造的，这一点与 IBM 其他的计算机不同，IBM 的其他计算机的部件都是 IBM 自己制造的。当 IBM 个人计算机在 1981 年推出的时候，它就必须要和市场领导者苹果公司以及其他竞争者如数据设备公司、王安电脑公司、柯摩多尔公司以及其他公司等进行竞争。它并不能提供更好的性能，但是由于通过提供公开的说明书从而打破了规则，它获得了巨大的胜利。人们可以很容易地设计与增加他们自己需要的部件、卡与元件。它成为整个行业的标准平台。斯蒂夫·乔布斯为此大受震动，他向埃斯特奇提供100万美元的薪水和200万美元的红利，并让他出任苹果公司的总裁，但是埃斯特奇拒绝了他的邀请。1985年他在一场飞机坠毁事故中不幸丧生，但是他将作为"个人计算机之父"永远被人们记在心中。

　　具有讽刺意味的是，IBM个人计算机成功的秘密——它的开放性，成为IBM失去在此行业中的领导地位的原因。康柏、戴尔和其他公司模仿IBM个人计算机，制造出更好的产品，大量地抢占了市场份额。IBM一度选择微软来向它提供辅助部分——操作系统，但是微软后来在此基础上建立起了一个庞大的帝国。微软不开放它的操作系统DOS和Windows，对此独家占有。最终它受到来自Linux的挑战。Linux是一位叫作莱纳斯·特瓦尔滋的芬兰学生在1991年开发的"开放代码"的操作系统。他允许Linux程序可以由任何人自由使用。这意味着这个系统可以由全世界许许多多的程序员进一步开发和调整。

　　Linux模式成为人们在一个完全不同的环境中打破规则的范例。1989年，罗布·迈克文成为加拿大安大略红湖矿山的大股东，这是一家年代长久、经营不善的金矿。他断定高等级的金矿石就在他的土地某处，但是他找不到它们。在一次计算机技术论坛上，他听说了Linux的有关事情，并听说了如何把该操作系统的程序代码提供给每一个人，从而人们可以对这个系统进行改进。他认为完全可以把这个观点在采矿业中进行改进。因此，他在他的网页上公布了有关他的矿山的所有地理数据与统计数据,使每个人都可以得到有关他的矿山的信息。在2000年3月,他发出了一项挑战,即黄金公司挑战,向能够预计出最佳黄金钻探位置的人提供总共50万美元的奖金。采矿业的其他公司对此行为震惊之余又疑惑不解。他打破了采矿业最古老的规则之一——你的勘探与储备数据非常保密,不会泄露给任何一个人,以防有人故意收购。但迈克文是一个外行,他使用了一种非常激进的新方法。

他的挑战受到了公众的广泛关注。世界上有1400多个科学家和地质学家下载了这些数据,并进行了实际勘探。胜利者是来自澳大利亚与不规则图形和泰勒华尔协会（Fractal Graphics and Taylor Wa11 Associates）的两个小组。他们从来没有见过这座矿山,但是针对这座矿山,他们开发出了非常具有说服力的3D图解模型。事实证明他们的预计非常准确,就如接下来的四个参赛者所做的那样。2001年,在挑战赛之后,矿山的产量是它以前产量的10倍,并且每盎司的成本达到了一个更低的水平。通过运用一种不同的视点,把另一个领域的观点进行改进,打破这个行业的规则,迈克文获得了非凡的成就。

安尼塔·罗德蒂克发现大部分药房只是一种销售化妆品、香水和药膏的令人乏味的地方,而且这些物品包装昂贵,使用的包装瓶五颜六色。她使用了完全相反的做法对这些商品进行包装,放在梅体小铺里进行销售,使用贴有普通标签的廉价塑料瓶。这不仅节省了一大笔没必要的成本,它还表明包装内的东西才是最重要的。她对梅体小铺的定位是简单自然、高尚,并且与周围友好的顾客保持协调。

伍德、戴尔、埃斯特奇、迈克文和罗德蒂克都表现出横向领导者的特征,并且都是他们所在行业中思想独特的人。他们大胆打破规则,对传统智慧提出战挑,由此带来了冲击。

穷人用蛮力做事，富人用脑袋做事

看到富人的名车豪宅，自己依然落魄，一些穷人难免会非常绝望地想：为什么我那么努力，却没有得到应有的回报，依然为生活发愁？难道"爱拼才会赢"是骗人的鬼话？"爱拼才会赢"，当然没错，但是如果觉得爱拼一定赢就错了。不拼搏一定不会成功，但是拼搏了不一定就会成功，盲目地付出甚至会带来更大的失败。一个只会用蛮力拼搏的人不可能成为一名富人。

穷人们开始的时候总是凭着一腔热血，不做思考，盲目地付出。遇到困难后，不是退缩就是硬碰硬，不用智慧去思考该怎样解决问题，而是选择用蛮力去做事。有些人你总是看见他为一件事情忙忙碌碌却不见忙碌的结果，在为别人工作中如此，在为自己的事业打拼的时候同样如此。所以当你为自己付出而没有获得回报喊冤的时候，应该认真审视一下自己是不是在用蛮力做事，而没有用脑袋做事。

真正的富人他们会思考、思考、再思考，当困难来临时他们会想办法去解决，他们一定会找到最有效的解决办法。一个现代的富人碰上愚公移山的问题，他一定不会动员全家老小用大锤和榔头夜以继日地敲敲打打几十年，而是会买来炸药，请上专业的爆破人员，几天内把山炸平。富人重视动手，更重视动脑。

2008年，美特斯邦威成功上市，周成建从负债20万元的负翁变成了坐拥20亿元的富翁，从一个不为人知的"练摊"个体户变成了拥有著名美特斯邦威品牌的"衣王""世界裁缝"。

如果说从什么脏活累活都干，负债20万元来到温州谋生的20岁小伙子到有了自己的小服装店，每天工作16个小时的小店主，再到一年收入几百万元的百万富翁，凭借的是他的吃苦耐劳、细心观察以及当时社会机遇的话，那么能够拥有自己的服装品牌和20亿身价，则更多的是凭借他的思考与智慧。

他打算创立自己的品牌时，遇到了大多数创业者都头痛的资金问题。通过积极的思考他创立了中国第一个"虚拟经营"模式，创造了最受年轻人追捧的中国休闲服装品牌。这些创造让他成为中国服装界最具开拓精神和最有经济头脑的人物之一。

他的"虚拟经营"模式最初时备受争议。人们认为他在做一个"皮包公司"，然而他用成功证明了这种模式的正确性。

周成建在市场考察后发现国内的企业大多在生产西

装。在休闲服饰方面根本就没有品牌的概念，而且品质和款式都不好，大家只是在比谁的价格低。而国外的休闲服装品牌刚刚进入中国市场，并且没有本土化，价格和款式都与中国的国情不符。于是他就想创立一个自己的品牌。但是几百万元的资金根本不够运作一个品牌，他初步算了一下，至少需要3亿元的资金保证。

怎么办？他不想放弃。在学习国外企业的成功经验时，他发现有的企业运用"借力打力"的运营模式。所谓借力打力就是集中社会上的资源为自己的公司运作出钱出力，然后实现大家共赢。

他开始在中国市场上寻求这样的机会。终于，他发现在广州、江苏等地有很多拥有一流生产线的企业，因为没有订单，而陷入半停产状态。于是他就与这些企业协商，让他们生产标有美特斯邦威商标的服装。如今已经有250多家企业为美特斯邦威代加工成衣，年产能力达到2000万套以上。他就用这种方法解决了需要投资几亿元才能建立的生产线，而在销售上他又通过加盟的方式，在全国各地建立了1500多家专卖店。

品牌创建后，怎样推广品牌成了周成建面临的新问题。在还没有创立品牌的时候，周成建就显示出了非凡的推广智慧。他在做小作坊的时候就曾经掏出800元钱在当地媒体上打了个小广告，称"我给出成本价，你随便加点钱衣服就拿走"，此举在温州引起了很大的轰动。美特斯邦威创立后，推广变得更加迫切，他选择了当时国内不多见的明星代言，而且他还不惜花重金请来了郭富城,令美特斯邦威迅速在人们心中建立了"一线"品牌的形象,之后的周杰伦代言则是为了建立美特斯邦威的个性。周成建在品牌推广上的创新,让美特斯邦威成了年轻人追捧的对象,让美特斯邦威成了"不走寻常路"的个性宣言代表。

周成建没有和温州服装专业市场的其他商家一样,用苦苦的价格战获得财富,而是调动智慧的力量,选择了品牌创立之路。 在遇到资金问题时,他也没有不顾自身的能力,负债投资,而是仔细观察市场,认真思考,最终找到了"四两拨千斤"的省力之法。

在创造财富的道路上,总会遇到这样或那样的选择和困难。 面对这些问题的时候勇气和勤奋是必要的,但是如果只是一味地付出和拼搏,凭借一股蛮力,不是事倍功半就是功亏一篑。

周成建在激烈的市场竞争中脱颖而出,不在于他的威猛,而在于他的冷静思考和智慧,善于用脑袋去发现市场的空白,善于运用和调动外在的资源和力量。

人类之所以能够成为地球上最强大的生物,不是因为人类的力量比大象、老虎强大,而是因为脑袋比它们聪明,比它们更懂得运用智慧的力量。

李彦宏的合作伙伴在谈及对他的印象时,不约而同地都说了"睿智"二字。在李彦宏准备回国创立搜索引擎的时候,美国已经崛起了一批引擎,竞争压力已经很大。但是他并没有退缩,当然也没有一味地与强者碰撞,而是选择了定位于中文搜索引擎。但是,创业并非是一帆风顺的。当时世界上所有使用"人气质量定律"的搜索引擎公司经营得并不怎么样,不是遭人收购,就是推迟上市。

面对困境,李彦宏开始思考百度的未来之路,他发现了企业告知市场的需要,制定了"自信心定律推出竞价排名",谁对自己的网站有信心,为这个排名付钱谁就排在前面。他开创了互联网的收费模式,将百度的目标群体瞄准了数十万的中小企业网站。不久,百度也因此摆脱了严峻的市场竞争环境的限制,获得了迅速发展。李彦宏带领着百度绕道而行,获得了阶段性的成功。

竞争来临的时候,愚者横冲直撞,智者靠智慧取胜,或者绕道而行。 这是实力弱小者与实力雄厚者对抗获胜的秘诀。 不过,实力雄厚者面对实力弱小者,同样需要智慧。因为一艘大船与很多小船碰撞后也有可能形成一个一个的小洞,危及大船的稳固。

用蛮力做事,富人也可能变成穷人;用脑袋做事,穷人也会成为富人。

在奋斗过程中,是用脑袋还是用蛮力,决定了这个人能否成功。 所以在以后做任何事情的时候,我们都应该调动大脑的力量,充分发挥聪明才智,以便获得成功。 具体操作如下:

为每一个问题找到最佳解决方案。 奋勇拼搏不等于鲁莽莽撞，相信任何一个问题都有一个最佳的解决办法。

遇事不要恐慌、暴躁，不要急于出手，而是要冷静思考，注意观察分析。

当不知道怎么办的时候，就暂停脚步。

平时要注意积累，任何智慧都不是一天成就的，而是在经历漫长的观察、分析、思考后，逐渐萌发的。 如果平时不注意积累，幻想着某天只要动脑就有方法，注定在你遇到问题的时候，要么选择放弃，要么不得不使用蛮力。

穷人想改变生活，富人想改变命运

两个穷困潦倒的人领到了 100 元救济金，都非常开心。

一个人用 100 元批了一堆袜子，拿出去卖，第一天获得了 100 元的利润。他留了 50 元买米买面，其他的钱又拿出去做生意，慢慢地富裕了起来。

另一个人则马上跑到超市去买油、买米、买菜，饱餐了好几顿。钱很快就用完了，他又恢复到一贫如洗的生活。

这便是穷人和富人对待财富的态度。穷人获得钱财，只是想改变当下的生活；富人则看得更远，他们想改变的是命运。

穷人不懂富人的追求，富人则有自己的想法，最初的时候他们可能是因为生活的贫困而被迫创业。但是，后来他们会有更大的目标，这已经不是金钱能够衡量的东西，而是因为他们发现了人生存在的价值，他们会不断地通过努力让自己，让周围人生活得更好，甚至使周围的社会更和谐。

新东方让许多人认识了俞敏洪，他博闻强记、娴于辞令、幽默儒雅的儒商气质让许多的年轻人都对他崇拜有加。现在他站在演讲台上以一个成功者的姿态谈论着他的奋斗史，看似辉煌，其实一路艰辛。但是他走到了今天，我们不得不说，这是他骨子里要改变自身命运的因子让他走上了一条不平凡的人生之路。

农村的孩子俞敏洪在这条改变命运的人生道路上有好多次险些成为为"改变生活"而奋斗的穷人。1989年，经过了三次高考才考上北大，在北大任教四年的俞敏洪终于分得了一套10平方米的房子，这让他非常兴奋，他开始安于这样的生活。但是，一个渴望改变命运的人总是无法克制追求的冲动。一个个同窗好友跨越太平洋去了彼岸，这令他开始重新审视自己的生活。他想要过一种不被他人和社会控制的生活，他要奋斗，他决定留学。

于是，他开始为出国积极地准备着，然而出国留学不是成绩好就行，还需要一定的资金支持，而他没有，他必须面对承担学费和生活费的现实问题。这时，如果换了别人可能会选择放弃，安心于在北大好好教书，为副教授或者教授的职称努力。毕竟评上职称要现实得多，能够更快地改善生活。但是，俞敏洪没有放弃，为筹集留学资金，他在校外办起了托福班。

然而在当时教师在外办班还未曾被人理解，不久，北大以俞敏洪在校外用北大名义办培训班为由对他进行了处分。这个消息传遍了北大的角角落落，让俞敏洪颜面扫地，离开成了他当时唯一的选择。

离开北大后的俞敏洪开始专心致力于培训班，他开始了由一个老师到一个经理人的转变，打磨自己，甩掉了"眼睛向下，鼻子朝上"的北大姿态。他开始学习怎样行销自己和培训班，还学会了和社会、政府的各色人打交道。

在经历了种种磨难后，俞敏洪终于有了大家认同的成功，新东方成了中国民办教育的典范。这时候，应该说俞敏洪不再缺钱了，他的生活早就风生水起了，他本可以选择功成身退，过上他所期望的自由自在、四处游历的惬意生活，但是他却选择了让公司上市。他解释说：他希望用严厉的美国上市公司管理规则来规范内部，以制度说话，避免出现人情和利益纠葛，从而实现自身的救赎，让企业顺利发展。为了长远的事业和利益，人们有时候需要放弃很多东西。

问及今后的路，他说："我希望办一所真正的私立大学，完全是非营利的，由我出资建立基金会，由基金会的人来运作，大半的学生会选择来自农村有发展潜力又贫穷的孩子。我希望通过基金运作所获得的回报和学生自己的勤工俭学来让他们完成学业，这个学校已经在筹备中。"

但是，要把这样的学校办下去需要充足的资金，他曾经半开玩笑地对媒体说："我的钱还不够支撑这个学校的开支。"同时他又严肃地说:"从新东方目前上市运作的情况来看,只要新东方不会失败,未来做私立大学的钱可能还是够的。"

回忆自己走过的路,他说:"如果我当年落榜、留学失败、被北大处罚后接受大家的劝说,安静地过日子,现在我可能是个农民,可能是个外语系副教授,我可能和很多人一样过着单位、社会为你设计的被动生活。"

而如今,他成功地改变了自己的命运,拥有了决定自己人生走向的能力。

俞敏洪在改变命运的过程中,经历了多次"改善生活"的抉择。

如果当年落榜,他选择做个农民,他可以不用经历三次看不见未来的高考的痛苦,他可以通过种地获得足够温饱的粮食,而不是到大学依然靠学校每月22元的资助过日子;如果他选择安逸,他就不会开培训班,他就可以在北大享受悠闲的大学教师生活,当上副教授,衣食无忧;如果他不从北大离职,随着时间的流逝,大家会淡忘对他的处分,他依然是一名令人羡慕的北大教师,然后是教授。

但是,俞敏洪没有把目标仅仅定在改善生活上,他要改变自己的命运,最终,他成为一名富人。

穷人们以追求改变生活为出发点,眼光狭隘,不求佛,不抱佛脚,只停留在为看得见摸得着的各种职业培训、学历证书而努力,信仰书本,不关心周遭人的行为和周围世界的改变。

富人们以改变命运为出发点,努力从情商、智商等方面综合地提升自己,学习时也不会仅仅依靠书本,他们善于从周围的活生生的世界里获得感悟。

希腊船王亚里士多德·苏格拉底·奥纳西斯创立了一个百年企业,被世人瞩目。然而多灾多难的他虽然在年幼时期受到了良好的小学、初中教育,但是16岁时就因战乱辍学,并没有获得大学证书。

他之所以成功,除了他不放弃的勇气外,还有他从小培养的经商能力。他的父母是经营烟草生意的商人,经常与一些船运老板洽谈有关运输方面的事宜。这时候,奥纳西斯总是饶有兴趣地站在一旁,仔细认真地观察对方的言行举止。他从小就接触并掌握了烟草行业的许多术语,还对船运知识有了一定的了解,而且熟悉了商场上的很多规则和交往法则。他经常效仿那些沉稳而又精明的商人的言行,并期待自己也朝着这一方面发展。

他是个稍微有些内向的孩子,经常面朝大海,欣赏大海的沉稳,完善自己的性格,从小他就希望自己能够驾驭大海。

对父母与其他商人的观察,让他能够在之后与其他商人的接洽中游刃有余;对烟草的了解,让他在1929年经营烟草,成为百万富翁,积累了资本;对航运的了解,让他能够在1931年经济一片萧条的时候,有勇气用12万美元买下6艘船,开始了他的航运事业;沉稳的性格让他在经历患难和商海沉浮时镇定自若，最终成就了世界上最大的私人商船队，他的名字也成了希腊船运的代名词。

穷人为改变生活而努力，时常为一个既得的利益打乱人生规划，不管是学习计划还是事业计划。穷人永远只能追赶生活，让生活牵引着做一些事情。

富人为改变命运而努力，目光长远，有步骤地经营自己，把一生作为一个整体，步步为营，踏踏实实地学习。富人开始追赶生活，而后超越生活，最后创造生活。

穷人要想成为富人，在行动上应该注意以下几点：

面临生活的困境，不要把目标仅仅定为改善生活层面，要把目标定得更高远些。求乎其上，得乎其中；求乎其中，得乎其下。

在平静的生活中，不要让生活和工作消磨掉了进取的意志。

要敢于放弃眼前的利益，只有敢于放弃，才有机会为自己的高目标拼搏，才有机会成功。要跳出每做一件事情只看眼前利益、只想改变生活的心理圈子。

整体规划自己的人生，拥有一份属于自己的事业。开始和中间有可能没有回报，甚至是亏本，但是真正地把事业做大做完善的时候，获得的回报会更多更大。

在为目标和事业拼搏的过程中，要敢于不断地开拓、创新，才能越走越远，越攀越高。

穷人跟自己妥协，富人跟自己较劲

一位犯罪分子被判处极刑，临刑前他痛哭流涕，后悔不迭，说："都是我自己害了自己！"

这让人不由得想起这样一句广为流传的话："人最大的敌人是自己。"

在生活中，我们每个人都想成为强者，但我们必须和"自己"这个最大的敌人不断较量，才能最终品尝成功的快乐。体育运动员要付出艰苦的训练，战胜自己的惰性，在赛场上还要调整自己的心态，战胜自己的紧张，这样才能赢得胜利。同样，我们在创造财富的竞争中，要战胜自己的弱点，战胜自己的不良情绪，不断地超越自我，才能拥抱财富，拥抱未来。一个能够不断超越自我的人，才能够成为最伟大的强者。

在现实中呢，很多人虽然雄心勃勃，虽然常常把战胜自己挂在嘴边，但是他们在行动上却总是打折扣，与自己妥协。他们给自己规定的学习任务经常完不成，他们制订的计划常常落空,他们想创业却被自己的反面情绪吓倒,他们一失败就被心理阴影罩住再也走不出来。 最终,他们只能躺在穷人安逸的温床里或者倒在失败的泥潭里,再也站不起来了。

小王是农村出身的大学生,家境贫穷,长相也不出众,他一直都很自卑。在上大学时,他只知道学习,经常不愿在班里的或学校的活动中露面。

可是,他心中却一直渴望出众,渴望被人认同。于是,大二时他鼓足了勇气,自己创业。他通过了解,找到了市里的一家批发市场,批发了一些小贺卡,打算在圣诞节时向同学们推销贺卡。这些他谁也没有告诉。一切都准备就绪,可是到了圣诞那天他却对着自己进的那一百元的货发起了呆。他想象着自己在校园摆摊的情景,当众被人围观的感觉,还有好多熟人,他实在没有勇气走出这一步。班里同学会不会笑他穷得摆地摊了?他的犹豫和胆怯最终让他错过了圣诞节的机会,那些贺卡一张都没有卖出去。这次失败在他心里种下了阴影,他一直以为自己软弱,他甚至一直逃避社交。

大学毕业时,同学们都在各处奔波,而他却一直拖着。直到毕业后几个月,他才找到了一份普通的工作。他找工作也只找那种和人接触少的、竞争压力小的工作。他心里一直想再创业,可又始终觉得自己肯定失败。他就这样一直活在自己的空虚和感叹中。其实,小王也是有创造财富、有被人肯定的渴望的。按道理,他出身贫寒，应该更有动力，并且他也不乏潜质，可他为什么却跳不出自卑的心理怪圈呢？为什么没有了创业的勇气，甚至没有挑战好工作的胆量呢？归根结底，是他自己把自己打败了，自己和自己的软弱妥协了。

和自己妥协，必将被自己打败；和自己较量，才能转变命运的劣势。成为掌握自己命运的强者。一个能成为富人的人，决不会屈服于命运，决不会妥协于自己。

张雪萍小时候由于一场高烧，得了小儿麻痹症。为此，小小年纪，她就不得不拄拐杖。

她一直想摆脱拄拐杖的命运，在小学的一次篝火晚会上，她甚至把双拐扔进了火里。回家时没有拐杖，她就扶着沿街的围墙一点点地挪。到了没什么可扶的地方，她就拖着双腿爬过去。从此以后，她再没有拄过拐杖。别人上学走十几分钟的路，她要"走"一个多小时。由于她的腿得到了锻炼，为以后的行走创造了条件。后来，在父母的支持下，她到医院做了骨骼整形手术，在医院一待就是四年。做的手术多得记不清了，受的苦也一言难尽，但张雪萍一直都不放弃，最终，她真正走起来了。虽然每走一步都非常艰难，每迈一步都感觉浑身疼痛。

张雪萍就是一个和自己不断较量的人。在创富的路上，她更是如此。

张雪萍的父亲是一位有名的裁缝，受父亲熏陶她从小就会摆弄针线。1980年，高中毕业后，听说有家服装厂招工，张雪萍虽然很会做针线，但是想想自己是残疾人，于是犹豫了。一个追逐利益的企业，怎么会让她这种残疾人去做事呢？周围的人会不会歧视她？她心底的茧似乎要包裹住她时，但她毅然握紧了拳头，前去报名了。服装厂的考试是缝纽扣，张雪萍做得很认真很卖力，考了个第一名，顺利进了服装厂。她知道，别人能，自己就能，战胜自己就能赢得机会。

第一天缝纽扣，她比老工人干得都快。但由于行动不便，她只能请别人帮她把衣服抱来给她缝，缝好后再请人抱走。一天干下来，有的工人就开始有怨言了："同样是缝纽扣，我为什么要给她抱衣服呀？"厂里只好把她辞了。

虽然技术好，也很努力，但因为自己是残疾人，结果丢掉了工作。张雪萍很伤心，她心底的阴影开始蔓延。她甚至有点自闭，不敢面对这个社会和那些健全的人。

不过，她并没有因此一蹶不振，她终究是个要强的人。她想，既然能进工厂工作，说明我是有才华的，工厂解雇我，不是我的错，而是他们的错。我自己如果再悲观，那岂不是我自己要解雇我自己吗？人最怕的是自己解雇自己。想到这里，她振作了起来。

她开始帮做裁缝的父亲卖布，有的时候父亲进的布不好卖，张雪萍就拿回去裁裁剪剪，给自己做一件衣服。没想到，她一穿到店里，便有很多顾客围过来，问她衣服是在哪儿买的。她说，是用店里的布自己做的。顾客纷纷买下她的布，请她照着那个样子做，很快积压的布就卖了出去。她这时发现，原来自己还很有设计衣服的天赋。于是再遇到卖不动的布，她就花心思给自己做一身漂亮衣服，结果积压的布就这样都被卖了出去。

卖布卖了10年，与自己较量了10年，她对自己越来越有信心了，她的心也越来越高。她在1996年注册了自己的公司——圣梓龙实业有限公司，开了个服装厂，生产销售自己设计的衣服。

在经营公司的历程上，是艰难的。她是残疾人，有很多不便。比如进货要出门在外，由于不方便，每次出差在外都不敢吃也不敢喝，怕大小便不好解决。她和丈夫到杭州进货，也舍不得花几十块钱找个旅馆暖和一下，就相拥着，在车站等天亮。张雪萍每次出差一两天，回来就像大病一场，得要几天才能恢复精力。

虽然艰难，但是她从没有放弃。她在跟命运抗争，更是在和自己较劲。她努力提高自己的服装设计水准，用心设计服装的式样，因而生意越做越好。"非典"的时候，商场冷清，她的生意也大幅缩水。衣服卖不掉，资金收不回。可商场的租金要交，工人的工资要付，她开始考虑多种经营。她关了商场的专柜，开始做团体服装，并涉足珠宝业和医疗器械。经过多年的发展，这几项都做得有声有色。现在，她不仅自己闯出一片天地，还吸收了30多个残疾人在她的企业工作。

张雪萍用实际行动告诉我们，她虽然肢体残疾，虽然有时也会低落，但她最终没有和自己妥协，她努力与自己斗争,最终战胜了自己,改变了命运。

所以,要做一个具备开拓精神的人,就不要再自怨自艾,不要再和自己妥协了。只有和自己较量,才能拥有一个健全强大的自我,才能披荆斩棘,走向成功。

以下建议,供你参考:

回想一下自己以往做事,自己有没有把事情拖到第二天的情况?总是找不到自己要用的东西?以上事情如果经常发生,那说明自己喜欢向自己妥协,不要犹豫,要积极克服。每纠正一次就奖励自己一下,每次做不到都要认真地惩罚自己一下,至少是反思。

再回忆一下自己与人相处的景象。你有没有和别人闹得不愉快的时候?这真的只是对方的原因吗?是不是你身上有一些毛病阻碍了你更好地发展人际关系呢?如果有,那么,好好地反思并努力改正。

和自己较量,不仅要反思自身,还要"对外开放"。经常观察别人的优点或者好的行事方法,分析别人的错误,以从中汲取经验、教训提高自己。

第八章

做幸福快乐的自己

快乐是一种内心感受

怀着一份感激的心情去面对生活，感谢每一缕阳光、每一棵大树、每一份关爱、每一次收获……用心灵去触摸快乐，让快乐充满我们的世界。

人人都在寻求快乐，但要真正找到快乐，就必须学会控制你的思想。 快乐不在乎外界的情况，而主要是内心的感受。

林肯有一次曾说："多数人的快乐同他们所决意要得到的差不多。"有一个人曾看到过这句真理的一个生动的例证。 一次，当他在纽约的长岛车站走上阶梯的时候，看到前面有三四十个残疾的儿童，倚着拐杖勉强上阶梯，有一个男孩还需要人抱着上去，但他们的欢笑快乐使他惊奇。 他对一位管理人员提及这种情形。 "噢，是的，"他说，"当一个儿童明白他将要终生成为残废的时候，他最初惊惶。 但惊惶过后，他就听天由命，比正常儿童还快乐些。"

白德格开始是卡狄纳的第三棒球名手，后来成为一位美国最成功的保险商。 他曾说，他多年前研究得出，有微笑的人永远受欢迎。 所以，在走进一个人的办公室以前，他总停留片刻，想想他应感谢的许多事，引起一个真实的微笑来，然后再走进去。

他相信这种简单的方法，对于他销售保险的成功，有很大的关系。

下面是赫巴德的一些建议：

每次外出的时候，正正颜，抬高头，胸部饱满，心情阳光，对朋友微笑。 每次握手集中精神，不要怕被误会，不要想你的仇敌。 要在你心中确定你喜欢做什么，然后，不改变方向，直奔目标。 全神贯注在喜欢做的事情上，以后，在日月如流之间，你会发觉在不知不觉中就抓住了满足你欲望所必需的机会，正如珊瑚虫由潮流中取得所需要的营养一样，在脑中想象自己成为有能力、诚恳、有用的人，而你所保持的思想时时刻刻地改变你，使你成为那种人。 思想是至高无上的，保持一个正确的心理状态——勇敢、诚实和欢悦。 思想就是创造，所有的事都是由欲望而来，凡真的祈求，都有应验。 我们心中贯注的是什么，我们就变成什么。

人生的快乐与否，有时完全在于心态，你快乐，生活也就会变得快乐！

所以，一个人快乐与否，不在于他拥有什么，而在于他怎样看待自己所拥有的东西。 生活是快乐的源泉，有了生活，快乐就不会枯竭。 生活中并不缺少快乐，缺少的是发现快乐的眼睛，缺少的是感到快乐的心灵。

千万不要轻视每天发生的小事，幸福和快乐往往与此相伴。快乐并非天外来客，生活中常常充满快乐。何必刻意地到处寻找快乐，其实快乐时刻就在你身边；何必苦苦地等候快乐，快乐时刻要自己去创造，去感受。

快乐依赖于我们自身的感受，要体验到永恒的快乐，真正的快乐，我们需要有一颗善良的、纯真的、无所不能包容的心。还有什么比这样的心灵更能为世界带来更多的快乐吗？

一个人生活得快乐与否，取决于自己内心的态度而绝非外在表现。态度就像磁铁，不论我们的思想是正面的还是负面的，我们都受它的牵引。而思想就像轮子一般，使我们朝一个特定方向前进。虽然我们无法改变人生，但我们可以改变人生观；虽然我们无法改变环境，但是我们可以改变心境。作为一个残疾人也有自己快乐的生活哲学，他们不会因为自身生理的缺陷而失去原本生活所给予他们的快乐。

人们说：快乐究竟是什么？其实，是种感觉，是种只可意会不可言传的感觉。快乐的感觉与人的心境、心态密切相关。并且，在追求快乐的过程中，得之愈艰，爱之愈深。也许你并不富有，但你有一个健康的身体；也许你没有超人的地位，但你有一个幸福美满的家；也许你并不出名，但你有宁静而不受干扰的生活。你的内心是否感受到了这份快乐？许多人都在刻意追求所谓的快乐，有的人虽然得到了，但代价却是巨大的。

"逝者如斯夫。"人的一生是在与死神争夺宝贵的时间，还有什么想不开、放不下的事，值得用生命作代价去换取呢？珍惜生命的每一天，把快乐迎进自己的心坎中去吧！

别和自己过不去

　　人生中似乎困扰太多，快乐太少，你是否觉得人生本应一帆风顺，那些降临在自己身上的挫折与困难都该统统消失，否则便要怨天尤人？你是否认为众人应该友好、平等地对待你，你所追求的心仪对象应该接受你，否则便会感觉沮丧或是焦虑？你是否要求自己尽善尽美地完成工作，一旦稍有失误就会自我否定或是自我谴责？

　　小利是大型公司的一名员工，整天多愁善感，遇到一点挫折就垂头丧气，总是怪自己太笨了。有时候确实是工作难度大了，有时候确实是事出有因，有时候是他对自己的要求太高了，可他却不去考虑多方面的因素，只要一遇到不顺心的事了，他就一个劲儿地埋怨自己，刚开始朋友还会去劝他，可一直这样，弄得大家也都没有了好心情和耐性，干脆都不去理会他的自责和不高兴。久而久之，他就感觉被人冷落了，甚至抑郁成病……

　　生活中总是难免有烦恼，有时人生的烦恼，不在于自己获得多少，拥有多少，而是自己想得到的太多。

有时因为想得到的太多，而自己的能力却难以达到，所以便感到失望与不满，然后就自己折磨自己，说自己"太笨""不争气"等等，就这样经常自己和自己过不去，和自己较劲。 小利就是一个这样的典型。

人总有不顺心、不如意的时候，其实外在不是真正能主宰你的因素，真正能决定结果的是你自己。

比如你害怕别人说你胖，你千万次地看过自己后，决定节食减肥。 面对餐桌上的诸多美食，你只能是闭着眼睛咽口水，忍受着饥饿的折磨。 实在没办法时，只能是在美食面前选择逃避！几日后，身体可能是苗条了，听到了别人的赞美，可是只有自己最清楚，体质已经下降了！一个人的快乐，不是因为他拥有得多，而是因为他计较得少！

人们常说，凡事多往好处想，才能有一个好心情。 确实是这样，有一个人老是不顺心，可他总是能从好的一面去看问题，有一天出门，不小心掉到河里，爬上岸一看，别人都替他难过，可是他却高兴地说："嘿！真走运，口袋里还装了一条鱼。"如果你也能以这种心态去生活，你就会过得很坦然、很快乐。

人这一辈子不可能总是春风得意、一帆风顺，肯定会有许许多多不如意的事，说不定哪一天生活就会跟你开一个不大不小的玩笑，使你结结实实地撞上无情的"红灯"，或事业失败，或爱情失意等。 这时候就得想开点，平淡地面对生活，多劝劝自己，千万别跟自己过不去。

如果你想不开，吃不下，睡不着，又有什么用呢？ 过多的烦恼和压力只会将你的心灵挤压得支离破碎。而且人体的各种器官在心情烦恼或怒火中烧的情况下会处于紧张状态，往往会引起失眠、神经衰弱等。若是长期处于忧郁状态，还会诱发其他心理疾病。

所以，人要学会对自己好一点，不跟自己过不去，要知道世上没有跨不过的沟，也没有蹚不过的河，要想得通，放得下。

那么，为什么有许多人会悲叹生命的无奈和生活的艰辛，却只有少数人能在有限的生命中活出自己的快乐呢？这是因为，一个人快乐与否，主要取决于一种心态，特别是如何善待自己的一种心态。

其实，静下心来仔细想想，生活中的许多事情，并不是因为你的能力不强，恰恰是因为你的愿望不切实际。要知道一个能力超强的人也并非具有做任何事情的才能，这样想时才不会强求自己去做一些能力做不到的事情。

在生活中，我们应该时常肯定自己，努力做好我们能够做好的事情，剩下的就交给老天吧！只要尽力而为了，心中也就坦然了，即便在生命结束的时候，也能问心无愧地说："我已经尽了自己最大的努力，我是无愧于心的。"

在生活中，我们还应该时常换个角度看问题。生活中的种种困境和不幸也许遮住了你的视线，让你看不到生活中的光明。但如果你换一个角度去想，你会惊奇地发现，世界一片光明，大自然充满无限的生机与活力。

生活是多姿多彩的，活着就是要品尝生活的百味，所以，不要钻牛角尖，自己和自己过不去。

如果你觉得不开心,那就学会自己去寻找生活中的快乐。 其实获得快乐的方式也很简单,比如早晨醒来睁开眼睛看着天花板,你可以用快乐的心去感受那纯净的白色;上午在窗前读一本文采飞扬的书,你可以用快乐的心去体味书中的感动;下午坐在摇椅上呼吸、冥想,你可以用快乐的心去触摸太阳的温暖;黄昏到楼下茶馆里去品一杯醇香的红茶,听一曲悠扬的旋律,你可以用快乐的心去迎接黑夜的来临;晚上给家人煮一锅又鲜又香的排骨汤,你可以享受到付出的快乐。

享受自己的生活，让别人不平衡去吧

人生本是种快乐，雅人有雅兴，俗人有俗趣，无论在朝为官还是在野为民，都自有其乐。锦衣玉食也好，粗茶淡饭也罢，求暖求饱而已，当然也求美。

一对老夫妇开始谈恋爱是在1967年元月，时值"文革"爆发不久。那时候，粮店里的米、副食店里的肉、豆腐和百货店里的肥皂、布匹，以及煤铺里的煤等生活物资均要凭票供应，普通人家的生活清苦至极。男方的家在城郊的小菜园里，用现在的话来说，那里是当地的蔬菜基地。

第一次"访地方"（当地将女方到男方家里去了解情况称为"访地方"）时，男方留她和媒婆吃午饭。菜很简单，只有两道：几个荷包蛋外加一碗萝卜丝。其中，那几个鸡蛋是向邻居借的，萝卜则是自己种的。

在回家的路上，媒婆说男方人穷又小气，劝漂亮的女孩不要嫁过来。女孩却说男方煮的萝卜丝很好吃，说明他很能干。

过了一段时间，当女孩一个人再次来找男孩时，男孩刚好捉了一些鲫鱼。招待女孩的菜仍然是两道：除了油煎鲫鱼外，还有一碗红烧萝卜。女孩称赞男孩的萝卜做得很有特色，并说自己很喜欢吃萝卜。男孩说："是吗？你下次来我请你吃另一种口味的萝卜。"

在后来的交往中，女孩尝尽了男孩所做的不同口味的萝卜：清炒萝卜、清炖萝卜、白焖萝卜、糖醋萝卜、麻辣萝卜、萝卜干和酸萝卜等。再后来，女孩就成了这些萝卜的俘虏，嫁给了男孩。

当有人问老太太当时为何不嫁给那些有条件煮肉炖鸽杀鸡烧鱼的人，却嫁给只会烹饪萝卜的人时，老太太说："当时我认为，一个男人在那种清贫的日子里竟能够把一种普通的萝卜烹饪出甜酸苦辣咸等几种不同的口味而令我大饱口福、历久难忘，我想他同样能够将清贫的日子过得色彩斑斓。"

世人常缺乏一种平衡的思维，总觉得别人比自己快活，这其实是一种错觉。比如作家三毛生前常写一些积极、乐观的散文，给人以非常快乐的印象，但她最终在众多崇拜者的遗憾中离开了人世。有时，当你以为自己没有别人过得好时，别人却在羡慕你的生活。

快乐是一种独到的体验，只要乐趣真实常在，无论雅俗，都会活得有滋有味。用不了太多的心思，你就会发现活着本来就很好。比如说，你有大本事或小本事，朋友多，路子广，会有种种发迹的机会；你拥有爱情，拥有家庭，拥有多彩的故事；你总有一些盼望，会发现一些趣事，甚至某个消息、某个话题、某种现象都能让你兴奋。这兴奋可能太俗，让人瞧不上眼，或根本就不值，但只要是真实快乐的体验，就足够了。即使是真正遇上不称心的事，也别抱着死理，跟自己过不去，这样你便能从容应付，潇洒地走出困境。

用平衡思维看待自己与别人的差别，我们才会快乐，才会享受自己的生活。

为自己喜爱的事业忙碌不停

一群年轻人整日游手好闲,他们到大街上闲逛,到酒吧里喝酒,到公园的长椅上百无聊赖地闲坐或睡觉。"这真是连一点意思都没有的生活,简直是无聊透顶,我已经过够了!"一个青年说。

"是啊,这种生活真是没意思,连一点快乐的感觉也没有。"有人附和说,"但肯定有一种生活是快乐的,只是我们没找到罢了,不如我们现在就去寻找吧?"

"对,与其这样无聊透顶活着,不如我们去寻找快乐!"于是一群年轻人出发了。他们在街上遇到一个哼着小曲的马车夫。"瞧他那得意的样子,悠闲地叼着烟斗哼着小曲,心里肯定快乐极了,我们去找他问一问快乐去!"这群年轻人拦住了马车夫。马车夫说:"快乐?我当然很快乐,刚刚有一位老板雇用了我的马车,而现在,又有一位先生主动雇用我的马车了,我这半天都有活干了,你们说我能不从心眼里感到快乐吗?"靠给别人出力干活儿换取快乐？年轻人可不这样做，于是，这群年轻人不满地走开了。

他们在庄园边遇到了一个笑眯眯的农夫，他们拦住满脸自足的农夫说："你这样高兴，肯定生活得十分快乐了，你能告诉我们，你自己是怎样才生活得如此快乐吗？"农夫说："我种了二十多亩地，今年又风调雨顺，我的庄稼一天一个样，到了秋天，我肯定能多打不少粮食，一家人从此吃喝不愁，你们说我能不快乐吗？"原来只为庄稼长得好，秋天可以多收一些粮食就值得这样快乐？年轻人们十分失望。于是他们又上路了。

他们遇到过牧人，牧人为发现一片肥美的水草地而快乐；他们遇到过木匠，木匠为完成一只小木椅而快乐；他们也遇到过乞丐，乞丐为得到别人施舍的一小块面包而快乐。他们越来越不明白，为什么那么微不足道的小事，却能让那么多的人感到快乐呢？

最后，他们找到了一位哲人。哲人听了，微笑着说："这很简单，你们能够造出一条船来，那么你们就各自找到自己的快乐了。"年轻人听了，就半信半疑地上山了。那个浑身有力气的上山伐树，那个喜欢设计的忙着画图纸，而那个喜欢做木工的则推拉刨锯砰砰当当干起了木工活儿，还有一个喜欢雕刻的则在木头上匠心独运地搞起了雕刻来。一个多月过去了，他们个个虽然累得浑身酸痛，但依然兴趣不减，有的半夜来了灵感，还要兴味盎然地爬起来干上一阵呢。

木船造好了，年轻人把它推下水。木船做得又大又漂亮，年轻人边奋力划桨，边快乐地齐声歌唱了起来。

哲人问："年轻人，你们快乐吗？"年轻人个个脸上荡满了喜悦的笑意，他们回答说："我们当然快乐了！"

哲人说："快乐就这样简单，当你在某一个时候为你的目标而忙碌得无暇顾及其他的事情时，快乐就会光顾你了。"

人生的幸福其实就是这么的简单，当你为你喜爱的事业而忙碌不停的时候，心灵的快乐就在其中。

快乐，就在一个人的忙碌里。

敞开自己的心扉

一个年轻人整日忧愁不已,他足不出户,把自己关在斗室里,隔窗看见外边的人个个整天欢歌笑语,他十分羡慕。他想,快乐肯定是有秘诀的,自己一定是没有找到它,如果能够找到秘诀的话,那么自己也一定能够脸上洒满明媚的阳光的。

他决定为自己寻找快乐的秘诀。

但他请教了许多人,大家都是摇摇头说:"我们虽然每一天都很快乐,但却从来没有什么秘诀。"有一天,年轻人在一个竹园旁遇到一个篾匠。篾匠一边轻松地劈着竹篾,一边快乐地歌唱着,偶尔也会停下来,快活地对着竹园深处的鸟儿们模仿一串串鸟儿的清丽鸟叫。年轻人想,这么乐观的人,一定是懂得快乐秘诀的。于是他问篾匠说:"师傅,你这么快乐,一定知道快乐的秘诀是什么吧?"

"快乐的秘诀?"篾匠笑了说,"我当然知道,如果不知道我能这么快乐吗?"

年轻人一听,十分高兴,忙向篾匠求教说:"师傅,你能把快乐的秘诀告诉我吗?"篾匠说:"怎么不可以呢?"说着,篾匠提起篾刀乒乓砍倒了一棵竹子,把竹子递给年轻人说:"小伙子,笛子就是用竹子做的,你能用这根竹子吹出好听的曲子吗?"

年轻人十分为难地说:"笛是用竹子做的,但竹子怎么能吹出动听的曲子呢?"

篾匠说:"其实这很容易。"说着,便在竹子上钻出了一溜小孔,又利落地打通了竹节里的薄薄竹隔说:"只要打通这些竹隔,竹子就变成笛子了。"接着便捧着竹笛吹出了一曲曲动人的乐曲。

年轻人看着摇头晃脑吹笛子的篾匠,不解地问:"师傅,做笛子和吹笛子同快乐的秘诀有什么关系呢?"

篾匠说:"当然有的,笛子就是快乐的秘诀。"见年轻人越发不理解了,篾匠只好放下笛子解释说,竹子之所以吹不出笛子,那是因为每节竹节里都有竹隔,内心里不能通畅,所以是不能吹出快乐的曲子的。但如果你能把竹节里的竹隔打开,使竹子内心通畅,让风可以从这端顺利地通向那端,那么沉默的竹子就可以成为快乐而动人的笛子了。

年轻人想了想说:"你的意思是要把自己的心灵彻底打开,不留一点的心隔,这就是快乐的秘诀了吗?"篾匠高兴地点了点头说:"对,没有了竹隔,沉默的竹子可以成为快乐的笛子。没有了心隔,那么你的心灵就能注满温馨的风和明亮的阳光,那么心灵就能奏出比歌曲更美好的快乐了。"

快乐就是这么的简单,只要我们能敞开自己的心扉,那么生活就会为我们吹奏出轻快而动人的歌谣。

勤于做"内在清扫"

李洁,一个非常善于自我整理的女人,她的生活井然有序,神情看起来总是很轻松。自创业以来,她公司的业绩每天都有增长,荣誉和各个方面的信任度一直在增加,总之,一切都是那么"顺"。女友们羡慕她,总想向她取经,希望自己也同她一样"顺"。

"你是如何打理的,也向我们传传经验嘛!"

"其实,我过去也是个比较懒散的女孩,后来我改正了,并且坚持下来养成习惯,结果一切就都改变了。"

"那么,你是如何改变的呢?给我们介绍介绍吧!"女友又相求,在再三追问下,她开始讲述起了自己的故事。

"10多年前,我曾有过一次比较深刻的搬家经验。由这次搬家,我真正体验出人要随时懂得适时、适地取舍。譬如,有些当初爱不释手的摆饰,在旧房子里很好,我就都带走,一点也舍不得丢。但是,在新房子里,这些摆饰却和新环境格格不入,甚至变成最碍眼的累赘,画蛇添足或狗尾续貂了,就连味道、风格都走样了!为了把新房子布置得美观,让人舒心,后来我舍去了很多旧东西,当然也保留了一些适应新房子的摆设。

"从那以后,我就开始从思维方式、生活习惯、性格爱好等方面改变自己。这就叫作——舍旧换新。

"多年以来,我一直坚持这样一个习惯:利用每个双休的周六早上,别人不上班的时间,我把自己的办公室彻底打扫干净,清理得连一张废纸都不留。每天晚上睡觉之前,我也会在床边,或者在桌边坐上一会儿,总结一天中发生的事,顺便计划明天该做的事。

"我称这是'向过去说拜拜'的清扫方式,和从前的自己做一个完整的了结,然后,迎接一个全新的开始。我很喜欢这样做,时间长了,坚持下来也就成了习惯,而且成功也总是接踵而来。"

"通常,人登上一座高峰,总是很容易得意忘形。其实,那不一定是最高的山峰,要知道,山外有山。"她总这样告诫自己,"一定要让自己随时放空,重要的不是回头看,而是往前看,接下来的路该怎么走,向更高的山峰攀登要如何去走。因为有一天假使荣誉不再,过去所有的辉煌都会一笔勾销。"

女友们感慨万千,并深深地佩服她。

"人是会变的。以前认为不能丢弃的东西,自己不一定会珍爱一辈子,也不能保证它们适应自己一辈子。过去的收藏、衣服、品味、嗜好、成就、地位、财富、习惯、作风……最后都可能不再属于你,当不适应时,你就要主动地舍弃,让它不再属于你。"

一个女友问:"你事业做得那么好,如果在事业与家庭之间做一个选择,你会选择哪一样?"

"除了家庭以外,我什么都可以放弃。"李洁毫不考虑地回答,"对我而言,'家'是最适合进行心灵大扫除的场所。有些人下了班之后到处找乐子,开party狂欢,甚至玩到很晚也不回家,好像非得把所有的精力耗尽才罢休。对此,我很反感,这些人没有充分地休息,他们又将如何面对明天?"

在外人看来,李洁的生活始终井然有序,而且她总是神清气爽、生机勃勃。 她说,这得归功于自己每天勤于做"内在清扫",所以,目前她还没有什么值得烦恼的事!不过,即使未来出现新的情况,她依然还会用这种方式去适应的,她充满了刚毅和自信。

让幸福成为一种习惯

幸福快乐的秘密在每个人的心中，每个人都具备使自己幸福快乐的资源，只是许多人没有把这些快乐幸福资源用好而已。

在我们的生活中，为什么有的人很幸福，而有的人却很痛苦呢？有的人即使大富大贵了，别人看他很幸福，可他自己却身在福中不知福，心里老觉得不快乐；有的人，别人看他离幸福很远，但他自己却时时与快乐邂逅。这其中的根本原因就在于一个人是具有积极的心态，还是消极的心态。

有一对国企职工下岗后，在早市上摆个小摊，靠微薄的收入维持全家人的生活。他们没有了从前让人羡慕的工作，也没有了叫人衣食无忧的工资、奖金，但他们依然生活得很幸福。夫妻俩过去爱跳舞，现在没钱进舞厅，就在自家屋子里打开收录机转悠起来。男的喜欢钓鱼，女的喜欢养花。下岗后，依然能看到男的扛着鱼竿去钓鱼,他们家阳台上的花儿依旧鲜艳夺目。他俩下了岗,收入减少了许多,还乐个不停,邻居们都用惊异的目光看着他俩。

一天,记者去采访,男人说:"我们虽然无法改变目前的境况,但我们可以控制自己的心态,虽然下岗了,但生活是否幸福还是由我们自己说了算的。"女人说:"我们没有了工作,再不能没有快乐,如果连快乐都丢了,那还有什么活头?"

幸福与否完全取决于你的心态,你想幸福,你随时都可以幸福,没有谁能够阻拦得了你。

人生的幸福在哪里?代表了一代人梦想的拿破仑,得到了世界上绝大多数人渴望拥有的荣誉、权力、金钱、美色,但他却说:"我这一生从来没有过一天幸福的日子。"海伦·凯勒又聋、又瞎、又哑,可她却说:"生活是这么美好。"

可见人的幸福与否完全是由自己的心态决定的!

心理学理论告诉我们:人以为自己处于某种状态他就自觉不自觉地顺从于这种状态,这种状态就会愈发明显。比如有些小孩本来不难过,但一哭起来,却越哭越伤心,就是这个道理。

当你认为自己很可怜很不幸,让痛苦爬满额头,你的生活就会真的很痛苦;如果你相信自己很快乐很幸福,并且快乐幸福地去生活,那么你的生活也就真的会很快乐很幸福。幸福的源泉就在你心中,它取之不尽,用之不竭。

期望获得幸福者应采取积极的心态,这样幸福就会被吸引到他们身边。而那些态度消极的人不仅不会吸引幸福，相反还会排斥幸福，当幸福悄然降临到身边时，他们可能毫无觉察，丝毫体会不到幸福的感觉。

那么，如何培养幸福的心态，让幸福成为一种习惯呢？

1. 让快乐成为一种习惯

人们之所以会制造自己的不幸，其主要原因多半是由于自己心中存有习惯性的不幸想法所致。例如总是认为一切事情都糟透了，别人拥有非分之财，我却没有得到应得的报酬等等消极的情绪。

此外，不幸的想法往往会把一切怨恨、颓丧或憎恶的情绪深深地刻画在自己的心底，于是感觉不幸变得愈加沉重。而当喜讯降临时，他们会说："这样快乐是不对的。"因为他们已经十分习惯往日的忧郁与悲伤，反而不习惯幸福与快乐的心情。他们依然沉湎在以前那些沮丧、悲伤以及不愉快的心境中。

墨菲博士指出："如果你希望幸福快乐，重点在于你必须真诚地渴望幸福快乐。"

有一名农夫似乎时时刻刻都在唱歌、吹口哨，并且充满幽默感。有人问他，他的快乐秘诀究竟是什么？他的回答是这样的："快快乐乐，是我的习惯。"

我们敢说，这位农夫同大多数人并没有太大的不同，只是他快乐成了一种习惯，而感觉不到幸福之人的习惯却是无休无止地抱怨。

因此，如果你想获得幸福，首先要养成幸福的习惯。在内心微笑，并使这种感觉成为你的一部分。同时为自己创造一个幸福世界，盼望着每一天的到来。即使有时乌云会遮住了阳光，那也是暂时性的，不久仍然还会晴空万里。

当问题来临时，与其坐在那冥思苦想，怨天怨地，不如焕发精神一面吹着口哨，一面寻求解决问题的方法。

养成快乐的习惯，还要学会开怀大笑。有太多的人已经忘掉如何开怀大笑，有时甚至忘了以前是否这样笑过。

开怀大笑能给人以轻松自在的感觉。真正的开怀大笑，能洗涤你心中的杂念。它是你的成功本能的一部分，能够使你迅速接近生活中的胜利。如果你从10岁起就不曾笑过，那么，赶快回到你脑海中的学校，重新学习你永远不应该忘记的某件事情。

有时候，当你对某件失败的事情感到沮丧时，不妨想想过去的成就，以及发生在别人身上的一些有趣的事，再把头往后仰起，不要害怕，然后哈哈大笑，把你的全部感情投入笑声中，或许你会觉得好过些。

2. 心中想到幸福，眼前就会充满幸福

金钱是好东西，但金钱并不能买到幸福，没有钱的你一样可以获得快乐。

只要你想获得快乐，你便会发现整个世界充满了幸福。你将会享受早餐的每一口，享受清晨的风带给你的神清气爽。

如果天正下雨，去买把雨伞，你会从简单的开伞与合伞动作中获得乐趣，并且欣赏它的机械功能，如同一个小孩子在玩一个玩具一样。

在我们这个不完美的世界里,也有很多美好的事物,关键是你要用寻求满足的眼光去看。

史蒂文生在诗中写道:"这个世界多彩多姿,我深信,我们应该快乐如君王。"

每一个人都可以做快乐的君王,但是在通往幸福的道路上不可能是一帆风顺的,阻碍是一定会有的。 如果你要抱怨的话,你应该想想自己有没有资格去抱怨。 我想这个世界上最有资格抱怨的应当是海伦·凯勒了。 她一生下来便是聋、哑、盲人,世上所有的不幸似乎全都降临到她一个人的身上,她失去了与周围人进行正常交际的能力,只有她的触觉帮助她把手伸向别人,体验爱与被爱的幸福。 但是她却说:"这个世界真美好。"

如果你喜欢对自己说:"事情进行得不顺利。""我总是这样不顺。""倒霉的事为什么总落在我头上。"如此一来,你一定会变得不幸。 相反地,如果常对自己说:"事情进行得非常顺利。""生活也相当舒适,我的生活真幸福。"这样一来,你将得到自己所选择的幸福,所谓幸福的感觉完全在于自己的心态。

有人说儿童是幸福的专家,成年人每每羡慕他们的天真无邪,无忧无虑。 那么,我们成年人为什么不能像儿童那样? 虽然无法天真,但却可以选择无邪、无忧、无虑,如果我们能学会儿童这种特有的幸福精神,我们的精神就不会衰老、迟钝或疲倦,我们就会永葆幸福。

3. 消除悲观消极的思想

如果有一群蚊子闯入你的家中,你肯定要想尽办法驱除它们，绝对不会同意它们与你同住，吸你的血，骚扰你的安宁。消极思想如悲观、恐惧、忧虑、憎恨等虚幻的心理就如同蚊子一样必须从你的大脑中驱除，你才会感到舒适、幸福。

就像人可以通过美容手术来获得外表的美丽一样，人也可以用乐观积极的思想取代头脑中的忧虑、恐惧、憎恨等悲观消极的思想，以获得幸福的人生。

美国前任总统艾森豪威尔每遇压力，就以打高尔夫球来松弛紧张的情绪。

著名画家摩西婆婆活了100多岁，她在80多岁时才决定以绘画作为消遣。

消除悲观消极的思想，不妨从以下几个方面做做：

（1）做事可以令你感到快乐。选择自己喜欢的活动，并且不是为了获取别人的称赞才这样做。没有人能够告诉你做什么，只要你自己喜欢什么就做什么。

（2）不要让不实际的忧虑侵蚀了你。当消极思想侵入你脑中时，即刻向它们宣战。问问你自己，为什么拥有天赋幸福权利的你，却必须在清醒时刻受到恐惧、忧虑与怨恨的苦恼。向这些狡诈的邪恶思想宣战，并要战胜它们。

（3）强化你的自我心像，想象自己正处于最佳的状态中，并对自己稍加赞赏。同时想想你以前的快乐时光与引以为豪之处。幻想将来愉快的经验，重视你自己。这些对于消除悲观消极的思想都有一定的作用。

如果你希望生活得幸福快乐，首先要真诚地渴望幸福快乐，就这么简单。

励志人生

你只是看起来很努力

宋犀堃

主编

新华出版社

前　言

时间扑面而来，我们终将释怀。

每个时代的人都有自己的青春，不同时代的人各有各的困惑。几乎每一个人在年轻时都曾感到自己是不快乐的。正因为能感到不快乐，所以人生的经历才更丰富。

你受的苦，会照亮你的路。

在逆境中长大的孩子，会早些看清生活最真实的面目。巴尔扎克说：挫折和不幸，是天才的晋升之阶、信徒的洗礼之水、能人的无价之宝、弱者的无底深渊。

谁的青春没有伤痛，谁的青春不曾迷茫？你只是看起来很努力！

你看起来买了很多书，只不过放到书架上去承接岁月的灰尘；看起来每天熬夜，却只不过拿着手机点赞，彻底把自己的时间碎片化；看起来每天很晚才离开办公室，上班时间却在偷懒；看起来去了健身房，却只是在泳池里泡了个澡。那些所谓的努力，是真的努力了，还只是看上去很努力的样子而已？任何没有走心的努力，都只是看起来很努力！

生命中任何事情的发生都不会完全没有意义，事情的意义往往存在于人们看待事情的高度，或时间的流转带来的角度的扭转。

　　青春不是年华，而是心境。

　　这是一本关于青春，还有不断启程的故事。当我们回首往事，很多事情不过是虚惊一场。

　　因为不完美，才有变美好的可能。因为痛，所以叫青春。

　　感谢你，勇敢地做了自己，这个世上，除了你，没有人能决定你的命运。无论生活多难，我都不逃避，就算输了，至少我真正努力过。这个世界最需要的，就是你做好真正想做的自己。

2019 年 4 月

目 录
CONTENTS

第一章
有些路，你必须一个人走完

人总要学着自己长大 / 002

你只是看起来很努力 / 006

我热爱自己的命运 / 012

笑赢人生的残局 / 015

做自己喜欢的事，做自己擅长的事 / 017

所有的岁月都是好的 / 021

从未放弃梦想 / 026

追逐人生的意义 / 032

成功是什么 / 034

第二章
青春有定节，离别无定时

不要总说"我很忙" / 038

如果你的真诚换来了别人的利用 / 041

宁得罪君子，不得罪小人 / 043

锋芒毕露的人没有太好的人缘 / 046

不要随意贬低他人 / 049

与坏人的友谊 / 054

建立广泛的人脉关系 / 063

对手是你成功的动力 / 071

近朱者赤，近墨者黑 / 073

第三章
爱情与承诺：青春仿佛因我爱你开始

情爱有错觉 / 080

不是每段恋曲都有美好回忆 / 083

浪子是用来丰富女人青春经历的 / 090

爱情也有其道德的底线 / 093

对的那个人并不是她 / 096

失恋，成熟的催化剂 / 098

在物是人非的景色里，我最喜欢你 / 101

不要等到失去后才懂得珍惜 / 104

别在伤痛孤单里任年华流逝 / 110

如果不能原谅，就拒绝原谅 / 114

第四章
只要努力了，最初的梦想终会实现

要想成功就必须把眼光放远 / 120

最绝望无助的日子 / 123

赚钱是一件有意思的事情 / 128

善于等待时机 / 133

年轻无极限 / 135

男人的人生从挫折开始 / 139

迎接挑战，永不畏惧 / 142

我没有什么可以输的 / 144

突破自己的局限，你可以从无到有 / 147

第五章

永远年轻，永远热泪盈眶

对事物持正面的看法／150
凡能假如的，必是充满了遗憾的／153
生命的意义只能从当下去寻找／156
快乐不快乐，都是一天／159
人生的价值是由自己决定的／161
不完美怎么了／164
我坐在这里，看着青春消逝／169
人生是一段旅程／173
行至水穷处，坐看云起时／176
给未来的你／179

第一章

有些路,你必须一个人走完

人总要学着自己长大

他出身贫苦、身材瘦小,学历不高,却依靠自己的勤勉与智慧,白手起家,开创了一个拥有一兆四千亿台币的庞大的商业帝国。

从不名一文的农家子弟到首屈一指的亿万富豪,从不识"塑料"二字的"门外汉"到赫赫有名的"塑料博士""世界塑胶大王"。 王永庆,一个仅有小学文凭的寒门子弟,以其"筚路蓝缕,以启山林"的奋斗精神带领着台塑实业,在台湾产业领域推动合理化管理,使其从一家濒临倒闭的小公司,一跃成为现今世界上最大的"塑胶王国",成为台湾企业的卓越典范。

1917年1月8日,王永庆出生在中国台湾台北县新店直潭的一户贫苦的茶农家里。 他的祖籍是著名的茶乡福建安溪。 清朝末年,清政府闭关锁国、腐败无能,国力江河日下,人民生活困苦不堪。 福建沿海一带的农民、小生产者眼看着生活无以为继,只得背井离乡,漂洋过海到台湾寻找生路。王永庆的曾祖父便是其中的一员。

后来，王家人便定居在直潭，世代以种茶为生，每天日出而作、日落而息，在这片土地上辛勤耕耘着。

由于茶树生长周期的原因，茶农们一年大约只有半年的时间（春季到秋季）有一些微薄的收入，其余时间就只能赋闲在家，靠打零工维持生计，因此，日子过得十分清苦。王永庆很小的时候就跟着母亲出外捡煤块、木柴，以便能换取一点零钱，贴补家用。

但是，还是免不了忍饥挨饿。有时实在饿极了，就只好偷偷地摘路边的石榴吃。家里偶尔"改善生活"，能分到一小碗甘薯粥，在王永庆看来就像是过年一样。王永庆七岁那年，父母实在不忍心让他失学，就拿出多年来省吃俭用攒下来的积蓄，把他送进乡里的学校去念书。那时候，学校离家有十公里的路程，王永庆每天必须天不亮就起床，先去挑几趟水，把家中的大水缸灌满，然后步行上学。

别人家的孩子都穿着漂亮的新衣服，而王永庆却连一套像样的衣服都没有。他的裤子是用面粉袋改做的，上面还印着"中美合作"的字样；用来阻挡烈日风雨的草帽早已破了好几个洞，可还是舍不得扔掉；没有书包，母亲便把两块破布拼接起来给他装书本；仅有的鞋子磨破了，他就干脆赤着双脚在泥泞的山路上奔走！

每天放学后，王永庆还要扛着一袋50斤重的饲料回家喂猪。50斤的重量，对于一个不满十岁的孩子来说，实在是有些不堪重负。王永庆几乎每走几百米的距离就换一下肩膀，等到他回到家时，已经筋疲力尽，双肩红肿，大汗淋漓了。

王永庆9岁那年，家中的顶梁柱——父亲王长庚积劳成疾，卧病在床，全家人的生活重担都落到了母亲瘦弱的肩上。王永庆看到母亲日夜不停地操劳，总想多帮母亲做点事，挑水、担柴、洗衣、做饭、养鸡、养鹅，只要是他力所能及的，都尽量多做。除此以外，王永庆还找了一份帮人放牛的工作，一个月赚5角钱，一来可以交学费，二来也能够贴补家用。

就这样，他勉强读到小学毕业，便被迫告别了学校，到茶园做了一名小杂工。值得庆幸的是，王永庆有一位睿智开明的祖父，在祖父的教导和影响下，王永庆学会了很多做人、做事的道理。其实，王家初到台湾时曾经有过一段算得上小康的日子，祖父王添泉因此成为直潭为数不多的读书人，中过秀才的他，还曾在当地开了间私塾，颇受人尊敬。

尽管私塾先生的身份给这个家庭增添了不少书香气息，却对改善家庭经济没有多大帮助。随着新式教育的兴起和普及，王家私塾再也无力支撑，最终关闭。从此，只能靠种茶作为唯一营生的王家人，日子过得越来越清苦。王永庆并不是那种安于现状的人，他总是思考着如何去改变自己的命运，如何去开创一片新天地，他暗自为自己定下了人生的目标。但是这一切的前提就是要走出直潭，到外面的大千世界去闯荡一番。可是，当王永庆把这个想法告诉父母和家人时，除了祖父王添泉，没有人支持他的想法。

一天，王添泉把全家人聚集到一起，对他们说："种茶人为了让茶树发育良好，常常要一根根地清除掉茶树周围的杂草，可是我们这里常年多雨，土壤经过长时间的冲刷，加上没有植被的保护，导致了土壤的大量流失，这片茶山迟早会变成废山。所以，我们要是一辈子、一代代都靠种茶为生，永远都不会有出路的。长庚辛苦了一辈子，也没能让你们过上好日子，倒是把自己折腾了一身病。阿庆是读过书的人，我也不希望他一辈子困在这里，走上一代人的老路，还是让他到外边的世界闯一闯吧，说不定能闯荡出一些名堂来！"

祖父的这番话深深地敲击着王永庆的内心，也更坚定了他出外闯荡的决心。这一年，刚满15岁的王永庆，怀揣着家人东拼西凑来的一点盘缠，独自踏上了谋生的道路。

你只是看起来很努力

人们总是认为，身体有严重缺陷的人会活得没什么乐趣，甚至易怒、退缩。因此，当大家发现力克竟然过着大胆且充实的生活时，难免感到意外。

力克上传的影片下面有很多留言，最典型的如下：看到像他这样的家伙都可以这么快乐，不禁怀疑对自己到底有什么不爽的？干吗觉得自己不够有魅力、不够有趣呢？这个没有四肢的家伙活得这么开心，而自己的脑袋竟然会有那些无聊的想法！

力克经常被问到一个问题："力克，你怎么可以这么快乐？"

你或许正面临挑战，所以力克就先回答你吧。

力克之所以快乐，是因为他了解到，他或许并不完美，但他却是完美的力克！他是上帝照着计划所做的独特创作。当然，这并不表示一切已无须改进，力克一直努力让自己更好。

力克相信生命是没有限制的，而不论你的挑战是什么，希望你也觉得自己的人生不受限。当你们一起开始这段旅程时，请先思考一下你为自己的人生，或者让别人替你的人生加上的限制。现在再想一想，如果没有这些限制会怎样？如果任何事都是可能的，那么，你的人生会如何？

表面上，力克是个失能者，但实际上，力克因为没有四肢而拥有能力。力克个人的独特挑战为：他开启了独一无二的机会，让自己可以接触到许多有需要的人。所以，请好好想一想有什么是你可以做的！你们时常以为自己不够聪明、不够有魅力、不够有天分，因此无法追求梦想。别人怎么讲你们就怎么相信，要不然就是自己设限太多。更糟的是，当你觉得自己毫无价值时，就等于限制了上帝在你身上的作为。

当你放弃梦想，就把上帝框住了。毕竟，你是他的创造物，他创造你是有目的的。因此，你的生命不应该受到限制，就像神的爱不受局限一样。

力克有选择，你也有选择。你可以选择对那些令人失望与不足之处念念不忘，可以选择苦涩、愤怒或悲哀；或者，在面对艰难时刻和那些对你心怀恶意的人时，选择从经验中学习，然后继续往前走，为自己的快乐负责。

作为上帝的儿女，你是美好且珍贵的，比这世上所有的钻石更有价值。你们都是照着自己该有的样子完美成形，不过，你们的目标应该是不断努力成为更好的人，并借着更远大的梦想扩张自己的界限。这一路上有许多需要调整的地方，但活着永远是值得的。力克想让你知道，无论你的环境如何，只要还有一口气在，你就能做出贡献。

力克没办法拍拍你的肩膀给你保证什么，但力克可以发自内心，真诚地对你说：无论你的人生看起来多么无望，希望永远存在；就算情况似乎很糟糕，前方还是会有好日子；无论环境有多险峻，你总能超越这些艰险。 期待改变并不能带来改变，下定决心，此刻就采取行动，才能改变一切。

万事互相效力，一切最终会有好结果——这点力克很确定，因为他的生命就是如此。

认识自己的价值很重要，要知道，你也有些什么可以贡献出去。 如果你此刻觉得沮丧，那也 OK，因为沮丧感代表你想要一个比现况更丰富的人生，这很好啊。 通常生命中的挑战会让你更明白自己真正应该成为一个什么样的人。

力克是父母的第一个小孩，在任何家庭，这都是值得庆贺、欣喜的事，然而力克出生时，没人送花给他妈妈。 这让她觉得受伤，使她陷入更深的绝望。

她含着泪问力克爸爸："难道力克就不值得拥有一束花吗？"

"对不起，"爸爸说，"当然值得啊。"他去医院的花店，很快捧回一束花给她。

此情此景，力克自然一无所知，直到 13 岁左右，因为力克问父母当年他们看到自己没有四肢时最初的反应是什么，力克才知道这一切。 有一天，力克跟妈妈说起在学校过得很惨，还跟她说很讨厌自己没手没脚，结果妈妈跟力克哭成一团。 妈妈告诉力克，她和爸爸已经明白上帝对他有个特别计划，有一天，他会显明那个计划。 力克一直不断地问问题，有些问题出于力克个人的好奇心，有些则是为了应付那些没完没了好奇的同学。

一开始，力克有点害怕爸妈会告诉他什么，而且因为有些问题对他们来说也难以探究，力克不想让他们难堪。起初，爸爸、妈妈回答得很谨慎，想要保护力克；当力克渐渐长大，问得更多时，他们开始更深入地谈到自己的感受和恐惧，因为他们知道力克已能承受。尽管如此，当妈妈提到力克出生时她不想抱力克，再怎么说，还是让力克很难受。力克已经够不安了，结果还听到自己的母亲说她连看自己一眼都没办法……那种感受，你自己想象一下吧。

当时力克很受伤，觉得自己被排斥了，但接着力克想到父母从那时开始为自己付出的一切，他们已经多次证明对力克的爱。在聊这些事情的时候，力克已经够大了，可以设身处地为妈妈着想。关于力克的状况，除了她自己的直觉之外，怀孕过程中没有任何人预先警告过，因此可以想象当时的她会有多震惊、多害怕。如果力克为人父母，面对这样的状况会有什么反应？力克不确定自己是不是可以处理得跟他们一样好。力克把这个想法跟爸妈说了，随着时间的流逝，他们的谈话也越来越深入。

近几年来，他们探究彼此的感受和恐惧，父母帮助力克理解他们最初的反应，也让力克知道，信仰是如何带领他们明白力克的人生是注定要遵从上帝的旨意的。力克是个意志非常坚定，而且大部分时间都很乐观的孩子，力克的老师、别的家长和陌生人常常跟力克父母说，力克的态度激励了他们。

今天，当力克在世界各地旅行时，常会看到人们遭遇的各种磨难。力克见过生重病的孤儿、被强迫卖淫的少女、穷到没钱还债而坐牢的男人等，这让力克对自己拥有的一切心怀感激，不会一直去注意自己所缺乏的东西。

苦难到处可见，而且常常是令人不可置信的残酷。然而，即使在最糟糕的贫民窟和最可怕的悲剧里，力克还是看到人们不只是活着，而且能茁壮成长，这让他觉得振奋。

埃及首都开罗郊外有个叫"垃圾城"的地方，那是最烂的贫民窟，但力克在这里却找到了欢乐。玛西耶特那塞地区位于一座高耸的悬崖边，有5万居民，"垃圾城"这个可悲却真实的称号及社区里的冲天臭气，来自大多数居民赖以为生的工作——收集垃圾。他们每天都会翻遍开罗，把垃圾拖回来，然后在里面挑挑拣拣。他们在开罗1800万居民制造出来的几座山一般的垃圾堆里翻找、分类，希望从中挑出可以变卖、回收或再利用的东西。

那里的街道堆满废弃物、猪圈和发臭的垃圾，这种情景会让你以为那里的人肯定活在绝望中，然而2009年力克到"垃圾城"去，却看到完全相反的情况。那里的生活当然很艰苦，但力克碰到的人却很有爱心，充满单纯的喜乐，而且信心满满。

力克去过世界各地最穷苦的贫民窟，"垃圾城"的环境算是最差的，但那里也是最温暖人心的地方。力克和大约150个人挤在一栋很小的水泥建筑里，那是他们的教会。当力克开始演讲时，听众向力克散发出单纯的喜乐，让力克很感动，力克的人生极少如此充满祝福。

教会领袖跟力克谈到上帝的力量如何改变当地居民的生命，他们的盼望并不在于这个地上的生命，而是在永生；与此同时，他们仍然相信奇迹，并对上帝的存在与作为充满感恩。 离开前，力克送给几个家庭一些米、茶和足够他们买几个星期食物的少量现金，也送给孩子们一些体育用品，比如足球和跳绳，他们马上邀请力克的团队一起玩球。尽管周遭一片脏乱，他们仍然欢笑连连，彼此都玩得很开心。力克永远不会忘记那些孩子和他们的笑容，他们再次向力克证明，只要全然信奉上帝，无论处于什么样的环境，都能过得快乐。

这些赤贫的孩子怎么还笑得出来？ 囚徒怎能欢唱？ 他们之所以能超越环境，是因为知道某些状况超出他们的理解与控制，因此他们把焦点放在自己可以理解与掌控的事物上。 力克的父母也是这样做的，他们决定信奉上帝的话，继续往前走——上帝说："万事都互相效力，叫爱神的人得益处，就是按他旨意被召的人。"

我热爱自己的命运

有记者问周云蓬：你九岁就失明，这是否从精神上摧毁了你。他淡定地回答：不会的，那时我还没有精神，灾难来得太早，它扑了个空！

周云蓬是标准的"70后"，但心理上却有着远大于实际年龄的沧桑。小时候，病魔就缠上了这个不幸的孩子。身患眼疾的他，跟随着母亲的脚步，四处求医问药，别的小朋友童年都是彩色的，而他的童年经历单调又令人绝望，充满了火车、医院、手术室和酒精棉球的味道。九岁那一年，他什么都看不到了，眼前一片黑暗。视觉的最后印象是动物园里的大象用鼻子吹口琴，以后，这个镜头，反复在他脑海中出现。梦中，他是笑着的，醒来后，他哭了！

"黑暗给了我黑色的眼睛，我却要用它寻求光明！"顾城的这句脍炙人口的诗句，用在周云蓬身上再合适不过。

在盲童学校读书的他，以后不仅上了高中，还读了大学。在大学期间，他最喜爱的书是米兰·昆德拉的《生命中不能承受之轻》和加缪的《局外人》。

　　写诗和唱歌是周云蓬的理想，也是他的梦想。在大学里，周云蓬非凡的艺术才华得以充分展现，他创办了刊物，并开始写诗和歌曲，并在大学里开演唱会。毕业后，周云蓬开始游历全国，并以弹唱为生。

　　四处漂泊的经历，赋予了他无穷无尽的灵感。灵敏的耳朵，让他的音乐更加纯净、细腻，他录制的音乐开始广为人知。在他的博客里，他这样介绍自己：新世纪的候鸟歌手，冬天去南方演，夏天在北方唱，春秋去海边。

　　1996—1997年，周云蓬游历了南京、上海、杭州、青岛、长沙；1999年创办了刊物《命与门》，正式开始写诗和歌曲；2001年只身前往西藏；2002年在北京办了第二本刊物《低岸》，主要想以诗的方式来诠释地下人的精神状态；2003年签约摩登天空，并录制了第一张专辑《沉默如谜的呼吸》；2004年9月首张专辑《沉默如谜的呼吸》正式发行……

　　他的那首《盲人影院》非常有特色。那是一首带有自传性质的歌曲，讲述了他少年时代的经历。从小失去光明的他喜爱艺术，喜爱音乐，喜爱电影。电影是他的艺术启蒙，在"盲人影院"中，有无数想象的画面化成诗句，带着他四处飘荡。他去了上海、苏州、杭州、南京、长沙，还有昆明，以及腾格里沙漠、阿拉善戈壁、那曲草原和拉萨圣城。他热爱诗歌，他喜欢"嚎叫"，他欣赏Beat Generation的理想，因为他也是一个漂泊的"游客"。

　　媒体开始第一次用"音乐公民"来评价这位歌者。周云蓬不仅在音乐上拥有卓越的才华，在诗歌创作上，也有着过人的天赋。他认为音乐和诗歌是不可分离的孪生兄弟，他一直致力于"弥合诗歌与音乐的分离"，并在 2009 年获得珠江国际诗歌节"诗歌探索奖"。

面对自身的不幸，周云蓬好像总是视而不见，他用诗一样的语言这样描述道：蛇只能看见运动着的东西，狗的世界是黑白的，蜻蜓的眼睛里有一千个太阳。很多深海里的鱼，眼睛蜕化成了两个白点。能看见什么，不能看见什么，那是我们的宿命。我热爱自己的命运……

笑赢人生的残局

曾有人问谢坤山："假如你有一双健全的手，你最想用它做什么？"他笑着说："我会左手牵着太太，右手牵着两个女儿，一起走好人生的路。"

人若以命运来划分，大致可以分为两种：一种人生来就走运；一种人生来就倒霉。我们也常常把人生比喻为一盘棋，下棋的是自己，博弈的是命运。

中国台湾残疾画家谢坤山就属于后一种，似乎生来就和好运无缘，而与霉运结伴，倒霉了一次又一次，简直成了"倒霉蛋"。

由于家境贫寒，家里没钱供他读书，所以谢坤山很早就辍学。不过，生活贫困也使他早熟，很小就懂得父母的劳苦与艰辛。因而从12岁起，他就到工地打工，用他那稚嫩的肩膀支撑着这个家。然而命运偏偏不垂青这个懂事的孩子，总将灾难一次次降临到他的头上。16岁那年，他因误触高压电，失去了双臂和一条腿；23岁时，一场意外事故，又使他失去了一只眼睛。随后，心爱的女友也悄然离他而去……

面对命运接踵而来的打击，谢坤山并不抱怨，也没有因此沉沦。但为了不拖累可怜的父母，也为了不拖垮这个特困的家庭，他毅然选择了流浪。带着一身的残疾上路，独自一人，与命运展开了博弈。

在流浪的日子里，谢坤山一边忙于打工，挣钱糊口；一边忙于公益，救助社会。后来，他渐渐地迷上了绘画。起初，谢坤山对绘画一无所知，他就去艺术学校旁听，学习绘画技巧。没有手，他就用嘴作画，先用牙齿咬住画笔，再用舌头搅动，嘴角时常渗出鲜血。少条腿，他就"金鸡独立"作画，通常一站就是几个小时。他尤其喜欢在风雨中作画，捕捉那乌云密布、寒风吹袭的感觉……

就在他人生最困顿的时候，一个名叫也真的漂亮女孩，不顾父母的强烈反对，毅然走进了他的生活。从此谢坤山更加勤奋作画，到处举办画展，作品也不断获奖。

苦心人，天不负。他终于赢了人生的残局。他不仅赢得了爱情，有了一个美满幸福的家；而且赢得了事业，成为著名的画家，赢得了社会的尊重。

做自己喜欢的事，做自己擅长的事

从跨出校园的那一刻起，我们就必须考虑一个问题：拿什么在生存的竞技场上与人竞争？这几乎成为20几岁的年轻人都必须面对的问题。没有方向感，是最要命的。

我们要选择自己喜欢的事情，因为只有做自己喜欢的事情，我们才能无怨无悔，也只有自己喜欢的事情，我们才能在遇到艰辛苦难时坚持下去。

百度创始人李彦宏谈起了自己的创业体会："百度始终没有去做其他事情，不管那些事情多么赚钱。短信曾经非常赚钱，游戏到现在仍然非常赚钱，门户网站可以做得非常大，我们都没有去做。因为我的理想并不在那些领域，我喜欢的东西是通过我的技术让更多的人更容易地获得信息；作为一个工程师出身的创业者，我希望把自己的技术运用到社会上去，让更多的人从中获得收益。这么多年来，我之所以在大家看来没走什么弯路，很重要的原因就是我只是做自己理想中喜欢的并且擅长的事。开始的时候，每个人一定要想想自己最擅长做什么。当前除了少数垄断行业之外，整个商业社会竞争是非常充分、非常激烈的，如果说这件事情别人做起来比你更擅长，那你再喜欢它也没有用，你是做不过人家的。所以，在这种情况下一定要考虑自己最擅长做的事情，你再去做。"

这是个成功人士辈出的年代：刘翔是110米跨栏冠军，王励勤是乒乓球冠军，乔丹是飞人，巴菲特是股神……他们之所以成为英雄，正在于他们都是在做自己最擅长的事情，都是在拿自己的长处和别人的短处较量。他们本来是普通的常人，但因为在某一点上超过了所有的人，因而获得了成功。

李安，两次获得奥斯卡最佳导演奖，是全球华人的骄傲。在光环的背后，很少有人知道当年他曾二度高考落榜，硕士毕业后失业六年在家做家庭主夫。

李安成名前的经历告诉我们：就算你高中数学成绩不好，不要紧；就算你毕业就失业，也不要紧。对你来说，重要的是你发现了自己所热爱并擅长的事情，并坚持做下去。

1985年2月，李安准备回中国台湾发展。就在行李被运往港口的前一晚，李安的毕业作《分界线》在纽约大学影展中得了最佳影片和最佳导演两个奖，当晚美国三大经纪公司之一的威廉·莫里斯的经纪人当场要与李安签约，说李安在美国极有发展，要李安留下来试试。

当时李安的太太林惠嘉还在伊利诺伊念博士，带着不到一岁的阿猫（李涵），学位还差半年就拿到。李安心想：孩子还小，太太学位还没拿到，也好，在美国再待一阵子陪陪他们，也碰碰运气。

就这样，一个计划不成，另一个计划又来了，总有几个在进行，所以老不死心，人像是悬在半空中。直到1990年暑假完全绝望，计划全部死光，锐气磨尽，李安也不知道该怎么办。要不要回台湾？老是举棋不定，台湾电影那时也不景气。

他尝试了当剧务、看器材，但都不太成功。毕业快六年了，还是一事无成，刚开始还能谈理想，三四年后，人往四十岁走，依旧如此，也不好意思再说什么理想，于是开始有些自闭。过一阵子，会看见某位同学时来运转，当然大多数都是虚度青春、自怨自艾地过日子。

他能在最低落的日子里一直坚持自己的理想，与妻子林惠嘉给他的自由和支持是分不开的。他说道："平常我在家负责煮饭、接送小孩，分担家事，惠嘉也不太干涉我。惠嘉对我最大的支持，就是她自己独立生活。她没有要求我一定要出去上班。当然她赚的还不够用，因为研究员只是微薄的基本薪水，有时双方家里也会变相接济一下。我一直不想让父母操心，我们家从来不谈钱的，但爸妈也会寄钱来给我们救急。"

1990年暑假，老二石头（李淳）出生时是李安最消沉的时候，丈母娘与岳父来美帮忙，一下飞机，林惠嘉就叮嘱他们千万别提拍片的事，怕李安会受不了。李安每天做好饭菜给他们吃，他们就一直说："好吃，好吃。"

有一天，丈母娘忍不住，很正经地提议："李安，你这么会烧菜，我们来投资给你开餐馆好不好？"李安说："开餐馆跟家里烧饭不一样。"

当时李安有个想法：要不然就是老天爷在开玩笑，李安就是来传宗接代的，说不定儿子是个天才，或者机运未到，就连叫花子都还有三年好运呢！每个人都有他的时运，分大分小，要是时机来了，抓不到的话，这辈子就很窝囊。

就在计划全部泡汤的几个月后，《推手》《喜宴》的剧本在台湾得奖了，整个运势从谷底翻扬上来。

许多人好奇李安怎么熬过那一段心情郁闷的时期。当年李安没办法跟命运抗衡，只好死皮赖脸地待在电影圈，继续从事这一行，当时机来了，就迎上前去，如此而已。

那种"死皮赖脸也要待下去"的坚持，让他成为今天的大导演李安，而不是厨师李安或一事无成的李安。他认定了导演就是他想做而且擅长做的事，并且坚持下来。

他说："我一接触电影就知道走对了路。因为我当演员是一种表演，当导演也是表演，借电影来表演。电影主要靠声光效果，没什么语言障碍，这是最适合我的表现方式。"

"拍电影我很容易就上手，那时我英文都讲不太通，句子也说不全，但拍片时同学都会听我的，做舞台也如此，在中国台湾、美国都一样，不晓得为什么。平常大家平等，可是一导戏，大家就会听我的。导戏时，我会去想些很疯狂的事，而且真的有可能就给做出来了。我想，那么容易上手，一定有些什么东西在里面，也许这就是天分。"

所有的岁月都是好的

丘吉尔7岁那年,被送到阿斯科特贵族子弟学校读书。学校主事人主要关心的是对孩子们的管教,而不是教学。丘吉尔不愿意遵守教育家们苦心推行的那一套规章制度,不久他就因为不听话吃了苦头,挨了一顿鞭子。

阿斯科特的生活使丘吉尔的健康受到损害。他后来在一部回忆录中写道:"我在那里过了两年多的不安生活。我在功课方面收获甚少,我天天计算着每个学期的终了,何时可以逃避这令人生厌的奴隶生活而回到家去,并在我的儿童游艺室地板上,把我的那些兵器和兵俑摆成作战的阵式。在那期间,我最大的乐趣就是阅读课外读物。"

9岁半时,父亲给了他一本《金银岛》,他手不释卷地阅读。学校的老师们看出他既落伍又早熟:所看的书超过他的年纪,然而在本班中却成绩最劣。他们大为不悦,施加种种强迫手段,但他顽强抵抗,我行我素,不受他人制约!

丘吉尔的身体日益衰弱,后来他被送到布赖顿的预备学校就读。布赖顿的教师后来回忆丘吉尔时提到,他是一个最执拗、最不守纪律的学生。

丘吉尔在布赖顿读了三年书后,被送到哈罗。丘吉尔回忆他在哈罗度过的岁月时写道:"我刚12岁便走进冷酷的考试领域,这对我是一种很大的折磨。我愿意参加历史和英文测验,在主考方面却偏重拉丁文和数学。而这两门功课,我几乎都不能给以满意的答案。"按照学校的规定,考生必须用拉丁文写一篇作文,然而他在两个小时中,只在考卷上写了一个字,用括弧把它括起来,然后浓浓地涂上墨,再打上几个墨点。

尽管数学考试不及格,拉丁文吃了零蛋,学校还是看他父亲的面子而录取了他。他被编在四年级学习成绩最差的一个班,最末的一个组。从此,丘吉尔名声大振,成了全校被人耻笑的倒数第三名。

丘吉尔在哈罗的学习成绩很差,经常考试不及格。他固执地不愿意学拉丁文,虽然经典语言在该校被看作是一门主课。由于丝毫没有愿望或者没有能力学好这门功课,丘吉尔无法在学业上有所进步,也失去了以后进大学读书的可能。他是学校最差的劣等生,人们认为他迟钝、低能。

丘吉尔继承了父亲的非凡记忆力。有一次他背诵麦考利关于古罗马的一本书,背了1200行毫无差错。他还能背出莎士比亚剧本中的大段台词,当老师援引《奥赛罗》或《哈姆雷特》中经典语句出了差错时,他总是不放过机会去纠正老师。有一次校长对他提出警告:"丘吉尔,我有很充分的理由对你表示不满。"丘吉尔回答说:"而我,先生,也有充分的理由对你表示不满。"

丘吉尔纪律性很差，不论是老师或是学生们自己定下的所有行为守则，丘吉尔几乎都不执行，而且经常寻衅斗殴。丘吉尔在学校的表现使父母非常苦恼，不得不在哈罗的最后几年将他转到军校预备班里读书。

丘吉尔虽然做了准备，但他在报考英国有名的桑赫斯特军事学校时，还是两次名落孙山。第二次落榜之后，父母为了把他弄进桑赫斯特军校，决定采取断然措施。在他离开哈罗后，父母把他托付给当时主办一所特殊学校的詹姆士上尉。这是一所补习学校，是专门帮助那些才疏学浅的青年人能够凑凑合合考取军校的临阵磨枪的地方。丘吉尔曾经回忆说："听说只要不是十足的白痴，就准保能从那里考入军校。"詹姆士的学校能准确了解军校对考生可能提出的所有问题，于是填鸭式地把这些问题的答案塞进学生的脑袋里。

正当丘吉尔积极准备第三次考试时，却在一次与弟弟们做追逐游戏时跌进深沟里，折断了腿，摔破了头，三天之后才恢复知觉。经过三个月的精心治疗，丘吉尔才从床上爬起来。在养伤期间，丘吉尔和父母住在一起，有机会看到许多上层政治活动家。他们都是丘吉尔家的常客，他们的话题几乎总是政治问题。这时丘吉尔对政治发生了一些兴趣。伤好之后，他常去下院听会，注意倾听那里进行的辩论情况。他思考着父亲的令人羡慕的地位。丘吉尔听到的那些谈话可能对他产生了影响，所以他认为父亲辞去索尔兹伯里政府的职务是个悲剧，是无法挽回的错误。

丘吉尔痊愈后，继续跟詹姆士上尉学习，课程结束之后，第三次投考桑赫斯特军校。1893年8月他终于被录取了，但可惜的是，没有像他父亲希望的那样进入步兵学科。尽管詹姆士上尉煞费苦心，丘吉尔的考试成绩还是只够进入骑兵学科。步兵学科的军官生只需自己出生活费，而骑兵学科的军官生除了需要付出较高的生活费外，还必须准备马匹、运动器械和狩猎工具。因此，报考骑兵学科的人要少得多，而且能否被录取实质上只取决于未来的骑兵军官是否出得起学费。原来父亲满心指望儿子能考取步兵学校，并曾事先请求第六十步兵团团长康诺斯基公爵在他的团里为丘吉尔保留一个位置，公爵已表示同意，但现在却由于儿子没有能力通过步兵考试这种不光彩的原因而作罢了。为此，父亲十分生气，给丘吉尔写了一封怒气冲冲的信，警告他今后必须刻苦努力，否则有可能堕落成社会废物！

丘吉尔来到桑赫斯特军事学校之后，烦恼、苦闷之态为之一扫而光。因为这里根本没有像在哈罗那样令人讨厌的拉丁文、希腊文及其他课程。况且这里不是参谋学院，而仅仅是一所学习时间仅为18个月的骑士学校。跑马场上的训练给丘吉尔带来很大的乐趣。他多年来一直喜欢骑射，渴望像他的祖先约翰·丘吉尔，即马尔巴罗第一代公爵那样，从事戎马生涯。这位未来的骑兵军官唯一感到不安的是，世界上尚未发生大规模的战争，他无法大显身手、出人头地。他希望有朝一日到印度或非洲去进行征战。

丘吉尔在军校学习期间，父亲的健康状况日益恶化，1895年1月去世，终年46岁。父亲的死，对丘吉尔是个沉重的打击。同年7月，丘吉尔又遭到一个不幸，他依恋不舍的保姆也死去了。 在这一年中丘吉尔变得懂事多了。 他觉得父亲这个大靠山倒了，今后应当奋发图强，走自己的路。 他在桑赫斯特的最后一次考试成绩是：在150名毕业生中名列第八名。 这对丘吉尔来说是一个不小的进步。

骑兵学科毕业后，丘吉尔认定他最理想的服务地点是第四骠骑兵团。 母亲经过周旋，使英国陆军总司令坎布里奇公爵和团长布拉巴宗上校同意她儿子在这个团任职。 就这样，这位年轻的中尉开始了自己的戎马生涯。

在他早年的回忆录中曾经这样写道："当我回顾这些岁月时，我不禁虔诚地感谢至高无上的神所赋予我们的生存才干。 所有的岁月都是好的，无论起伏与兴衰，危险与坦途，永远是动的感觉与希望的幻景。 青年们，全世界的青年们，让我们高举战旗，肩负起历史的责任，排除困难，勇敢地向既定的目标进军吧！"

从未放弃梦想

奥普拉·温弗瑞,从黑人私生女、抽烟、喝酒、吸毒、偷钱、厮混、出走,到成为当今世界最具影响力的妇女之一,她的命运极富传奇和戏剧性。 她从未放弃梦想,她的成功故事,对美国梦作了最佳的注释。

奥普拉·温弗瑞出生在美国南方密西西比州郊外一个小镇的一间没水没电的平房里。 与其他孩子不同的是,上天没有给她一个温暖的家庭——她的父母没有结婚,并在她很小的时候就已分手,她是18岁的母亲弗尼塔·李所生的私生女。 母亲当时在男女关系上比较随意,声称是一个叫弗农·温弗瑞的年轻人让她怀了孕。 有时,她又改口说,自己并不确定到底是谁应该负这个责任。

奥普拉自小随外祖母住在密西西比州德尔塔地区的一个小农场里。 农场生活十分艰苦,奥普拉每天的工作之一便是倒粪桶,她还帮着照料牛、猪和鸡。 她没有自己的卧室或床,而是和外祖母一起睡在一条羽毛褥子上,晚上还经常被吓醒，因为外祖父经常进来打骂她和外祖母。 在奥普拉4岁时的一天夜里，失控的外祖父闯进卧室，外祖母只好冲出房间，大声向邻居呼救。 邻居虽然又老又瞎，奥普拉还是把他当成自己的救星。 白天，外祖父也十分可怕，经常用拐杖打她或向她扔东西。

外祖母对她也十分严厉和无情，做错一点事情都要惩罚。 皮鞭成了奥普拉受教育、生活的一部分。 外祖母是个虔诚的宗教徒，小奥普拉也学会并记住了《圣经》中的许多章节，人们便让她在复活节朗诵《圣经》中与复活节有关的章节。 教堂里的女士们一边用扇子扇着风，一边倾听着这个蹒跚学步的孩子朗诵，都说她是一个有天赋的孩子。

日子虽然窘迫，却丝毫没有掩饰住她语言上的天赋。 早在4岁时，当有人问她将来想干什么时，她就说想靠谈话挣钱。 没有人想到她后来真的做到了这一点。

孩提时代的奥普拉一直光着脚丫子，到进校读书时，她才穿上第一条裙子。 闭塞的乡村环境使奥普拉只好以动物为伴，到书中寻求安慰。 当祖母送她进幼儿园时，她随即写张便条给老师，以无可辩驳的事实说明自己属于高年级班，惊讶不已的老师马上让她升级。 读完一年级，奥普拉跳到三年级，这便是这位孤独的女孩潜力的早年显露。

6岁时，母亲又让她回到威斯康星州的密尔沃基贫民窟。 母亲当时居住的房间已经住满，不能再容人居住了，奥普拉只好在门廊过夜。 母亲是个穷女人，是既申请福利救济又做清扫房子工作的女仆。 当奥普拉住在密西西比州的农场时，母亲生下了第二个私生子；奥普拉9岁时，她又生下了第三个。 在这座房子里，奥普拉既感觉不到温情，也感觉不到约束，她只觉得自己是一个负担、一个弃儿，地位比自己同母异父的妹妹还要低。 奥普拉觉得这个妹妹比自己漂亮，因为她的皮肤比自己的要稍微白一些。 在家里这个小妹妹总是被人夸赞漂亮，而奥普拉这个更聪明的孩子却从未得到过任何"真聪明"之类的表扬。

奥普拉孤单无助，没有一个朋友。 她非常羡慕那些过着舒适生活的孩子，尤其是那些白人的孩子，他们家里有电视机和洗衣机，身上穿着从商店里买来的衣服，可以去看电影，不会因为犯一些有意或无意的小错而受到惩罚。

与其他许多非洲裔美国人一样，从小时候起，奥普拉就对颜色十分敏感，不仅是肤色，而且包括不同的颜色在人们生活中所代表的不同含义。 在她小时候，她嫉妒白人孩子舒适和奢侈的生活，而且对于她来说，白人孩子要比她更漂亮。 她不仅嫉妒肤色，而且嫉妒鼻子、嘴唇和头发。

她经常在黑人社团俱乐部和教堂茶会上做演讲，朗诵诗歌，因而成为有名的"小演说家"。 这也许是她童年生活中唯一的亮点。

1963年夏，奥普拉的母亲想结婚，希望过上一种真实的家庭生活，她要求奥普拉返回威斯康星州。 奥普拉不得已还是回到以前那个拥挤的、没人管的、混乱的生活环境中。

如果说单亲家庭的不幸还只是给奥普拉留下一些遗憾，那么9岁时被自己的表哥强暴，而后又被其他亲戚虐待，这更给她带来了深深的创伤。

在密尔沃基贫民窟，奥普拉成了性虐待的对象。 第一次是在叔父家，一个19岁的表哥强奸了她，当时她才9岁。 接下来的5年里，她受到了无休止的骚扰，有两个亲戚调戏猥亵了她。

少女时代的奥普拉受到过许多男人的虐待，其中有亲戚和她母亲的男朋友。 当她第一次被表哥强暴时，她说自己根本不明白到底发生了什么，尤其是那个表哥让她别告诉别人，条件是给她一支冰激凌并带她去动物园玩一趟。

奥普拉一直隐藏着这个秘密，她一直觉得母亲知道这件事，而且没有保护她。 此外，与许多强暴案受害者和受虐儿童一样，她为发生在自己身上的这种可怕的事情而深深自责，并且保持沉默。她觉得自己是个坏女孩，直到三四十岁时，她才不再认为性虐待是自己的过错。

出身低微，缺乏教养，屡遭欺辱，周围没有正义，使得这个女孩当时已变得无法无天，已成为一个品行不端的"坏少女"，奥普拉滑入了人生肮脏的泥潭！

13岁的奥普拉自暴自弃，专做坏事，她抽烟、喝酒、吸毒、偷她母亲的钱，和比她大的男孩子厮混。 有一次她竟从家中逃跑，看见一位著名歌手从豪华轿车中下来，骗他相信她是个弃儿，需要"100美元回到俄亥俄州"。 她得到了这笔钱，在密尔沃基大酒店中住了3天。 当这些钱花光后，她又找到校长，校长把她带到火冒三丈的母亲那儿，母亲送她进少儿收容中心。 那儿床位已满，奥普拉又被送到父亲那儿。

40多年后的2010年9月，美国一些电视台播放了一部描写奥普拉青少年时期的电视纪实片，惊爆猛料，称少女时代的奥普拉竟然自甘堕落,曾当雏妓! 片中揭露少女时期的奥普拉时常在家中"接客",每次2~4美元。14岁时,奥普拉已怀孕,但没有男人为此负责,孩子早产后不久便死去。据一名家族成员爆料,少女时代的奥普拉经常与不同男人往来,并称这些人是她的男友,其实他们都是"恩客"。 当时奥普拉常趁母亲外出工作时,把男人带回家"办事",以赚取零用钱。 奥普拉同母异父的妹妹证实了这位爆料者的说法,她说:"每当有男人来我家,奥普拉便会给我和弟弟冰棒,然后说'你们两个去外面阳台玩',以此将我俩支走,好让她的'生意'能顺利进行。"

她的母亲再也无法忍受她的叛逆、暴躁和古怪的脾气,她无计可施,就将其送到她父亲弗农·温弗瑞那里。 弗农·温弗瑞出面,彻底改变了奥普拉的命运。

父亲坚持认为奥普拉实际上比她自己和别人印象中的她要强,将来甚至会成为杰出人士。 他为奥普拉定下了最高标准,激励她追求卓越。 他非常严厉,坚持让奥普拉每天多学习5个新词。继母也要求奥普拉每周背20个单词,否则不让她吃饭。"问题女孩"奥普拉很快就成为全优生。父亲每两周带她去图书馆选书,她不仅要每周读完一本书,还要写读书报告。 奥普拉经常沉醉在书中的幻想世界里。 她在1991年告诉《好管家》杂志:"书籍向我展示了生活中的希望,让我了解到世界像我这样的人还有许多,我不仅要发奋,更要实现理想……对我而言,这是一扇通往未来的大门。"她经常躲在壁橱里用手电筒看书,以免被人讥笑想成为大人物。

父亲的管教、父亲的爱把奥普拉从深渊中救起,将她引向新的方向。 父亲告诉她:"有些人让事情发生,有些人看着事情发生,有些人连发生了什么事情都不知道。"他鼓励奥普拉要做那个让事情发生的人。 父亲对奥普拉的期望唤醒了她的灵魂,不久,奥普拉暗暗下决心要成为最好、最聪明的人。

奥普拉自幼就有与生俱来的说话技巧和不俗的记忆力,她发现自己的言谈很容易带动别人的情绪,于是,她开始有意发展自己的独特能力。 1969年,她被选送去加利福尼亚教会组织演讲,看见好莱坞影星游行队伍时,她发誓:"总有一天,我要让自己成为比他们更耀眼的明星!"

奥普拉的人生从此发生了彻底的转变。 她主持高中学生委员会;参加戏剧俱乐部;到一家电台做周末新闻播演,每周能赚100美元。 她在日记中写道:"我要努力成为最优秀者!"——这至今仍是激励她不断奋斗的座右铭。

由于口才和辩才极其出众,16岁的奥普拉赢得艾尔克斯俱乐部演讲竞赛,使她得到了到田纳西州州立大学深造的奖学金。 不久,她被选为那什维尔青年协会代表和东部高中美国杰出少年的代表,赴白宫受尼克松总统接见。

1972年,17岁的奥普拉考上了大学,进入田纳西州州立大学,主修演讲和戏剧。 上学让她从破旧的、年久失修的居住地来到绿树、草坪和鲜花簇拥着的校园。 她,一个身无分文的黑人小孩,从此处走入了另外一个世界。

追逐人生的意义

爱因斯坦晚年回忆道:"当我还是一个相当早熟的少年的时候,我就已经深切地意识到,大多数人终生无休止地追逐的那些希望和努力是毫无价值的。而且,我不久就发现了这种追逐的残酷。"

在很多亲友和街坊邻居的记忆中,爱因斯坦小时候是笨拙的、迟钝的,衣扣总是对不齐,东西总是找不着,三岁多还不会讲话,父母一度担心他是哑巴,曾带他去看医生。

爱因斯坦读小学和中学时,说话慢,动作慢,记忆力不强,不善于和同学交往,学习成绩也不起眼,当然很难让老师和同学喜欢。

在慕尼黑路易·波尔德中学的6年生活,给爱因斯坦留下的回忆只有压抑、孤独和痛苦:学习上,他除了数学,其他各门学科,特别是需要大量死记硬背的课程,大都成绩不佳;生活上,与班里同学话不投机,格格不入,被认为"生性孤僻";在老师眼里,他不仅"智力迟钝",而且"不守纪律、心不在焉、想入非非"……

但事实上，爱因斯坦的早慧和早熟，被这些"小时不佳"的故事和考试成绩单所掩盖，真要探究起来，恐怕远远超过一般人的想象。

爱因斯坦10岁时便在两位医科大学生引导下自己阅读通俗科学读物和哲学著作；12岁，醉心于欧几里得几何学，开始自学高等数学；13岁，开始读哲学家康德的著作；不满16岁，已经依靠自学，无师自通地学会了解析几何和微积分……

爱因斯坦是填鸭式教学法的铁杆反对派，但更有价值的，可能是他对学校应当教什么的独到看法。他认为，学校教育"不应把获得专业知识放在首位，学校的目标应当是培养有独立行动和独立思考的个人，不过他们要把为社会服务看作是自己人生的最高目标。"

"通过专业教育，他（学生）可以成为一种有用的机器，但是不能成为一个和谐发展的人……他必须获得对美和道德上的善的鲜明的辨别力。否则，他，连同他的专业知识，就更像一只受过很好训练的狗，而不像一个和谐发展的人。"

幸运的是，中小学阶段的痛苦经历，没有令爱因斯坦感到自卑或者产生扭曲的心理，反而产生了一种强烈的反作用力，刺激他更加珍视个性和思想的独立与自由，珍视真、善、美的价值。

成功是什么

有的人从小就处于被动状态，读书、选学校、选专业等完全听命于父母和老师。这些人不知道何为积极主动，何为自觉和自主，除了盲目的竞争、攀比以外，他们唯一可做的就只有虚度光阴了。

有的人考上大学之后，突然发现，可以由自己支配的时间骤然增多，但不知道应该如何管理时间，不知道如何控制自己。这些人常因为对自己要求不严或交友不慎，沉迷于网络游戏等不良习惯之中，最终荒废了学业，耽误了前程。

有的大学生对专业学习兴致索然，对校园生活也提不起兴趣，他们明知自己不喜欢或不适合所学的专业，却既没有勇气改变现实，也没有胸怀接受现实。

有的大学生把自己封闭在校园的围墙之内，他们不了解社会现实，对社会实践和就业深感恐慌，或者在求职时眼高手低，屡屡碰壁后又对自己在校园里虚度光阴的做法自责不已。

有的人虽然考上了名牌大学，但他们似乎已经习惯了中学时代名列前茅的感觉。在大学校园里，面对实力不俗的众多优秀学子，他们茫然若失，甚至深感自卑，对自己的学业和前途丧失了信心。

有的人见到社会上一夜暴富或一步登天的例子，就希望自己也能用速成的方式获得地位和金钱。为了达到速成的目标，他们经常在"零和竞争"中伤害他人，甚至危害社会。

还有许多年轻人无法处理好正常的人际关系，当自己在学习、生活或感情方面遭受挫折的时候，就会由此消沉下去，甚至走向极端，抱憾终生。

每个青年都向往成功，每个学生都企盼成功。有时候，成功好像近在咫尺，有时候，成功又似乎遥不可及。

凡·高的一生，是在艰难的生活、世人的冷漠以及与严重的精神疾病做斗争的过程中度过的，他始终也没有放弃对艺术的追求——即便后人一度没有给予凡·高公正的评价，这种追求本身也已经是最大的成功了。

卡夫卡生前只是一个普通的小职员。他虽然不断地把自己对人生和世界的思考诉诸笔端，却很少想到要发表这些文字，甚至在临终时还叮嘱好友销毁自己所有未发表的作品。幸运的是，好友在他去世后违背了他的嘱托，将《城堡》《审判》等足以震撼世人心灵的伟大作品整理出版——从这些不朽的文字中，我们看到的是一个成功攀上文学顶峰的卡夫卡。

卡耐基说："人要懂得从失败中培养成功，因为障碍与失败就是通往成功的两块最稳固的踏脚石。"

犯错后，要勇于承担责任，不要麻醉自己；要从错误中学习，以免以后再犯类似的错误。经过了上面两个步骤后，要原谅自己，不要让自己永远把这件事挂在心上，可以多找朋友或亲人沟通，或者让自己想想快乐的事情；从失败中增加自己的经验和智慧，以便对自己的价值观有正确的理解；坦然地面对错误，甚至主动用它来帮助别人。

勇气的最大敌人可能就是对失败的恐惧。其实，在历史的长河里，任何个人的失败都不值得一提，重要的是你曾经放手去拼搏过。回顾历史上的名人，人们可能只记得他们的成功，却很少去关注他们的失败经历和不断尝试的勇气。

居里夫人说："人生的旅途也许很遥远，也许很黯淡，但是，不要害怕，勇敢的人面前才有通路。"

罗斯福说："我们没有什么恐惧的，唯一值得恐惧的只是恐惧本身。"

马克·吐温说："勇气不是缺少恐惧心理，而是缺少对恐惧心理的抵御和控制能力。"

萧伯纳说："困难是一面镜子，高悬在生命的险峰，它照出勇士攀登的雄姿，也显出懦夫退却的身影。"

罗斯福说："实现明天理想的唯一障碍是今天的疑虑。"

第二章

青春有定节,离别无定时

不要总说"我很忙"

朋友之间的关系也要时时经营。

面对竞争如此激烈的社会,每个人都会感觉要做的事很多。上班时忙,下班时也忙;单位忙,家里也忙,有孩子的还要照顾孩子;自己也要充电,也挺忙。所以我们经常挂在嘴上的一句话就是"我很忙"!

但正因为生活在这个快节奏的社会,才需要寻求朋友的帮助。

总对朋友说"我很忙"就是对朋友的拒绝,也是对自己的封闭。几次下来,朋友会很知趣地对你敬而远之。而当你需要朋友的时候,你会发现朋友也学着你的样子拒绝你。

总对别人说"我很忙",似乎也是一种自私。有时候你确实有很多事要做,但并不是每件事都非常重要,也不是每一件事都得立即完成。

而此时,朋友有事请你帮忙,虽然那样会耽误你的时间,但如果你想着朋友需要你,想着你应该帮助朋友,那么你会把一些自己不太重要的事先放一边。

相反，如果只想到自己，就会随口一句很简单而又挺有面子的一句"我很忙"加以拒绝，有时也会假惺惺地加上一句"对不起"。

不管朋友的事大小如何，如果把对朋友的帮助放在最后一位，放在自己所有小事之后，那么可以想象朋友在你心里的位置。

有时候，推说"我很忙"是一种无能的表现。有的人头脑里塞满了各色各样的事，当朋友有事相求时，虽有心相助，但自己弄不清该如何安排自己的事，不知道哪件事重要，哪件事紧急，无法分身，所以只能无奈地对朋友说声"我很忙"。

如果是领导吩咐有事，聪明的人会安排好自己手头的事，尽可能抽空完成领导的任务；而无能的人面对自己一大堆杂乱无章的事，只能对这个表现自我的机会说"我很忙"。

我们在生活和工作中，在朋友真正需要你的时候，要冲上去。要尽量少说"我很忙"。尽可能地帮助他人，也一定能得到他人无私的帮助，而我们很多事情光靠自己一个人是难以完成的。

我们要能清醒地分清事情的大小，安排好先后，如果自己的事情既重要也急需完成，而朋友的事又不太急，你当然可以另外安排时间。而如果自己的事和朋友的事都重要且急，那么应该诚恳地说明原因，当然最好能帮朋友出个主意，相信朋友会理解你的难处。

当然,"我很忙"也是拒绝一些人无理要求的最好托词。少说"我很忙"也并非要总说"让我来",抛开所有自己的事去帮助别人,除了能让他人感激之外,似乎没太多的好处,相反可能会因做不好自己的事而被人说闲话,甚至炒鱿鱼。

如果你的真诚换来了别人的利用

如果你的真诚换来了别人的利用,无论如何,你依然要真诚;如果你的忠贞换来了爱人的背叛,无论如何,你依然要忠贞;如果你的坚持自我换来了别人的嘲笑,无论如何,你依然要坚持自我;如果你的行侠仗义换来了报复伤害,无论如何,你依然要路见不平拔刀相助;如果你知道口中的实话或许对自己不利,无论如何,你依然要实话实说;如果你知道你的热心或许会换来别人的防范,无论如何,你依然要热心;如果你的包容换来了对方的得寸进尺,无论如何,你依然要包容与你为敌的人;如果你的乐善好施换来别人的忘恩负义,无论如何,你依然要充满爱心地去帮助每个人。

印度伟大的哲学家和灵性导师克里希那穆提曾说:"我不在意任何发生的事情——这就是我的秘密。"他简洁深远的话语再次震撼了人们的心灵。

我们要做的就是在每天的生活中不让任何事情影响我们的平静心情,以一种超脱的心境对待生活。

不在意就意味着去包容、去喜欢。你是否有这样的经验：当你去接纳一个人时，就会发自内心地欣赏和宽容对方；当你抵触一个人时，就会厌烦、逃避对方。抵触的态度会让我们痛苦，唯一的办法就是以一种迎接、化敌为友的态度替代。

当你用不在意的态度，用和善、宽容的态度去对待每天发生在你生命中的人和事时，你的心态、你的人际关系也就随之改变了，你很快会看到一切都在往更好的方向发展，你不再居住于一个充满矛盾、冷漠、颓废的世界，你会意识到，曾经的你一直在被错误的思想观念所引导。人生的常态应该是完全地快乐满足，而不是为痛苦烦恼时刻纠结。

也许你觉得万事不在意很难，请这样想：你不可能奢望每个人都是无私而充满爱心的，去包容他们吧，相信他们会在岁月中成长，用你的言行去影响和改变他们。

因为，你在乎的不是世人对你的评价，而是自身的价值，你心中的那份真善美，才是你坚持下去的原动力。

宁得罪君子，不得罪小人

小人就好像是一块玻璃，一碰就会碎掉。而防范小人只有一个办法，那就是尽量与他们保持距离。

在待人处世的过程中，谁都不愿意与小人相处，但是不管你愿意不愿意，都不可避免会遇到小人。所以在我们办事的过程中，千万要小心，不要轻易得罪小人。如果你得罪了小人，不仅办不好事情，可能还会招来很多令你头疼的麻烦。

在唐朝有一个叫李林甫的人，他是唐玄宗李隆基在位时期有名的奸相。李林甫为人心胸狭窄，容不得别人受到一点唐玄宗的宠爱，而当时唐玄宗又比较喜欢外表英俊、看起来仪表堂堂的武将。

有一天，唐玄宗在李林甫的陪同下到花园里散步，远远地就看见一个身材魁梧的将军，这时候唐玄宗叹了一声说道："这位将军长的真是仪表堂堂啊。"而李林甫则非常紧张，因为他生怕唐玄宗会喜欢这位将军，所以当唐玄宗问李林甫这位将军是谁时,李林甫支支吾吾地说不出来。

等到事后李林甫就暗中把唐玄宗喜欢的这位将军调到了一个很偏远的地方,让他再也没有机会接触到唐玄宗,这位将军当然永远也不会有出头之日了。

在小人的心里是容不下事情的,甚至是一点小事,只要他觉得对自己不好,就会牢牢地记在心中,甚至是长时间的记恨在心中。等到有一天他找到机会报复你,你还不知道是什么原因得罪了他。

小人是非常喜欢嫉妒别人的,他们看不了别人比自己强,而且你们关系越好,他可能在心中越希望你干的不要比他出色。

小人还喜欢斤斤计较,什么事情都喜欢和你争个是非长短,或者动不动就一个人在那里生气。

小人可以说是琢磨人的专家,他们会为了一点很小的利益就付出很大的代价,所以在日常生活中如果遇见小人的话,我们要学会一套对付小人的办法才行。那么我们到底应该如何来对付小人呢?

如果你不想把自己的地位降低成和小人一样的话,或者是不想两败俱伤的话,那么你最好就睁一只眼闭一只眼,对小人的行径最好不理不睬,或者敬而远之,最好不要发生正面冲突。

唐朝的名将郭子仪,在"安史之乱"平定之后,已经拥有了很大的权力,但是他并不居功自傲,为了防止小人的嫉妒,郭子仪做什么事情都非常谨慎。

有一次,郭子仪生病了,当时有一个叫卢杞的官员来看望他。卢杞可以说是历史上非常有名的奸诈小人，长相更是奇丑无比，人们都把卢杞看成是"活鬼"。

也正是因为这些原因，一般人看见卢杞以后都会笑话他那丑陋的相貌。而当时郭子仪听到门口有人报告之后，就立即让家人躲起来，自己独自一个人接待卢杞。

等到卢杞走了之后，郭子仪的家人问道："之前有很多官员来看望您，为什么单单这个卢杞您要让我们回避呢？"郭子仪答道："你们有所不知，卢杞这个人的相貌极为丑陋，又是奸诈小人，如果你们看到他之后，忍不住笑出来的话，那么我们就要倒霉了。"

到了后来，卢杞当上了宰相，他在位期间尽力报复之前笑话他的人，而对郭子仪却是非常的尊重。

可见不得罪小人，确实能够给自己减少很多不必要的麻烦。而如果因为自己的一时气愤得罪了小人，那么你就要小心了，小人肯定会用一些阴险狡诈的办法来折磨你。

如果在平时你实在没有办法与身边的小人一起共事，那么一定要记住："待小人要宽，防小人要严。"在小人面前要多听少说，千万不要轻易许诺，更不要轻易褒贬别人，特别是对于小人身上的缺点是万万不可批评的，而对于小人的要求，我们能办的最好都办，不能办的也一定要懂得婉言谢绝。总之，要对小人敬而远之，万万不可与其开玩笑，小心最后引火烧身。

锋芒毕露的人没有太好的人缘

若你比别人聪明,不一定必须张扬着让他人知道,时间会证明一切的,"是金子总是要发光的"。收敛锋芒,韬光养晦,使你在与人共事时留下较大的回旋余地,是一种必要的自我保护。

每个人都有自己的做人原则,有些人可能喜欢平淡从容,有些人可能喜欢锋芒毕露。我们会发现踏踏实实的人很容易与人共处,而锋芒毕露的人则没有什么太好的人缘。人缘可不是小问题,它的好坏直接影响着你社交的成败。

凡事都有两重性,即好的一面和不好的一面。同一件事,若从好的方面去理解,便是一件好事;若从不好的一面去理解,便是一件坏事。人缘的作用正在于此,它有时可以使坏的变好,也可以使好的变坏。假如你人缘好,那么你每做一件事,别人都会津津乐道,即使你做错了事,冒犯了别人,别人也会善意理解你的过错。生活在如此宽松和谐的环境里,你心里没有负担,处处可以尽情尽兴。但如果你人缘不好,那么你每做一件事,别人都会鸡蛋里挑骨头,更不要说做错事、冒犯别人了,即使你处处谨慎小心,事事正确,别人也会不以为然,不拿正眼看你。生活在如此冷漠的环境里,你会觉得自己是一个多余的人,更不要谈什么欢乐和幸福了。人缘好的人脚下的路有千万条,反之,便只剩下一座独木桥了。而要想有个好人缘,就不要锋芒毕露,咄咄逼人。

很多时候,我们面对的不一定是大是大非的原则问题,没必要针锋相对。退一步,别人过去了,自己也可以顺利通过。宽松和谐的人际关系,可以给我们带来很多方便,又避免了许多麻烦。假如你胸怀鸿鹄之志,可以一心一意去积蓄力量;假如你只想做普通人,可以活得从从容容,逍遥自在。可进可退,两头是路,何乐而不为?

或许你会说这样做过于世故,过于圆滑了吧?你也许要说:"这不是压抑人的个性自由发展吗?"其实不然,这里所说的收敛实际上是保护个性健康发展,成功实现自我价值的一条捷径。

有多少人由于年轻气盛,爱出风头而处处碰壁,为了适应社会,不得不磨平棱角,令锐气殆尽,最终还是一事无成。有句话不是说"好钢用在刀刃上"吗?一个人的锋芒也应该在关键时候、必要的时候展露给众人,那时人们自然会承认你确实是一把锋利的宝刀。而不是时不时地拿出来挥舞一番,直到杀得别人片甲不留方才甘心。刀刃需要长期的磨砺,只图一时之快,不懂保养,只会令其钝化。

大文豪萧伯纳赢得很多人的尊敬和仰慕。据说他从小就很聪明，且言语幽默，但是年轻时的他特别喜欢崭露锋芒，说话也尖酸刻薄，谁要是被他评论一番，便会有体无完肤之感。有一次，一位老朋友私下对他说："你现在常常出口成章，非常风趣可喜，但是大家都觉得，如果你不在场，他们会更快乐，因为他们比不上你，有你在，大家便不敢开口了。你的才干确实比他们略胜一筹，但这么一来，朋友将逐渐离开你，这对你又有什么益处呢？"老朋友的这番话使萧伯纳如梦初醒，他感到如果不收敛锋芒，彻底改过，社会将不再接纳他，又何止是失去朋友呢？所以他下定决心，从此再也不讲尖酸的话了，要把才能发挥在文学上，这一转变造就了他后来在文坛上的地位。

与"锋芒毕露"相对，我们提倡"沉默是金"的处世哲学。刚毕业的年轻人到了新单位后，无节制地说三道四，不分场合地大发议论，仗着一副"初生牛犊不怕虎"的精神大说特说，但是这种锋芒毕露很可能会让领导和同事觉得你傲慢、偏激。保持适当的沉默，这也是谦虚友好的表示，也是一种自信和力量的体现，应当将你的锋芒在工作中显露，以出色的工作成绩和谦逊的作风赢得声誉。

不要随意贬低他人

我们在社会上会遇到形形色色的人，有一种人，遇到就要避而远之，这种人就是喜欢贬低别人的人。他们往往是出于妒忌心理或其他原因，对他人心怀不满，进而造谣生事，竭尽诬蔑诽谤之事，本以为能抬高自己，却不知更加招人鄙视。

每个人的生活方式不同，处世之道各异，你不喜欢的不一定是错的，看不顺眼的未必不对，人不能总拿自己的眼光去衡量别的人或事，更不能以自己的价值观为标准来评判别人。否则，你怎么贬低别人，别人就会怎么贬低你。

贬低别人未必能达到目的，却一定会让大家都看不起你。凡事都应该把握好一个度，谦虚待人、谨慎处事总没有错。你可以不勇敢，但是你不能诬蔑别人的勇敢；你可以不伟大，但是你不能否定别人的伟大；你可以不崇高，但是你不能贬低别人的崇高；没有人强求你高尚，但是不允许你蔑视高尚；你尽可以做你的"真小人"，但是你不能辱骂别人是"伪君子"。

对于朋友、同事，我们要多看到人家的长处，要保持坦诚，多给予别人一份美好的赞美，那么，我们也将从别人那里得到赞美，从而获得良好的人际关系。

很多初入社会参加工作的年轻人，眼界很高，认为自己学富五车、才高八斗，凭着万丈豪情一定可以大展宏图。无论什么任务，一拍脑门就说"简单"，别人两天完成，他一天完成，能干不能干的都敢干，结果往往是眼高手低，连基本的小事都做不好。

年轻人必须正确面对并高效率地走过生命的这一段，尽可能地从中汲取经验，尽快成熟起来，并树立良好的、值得信赖的个人形象，从而为自己学以致用铺就一个好的舞台。

不说大话的人往往很有自知之明，他知道自己能吃几碗饭，有多少分量，甚至不惜低估自己的能力而把自己摆在弱者的位置。不说大话，能使人时刻保持清醒的头脑，使人不懈前行。这种适当的自卑是一种生命的升华，它会使你从平凡蜕变成非同凡响，使你走向成功。自知轻重的人能深刻地反省审视自己，冷静地剖析自我。懂得以人之长补己之短，懂得笨鸟先飞未雨绸缪，懂得用自己不懈的努力和执着的追求砸开胜利之门。

知道自己轻重的人往往能保持一种谦虚谨慎的心态。他知道自己是凡人，也就不会瞧不起别人。他能洞察到自身的不完美，对于他人的过失缺点，也就能包容谅解。总之，自知者时时保持着谦和从容的心态。现实生活中有些人自信过了头，好高骛远，眼高手低，往往错误地估计形势，不知天高地厚，对困难估计不足，结果在职场商场中屡战屡败。用自知审视人性的弱点，用自信照耀前进的道路，我们的人生将取得更大的成功。

人们往往喜欢努力往高处爬，爬得越高，看得越远，不但能将一切景物尽踩脚下，还能被顶礼膜拜，这就是重权和高位带来的诱惑。然而，地位越高，责任越重大，年轻人往往只顾羡慕上位者的风光无限，却忘了高处也是险处。

一个人渴望获得成功无可厚非，为了追寻心中的理想而拼搏奋斗，也没有错。然而，拥有灿烂辉煌的成就而不自鸣得意，反而精益求精，这样的上进心更值得称赞与敬佩。需要警惕的是，位置的优越容易使人忘乎所以，目中无人，而越是得意扬扬，越容易掉以轻心，无意中就落入了成功背后的温柔陷阱。

还有的人一旦成功就不思进取，最后丧失了前进的动力，内心反而变得空虚。须谨记，站在成功的领奖台上，千万不可沾沾自喜，小心"乐极生悲"。

登上人生的制高点，确实有一览众山小的威风，但也别忘了"高处不胜寒"。

人无完人，孰能无过，即使圣贤也有犯错失误的时候。面对别人的错误，你是选择劈头盖脸一顿骂，还是找个没人的角落悄悄提醒？如果选择前者，你可能沮丧地发现，你的忠告并没有被对方接受，甚至还引起了对方的敌对情绪；如果选择后者，对方就会更容易接受，如此既给人留了面子，又能让人心怀感激地接受你的提议。

犯错误时，我们会感到愧疚，但是，如果他人当众指责你的过错，就会将事情扩大，甚至伤害你与他的感情。如果对方在批评你时能够维护你的自尊，你可能会更加心存感激。这是一种间接处理问题的方式，是在给双方一个缓冲的余地。

为了对方的面子着想，你在忠告他人的时候，最好避免第三者在场。

不喜欢听到负面意见是人之常情，没有人会考虑你的动机是善意还是恶意。在办公室里，无论你地位多么高、能力有多强，无论是对同事还是下属，提出忠告都要慎重，措辞要审慎，当着大家的面公开说更是不妥当，给对方留些面子是必要的。负面的忠告要私下里沟通，这是最重要的原则。太直接只会显得盛气凌人，你不妨先表达出自己的关心，然后委婉地陈述你的意见，而不是简单地指出问题，这样会使对方心理上比较容易接受。

私下提意见叫补台，当众提意见叫拆台。在给他人提忠告时要试着多为对方着想，唯有如此，才能不受其弊；也唯有如此，才能使你所不愿看到的状况得到改善。

有些人无理争三分，得理不让人；小肚鸡肠，不管大事小事，非得决出雌雄才罢休；为达目的，毫不给人留情面。相反，有些人真理在握，却是得理也让人三分，颇有君子风度。假如是大的或重要的是非问题，自然应当坚守原则，但日常生活中，也包括工作中，出现的往往是一些鸡毛蒜皮的问题，为这种问题争得不亦乐乎，以至于撕破脸皮，都是不明智的。不给人留面子，也就堵死了自己的出路，遇事只会越办越糟；处处给人留面子，就处处都是活路，几乎没有办不成的事。

子贡曾问孔子:"有没有一个字可以作为终生奉行不渝的法则呢?"孔子回答:"其恕乎!己所不欲,勿施于人。""恕"是凡事替别人着想的意思。其意是,自己不喜欢做的事,不要加在别人身上。

自己喜欢有面子,就得给别人留面子,不能事事较真,弄得大家都没退路。别人得罪你,不要着急生气,这么做肯定是有原因的,因为没有人愿意无缘无故树敌,或许是对方遇上了什么困难,心情抑郁。这时你不妨体谅一下对方,只要不是什么特别过激的行为和言辞,就应该宽大为怀,或以柔克刚,晓之以理。

假如较起真来,大动肝火,实在不是聪明人的行为。连这点面子都不肯给人家,以后就别想找人办什么事了,结果可想而知。

与坏人的友谊

这里所说的坏人指具有以下一种或几种行为倾向的人：重利轻义，无视道德，屈从于本能，把他人完全当作工具，易行恶不易行善。

友谊不只是忠诚于那个独特的个体，它必须是一种长期的、在任何情况下都存在的忠诚。

要是他们正在变坏或者已经变坏了呢？我们是否还要永远支持他们？

这里涉及对友谊的分类这个概念问题。这是一个永恒的问题，早在亚里士多德的《伦理学》中就有讨论。书中把友谊分成三类：

（1）为寻求快乐的友谊。

（2）为寻求实用的友谊。

（3）为了朋友本身的友谊。

根据这个分类，亚里士多德认为坏人之间也可以建立前两种友谊："快乐和实用的友谊，好人和坏人之间也可以基于此建立友谊。"不要误以为亚里士多德很包容或认可好人和坏人、坏人和坏人之间的友谊。一方面,他的确给了他们"友谊"这个美名,但另一方面,他也谴责了这种关系是有条件的、不稳定的,是来自快乐或实用的。这里有两个论点:第一,坏人只有为了快乐或实际利益才能够爱或关心别人;第二,任何基于快乐或实用的友谊注定是偶然的、工具性的、不稳定的。也就是说,一方面承认坏人与坏人(好人与坏人)之间的爱与关爱可以用"友谊"来指代;另一方面,亚里士多德其实不愿意赋予这类友谊什么道德价值,因为一旦预期中的快乐或利益无法实现,友谊就很容易破碎。

我们很容易认同亚里士多德的观点,即基于功利目的的友谊没有道德价值。事实上,这类友谊在现代社会根本称不上"友谊",现代社会的人们普遍认为,对于某个个体的独特价值观和兴趣的忠诚才称得上友谊。对于这些最终基于利益的关系,我们不如称之为"伙伴关系""合作关系"或"雇佣关系",而非友谊。这只是用词上的问题,不会引起太大争议。亚里士多德说不定还会同意我们(不把这类关系称作友谊),因为他对基于快乐或实用的友谊都不看好。

基于快乐或实用的关系(不管是否称作"友谊")没什么道德价值。但亚里士多德的第一个论点,即坏人只可能建立基于快乐或实用的友谊,还有待商榷。我们将看到还有其他的可能性。重要的是,如果好人和坏人、坏人和坏人之间的关系不仅仅是基于快乐或功利,那么,就不能排除这里有真正的、高贵的友谊的可能性。

对于同意亚里士多德的人来说,他们可能会认为完全有理由、有必要对于"屈从于本能"采取坚决反对的态度。 这几乎是普遍的规则：这样的人的动机说好听了是"工具性的"，说不好听就是"邪恶"。 更重要的是，他们倾向于认为恶性（美德）是纯粹的。 恶人的恶性不只限于他们生活的某一方面，相反，恶人的所作所为具有一致性，他们的恶性贯穿于他们所从事的各种各样的活动。 如果一个人贪婪、不顾及别人、不负责任，他在父亲、邻居、网球俱乐部会员、同事、学生、立法者等任何角色中，都会如此行事。 这种观点认为，如果你是个恶人，不管你恰巧承担何种角色，你都会是个恶人。

上述说法肯定是一种可能。 但是否必然是这样呢？ 是否还有这样的可能：一个人在生活的某些领域是坏人，在其他领域不是？ 是否有可能某个人在某个角色上卑鄙、肆无忌惮，在其他的方面却表现出美德？ 根据劳伦斯·布卢姆的观点，这个问题就是："人类是否能够实现道德的专门化、分隔化和不一致？"也就是说，我们在不同的角色、生活的不同领域中，是否有选择地有时表现得好或有时表现得坏？ 有人也许会说，这种分隔化的做法乃是一种更大的恶性，在此我们就不做讨论了。 现在要关注的是：人们在不同的角色和活动中、在不同的道德领域中，是否会真诚地、自由地做出不同的反应？

只要纵观我们这个客观世界的运行就会发现，坏人做好事（或相反）也是一个规律而不是特例。 原因之一就是，在任何的合作活动或集体生活中都存在着"一种固有的、天生的道德"。 这对于一个绅士群体和一个犯罪团体同样适用。

如果一个犯罪团体要生存，继续其不法生意，他们也需要一些圈子内外的人能够对他们讲真话、关心他们的利益、真正地尊重他们本人，最重要的是，能够值得他们信任。这里的逻辑很简单：如果他们要与某一伙人开战，他们就不能把所有人都变成敌人。如果他们作为一个集体要想做成什么事，无论好事坏事，其中必须有一些友谊——忠诚、依恋、奉献和互相支持——这些都发生在成员之间。

即使是最恐怖的"教父"，也想有一个私人生活——在他做全职坏人的同时也有一部分生活。因为没人会一天工作24小时，无论这些邪恶的生意多么赚钱；即使是最可恶的黑社会成员也不想一周七天被人恨。相反，他也想要一个真正爱他的家庭，一个纯粹出于兴趣与他下棋的人，一个既不恨他也不怕他的厨师，甚至还有一条会欢迎他的狗。总的来说，只要一个坏人过的是包含多个领域的生活，认为自己可以承担不止一个角色，他们就会对少数人忠诚，并把他们当作真正的朋友来关心。

有两点需要注意：第一，上述讨论不是为了证明坏人为了生存或成功假装出美德（虽然也可能确实如此）。问题是由于他们生存下来并成功了，使我们推测他们之间肯定有一些关心和关爱。第二，不要误以为这里是要浪漫地看待坏人或者赞美邪恶组织，这里只是想证明即使是目标邪恶的生活，这其中也可能有一些良好的道德情操。

忠诚在多大程度上与道德相关？这个问题是标准问题，即我们应该给予我们的朋友多大的忠诚。对朋友忠诚是理所当然的，但对于坏人朋友的忠诚却往往遭到质疑。最多的担心就是我们对做坏事的朋友忠诚,这与我们其他的道德义务相冲突(比如做一个负责的公民);甚至,我们自己还可能成为同谋。 这就是甘地的观点。 乔治·奥威尔认为"亲密的友谊是危险的,因为朋友之间是互动的,对朋友的忠诚可能导致一个人做坏事"。 大多数人都面对过这种两难:一方面是对朋友忠诚,一方面是伤害其他人。 例如,小学时我们就常常陷于这种两难:是隐瞒朋友抄作业的行为呢,还是报告给老师。 当我们长大后,这样的两难可能变成了在"借钱给一个放纵的朋友"和"对家庭的义务"之间的抉择。

奥威尔可能会同意甘地,认为对朋友的忠诚可能是危险的,但他并不认为这就是不可取的。 他的观点是:任何亲密关系,包括友谊,都不是绝无风险的,而我们为了友谊而付出一些代价也不乏理智。 他无意于淡化对坏人朋友忠诚的危险性,他只是认为:"做人的根本就是不追求完美,人们有时愿意为了忠诚的缘故而卷入罪恶,不要苛刻到消除了友情的可能性,人要做好准备被生活打败、摧毁,这正是我们坚持爱同类的代价。"

他说得很对,在人们要做到法律上、政治上、道德上都完美和正确的世界上,也许根本就不可能存在特别的、亲密的人与人的关系。 如果一个人对于朋友的特别关怀总是让步于一般规则和集体利益,那么友谊的重要组成部分:依恋和联结,也就不可能建立。 但有一点应该明确:忠诚不应该成为违法或损害社会公正的借口。 奥威尔的意思是:我们在与他人的依恋和联结关系中产生的某些义务可能与遵守公正的、非个人的法律或道德原则的某些义务相冲突。

奥威尔的伟大之处并不在于他告诉我们在这种冲突中哪种义务应该优先。他的贡献首先在于揭示出忠诚和公正之间不可避免的冲突，其次在于质疑那种追求完美的道德、法律行为，绝对遵从公正原则的生活。在奥威尔看来，甘地给我们的启示是：一个绝对孤立的，不受罪恶、邪恶、偏见污染的生活也许是道德上的典范，甚至是圣人的一生，但未必是普通人的良好榜样。

有人可能会承认，如果忠诚涉及的隐瞒真相或说谎仅仅涉及抄作业、逃学等，那也没什么。假如这个朋友真是个坏人，我们要帮他隐瞒的是真正的罪行，又会怎样？让我们看看《论语》中的经典例子。

叶公语孔子曰："吾党有直躬者，其父攘羊，而子证之。"

孔子曰："吾党之直者异于是：父为子隐，子为父隐，直在其中矣。"

虽然这是一则关于父子的故事，这里面的矛盾也适用于朋友之间。如果是我们的朋友偷了那只羊，我们也可能问同样的问题：我们该告发他吗，该举报他的罪行、出示证据吗？如果我们替他隐瞒罪行、藏匿他、帮他作伪证，那我们会成为同谋吗？我们能否既对朋友忠诚，又不侵犯社会秩序和社会公正？

反对为朋友掩盖罪行的人有两个理由：

（1）对坏人朋友忠诚等于是掩盖罪行助长犯罪。

（2）我们都有减少罪行、伸张正义的道德义务。

让我们仔细看看为坏朋友掩饰罪行是否应受这样的

批评。

对于一个犯罪的朋友，我们对他忠诚的方式有很多，不是所有的方式都等同于同谋。为一个偷了羊的朋友掩饰罪行，我们做的仅仅是不揭露他、没有捉住他，但这绝不代表着我们就赞同了他的罪行或者故意为他洗脱罪名。当然了，我们没有尽最大努力将他绳之以法，这一点是应该批评的，但这与协助他犯罪是两回事。简言之，协助犯罪是一回事，不揭露罪行又是另一回事。

有人可能会说，不揭露、不举证，要么导致罪行持续的时间更长，要么产生更多的罪行。羊主人对于羊的所有权直到罪犯被抓之前一直都在受到侵犯。如果为罪犯掩饰罪行，我们可能不可避免地助长了这个罪犯朋友在未来可能对其他潜在受害者造成伤害。这种说法不无道理，但我们要区别人们的行动（或不行动）所故意造成的后果，和可能的后果。为朋友掩饰罪行，我们可能很清楚我们将造成的潜在伤害，也就是说，我们不揭露罪行所造成的可能的后果。然而，我们绝不是故意要造成伤害的。我们掩饰罪行的原因也不是我们和他有着同样的伤害他人的意图。相反，我们也许仅仅是念旧情，或者还人情，或者仅仅是不辜负朋友对我们的信任。因此，在对我们对于一个坏人朋友的忠诚做出道德判断时，不仅要考虑结果，而且要考虑我们的动机和意图。结果固然重要，但只是伴随着我们行动而来的结果（即使我们事先知道）和我们故意造成的结果，二者还是有区别的。

即使上述区分是有效的，还是会有人反对：即便我们不是故意伤害他人，如果我们本来有机会阻止又没有阻止，我们还是要负责任。 这就引出了前面的第二个论点：我们都有减少罪行、伸张正义的道德义务。 作为一条普遍原则，似乎任何有能力、有足够"情报"抓住罪犯的人都有义务这么做。 作为知道罪犯下落的朋友，他最应该履行道德义务，伸张正义。 但问题正在于此：作为罪犯最为亲密、最为信任的朋友，他捉捕罪犯的义务是更强了还是更弱了呢？

不管这个问题如何回答，我们都不能说为朋友掩饰罪行就是唯一能做的好事。 我们只是在讨论，我们作为朋友，是否具有同等的作为法律执行人和独立见证人所具有的义务？ 我们完全有理由强调警察和朋友在这里的分工，警察无疑具有更大的责任来完成这件事。 这不是鼓励打着忠诚或友谊的旗号藏私心、作伪证。 如此分工的重要之处在于使人们不至于因同时扮演"犯罪调查人"和"关怀的朋友"这两个角色而疲惫不堪。 而如果我们可以同一时间只专注一种角色，我们会做得很好。 尤其是当我们都认同，拥有良好的人际关系是我们良好生活不可或缺的一部分，拥有一个可以在任何情况下信任、可以支持我们爱我们的父母的朋友，这是最重要的。 可是如果我们同时又承担起另一种义务，去侦查、监视、举报任何一个与我们有亲密关系的人所做的不法或异常的行为，我们又如何培养那些必不可少的信任和关怀呢？ 假如我们知道自己身边的任何有亲密关系的人都具有和警察一样的责任，我们还会与他人分享任何事吗？

不要误以为这是在鼓励人们在做错事的时候去他们所爱的人那里寻求保护。 这肯定不是孔子的意思，他的意思也许可以这样理解：为一个作恶的朋友掩饰罪行不代表我们愿意扭曲事实，或坚持我们的朋友做的是对的。

如果我们看着执法人员把我们的朋友绳之以法，给予惩罚，我们可能不会感到那么不安。我们祈求的唯一一件事就是，作为他的朋友，如果没有特殊理由的话，我们不用首先扮演执法者的角色，不用辜负朋友给我们的信任，而是能够给予他应给予的关爱。

总之，我们强调忠诚（哪怕是对坏人朋友的忠诚）不代表我们可以忽视秩序和正义。我们要相信总有其他的人更有能力、更加公允地执行这个任务。更重要的是，为了过属于我们自己的生活并发展独特的关系，我们需要一点空间，在这里，我们的选择、价值观、朋友不至于遭到一些诸如预防犯罪或个人品德的完美等道德目的的破坏。

建立广泛的人脉关系

人脉不是金钱,却是一种无形的资产,一笔潜在的财富。良好的人脉关系,能让我们的生活和工作左右逢源。可天上不会掉馅饼,丰富的人脉资源必须靠日积月累的经营才能获得。曾国藩就是一个经营人脉的高手。

道光二十三年(1843)正月初一的日记中道出了他与人交往的原则:"与人交往时,最忌讳在小节上斤斤计较,总想着别人要先对自己有恩,这纯粹是一种私心萦绕的表现。"曾国藩总是主动结交各方朋友,上善若水,有容乃大,因而赢得了一团和气。

春节拜年是联络情感最好的时机。道光二十一年(1841)正月初一,曾国藩前往太和殿向皇帝行完礼后,回家为父亲庆贺,饭后到各位老师家拜年。初四,他在日记中写道:"本年贺年,拜各老师、湖广同乡、甲午乡试大同年、戊戌会试同年。初一日起至是早拜完。"在北京一年左右的时间,曾国藩不但建立了一个庞大的关系网,而且在处理人际关系上也是轻重有别、拿捏得当，颇为老到。

师生关系是以共同的事业、志趣为基础的，这种关系在封建时代的官场至关重要。曾国藩的老师很多，如穆彰阿、季芝昌、吴文镕、唐鉴等。座师穆彰阿可以说是曾国藩势力"最牛"的老师，房师季芝昌虽然权力不如穆彰阿大，但也当过军机大臣。道光皇帝病危后，季芝昌还做过"顾命大臣"，扶持咸丰皇帝登基。唐鉴官职虽然不高，但他是当时朝廷的理论权威，学术界的泰山北斗，追随者不在少数。这批人无论对曾国藩做人、做事还是做官帮助都很大，是曾国藩走向社会的关系基础。

曾国藩对老师均是礼敬有加，逢年过节、生日寿辰，都要一一登门拜谢师恩。穆彰阿生日时，别人都送奇珍异宝，曾国藩则送一幅自己精心写的寿联，把自己的"长进"展现给恩师。唐鉴致仕回湖南时，曾国藩作诗《师说》一首，并写《送唐先生南归序》以表示怀念。唐鉴《国朝学案小识》成书后，是由曾国藩认真校对和帮助出版的。唐鉴七十岁生日时，曾国藩又邀集吴廷栋、窦垿等作诗文祝寿。吴文镕出任江西巡抚时，曾国藩早早起来，一直送到彰仪门外才依依惜别。

通过这些老师，曾国藩在北京又认识了一些亦师亦友的朋友，如吴廷栋、倭仁等人。对这些人，曾国藩同样敬重有加，以师长之礼同他们交往。曾国藩在书信和日记中，称倭仁、吴廷栋为"前辈""先生"。

吴廷栋是安徽省霍山人，与曾国藩、倭仁均是唐鉴的学生，对曾国藩的修身帮助很大。道光二十二年（1842）十月十五日，吴廷栋来到曾国藩家，两人讨论修身问题。吴廷栋认为修身舍"敬"字别无下手之方，总以"严肃"为要。曾国藩也认为"敬"字是最好的下手处。他每天自早到晚都在思考"敬"字，但每次独自一人时，总是有些松懈，只有见到有修为的君子，才觉得严谨些。吴廷栋告诫曾国藩一定要谨慎对待自己独处的时光，唯有如此，修身才能真正有所作为，否则将会自甘堕落，沦为下流。

吴廷栋还向咸丰皇帝推荐过曾国藩。咸丰三年（1853）五月，咸丰帝召见吴廷栋，问他是否了解曾国藩的品性，吴廷栋回答道："曾国藩曾署刑部左侍郎，臣很早就与他相识。这个人励志不苟，是明朝耿直谏官杨大洪一类的人才，虽然平时言语有些偏激，但心无杂念，对朝廷忠心不二。"只是由于当时咸丰皇帝信不过理学人士，曾国藩才长期不受朝廷重视，吃尽了官场倾轧排异的苦头。

同乡关系是以地域为基础而形成的人际关系网。曾国藩初到北京应试时就住在长沙会馆，之后在北京交往的关系网中很多人是同乡，如汤鹏、欧阳兆熊、冯树堂、劳崇光、何绍基等。曾国藩对同乡的事一向热情周到。当时在北京有个湖南同乡会，集会地点在长沙会馆。道光二十一年（1841）七月二十四日，曾国藩接管长沙会馆，经常组织和主持湖南籍的京官在长沙会馆聚会。同乡萧史楼中了状元，周寿昌中南元、孙鼎臣中朝元，曾国藩均在长沙会馆邀集同乡为他们摆宴庆祝。

同乡碰到一些急难之事时，曾国藩更是尽心打理，唯恐不周。他在给父母的信中说："同乡中谁遇到危急事情，许多都来找儿子帮忙,儿子效法祖大人的方法,银钱则量力资助,办事则竭力经营。"新宁人邓铁松在北京患病吐血,情况危急,基本上不可挽回,曾国藩便筹钱将他送回湖南。 宝庆举人邹柳溪在北京考试时染病身亡,一切后事都是由曾国藩亲自打理。 茶陵人陈源兖的妻子在京城病逝时,儿子陈济甫还是个刚满月的婴儿,曾国藩将陈济甫带回家,雇乳母喂养,还将次女许配给他。

有付出便会有回报,这些同乡投桃报李,在生活和学业上给予曾国藩很大的支持。 道光二十年(1840)六月二十四日,曾国藩生病,饮食减少,精神不振,二十六日还应邀至"小有馀芳"喝酒,回来之后病情加重。 这时,湘潭人欧阳兆熊衣不解带地陪侍左右,时时诊视,医药、起居、饮食全由他打理。 同年,同乡好友来看望曾国藩时,都说曾国藩的病难以医治,但经过欧阳兆熊的悉心照顾,八月初旬,曾国藩病情渐渐好转。 二十四五日以后,渐渐能下床走路。

何绍基与曾国藩是湖南同乡,何绍基擅长书法,这正是曾国藩的不足之处。 取长补短,虚心求教,曾国藩多次向何绍基请教书法。 有了何绍基的指点,曾国藩的毛笔字更上一层楼,写起文章来也能拿"卷面分"了。

刘传莹对曾国藩的学术影响很大。 刘传莹是湖北人,但湖南、湖北在雍正元年(1723)之前是一个省,称湖广省。湖北省的京官也是曾国藩交往的对象。 道光二十六年(1846)十月,曾国藩又生病了,便向皇帝请假,去城南报国寺养病,在此结识了刘传莹。 刘传莹治古文经学,精通考据,曾国藩不时向他请教。 通过一段时间的学习,曾国藩懂得了考据学，弥补了学识上的欠缺，改变了他对考据学的看法，提高了认识，在学术上走向全面发展的道路，为他以后在学术上独树一帜、自成一家奠定了基础。

同年关系，也就是同学关系，这是一种最为真挚、最为亲切的情感。曾国藩与同学互相帮助、互相扶持。在同学中，他与梅霖生、陈源兖关系最好。三人经常在一起吟诗作对，喝酒下棋，上至国计民生，下至油盐酱醋，无话不谈。

道光二十一年（1841）五月十五日，梅霖生因患咯血病，奄奄一息，曾国藩忙前忙后，请吴廷栋前往诊治。十六日，曾国藩再到吴廷栋家，不料吴廷栋恰巧有事外出，他扑了个空。第二天，他又不厌其烦地再次前往，终于邀请到吴廷栋出诊。梅霖生的病总不见好转，十九日下午，曾国藩还是放心不下，又到梅霖生家询问病情。二十五日，听到梅霖生病逝的消息，悲痛不已。七月十五日，梅霖生的灵柩出城，曾国藩坐车送至东便门。

师生、同乡、同年，对曾国藩在京城的工作和生活都带来了直接的影响。还有一种关系，便是亲族血缘关系，虽然对曾国藩的京官生涯影响不大，却对他日后练湘军，走向事业的巅峰起着扛鼎的作用。

俗话说"打虎莫过亲兄弟"，曾国藩非常注重培养与兄弟们的感情。当初入京时，还特意打算把弟弟们带到北京，让他们开阔视野，磨炼心志才能，但由于经费问题，只能带曾国荃一人前往。道光二十一年（1841）八月下旬，曾国荃因思乡心切，想回湖南，但曾国藩怕耽误他的学习，再三劝阻。曾国荃毕竟小孩心性，竟赌气不说话，不读书，也不和曾国藩一家人同桌吃饭。曾国藩无奈之下,叫家人将自己的餐具送到弟弟房中,他和弟弟促膝谈心,苦口婆心地对曾国荃说:"如兄弟有不对的地方,必须明言,万万不可以暗中生气较劲,如果你提出意见,我没采纳,你可以写信告诉父亲。现在你要独自一个人回去,浪费路费与光阴,而且道路遥远艰险,祖父母、父母听见后,必然食不甘味,寝不安枕,我又怎么能放心呢?"谈完之后,还是放心不下,又给曾国荃写了一封两千字的信,还作诗一首,劝告曾国荃在北京安心学习。曾国荃终于被兄长的诚心感动,并开始反思自己的任性妄为,至十一日,曾国藩生日,曾国荃买来酒菜,为哥哥庆祝,一家人又坐在一起吃饭,和好如初。曾国荃也开始读书,后来成为曾国藩大展拳脚的好帮手。

虽然祖父再三叮嘱家中开支无须曾国藩操心,京官收入也不高,但曾国藩一直竭力补贴家用。道光二十七年(1847)六月,曾国藩就托好友金竺虔寄回五十两银子,分配是这样的:六弟、九弟在省城长沙读书,开销较大,给二十六两,四弟、季弟学费六两,买漆四两,欧阳太岳母奠金四两,还余十两。曾国藩让叔父将这十两银换成铜钱,分送给亲戚族中最穷苦的人。

道光二十八年(1848)十一月,曾国藩准备给母亲寄五两零用钱,给岳母寄二两零用钱。后来又想起在京多年,他从未寄零用钱给婶母使用,也未寄给四位弟妇买棉买麻的钱,决定以后每年寄给亲族的钱中,添加母亲、婶母零用钱各四千,四位弟妇零用钱各三千。曾国藩还一再叮嘱家人,钱寄到后,将钱照单分送各亲戚族人,婶母及四位弟妇的零用钱一定要分别送到，以后每年照今年的份例送钱。

曾国藩有着悲天悯人的情怀，入京后继续与亲戚族人保持往来，而且接济他们。他说："亲戚族人中有贫困的人，我必须每年送点钱，以尽我小小的心意。将来外放做官，收入比较丰厚，廉俸日渐增多，除奉养父母之外，全部用以周济亲戚族党的穷人。这是我平素的志愿。"这可不是空口白话，曾国藩说到做到。他写信给弟弟，说曾经看到大舅住在泥做的房子里，吃青菜萝卜，让他十分难受；南五舅送他到长沙时，说次年要送他夫人一同来京城，其实是乡下难以糊口；通十舅说："外甥在外地做官时，舅舅来做烧火夫。"亲戚们挨饿受冻，曾国藩告诫弟弟一定要接济。

道光二十八年（1848），族人孟学公的孙子到长沙考乡试，曾国藩就要曾国潢送点钱过去，还告诫说："今年我乡在省城考试有多少人，不知你都送钱了没有？如果没有送到，请你按名册补送。至要至要，一切请你照单施行。"

曾国藩此举在曾氏家族中留下好名声，此后曾家子弟愿为曾国藩效劳，这也是曾国藩前面种下了因，才会结下后来的善果。

咸丰十一年（1861）八月二十八日，曾国荃来到曾国藩军营中，向哥哥诉说人际关系的复杂。曾国藩与曾国荃谈"与人为善，取人为善"之道：人与人的交际就是大河与小河的关系，大河有水，小河有流；小河有水，大河不干。无论是作为上级还是下级，作为师长还是子弟，作为长辈还是晚辈，都要善待对方，良好的人际关系就像源源不断的河水一样，自然水涨船高。

一个篱笆三个桩，一个好汉三个帮。个人的力量是微不足道的，要想成就一番事业，就得与人为善，广结善缘，缔结自己的关系网。

　　前行的路上，我们不仅受远方的羁绊，还被行人影响，你想要成为什么样的人，就去接近那样的人。

　　真正的朋友，懂得沉默、懂得等待，他知道你想说的话自然会跟他说，他会对你的好适可而止，他知道你好的比坏的多，但永远不会告诉你你有多好。时间把人划分成一个又一个圈，只有永远和你站在同一个圈子的人，才能成为你可以守护一生的朋友。

　　人一生会遇见很多人，但不是所有人都能将你看得很重要。你的每一段字句，你的喜好梦想，大多数人不过是当个消遣，听过，也就算了。对这种人，只需简单优雅地忘记他们。反正随着心智的成熟，你会学会比较和挑选适合的人留在身边，你的热心肠、善良和谦卑，都会变成他们同等的尊重与回应。

　　如果你还在乎别人说你什么，那你一定也在潜意识里认同别人说你的东西。只有你真正强大了，才可以不惧怕任何言论。

　　人的感情是有限额的，不可能照顾到身边所有人。你对所有朋友都是一个样子，那所有的朋友对你也是一个样子。没有最好的真朋友，也没有最差的假伙伴。真正的朋友，就如同每天早上的闹钟，你对它又爱又恨，可就是离不开它。你生命中有两个离不开你的朋友，那就够了。

对手是你成功的动力

对手，对于我们每个人来说，永远都是与我们相对立的。然而，在漫漫人生的长征路上，对手是同行者，也是挑战者。他们或许是有形的，抑或是无形的。他们可以是我们眼前的障碍、学习中的竞争对手或者希望和目标的争夺者。对手会给我们的人生道路带来诸多不便与坎坷，然而正因为有了对手，我们的生活才不会像白开水一样平淡乏味，而变得美丽、变得七彩斑斓；正因为有了对手，我们才不会像人工养殖的鲜花一样柔弱纤纤，而变得越来越坚强；正因为有了对手，我们才能享受到真正的快乐。

学习、工作中往往有这样的感受：每当因为挫折或失败而失意时，就会发现自卑这个强大的对手正向你张牙舞爪；每当因为成功而得意忘形时，会发现乐极生悲也悄悄地靠近你……其实有太多太多的对手每时每刻都伴随在我们身边。我们所应该做的，不是逃避也不是埋怨，而是敞开宽广的胸襟友好地说一声：感谢对手！如果你逃避对手，同时也就失去了一次尝试改变现状、超越自己的机会，永远止步于现在的水平。

对手是我们前进的动力。在如今竞争激烈的社会中，"狭路相逢勇者胜"，正是由于对手，才使我们认识到自己的不足，才使我们认识到要发展自我。对手就犹如一面铜镜，能照出我们的不足，激励我们不断学习、不断发展。

姚明刚刚进入美国职业篮球大联盟的时候，曾被很多人看低，人们认为他只是有一定的身高，篮球智商并不高。初次登场打球，很失败，虽然有全联盟最高的海拔，但还是挨了别人的一记"火锅"。同他对战的许多对手，如斯塔德迈尔、"大鲨鱼"奥尼尔等都不把他放在眼里。姚明根据这些对手的特点，分别制定不同的训练计划，逐渐找到了克敌制胜的办法，对手也逐渐对他重视起来。经过几年的历练，姚明一步步成长为全联盟的顶级中锋。后来姚明回想起来，非常感谢自己的对手，正是这些对手使他有了向前的动力。

现实中有许多人把对手视为眼中钉、肉中刺，总想把对手消灭掉。其实，拥有对手也是一件可喜的事，对手既是我们的挑战者，也是我们的同行者。对手唤起我们的斗志，促使我们进取，帮助我们更上一层楼，使我们变得更加完美。

近朱者赤，近墨者黑

俗话说：物以类聚，人以群分。在现实生活中，你和谁在一起的确很重要，甚至能改变你的成长轨迹，决定你的人生成败。

和什么样的人在一起，就会有什么样的人生。和勤奋的人在一起，你不会懒惰；和积极的人在一起，你不会消沉。与智者同行，你会不同凡响；与高人为伍，你能登上巅峰。

科学家研究认为："人是唯一能接受暗示的动物。"积极的暗示，会对人的情绪和生理状态产生良好影响，激发人的内在潜能，发挥人的超常水平，使人进取，催人奋进。远离消极的人吧！否则，他们会在不知不觉中偷走你的梦想，使你渐渐颓废，变得平庸。

积极的人像太阳，照到哪里哪里亮；消极的人像月亮，初一、十五不一样。态度决定一切，有什么样的态度，就有什么样的未来；性格决定命运，有怎样的性格，就有怎样的人生。

有人说，人生有三大幸运：上学时遇到好老师·工作时遇到一位好师父、好老板；成家遇到一个好伴侣。有时他们一个甜美的笑容，一句温馨的问候，就能使你的人生与众不同，光彩照人。

生活中最不幸的是：由于你身边缺乏积极进取的人，缺少远见卓识的人，使你的人生变得平平庸庸，黯然失色。

有句话说得好：你是谁并不重要，重要的是和谁在一起。古有"孟母三迁"，足以说明和谁在一起的确很重要。雄鹰在鸡窝里长大，就会失去飞翔的本领，怎能搏击长空，翱翔蓝天；野狼在羊群里成长，也会"爱上羊"而丧失狼性，怎能叱咤风云，驰骋大地。

你原本很优秀，由于周围那些消极的人影响了你，使你缺乏向上的压力，丧失前进的动力，而变得俗不可耐，如此平庸。不是有这样的一种观点吗？"大多数人带着未演奏的乐曲走进了坟墓"。

如果你想像雄鹰一样翱翔天空，那你就要和群鹰一起飞翔，而不要与燕雀为伍；如果你想像野狼一样驰骋大地，那你就要和狼群一起奔跑，而不能与鹿羊同行。正所谓"画眉麻雀不同嗓，金鸡乌鸦不同窝"，这也许就是强调潜移默化的力量和耳濡目染的作用。如果你想聪明，那你就要和聪明的人在一起，你才会更加睿智；如果你想优秀，那你就要和优秀的人在一起，你才会出类拔萃。

读好书、交高人乃人生两大幸事。一个人身价的高低是由他周围的朋友决定的。朋友越多，意味着你的价值越高，对你的事业帮助越大。朋友是你一生不可或缺的宝贵财富。

因为朋友的相助和激励，你才会战无不胜，一往无前。人生的奥妙之处就是与人相处，携手同行。生活的美好之处则在于送人玫瑰，手留余香。

人生就是这样。想和聪明的人在一起，你就得聪明；想和优秀的人在一起，你就得优秀。善于发现别人的优点，并把它转化为自己的长处，你就会成为聪明人；善于把握人生机遇，并把它转化为自己的机遇，你就会成为优秀者。对他人的成功像对待自己的成功一样充满热情，学最好的别人，做最好的自己。借人之智，成就自己，此乃成功之道。和不一样的人在一起，就会有不一样的人生。爱情如此，婚姻也如此；家庭如此，事业也如此。

人的一生如果结交了好朋友，就可以患难与共，不仅可以成为情感的慰藉，也可以成为事业成功的基石。选择朋友是人生第一要事，所以必须选择志趣远大的人。

曾国藩之所以能办团练以致最后消灭太平天国，这与他众多朋友的帮助是分不开的，以下是曾国藩的交友心得。

二十四岁以前，曾国藩的足迹从未踏出过湖南，到过的地方只有长沙、衡阳等地。他也像所有读书人一样，把科举考试看作改变自己命运的唯一途径。在湖南家乡，除郭嵩焘、刘蓉等人外，也没有结识几个对他以后人生有特别重要影响的人。曾国藩在1843年2月17日从北京写给弟弟的一封信中说："四弟上次来信，说想找个书馆外出教书。我的意思是教书馆废功误事，比在家中私塾还要厉害。与其出去教馆，不如待在家塾中。如果说一出家塾，就会有名师益友，而我们那里的所谓明师益友，我都知道，并且已在深夜认真计算了一下。只有汪觉庵老师和欧阳沧溟生，是我认为确实可以作为明师的。同学又都是平庸、卑微、胸无大志的人，又最喜欢取笑人，家乡没有朋友，实在是第一等的恨事，不但没有好处，且很有坏处。习俗感化人，所说鲍鱼共处，也变得和它一样了。我曾和九弟说过，说衡阳不可以读书，涟滨不可以读书，因为有害的朋友太多的缘故。现在以四弟你的意愿，一定要跟从觉庵老师学习，那么千万听我嘱咐，只获取明师的益处，别受恶友危害！"

又说："我少时天分不算低，后来整日与平庸鄙俗的人相处，根本学不到什么东西，心窍被堵塞太久了。等到乙未年到京后，才开始有志于学习诗、古文和书法。"

从这里可以看出曾国藩对于当时的友人感到很不满。最相信有作为的老师，也只有汪觉庵和欧阳沧溟生罢了。他所说的衡阳的风俗，和轻浮浅薄相近，虽然有些近似武断，但也是确有所见才这样说的。

"近朱者赤，近墨者黑"，曾国藩由此感到交友不可不慎。他在给弟弟的信中写道："一生之成败，皆关乎朋友之贤否，不可不慎也。"在曾国藩看来，慎友的原因是"相友可知人""习俗染人"。他曾这样说：看到你的朋友，就可知道你的为人，朋友的好坏，是可以互相影响的。一个人在世上若有几个好朋友，相互帮助和交流，生活和事业就可能有好的局面；相反，若交了坏朋友，受到坏的习气的影响，生活和事业就可能出现坏的局面。所以人才总是一批一批的出现，在某一个时代人才辈出，在某一地区人才辈出，这并不是因为这个时代比另一个时代的人更杰出，这个地区的人比另一个地区的人更优秀，而是因为这个时代或这个地区的人团聚在一起，相互激发，相互砥砺，才出现了一个令人钦佩的群星灿烂的好局面。

要了解一个人，不一定非得观察这个人，只要看看他所结交的朋友就可以了。这就是"相友而知人"。古时候楚国就有一个这样的人。他给人看相十分灵验，名声大得连楚庄王也知道了，把他传召到了宫中。庄王问他："你是怎样给人看相的？怎样才能预知他人以后的吉凶呢？"他回答说："我不会给人看相，不过是从他所交的朋友来判断他的未来。一般老百姓所交的朋友，如果是孝敬父母、尊兄爱弟、不违法纪，那么他就会一天一天兴旺起来，所以可以判定他日后必有福。这就是所说的好人。一般当官的，如果他所交的朋友讲信用、重德行，那么他就会帮助君王做出很多有益于国家的好事来，所以可以判定他可以升官。这就是所说的好官。君主圣明，大臣贤能。如果君王有失误，大臣们会当着您的面直言劝谏，那么国家就会一天天兴盛起来，君主也一定受人尊敬。这样的君王才是好君王。我不会给人看相，只不过能够观察他所交的朋友的情况。"

《史记》说："不知其人，视其友。"虽然你是好人，若是交了坏朋友，也不得不时常防备别人也把你当成坏人，于是影响了自己的事业，或是无辜坏了自己的名声。对交友影响人一生贤良与否的深刻认识，使曾国藩更加自觉地去接近那些品学兼优的朋友。他在写给家里的书信中，曾介绍过当时所结交的部分朋友：现在朋友越多，讲躬行心得者则有唐镜海先生、倭仁前辈，以及吴竹如、窦兰泉、冯树堂数人；穷经学理者，则有吴子序、邵惠西；讲习文字而艺通于道者，则有何子贞；才气奔放，则有汤海秋；英气逼人，志大神静，则有黄子寿。 又有王少鹤、朱廉甫、吴莘畲、庞作人，此四君者，皆闻余名而先来拜。 虽所造有深浅，要结有志之士不甘居于庸碌者也！ 京师为人文渊薮，不求则无之，愈求则愈出，近来闻好友甚多，予不欲先去拜人，恐徒标榜虚声；盖求反以匡己之不逮，睇大举办标榜以盗虚名是大损也！

第三章

爱情与承诺：青春仿佛因我爱你开始

情爱有错觉

错觉是人观察世界常会出现的一种现象。这是一种由于背景等某种原因引起的对客观事物的不正确的知觉。因这种错觉的存在，人们对客观事物常常会产生错误的判断。

情爱欲也有这种现象，人们处在情爱中，对情爱的判断也经常会产生一种错觉。

伦敦大学的科学家在试验中让20名母亲分别观看自家小孩以及其他孩童的照片，并同时利用功能核磁共振技术对受试者的脑部活动进行监测。结果发现，当受试者面对自家小孩或是亲友的小孩时，大脑中负责"批评"的区域思维活动明显减弱，但负责"表扬"的区域思维活动则明显增强，这最终导致了母亲的评判标准出现了波动，评判结果也就具有明显的主观性了。他们的研究证实，在面对爱人、孩子以及其他亲朋好友时，母爱与情爱都会让人暂时"失明"。

这种"失明"就是情爱错觉。在这种情爱错觉的支配下，人会闹出许多笑话，会产生许多烦恼，会留下许多遗憾，会演绎许多悲剧。 那么，情爱错觉有哪些表现呢？

第一种，错误地想拥有对方的全部情爱。 一个人对另外一个人产生爱，或对另外一个人产生情，总以为对方会全身心地把爱、情都给自己。

其实，在现实生活中这种情况是很难做到的。 因为一个人在社会上不只是充当一种角色，而是会承担多种角色。 一个妻子，同时会是一个母亲、一个儿媳妇，以及一个单位的成员。 一个人在社会上会有很多种角色，每一种角色，他都会、也都要付出他的情爱。

如果想独占他的情爱，那他只能做一种角色了。 有的恋人、夫妻错误地认为既然你的情爱是给我的，就不能对别人有任何情爱。 这种人往往把爱情与情爱混淆起来。 爱情是自私的，是一对一的，应该专一；但情爱是广泛的，有朋友情、同事情、同学情等多种类型。

第二种，错误地认为大家对自己都会有情爱。 有的人总认为自己付出的情爱总会得到同等的回报。 自然界中"种瓜得瓜，种豆得豆"，但在情爱领域中，"种瓜"并不一定"得瓜"。

像苏轼在词中写的："墙里秋千墙外道。 墙外行人，墙里佳人笑。 笑渐不闻声渐悄，多情却被无情恼。"

这是一种单相思。 如果把这种相思埋藏在心底，也可能是一种美好的回忆。 但也可以在适当的时候把这层纸捅破，能合拍则很好，不能合拍应该尽快摆脱这种情感缠绕，免得浪费了自己的青春年华。

还有一种情况是一厢情愿，自己有名气，或有地位，也有不少追随者、崇拜者，以为大家都会把情爱付于你。

　　人们对情爱要有正确的认识，要避免被情爱所蒙蔽而产生错觉，这样可以减少人与人之间一些不必要的误会，减少矛盾和冲突。

不是每段恋曲都有美好回忆

阮玲玉是20世纪二三十年代的著名影星,一个生活在旧社会的女人,面对社会制度、人性好恶,她处世单纯,没有心计,结果经不住小人算计倒下了,一代名伶香消玉殒,留下千古遗憾。

阮玲玉出生于上海,年少时父亲去世,和母亲相依为命,母亲给一张家大户当佣人。阮玲玉从小就是一个标准的美人胚子,由于人长得漂亮,逐渐成了很多人的崇拜对象,就在这时,张家的少爷张达民看上了她。

张达民只是个纨绔子弟,吃喝嫖赌,逍遥惯了,当他认识了阮玲玉之后,发誓一定要把阮玲玉弄到手。张达民诡计颇多,他首先讨得了阮母的欢心,而后开始不愠不火地追求阮玲玉。

他一副正人君子的样子,再加上西装革履的仪表和风度,给单纯的阮玲玉留下了较好的印象,以后,阮玲玉同他的交往也就开始多起来。

他了解到阮玲玉喜爱电影和戏剧，便利用他哥哥所开电影公司之便，经常带她去看电影，并对她表现出一副关心体贴的样子，怕她饿着冻着。这种举动博得了阮玲玉的好感，阮玲玉把他当成值得信任、依靠的人。

如果说在这之前，张达民没有什么劣迹让阮玲玉知道，阮玲玉轻信于他还情有可原，可下面这件事，就可以看出阮玲玉的单纯无知。

张达民在追求阮玲玉的同时，仍旧在外面寻花问柳。有一次，他在大世界附近一家妓院，同另外一个公子哥争风吃醋，大打出手，而且同时动用流氓打手，引起警察局的注意，事情闹得很大，警察专门到张家了解情况。

阮玲玉知道这件事后，想同张达民一刀两断，可张达民在风月场上混多了，对女性的内心非常了解。他又是花言巧语，又是痛哭流涕，并信誓旦旦要痛改前非。因此，阮玲玉被张达民的甜言蜜语所迷惑，轻而易举地就原谅了张达民。

阮玲玉把这件事对母亲说了，表示对张达民的为人有了怀疑，阮母一向吃苦惯了，好不容易有一个财神主动上门，岂肯轻易放手。而身为女人的阮玲玉，在某种程度上认同母亲的想法，于是就打消了心中的疑惑。这是阮玲玉最悲哀的地方，明明对眼前的男人不放心，而且劣迹斑斑摆在眼前，在取舍上却难于决断，足见其单纯无知。

后来阮玲玉与张达民正式结婚。张家兄弟个个事业小有成就，唯独张达民游手好闲，坐吃山空。为此，阮玲玉曾试着以好言劝解丈夫：你才23岁，前途无量，总要有一个固定安身的职业才好……

张达民起初因为和阮玲玉新婚，感情缠绵，听了妻子动情的规劝，还常流露出几分羞愧腼腆的神态。

但江山易改，本性难移，收敛了一段时间的张达民又开始在外面寻花问柳、胡作非为了。他经常不在家，而且赌博的嗜好越来越严重，往往是出手千金，又经常赌输，所以家里原来积蓄的一些钱已不够他还赌债了，他开始变卖家里的东西，而且对阮玲玉的态度也越来越恶劣。阮玲玉内心很痛苦，但一向逆来顺受的她还是忍了下去。

阮玲玉每天都看报纸，后来一则电影公司招收女演员的广告吸引了她，她去应试，并被录取。阮玲玉进入电影界后，渐渐有了声誉和收入，张达民更是将她看作摇钱树，胃口越来越大，简直到了贪得无厌的地步。

张达民整天在梦想中发财，开始效仿大哥进行赛马赌博，可他却没有大哥运气好，不到3个月的时间就全输光了，并输掉了所有家当，不但这样，还欠了一身债。债主上门要钱，有的还雇一些打手流氓来威胁。阮玲玉仿佛从张达民编织的美梦中清醒过来，算是初步看清了自己曾相信并委以终身的人的真正面貌。由于她自己有正当职业，有能力养活自己和母亲，于是一气之下，在市区租了两间房子，带着母亲离开了江湾。临走时，她给张达民留了一张纸条，要求同他脱离关系。

张达民在外面吃喝嫖赌了一阵后，想起了阮玲玉，经过打听，终于找到了阮玲玉在市区的住址。他专门选择了一个晴朗的月夜，敲开了阮玲玉的家门。一进门，他就连向阮玲玉和母亲赔不是，说自己不应该去赌马，今后要戒掉赌瘾，找一份稳定的工作。

阮玲玉的态度很坚决，认为他们俩已脱离关系，请他以后不要再来打扰了。张达民并不死心，仍然在阮玲玉面前死皮赖脸，最后求助于阮玲玉的母亲，要她出来劝劝阮玲玉。经过一番争执，张达民当晚又和阮玲玉住在了一起，第一次分居计划告吹。

应该说此次阮玲玉又失去一个和张达民彻底断绝关系的大好机会，她一再犹豫，怕这怕那，明知张达民恶习难改，却最终没能痛下决断，这实在是一场悲剧。

这一次，阮玲玉没有摆脱张达民，使张达民像一张蜘蛛网一样粘在身上，无法摆脱。张达民的恶习越来越重，赌输之后回家偷取张老太太的养老储蓄作赌本，被他母亲和几个兄长轰了出去。阮玲玉看到张达民就恶心，但她却不敢公开登报同他脱离关系。她认为如果这样的话，作为一个电影演员的她，肯定会被新闻界大肆渲染，而成为一桩丑闻的中心人物，成为人们茶余饭后闲谈助兴的话题。阮玲玉无计可施，终于想到了一死了之。

一天晚上，她同张达民大吵一架之后，吞下了大量安眠药，不自觉地发出痛苦的呻吟，母亲发现后，立即把她送入医院，抢救及时，使她转危为安，第一次自杀未成，她的命运也没有因此而改变。事情并没有到以死了之的地步，却要以死来了结与对手的纠缠，这难道不是太单纯吗？真不知一个人有几次生命来抵偿这种纠缠？

在阮玲玉往北平去拍摄《故都春梦》外景时，张达民便在上海尽情地嫖、赌，把家里的财产全部嫖尽输光。当阮玲玉回家后，和母亲一起对他好言相劝，张达民却拿出先前做主子的样子先吵后骂，以致动手打了阮玲玉一个耳光。阮玲玉用手摸着疼痛的脸颊愣住了：从结婚到现在，夫妻间虽然吵吵闹闹，相互之间总还有着一点起码的尊重，可现在，张达民竟如此蛮横，动手打她，更污辱了她的人格！

从此，阮玲玉与张达民的感情彻底破裂，再也无法弥补了。在一段时期内，阮玲玉心中想的是断绝关系，是离异！张达民却是纠缠、诈取！这一场纠纷到了白热化阶段，只有诉诸法律解决！阮玲玉忍无可忍，终于提出了离异的要求，后经亲友调解，两人仍勉强住在一起。1932年上海"一·二八"事变时，他们同去香港。同年4月，阮玲玉返沪拍《续故都春梦》。这段时间，她摆脱了张达民的无理纠缠。

阮玲玉的性格软弱、犹豫，为人处世单纯无知，这种人本质并不笨，但在20世纪三四十年代的上海，一个女子无亲无故，难免会上当吃亏。纠缠不休的张达民的身影渐渐"淡化"了，一名叫唐季珊的富商身影却又浮现在她生活的"前景"上来。

唐季珊不仅是一个茶商巨富，更是一个情场老手。他始乱终弃的女人多得数不清，红极一时的影后张织云便是其中之一。

与阮玲玉相识以后，唐季珊又把当年对张织云的手腕施用到阮玲玉身上。他不仅对阮玲玉百般温存，还仔细体察、了解她思想感情上的要求，他反复表示，绝不会像张达民那样对待她，也绝不会像和张织云那样与阮玲玉分离。对唐季珊这一套鬼话，天真的阮玲玉居然信以为真！

唐季珊假情假意的那套把戏很快就把阮玲玉虏获了，使单纯的阮玲玉失去了理智，迷住了眼睛，她不知不觉地重蹈了张织云的覆辙，两人终于结合在一起。在人生道路上，她第二次迈错了步。

婚后，唐季珊便露出了原形。此人生平酷嗜饮酒，每当酗酒以后对床头人乱使性子，稍不如意，即破口谩骂，甚至动手打人。阮玲玉对此不堪忍受。据闻，阮玲玉自杀前夕，曾挨了唐季珊的一记耳光。

唐季珊以其富有，一贯对女性巧取豪夺，放荡成性。有一次，唐季珊刮好胡子，穿上新买的灰色西装，支支吾吾地出去了。阮玲玉设法尾随其后，终于印证了她的推测：亲眼见到唐季珊与一舞女并肩携手地双双进入新居。阮玲玉看到此情此景，心快跳到喉咙，双手急骤地颤抖，双眼发黑，几乎晕了过去。唐季珊的见异思迁这一打击，与张达民的堕落对她的打击相比，有过之而无不及。从此，阮玲玉终日郁郁寡欢。

正当阮玲玉备受欺凌、污辱之时，已与阮玲玉解除婚约的张达民，以做生意为借口，派人来向阮玲玉借钱。借钱不成，又找了一个律师告阮、唐窃取财物侵占衣饰，价值3000余元。

张达民之所以这样做，有两个原因：一是他认为阮玲玉很有钱；二是他抓住了阮玲玉软弱单纯好欺的一面。

20世纪30年代中期，有些黄色报刊的记者，惯用卑鄙的手段来威胁和腐蚀女演员，也常用这种手段来达到他们个人的卑鄙目的。有些黄色小报的记者为了敲竹杠，把写攻击阮玲玉的文章寄给她看,想让他们不发表,交换条件就是给钱。

无权又无势的阮玲玉开始也曾妥协过,可他们这伙人越来越多,胃口也愈来愈大,阮玲玉只得拒绝他们的无理要求。 于是,阮玲玉的"婚变"就成了他们津津乐道的"主题",以大量恶毒语言来攻击阮玲玉。 阮玲玉万分气愤、悲痛。 就这样,婚姻的不幸,社会的诽谤,终于使这位才华横溢的影坛明星走上了绝路。 她用三瓶安眠药结束了自己年轻的生命。

浪子是用来丰富女人青春经历的

哲学家斯宾诺莎说:"精神上的不健康与不幸,一般都能够追溯到过分地爱某种难免起变化的东西。"爱情是难免起变化的东西,与坏男人的爱情更是比冰融成水更快起变化的东西。 如果想要健康与有幸,你所拼死力抓住的不应该是他的爱情,而是那些不怎么容易起变化甚至像发达根须一样留在我们身体里的东西,比如人文的理念、事业的提升及心灵成长的痕迹。

歌德说:"每个年轻人都应该被放置于山林,接受封闭式的爱情教育。"爱情曾经是我们的整个世界,爱情教育的结果却是要让我们至少懂得一点点:爱情绝不是整个世界,它甚至不是纯洁无瑕的。 对于世界来说,爱是永恒的,对于个人来说,永恒的爱却是稀有的。

女人永远比男人更容易原谅对方的过去,尽管我们总爱在得知消息的第一时间表现得歇斯底里。

据说男人是视觉动物,女人是听觉动物。 作为听觉动物，女人总是过于强调语言在爱情中的重要性。倘若他不愿意说话太多，我们甚至越俎代庖地自说自话。男人并不完全排斥语言，他们排斥的只是那些陈旧的、命令式、要求化的语言。倘若你们不能够一起探索世界，做许多有趣的事情，相处久了，所能谈论的话题必定是陈旧乏味的。继续这种交流，对于天生兴趣点更为广泛的男人来说，几乎是不可想象的。于是，他越来越沉默，你越来越多抱怨，久而久之，不快乐话题成了你们之间最主要的交流内容。

每一段爱情的最初都是好的，正如家电刚买回来时总是好用的。对于爱情的售后服务来说，"我与他一起做什么"是一个需要定期反思的课题。

荣格说：男人的生命中需要两个女人，一个是妻子，一个是缪斯（女神）。

你最终爱上的其实已经不是他这个人，而是一种平静平淡的生活。

面对旧情，每个女人都应该勇敢。

女人一生中邂逅一段不可思议恋情的概率实在比彩票中奖高太多。电光火石不管不顾，那个激发了你无限温情潜能的男人可能既不门当户对，又不年龄相仿，甚至与你的人生观价值观都大有不同。你们的爱有违情理、道德，甚至天理不容。爱情过后，你实在想不起来自己究竟爱他什么。

事后追究爱情真相这事儿，除了哲学家恐怕只有疯子可以去做。对待旧情最强悍态度是"幸福就是我愿意"。人们瞧不起那些事后将所有不堪推得干净的女人，好像自己当初作为纯情少女彻底被骗了一样。无论他是诈骗犯杀人犯还是强奸犯，无论他已婚已恋还是大叔小弟，也无论他是乞丐还是富商，当初都没人把刀架在你脖子上逼你就犯。既然愿意，一定是两情相悦。相信并且记忆美好的过往，是宽容旧情的唯一办法。而宽容了旧情，便也宽容了你无知而热烈的青春，反正没有卖后悔药的，忘情水亦不知行踪。

你真的爱过他，你们曾经有过最美好。不是吗？为什么不承认？爱情只关爱情的事。

一段轰轰烈烈有违常理的旧情中，不愿再提的往往是受伤较重的那一方。当胡兰成的"临水照花人"满天乱飞时，张爱玲却只字不愿再提此人。我们是否可以做一个简单的反推，如果你有勇气揭开伤疤说点什么，旧情或许不至于淤积于怀、终成心病？

感情的落幕总是以伤害作结，只凭什么你就认为自己受伤比对方更重？即便此点千真万确，你还可以想想那些曾经被你伤害的人。在某段感情中，你伤得重，在另外一段感情中，他是倒霉鬼。情场没有永远的获胜方与失败者。

如果你心里埋着一段不堪回首的旧情，它令你不安、伤怀，甚至郁郁寡欢，不如找个时间，找个对手，安静地坐在城市的某处，跳过那些沟壑纵横的误解与伤害，在午后的时光与绿茶的芬芳中重新走近散落一路的爱情细节，它们闪着春日草莓般的光芒，温暖曾经的岁月。那种跨越一切、有担当的爱情，你的一生或许只有一次，那么，即使流年偷换即便流言如潮，又有什么不堪回首？

爱情也有其道德的底线

《成长教育》的故事从一个雨天开始，女主角珍妮邂逅了一位风流倜傥、气质迷人的成熟男人，并迅速坠入爱河。他带珍妮出入高档酒吧、艺术品拍卖行和高级餐厅，甚至说服珍妮的父母带她游览梦寐以求的巴黎。然而她却发现他已婚。在经历各种迷惑的选择之后，珍妮终于明白：生活没有捷径，而爱情也有其道德的底线。

身为第三者，女人在爱情的初始阶段都会说自己没有占有欲，并真切地宣称"只要能得到你的爱就够了"；而之后无一例外地会开始嫉妒、耍手段，并认为这样的嫉妒让爱情或者处于爱中的她自己性感起来，于是发展为"我爱你，所以我要你，你只能是我的"。这是一些人上位的必经逻辑，也是很多悲剧发生的必经之路。

尽管如此，还是有那么多女人看不清这样的惨痛现实，还是有那么多男人明明能看清现实却选择视而不见。《成长教育》就像一部血淋淋的教科书：一个女人最重要的是找到一个能带她去看世界的男人，但再聪明的女孩都可能陷入一段错误的爱情，很难把握一段不平衡的感情。她们很容易把这段错误的感情当作生活的主料，而那些已婚男人，就算被迷得神魂颠倒，也清楚地知道这些不过是生活的佐料罢了。而那些已婚男人现在带给你的绚烂，将来你同样也会拥有。而现在要做的，就是脚踏实地充实自己，为自己生活。

很多时候，不管是天性使然还是后天习惯，说到底，我们总归想做小鸟依人状，得到最多的爱情和最多的呵护，但世上怎会有那么轻易的地久天长？人们总是习惯性地把一个名字和他的历史联系在一起，其实正暴露了自身对已知的毫无把握和对未知的恐惧。这种恐惧却隐含着一丝暧昧的意味，就像每个人都会下意识地封存一些记忆，那些美好和疼痛都会被小心地收藏，秘不可昭，并一一贴好封条。这些被铭记着的完美篇章会被你在无人角落甜蜜地哼唱，却从不忍、不舍、不敢去触摸一切，在你眼中视若珍宝，价值连城。

只等你在对一切痛苦感知麻木或者说能随意地转换痛苦为幸福的年月里去开启，陶醉于那陈年自酿的酒香，饮之不竭，直到末日降临。如果在毫无准备的日子里被不经意地触碰，甚至可能招致灭顶之灾。幻想会肆意地绞杀你的现实生活，直到你焦头烂额，满身疲惫。当你想去重新收拾起过往的碎片，并给未来一个交代时才发现，那些碎片碎得如此狼狈不堪，让你惊讶于造化弄人，再回首，审视多年的回忆竟是那样简陋而卑劣，一文不值。

电影的最后，她装作她从未去过巴黎一样对约会小男生的邀约表现出万分的惊喜。到底是成熟过了的女孩子，圆滑、世故、清醒地看待身边的一切。有过那些经历没什么不好，《成长教育》是教训也是教育，帮助我们成长，让我们知道如何更好地保护自己，如何更好地走自己的路。

对的那个人并不是她

爱情大过天,世间芸芸众生,不管什么年龄、任何处境,还是免不了在情海里上下扑腾。

在电影《和莎莫的500天》中,有一个满脑袋充满各种奇思妙想的年轻人,叫汤姆·汉森,他拥有一份和他的天性完全不对路的工作:专门给各类贺卡撰写贺词的文字工作者,长此以往,这份工作成了他宣泄自己想象力的地方,可惜这毕竟是一份机械乏味、单调枯燥的活儿,所以汤姆也一直觉得这工作让他沉闷无趣,而他的志愿是做一名建筑师。

但对于他的爆棚想象力,也有人吃不消,这个人就是汤姆的女朋友莎莫·芬恩。 莎莫曾经在人生旅途里受过男人的伤害,因此她对所有男人都不抱什么幻想,包括自己的男朋友,尤其是见到汤姆整天沉溺在不切实际中,这跟他们当初的相遇完全不一样。

两人的关系很明显出现了问题,莎莫终于忍不住对汤姆说了分手,深信快刀斩乱麻的莎莫很快离开了汤姆,有了属于自己的新生活。对于莎莫同自己的分手，汤姆痛不欲生，他深爱莎莫，却不得不接受莎莫已经离去的事实。

这使他开始反思，自己是否是一个称职的男朋友，自己究竟做错了什么。汤姆开始回想和莎莫在一起的500个日日夜夜，希望从中找到答案。

500天后，莎莫终于还是对汤姆说出最残忍决绝的分手宣言，原因不详。可笑的是，当汤姆终于不再相信爱情和命运时，莎莫却幡然醒悟，领会到这世间的真爱与温暖。只可惜，她还是接受了别人递过来的钻戒。那一场连我们都认定的"命中注定"就这样结束了，多讽刺。

失去一场爱情的时候，我们都会自以为失去了全世界。其实真的不算什么，因为世界正在为你打开完整的另一扇窗！好的爱情能让你看到全世界；坏的爱情会让你放弃全世界；不好不坏的爱情，无关世界，权当是一种自我成全与成长吧。

人在悲伤的时候往往变得非常自恋，此时一个人的阴影笼罩了全身，悲伤会让你觉得自己是万物的主宰，因为你的世界只有你一个人啊！

若想活得好，最好能放弃对奇迹和命运、缘分、戏剧性的追求，比如要相信：等的人永远不会出现，不会有人毫无条件的爱你，已经撕碎的纸片不会恢复到完好无损，抬头看看周围的生活，你玫瑰花瓣一样的美梦只会显得不合时宜的虚伪。但选择了一种生活方式，就要接受它带给你的任何一种结果。自己能够自由做出选择，本身就是一种很大的幸福了。

失恋，成熟的催化剂

失恋中的女子在情场上沉迷得越久，则陷得越深，以致难以自拔。

有些人为了失去的情爱，把憎恶与攻击朝向对方，或自叹"悲哀的命运"。当被非常信赖的男人辜负、抛弃时，转而对全体男性不信任，表明已经陷入"恋爱恐惧症"了。

失恋是一次对自己的否定，或许会有一种被甩了、被玩弄了、被欺骗了的感觉，以致使自身深刻地体验到劣等感、屈辱感。

也有的人有经常导致失恋倾向的性格：内向而不把自己的意思、感情表明；以自我为中心，只以自己的感情行事，而不顾及对方的感情；梦想可望而不可即的事物或情感；自我感强烈；把对方过分理想化。

数度失恋的人，性格上是否有缺陷或者是有未成熟之点，实在也有好好反省的必要。一个人失恋，被弄得痴痴呆呆，茶饭不思，寝食不安，以致为情而丧失了人间生活乐趣，为情而对人世的一切都感到兴味索然，为情而损害了自己的身体健康，这些都是情感失控所致。

感情失控表现出来便是理智的丧失。因此，对于一个失恋者来说，必须首先保持头脑清醒，只有这样才能控制情感，不会胡思乱想。

失恋者自己必须有"自救"意识，在自救的过程中，有一个重要的防卫武器是"不要'渴望'爱情"，可以说，这是一种情感上的觉悟。

一个人经过感情的起伏而最终达到心理的平衡，那么这个人将变得更为成熟和稳重。

有人认为，失恋之所以痛苦，不是因为失去了那个人，而是经受不起那种被拒绝、被摒弃的打击。

如果缺乏意志力和自我克制的能力，失恋的人可能会终生熨不平心中的抑郁。但是，也有一些人，他们虽然在爱情上遭到了惨痛的挫折，却能勇敢地承受痛苦，毫无疑问，这些人是坚强的、有毅力的。

他们有高度的自尊和稳定的心理状态，他们凭借理智的药膏逐步治愈自己的创痛，而不会落入绝望的境地。很多经受了失恋的人虽然能比较缓慢地渡过心情郁闷的时期，不过在他们的心底，可能终生都会留下一个美丽的伤疤。

失恋的人就像是牌桌上的赌客，越是输，越想翻本，每天活在痛苦的深渊里，越陷越深。

与情人分手即意味着告别那曾经拥有的一切。对于一些人来说，分手之后，他们失去了爱的能力，无法再去爱别人。

有人认为失恋之所以痛苦，不是因为失去了那个人，而是经受不起这被拒绝、被摒弃的打击。只因他早你一步，先把你抛弃了。

要从一场破碎的恋情恢复过来不是件容易的事，有的人可能要好几年的时间，有的人可能永远都无法痊愈。一般通行的治疗偏方是使自己不停地忙碌，使自己暂忘过去，从事一个新的计划。

生活是现实的，谈情说爱的人必须明白这一点。

因失恋而产生的那种茶饭不思、余恨绵绵的症状，可以说是对爱情的牺牲与奉献。在文学家的笔下，它可以被写得引人入胜、惹人陶醉，而在现实生活中，只会给人造成伤害，毫无益处可言。

失恋的人们，需要的不应该是别人的怜悯、别人的感情，如果这样渴求，别人反而会小觑了你，你会变得更不"可爱"。

你的自我价值至少跟别人的价值一样大。你首先要爱自己，然后才能爱别人，才能得到真正的爱情。德国著名心理学家埃里希·弗罗姆说："假如一个人的爱情能够结出甜美的果实，那么他也是在爱自己；假如他只能爱别人，那么他就根本不懂得爱情。"

在爱情的旅途中迷了路的失恋者，他们尤其需要自爱，抵抗情感上的自我诱惑，应该悬崖勒马，别在失恋的泥潭里越陷越深。

感情的事，提起千斤重，放下半两轻。爱你自己，而不是一个身陷情网挣脱不出来的自己。一个美好的自己正是你的价值所在。

在物是人非的景色里,我最喜欢你

这世上,有多少拥有七窍玲珑心的女子,又有多少无可奈何断去的爱情?

唐婉本与陆游是青梅竹马的表亲,她终于成为他的妻子。可是偏偏讨不得陆母的喜欢,不久就被休了。唐婉无话可说,父母定终身,自己这一辈子算是付诸流水了。陆游无可奈何,但又不想放弃最后的希望,于是问他老母,答曰:妨碍功名。谁让"白首为功名,旧山松竹老"呢?男儿为扬名立功,丹心汗青,不惜泪斩情思。可叹功名场上,古来多少梦断山河,醉卧沙场,几人能回。偶尔春风得意,也只被渔樵评叹,都付笑谈中了。声声别离,点点是离人泪。唐婉改嫁赵士诚,门当户对,可以享享清福了。就这样一过十年。

春城无处不飞花,有缘千里相会日。陆游在一个温暖的春日相遇唐婉于绍兴沈园。两情久长,默默无语。只是渗透了岁月中难以磨灭的记忆,回首往事,宛如春梦一场,梦里佳人就在眼前，两人千言万语，此时无语凝噎。

唐婉打破僵局，以酒菜殷勤相待。陆游非常伤感，便在园壁上题了一首《钗头凤》（红酥手），纵然佳人在眼前挥之不去，茫茫一水终会将他们永分东西。

> 红酥手，黄縢酒。
> 满城春色宫墙柳。
> 东风恶，欢情薄。
> 一怀愁绪，几年离索。
> 错，错，错！
> 春如旧，人空瘦。
> 泪痕红浥鲛绡透。
> 桃花落，闲池阁。
> 山盟虽在，
> 锦书难托。
> 莫，莫，莫！

唐婉不能自已，和了一首《钗头凤》（世情薄）。

> 世情薄，人情恶，
> 雨送黄昏花易落。
> 晓风干，泪痕残。
> 欲笺心事，独语斜阑。
> 难，难，难！
> 人成各，今非昨，

病魂常似秋千索。

角声寒,夜阑珊。

怕人寻问,咽泪装欢。

瞒,瞒,瞒!

此后她渐渐病重,不过三十余岁,便离开了人世。

40年后……

陆游复制了那个时代多数士大夫的历程,白日放歌纵酒,夜晚赋闲在家,整日闲来无事,空任岁月蹉跎。想当初"楼船夜雪瓜洲渡,铁马秋风大散关",而今"塞外长城空自许,镜中双鬓已先斑"。不由感慨时光流转。40年了,再回沈园,浮离了那个春光融融的午后,涌来心头的万古忧愁。曾经有一段真正的爱情放在自己眼前却没有珍惜,等到真正失去时才追悔莫及。唐婉香消玉殒,走的没有什么牵挂,自己却依然发酵离别愁绪,失落的没有尽头。往事如烟,阁如云海,一切都无所谓了。

不要等到失去后才懂得珍惜

1931年11月19日,徐志摩因为飞机失事罹难。

胡适日记中有关徐志摩遇难的一页:

昨早志摩从南京乘飞机北来,曾由中国航空公司发一电来梁思成家,嘱咐下午三时雇车去南苑接他。下午汽车去接,至四时半人未到,汽车回来了。我听徽音说了,颇疑飞机途中有变故。今早我见《北平晨报》记昨日飞机在济南之南遇大雾,误触开山,坠落山下,司机与不知名乘客皆死,我大叫起,已知志摩遭难了。电话上告知徽音,她也信是志摩。上午十时半,我借叔永的车去中国航空公司问信,他们也不知死客姓名。我问是否昨日发电报的人,他们说是的。我请他们发电去问南京公司中人,并请他们转电给山东教育厅厅长何思源。十二点多钟,回电说是志摩。我们才绝望了!

关于徐志摩坠机事件,11月20日的《晨报》以《京平北上机肇祸,昨在济南坠落,机身全焚,乘客司机均烧死,天雨雾大误触开山》为题，做了如下报道：

[济南十九日专电]十九日午后二时中国航空公司飞机由京（南京）飞平（北平，今北京），飞行至济南城南三十里党家庄，因天雨雾大，误触开山山顶，当即坠落山下，本报记者亲往调查，见机身焚毁，仅余空架，乘客一人司机二人，全被烧死，血肉焦黑，莫可辨认，邮政被焚后，钞票灰仿佛可见，惨状不忍睹……

用陆小曼母亲的话来说是"小曼害死了志摩，也是志摩害死了小曼"。这句话的意思就是：如果徐志摩没有与陆小曼结婚，不需要为了金钱四处奔波，他也许不会离开前任妻子张幼仪，就能得到家人的经济上的接济，不需要那么劳累，更不会死于飞机失事；同样道理，陆小曼不离开王赓的话，她也必定是个富太太无疑。

1926年10月，陆小曼与徐志摩离京，开始了他们甜蜜的日子。陆小曼说："我们从此走入了天国，踏进了乐园……一同回到家乡，度了几个月神仙般的生活。"然而幸福总是短暂的，痛苦却来得很快，婚后陆小曼与徐志摩在性格上的差异逐渐显露出来。陆小曼婚后全没了当初恋爱时的激情，似乎不再是一个有灵性的女人。

陆小曼由于自幼过惯了挥金如土的生活，与徐志摩结婚后仍积习不改，一个月要花去洋银五百至六百元。这样庞大的数字，一介文人徐志摩如何承受得了？他只得在南京、上海各大学兼课，并拼命写稿。然而薪水与稿费尽数交给陆小曼仍不够其消费。后来陆小曼在友人翁瑞午的劝诱下居然吸起了鸦片。徐志摩多次劝她戒掉，她非但不听，还常与徐志摩争吵。

后来,徐志摩的父亲出于对陆小曼极度不满,在经济上与他们夫妇一刀两断。徐志摩不得不同时在光华、东吴、大夏三所大学讲课,课余还赶写诗文,以赚取稿费,即便如此,仍不够陆小曼挥霍。

1930年秋,徐志摩索性辞去了上海和南京的职务,应胡适之邀任北京大学教授,兼北京女子师范大学教授。徐志摩自己北上的同时,极力要求陆小曼也随他北上,幻想着两人到北京去开辟一个新天地。可陆小曼却执意不肯离开上海。

为了省钱,徐志摩经常搭乘免费的邮政飞机,来往于京沪之间。仅1931年的上半年,徐志摩就在上海、北京两地来回奔波了8次。11月上旬,依然是交际花做派的陆小曼由于难以维持在上海的排场,连续打电报催促徐志摩南返。11月11日,徐志摩搭乘张学良的专机飞抵南京,当时张学良以全国陆海空军副总司令的身份驻北平,顾维钧帮张学良办外交,常乘坐张学良的专机在南京与北平之间飞行。此次是南京政府要顾维钧代理外交部部长,顾仍乘张学良专机赴宁,徐志摩与顾友善,借机一道前行。

徐志摩于13日回到上海家中。不料,夫妇俩一见面就吵架。据郁达夫回忆:"当时陆小曼听不进劝,大发脾气,随手把烟枪往徐志摩脸上掷去,志摩连忙躲开,幸未击中,金丝眼镜掉在地上,玻璃碎了。"徐志摩负气出走。

18日,徐志摩乘早车到南京住在何竞武家。他原打算仍乘坐张学良的专机,但顾维钧一时还不能回去,他便决定不搭乘了。正好离开上海时,他顺便将去年保君健(航空公司财务科长）赠给他的免费机票带在了身上，经联系后获准第二天一早可搭乘航空公司的邮政飞机。

19日早八时，徐志摩乘中国航空公司"济南号"邮政飞机从南京明故宫机场起飞。十时十分，飞机抵达徐州，徐志摩在机场发信给陆小曼，说头痛不欲再行，但最终还是又走了。十时二十分，飞机继续北上，及飞抵济南附近党家庄时遇大雾，机师为寻觅准确航线，只得降低飞行高度，不料飞机撞上白马山（又称开山），机身着火坠毁。机上人员——两位机师与徐志摩全部遇难。

沈从文在给好友赵家璧的信中说道："徐南去，主要因小曼不乐意去北平，在上海开支大，即或徐先生把南京中央大学和北大教书所得薪金全寄上海，自己只留下30元花销，上海还不够用，因趁蒋百里先生卖上海遇园路房子时，搞个中介名义，签了点字，得一笔款给小曼，来申多留了几天，急于搭邮件运输机返北平，则因为当天晚上林徽因在协和小礼堂为外国使节讲中国建筑艺术，急于参加这次讲演，才忙匆匆地搭这次邮件运输机回北平。到山东时（白马山只隔济南25里）因大雾，飞机下降触及山腰，失事致祸，一切都这样凑巧，而成此悲剧。"

徐志摩离世后，陆小曼悲恸欲绝，陆小曼究竟悲伤到什么程度，连著名作家郁达夫都觉得难以用文字来描写，他说："悲哀的最大表示，是自然的目瞪口呆、僵若木鸡的那一种样子，这我在小曼夫人当初接到志摩凶耗的时候曾经亲眼见到过。其次是抚棺一哭，这我在万国殡仪馆中，当日来吊的许多志摩的亲友之间曾经看到过。陆小曼清醒后，便坚持要去山东党家庄接志摩的遗体，被朋友们和家里人死命劝住了。最后决定派徐志摩的儿子徐积锴去山东接回。"

此后，陆小曼性格大变，终日闭门不出。在她卧室里高悬着徐志摩的大幅遗像，每隔七日总要买一束鲜花献给他。她给徐志摩写的挽联也十分伤心，上联是"多少前尘成噩梦，五载哀欢，匆匆永诀，天道复奚论，欲死未能因母老"；下联为"万千别恨向谁言，一身愁病，渺渺离魂，人间应不久，遗文编就答君心"。

陆小曼在徐志摩死后与翁瑞午同居的事情，她本人亦不讳言。翁瑞午的祖父是光绪皇帝的老师翁同龢。其父曾任桂林知府，绘画负有盛名，家中书画藏品甚多。翁瑞午天资聪慧，会唱京戏，画画，鉴赏古董，又做房地产生意，是一个文化掮客，被胡适称为"自负风雅的俗子"。

陆小曼曾说过自己和翁瑞午之间的关系：我与翁最初绝无苟且瓜葛，后来志摩堕机死，我伤心至极，身体太坏。尽管确有许多追求者，也有许多人劝我改嫁，我都不愿，就因我始终深爱志摩。但是由于旧病更甚，翁医治更频，他又作为老友劝慰，在我家长住不归，年长日久，遂委身矣。但我向他约法三章："不许他抛弃发妻，我们不正式结婚。"我对翁其实并无爱情，只有感情。

陆小曼说："我的所作所为，志摩都看到了，志摩会了解我，不会怪罪我。"她还说："情爱真不真，不在脸上、嘴上，而在心中。冥冥间，睡梦里，仿佛我看见、听见了志摩的认可。"

在上海中国画院保存着陆小曼刚进院时写的一份"履

历",里面有这样的词句:"我廿九岁时志摩飞机遇害,我就一直生病。到1938年与翁瑞午同居。翁瑞午在1955年犯了错误,生严重的肺病,一直到现在还是要吐血,医药费是很高的,还多了一个小孩子的开支。我又时常多病,所以我们的经济一直困难。翁瑞午虽有女儿给他一点钱,也不是经常的。我在1956年之前一直没有出去做过事情,在家看书,也不出门,直到进了文史馆。"

在陆小曼的余生中,先后编辑出版了《志摩日记》《徐志摩诗选》。为编辑《徐志摩全集》,她不知耗费了多少心血。可惜未能等到这部著作问世,她就于1965年4月3日溘然长逝了。她的灵堂上,只有一副挽联:推心唯赤诚,人世常留遗惠在;出笔多高致,一生半累烟云中! 概括了她备受争议的一生。

别在伤痛孤单里任年华流逝

女孩和恋人已经分开很久了,可还是没能邂逅新的爱情,她关起了心门又不愿再去推开另一扇窗,前男友的身影留在了她以后的生活里,走不远又拉不近。她时时打听着他的消息,固执地认为他离开了自己也一定过得不好,她甚至常常幻想着重拾旧爱,仿佛现在的一切都是为那一天在做准备。她还不断地出现在前男友的生活里,关怀备至,尽管换来的是更加的厌恶和漠然,她也不承认那其实已是无爱的纠缠。她说她忘不掉,她说她找不回,当她靠着回忆都不能再记清他的模样时,她还在那儿顾影自怜等待着他能蓦然回首,在灯火阑珊处把自己紧紧拥抱。她偏执地认为自己是最好的,所以不能接受那个男人不爱她的现实,可情感世界里的男女没有最好,只有最适合,摆错了自己的位置就是再爱也不对。

女人三十多岁了依旧形单影只,物质上已经富足,精神上也拥有快乐,只是没有爱情也没有男人。她不是没爱过,也不是没人爱,可就是找不到可以全身心托付的那个人。她说没要求,其实是高要求,她说无人可依,其实是把自己交给谁都不放心,怕受伤的结果就是孤单着,或是清高着,然后最终失去爱与被爱的机会。 完美本身无可指责,但处处以完美的标准去要求人生里的大事小情、凡人间的恩恩怨怨时,完美就成了一种病。 不能说这个世界上没有好男人,因为这也就是在说世界上没有好女人。 只是好男人和好女人都藏在平淡相守的岁月深处,不到火候、没有耐心你根本看不到。 别以为你就能拣到现成的好男人,公主当然可以嫁王子,可你毕竟不是公主,也不够灰姑娘的姿色好运,就别总是非王子不嫁了。

可女人因为感性思维模式,尤其在这样那样的位置上摆不正自己,就忍不住好奇探究,变成大嘴巴,爱上一个人就喜欢干涉他,变得不讲理;恨上他又疯狂偏执,变为可怜虫。 我们在爱里成长丰满,也会在爱里沉沦堕落,只有在属于自己的位置上才有可能收获美满,在错误的位置上你就只是在守着绝望说希望。 女人摆不正自己的位置,就摆不正心态,也就摆不正人生。 事业会让你觉得疲惫,情感会让你沉入深渊,男人会让你迷失自己,错过了那些女人应该拥有的快乐与温暖,你此生也就与幸福失之交臂了。

女人常常摆不正自己的位置,在追求中,在情感上,在执着时,甚至是在爱自己的那个男人心里。 要知道,当你次次都说这很难的时候,不该过去的都已经过去,该过去的却怎么也过不去了。 我们想过什么样的生活和能过什么样的生活,一直都是两回事。 我们当然可以努力让自己实现目标,包括让我们的爱永远存在,可不切实际的定位与骄傲任性的固执，只会让你在伤痛孤单里任年华似水流逝。看清楚自己比看清楚男人更重要，不要不分青红皂白地责问男人，如果你站错了该站的地方和立场，那么很多时候你的痛苦，真的和男人无关。让一个人获得幸福的奥秘，就是在属于自己的位置上，一直以一种与幸福最接近的方式生活。

女人的爱更深、情更浓，但爱里的勇气十足，不爱的勇敢却欠佳，心里的爱嘴上不一定会说，说出来的不一定是爱。即便是聪明的女人也会在男人的世界里犯糊涂，深情也会在自己的不舍里幽幽哽咽，可并不影响那风景处处在，一如人间四月天。这就是女人。

悲欢离合本是常态，男女愁怨真是等闲。越想抓就越抓不住，越要爱就越绝望。

女人和男人正好相反，在情感里总是不怕"烦"。她喜欢不停地"烦"男人，然后又开始不停地"烦"自己。她们都认为自己是聪明的，即便在男人身上智商降为零，她也认为那才是她的爱情。男人是不会也不想知道的，他们一生中能记得的女人，要么是让自己哭过的，要么是让自己从未得到过的。他爱你，那他的责任就是要给你幸福安稳，并且为此努力一生。

之所以还是放不下，无非是认为自己会是众多场闹剧里的一个"例外"。于是，苦苦等又苦苦缠，遗憾的是，男人总是耗得起的，他从来都是先把自己放在了"进可攻退可守"的位置上，才会在外面毫无顾忌地招惹女人，女人却在憔悴与伤痛里红颜更老，心碎无数。我们或许都可以成为某个男人的唯一，只不过有先先后后和长长短短之分，但总认为自己会是某个男人的"例外"却是件虚无缥缈的事情，而这种"例外"的本身就包含着男人的虚伪薄情和女人的愚蠢投机。

很多女人的一生都纠结于情感的得失，得到的也不满意，失去了又不甘心，结果不论得到和失去都是输家，最悲哀的是连自己的花样年华都一并辜负。 得到了就去享受爱情和婚姻，活在当下是男人的习惯，女人又何必杞人忧天？ 总觉得自己这也亏了那也亏了，可女人如果这辈子连男人的温暖与关爱都没真正拥有过，岂不是更亏了？ 失去了就去重整河山另寻一条通往幸福的路，总认为这也很难那也很难，可女人如果这辈子都没做过一件勇敢的事，岂不是一种遗憾？

爱与不爱都不是什么错，但爱了就要去努力经营，就算即将失去，也要做最冷静的救赎，要带着自己的爱人一起成长，或许迈过了这道坎就是你们的永远，换来另一番天地。不爱了就要勇敢放手，即便自己还有不舍也要忍痛接受眼前的结局，坚强地越过了那个男人就成全了自己的重生，这也是赢。 留住爱自己的人，是女人的智慧与可爱，并会因为这样的幸福千娇百媚；放弃不爱自己的人，是女人的成熟与坚韧，并会因为这样的自信魅力无比。 女人要在年轻的时候占领自己的生活，我的青春我做主，要能够承受失败和失恋的痛苦，要在年华已逝的时候把握自己的生活，从容接受得到和失去的结果。 如果说二十几岁决定女人一生的走向，那三十几岁就决定着女人后半生的情感安宁。

在情感的去留里，没有谁能代替你做最后的决定，如果缺失越过现实的勇气你可以选择放弃，但不要总说自己是迫不得已，这样你或许能够过得好一点。

如果不能原谅，就拒绝原谅

女人的未来终究不在男人的身上，如果有男人愿意给，那只是我们的幸运。谁可相依？水边的山峦，花旁的绿草，春天里的那一只黄鹂鸟。相信自己心灵的力量，己心妩媚，则世间妩媚。

对于情感，能谈得上勇敢无畏的向来都是女人，男人总是在一些关键的时刻选择消极逃避，有时候甚至并不是为了逃开某个女人，根本就是在逃避他自己。女人的自私在于她以为为了爱做什么都是可以接受的；男人的自私在于他以为做什么自己都是正确的。

在情感世界中，女人有时候的"太作为"和男人有时候的"太不作为"，是造成矛盾与伤害的最根本原因。面对危机，女人或许会因为想挽留对方做了太多的事，反而常常成事不足，败事有余，男人更是不会领情。男人应对危机的状态却往往比较消极，哪怕他心中有爱，也会因为那所谓男人的"面子"从而选择沉默是金。还有一些男人以为"天涯处处有芳草",走了你一个还有后来人。 当然,也并不是说男人没有感情,只是那些情感表达在过于理性的思维里或是不负责任的逃避里,变得任性自负、不好沟通,从而加重伤害,徒留遗憾。

那些总在"分"和"不分"这样的选择题里原地徘徊,长久沉沦在情感折磨里不能自拔的女性,又多是因为身边的男人存在着不能直面危机、消极逃避的缺点。 男人喜欢选择逃避的原因主要有两种:一是不想负责,二是负不起责。 对于那些根本就不想负责的男人,女人的爱不过来自本身的自作多情,你即便追到了天涯海角他还是会逃跑。 对于那些负不起责的男人,女人的爱会成为他的负担,当他无力说爱的时候,女人的不甘又会毁掉所有的前尘后缘。 我们当然都希望自己的男人又成熟又懂爱,可女人的不成熟、不懂爱同样会错过姻缘。 当男人不成熟、不懂爱的时候,女人又喜欢扮演拯救他的上帝。 其实,这时候的爱情都不过是感情世界中的一场骗局,或许曾经真实,但早就已经夭折。

幸福里当然有一些运气在,不幸福里也一定有一些错误在。 真是遇到这种喜欢逃避的男人,想不出有什么比及时放手更好的办法了。 当然,此话一出,又有女人在泪流满面,可逃跑的男人却全然不见,想逃的时候他其实就已经想好了一切,女人的悲伤难过他早就放置一边了。 最可笑的是,有些男人即便是在逃跑,也喜欢找出太多的理由,以便装出一副"很男人"的架势。 实际上,逃跑就是逃跑,就算跑出一个女人的世界,也跑不出注定会失败的人生,因为谁也不能最终逃开面对自己的下场。 而且,逃跑会成为习惯,也就是说，爱无能是种很难治愈的心病，你付出几倍的努力恐怕也换不回男人一点点的感情。如果你还在情伤里左右为难，就先吞下自己的不甘，再去看看那男人，再去看看那生活，风轻云淡的状态或许就不只是别人的境界了。

男人为什么会选择逃避？是因为那些坏到底的男人无所谓伤害了谁，而那些没坏到底的男人又无法面对胆怯的自己。所以要记得，好男人都是从男人中成长起来的，才能在彼岸开出朵朵繁花。

很多时候我们都在谈宽容，宽容别人的错误，特别是当我们的爱还在，不愿意轻易放弃的时候。有时我们也谈离开，甚至不必说再见，当我们已经无从爱起，不能够重新面对，放弃就是最好的选择。如今，能"宽容"自己的人越来越多，即便做错了事也先忙着推卸责任，要不就是寻找借口，甚至是把无关的人都扯在一起痛苦纠缠，反正自己是被迫或者被逼的，包括爬上别人的床。这样的混淆视听，让很多宽容又在无奈里变成了纵容，害者成了无心，伤者成了有意。

生活里总有一些事情是让我们不能轻易原谅的，亲人的抛弃中，会有疏离的血脉；朋友的背叛里，会有龃龉的利益；爱情的逃离中，会有不堪的伤心；婚姻的阴霾下，会有荒唐的绝情；事业的失败后，会有不甘的失意。除此之外，我们还会遇到恶意指责、无端欺骗等等不堪的事情。而人性，就在这样的一些时刻显现出了最残酷的阴暗。人情冷暖、世态炎凉里也许你成了替罪的羔羊，也许你只能被动承受无辜的伤害。这时候，宽容似乎也无从谈起，因为结果已经无法改变，因为别人没有一点悔意，因为你根本找不到宽容的理由，又怎么原谅？ 有些人即使选择了原谅，也最终成了一道柔软的伤口，表面愈合了，可里面仍然浸着鲜血。

如果不能原谅，就不要勉强自己。 我们都是凡人，即便高尚也不能完全脱离世俗的爱恨情仇。 而且，对于某些混蛋的歉意你就真的需要吗？ 对一些不能原谅的人和事，应该远离，并且从此了断成陌路，那是给他们最好的惩罚。 而那些必须继续的生活、不能离开的人，你也应该做到先放下，不拿别人的错误惩罚自己，不把痛苦怨恨反复咀嚼。 这，不是软弱，而是生活的智慧。 走过了这一段你或许会慢慢发现，原本不能原谅的事情也会变得模糊，生活在向新的方向发展。 为什么要把别人的错误长成自己的一道伤口呢？ 那最多也就是绊倒了你的一块石头，爬起来再走自己的路，当旅途的风景越来越美，快乐越来越多的时候，不原谅就已经成了一种遗忘。

如果不能原谅，就拒绝原谅。 面对那些卑劣的嘴脸、肮脏的灵魂，以及伤害了你的情感、污染了你的环境，你当然可以拒绝原谅，将这一切都扔进记忆的垃圾桶。 实际上，宽容的背后有时候是原谅，有时候是不屑。 自己关起那一道门，把所有的不快关在门外，再推开另一扇窗，把新鲜的空气迎进来。 看看初夏的妩媚，听听纺织娘的呢喃，那樱桃园里已经绿荫婆娑、果实累累，一阵笑声正从远处传来。 此时，你可否想起曾经深爱过的甜蜜缠绵？ 可否有信心再等待一场美丽的邂逅？

永远不要指望别人会改变，即便很爱很爱；我们只能悄悄地改变自己，就算很难很难。 直到有一天，我们不再需要很多的爱了，也就不会再怀疑得到，害怕失去，痛苦孤单，错失幸福。

这个世间到底有没有永远的爱情？ 是困惑着很多男女的问题。 有男人说，他为了寻找永远，而不停地去爱，只不过可能是不同的女人；于是有女人说，她为了两个人的永远，而不断地去爱，只不过可能是一厢情愿。

第四章

只要努力了,最初的梦想终会实现

要想成功就必须把眼光放远

本田汽车能够有今天的光景，可以说全是本田宗一郎个人始终凭着决心和毅力，不畏艰难所造就的。本田先生深知所做的决定或所采取的行动有时候只够应付眼前的状况，然而要想成功就必须把眼光放远。

1938 年本田先生还是一名学生时，就变卖了所有家当，全心投入研究制造心目中认为理想的汽车活塞环。他夜以继日地工作，与油污为伍，累了倒头就睡在工厂里，一心一意期望早日把产品制造出来，以卖给丰田汽车公司。为了继续这项工作，他甚至变卖妻子的首饰，最后产品终于出来了并送到丰田去，但是被认为品质不合格而打了回来。为了求取更多的知识，他重回学校苦修两年，期间经常因为自己的设计而被老师或同学嘲笑，被讥笑为不切实际。

他无视这一切，仍然咬紧牙关朝目标前进，终于在两年之后取得了丰田公司的购买合约，完成他长久以来的心愿。他能如此，全因为清楚知道所追求的目标、拿出行动、密切注意成效、适时调整不当之处直至达成目标为止。 但此后一切并不是一帆风顺，他又碰上了新的问题。

当时因为日本政府发动二次大战而导致一切物资吃紧，禁卖水泥给他建造工厂。 他是否就此放手了呢？没有。 他是否怨天尤人了呢？他是否认为美梦碎了呢？一点都没有。相反地，他决定另谋它途，他和工作伙伴研究出新的水泥制造方法，建好了工厂。 战争期间，这座工厂遭遇美国空军两次轰炸，毁掉了大部分的制造设备，本田先生是怎么个做法呢？他迅即召聚了一些工人，去捡拾美军飞机所丢弃的汽油桶，称其为"杜鲁门总统所送的礼物"，因为日本战时十分欠缺各种物资，而这些汽油桶刚好提供了本田工厂制造用的材料。 在此之后他们又碰上了地震，夷平了整个工厂，这时本田先生不得不把制造活塞环的技术卖给丰田公司。

本田先生清楚知道除了要有好的制造技术，还得对所做的事深具信心与毅力，不断尝试并多次调整方向，虽然目标还不见踪影，但他始终不屈不挠。

二次大战结束后，日本遭遇严重的汽油短缺，本田先生根本无法开着车子出门买家里所需的食物。 在极度沮丧下，他不得不试着把马达装在脚踏车上，他晓得如果成功，邻居们一定会央求也给他们装部摩托脚踏车，果不其然，他装了一部又一部，直到手中的马达都用光了。 他想到何不开一家工厂，专门生产所发明的摩托车，可惜的是，他欠缺资金。

他一如既往地，决定无论如何要想出个办法来，最后决定求助于日本全国一万八千家脚踏车店。 他给每一家用心写了封言辞恳切的信，告诉他们如何借着他发明的产品，在振兴日本经济上扮演重要角色，结果说服了其中的五千家，凑齐了所需的资金。

然而当时他所生产的摩托车既大且笨重，只能卖给少数死硬派的摩托车迷，为了扩大市场，本田先生动手把摩托车修改得更轻巧，一经推出便赢得满堂彩，因而获颁"天皇赏"。随后他的摩托车又外销到欧美，赶上了战后的婴儿潮消费者，20世纪70年代，本田公司开始生产汽车并获得佳评。

今天，本田汽车公司在日本及美国共雇有员工超过十万人，是日本最大的汽车制造公司之一，其在美国的销售量仅次于丰田。

最绝望无助的日子

从小就有人说他不行，连他母亲都说过："他小时候确实没有表现出多少篮球天赋，除了长得高以外，几乎什么都不好，看上去胖胖的，跑跳能力也不强。"一位篮球专家在姚明十一二岁时寻宝一样地到上海看过姚明，他让胖乎乎、一米九的姚明比画了几个动作，就开始摇头，毫不掩饰心里的失望。 可能这位专家忽视了一个孩子感知世界的程度，姚明记得那一幕："我忘了他跟我说过什么，反正没几句，我就记得他对我没什么兴趣。"

少年时，他也不是最突出的。17岁，他去巴黎参加欧洲篮球训练营，同去的中国少年还有来自辽宁的金立鹏和八一队的陈可。 回想多年前的往事，他母亲说："我记得金立鹏打得特别好。"那一年，金立鹏是训练营的最佳得分后卫。又过了一年，姚明去了美国，晃晃悠悠地去了很多城市，打了很多比赛。 后来带他们去的上海队领导先离开，只给他们留下很少盘缠，他和队友刘炜靠着酒店的免费早餐和麦当劳最便宜的汉堡硬撑，后来借了一个美国教练一百美金。成名后，姚明还记得这事儿，说找机会一定把钱还给人家。

去美国前，他得先在中国联赛成功。那时候八一队是霸主，2002年4月20日的那个雨夜，八一主场宁波雅戈尔球馆被姚明率领的上海队攻陷了。

2002年，姚明以状元秀身份加入休斯敦火箭队，从中国到美国时还是个孩子，脸上挂满青涩，高高瘦瘦的，仿佛一根电线杆子。那时候，他还不能用英语与人正常交流。2002年10月的休斯敦国际机场，火箭队给他专配的翻译和工作人员一起等待着，看到身穿土黄色西装、因长途飞行头发胡乱翘起的姚明，他们如释重负地笑了。

状元秀到了，火箭队踏实了，可姚明的心还悬着。那时候，没人可以清楚预测这位少年能否在动物凶猛的联盟中生存下去，包括他自己。

2008年夏天，他带领国家队在北京、在家门口杀进奥运八强。他说："那将是我一辈子最宝贵的财富。"

姚明的左脚脚踝被钉入三根钢钉。看第二个医生时，他听到这样的建议："做脚踝重建手术吧，如果仅植入钢钉，治标不治本。一旦复发，会更严重。"重建脚踝，意味着改变脚踝的物理结构，让原本承受巨大压力的那块小小骨头不再背负重压。姚明听完一哆嗦，赶紧摇头。他说："听医生说说我都觉得恐怖。"

时光飞逝，七年过去，姚明，一个美国文化的外来者，终于成了火箭队的领袖。和七年前相比，火箭队大换容颜，除了姚明，从主教练、球员到球队工作人员都换了新面孔。

姚明则越来越壮，越打越好，变成了火箭队的根基。七年过去，懵懂、瘦弱、不知所措的少年不见了，一位目光坚韧、满脸皱纹与伤痕的领袖站在了火箭队最前头。

可有些事，真就躲不过。

2009年初夏，他又带着火箭队杀进季后赛，迈过第一轮，好像推开一扇门，一番新世界在他眼前展开。

一步一步地，姚明似乎往一个更高的山峰稳稳迈过去。

可咕咚一声，他跌落到最低点。

就算经历过这么多难事儿，也没有任何一件让姚明心生绝望，让他在29岁就离开深深热爱的球场，让他瞬间陷入不知所措，不知道在余下漫长的生命中自己该做点儿什么，能做点儿什么……

现在，重建手术变成了首选答案，他知道那意味着什么。这是姚明生命中的大事，是医生要好好准备的大手术，也是可能影响火箭队历史的大转折，没人敢轻易决定。姚明只好接受检查。

他乐观过，说："也许打上石膏，拄着拐杖静养三个月也能好。医生说了，脚部的血液循环没有问题，就是有希望的意思。"

很快，他就把自己的乐观推翻了："可等上三个月，肌肉一定会萎缩，医生说可能会影响手术的效果，那就麻烦了，相当于错过了手术的最佳时机。"

他试着想点儿高兴的事儿："至少要休息一年，唉，也是好事儿，这么多年，从来没这么闲过。赛季打NBA，到了夏天打国家队，这回好了，逼着我一次歇足，把之前的那点儿假都给补上。能在国内踏踏实实地过上大半年,也算有得有失。"

可说着说着,他又发现自己根本不是个能歇的人:"一想到要这么久打不上球,我就浑身难受,这么过了十多年,突然停下来,迷失了。"

他想到了退役,连续几年,他伤怕了:"我不想拼了,得留着身子骨,以后跟我儿子一起打打球,享受天伦之乐。"

不止他一个人这么想,太太和父母都这么劝他。他们看到的姚明与外人不同,别人享受姚明扣篮的激情与振奋,他们想到的是姚明手腕砸在铁质篮筐上的疼痛。别人看到的是姚明振臂一呼,应者云集,是千万美元的年薪,是他的诙谐幽默、风趣机智,他们看到的是姚明脑袋上缝的七十多针,是他拄着拐杖蹒跚挪步的辛苦,是饭桌上看着别人大鱼大肉,自己嚼两根青菜减肥的无奈……

姚明说:"真的,我心里不止一次地跟自己说过,再受伤,退役算了。"

他问自己,想干的事都干完了吗? 打完2008年的奥运会比赛,好像国家队的任务已经完成了。他说:"心里空空的,有点儿失落。我人生中最重要的一个目标完成了,可那之后呢? 人要是没了目标,是很可怕的,我跟自己说,得定新的目标,有了目标,就有冲劲儿了。"

琢磨了半年,他找到好多目标,他说:"该给火箭一个交代了,打了这么多年NBA还原地踏步,说不过去。"他还说:"如果国家队能培养出新人,打进2012年伦敦奥运,我可以考虑去，那就不再是只靠我一个人了，我们可以往更高的目标冲。 我还可以在伦敦大桥上拍张照片，就找我父亲当初拍照的那个位置。"

煎熬着等医生宣判时，他总在网上翻新闻，找图片和视频看。 他看到北京奥运会上自己激动得涨红脸颊，挥臂吼叫，看到从 2002 年到 2009 年，自己的胳膊一天比一天粗，肩上的担子也一天比一天沉，也终于迈过了季后赛第一轮的坎儿。 看这些，他会笑，可视线一移开，面色就立刻沉了下来。 在事业、家庭、祖国、荣誉、健康、冒险、退役中，他的思路来回跳跃，不知道何处是归宿。

福祸相依，2009 年的初夏，是姚明 NBA 生涯迄今为止最辉煌的日子，左脚舟骨上一道细如发丝却久久不愿愈合的裂痕，让姚明如坠冰窖。 姚明就这么孤独地待在家里，他的生活陷入无限的未知，他说："就跟在大海上漂浮的草一样，不知道什么时候就会被吞没。"

这是二十多年来，他最绝望、最无助的日子。

赚钱是一件有意思的事情

沃伦·巴菲特1930年出生在美国西部一个叫奥马哈的小城。他出生的时候，正是家里最困难的几年。父亲霍华德·巴菲特因为投资股票而血本无归，家里生活非常拮据，为了省下一点咖啡钱，母亲甚至不去参加她教堂朋友的聚会。

在苦难的生活中，巴菲特作为父母的唯一男孩，显示出超乎年龄的谨慎。他甚至在学走路的时候就如此，他总是弯着膝盖，仿佛这样就可以保证不会摔得太惨。随母亲去教堂时，姐姐总是到处乱跑以至走丢了，而他总是老老实实地坐在母亲身边，用计算宗教作曲家们的生卒年限来打发时间。

巴菲特从小就觉得数字是非常有趣的东西，并显示了超常的数字记忆能力。他能整个下午和小伙伴拉塞尔一起，记录街道上来来往往的汽车牌照号码。天色已晚，他们又开始重复自认为有趣的游戏：拉塞尔在一本大书上读出一大堆城市名称，而巴菲特就迅速地逐个报出城市的人口数量。

看着父母每天为衣食犯愁，5岁的巴菲特产生了一个执着的愿望：他要成为一个非常非常富有的人。

那年，巴菲特在家外面的过道上摆了个小摊，向过往的人兜售口香糖。后来，他改为在繁华市区卖柠檬汁。难得的是，他并不是挣钱来花的，而是开始积聚财富。

7岁的时候，巴菲特因为盲肠炎住进医院并手术。在病痛中，他拿着铅笔在纸上写下许多数字。他告诉护士，这些数字代表着他未来的财产："虽然我现在没有太多的钱，但是总有一天，我会很富有。我的照片也会出现在报纸上的。"一个7岁的孩子，用对金钱的梦想支撑着挨过被疾病折磨的痛苦。

9岁的时候，巴菲特和拉塞尔在加油站的门口数着苏打水机器里出来的瓶盖数，并把它们运走，储存在巴菲特家的地下室里。这可不是9岁少年的无聊举动，他们是在做市场调查。他们想知道，哪一种饮料的销售量最大。

他还到高尔夫球场上寻找用过的但可以再用的高尔夫球，细心地把它们按照牌子和价格整理出来，再发给邻居去卖，然后他从邻居那里提成。巴菲特还和一个伙伴在公园里建了高尔夫球亭，生意红火了一段。

巴菲特和拉塞尔还当过高尔夫球场的球童，每月能挣3美元的报酬。

晚上，看着街上来来往往的车流和人流，巴菲特会说："要是有办法从他们身上赚点钱就好了。不赚这些人的钱太可惜了！"

拉塞尔的母亲曾向巴菲特提出这样一个问题："你为什

么想赚那么多钱?"这个孩子回答:"这倒不是我想要很多钱,我觉得赚钱并看着它慢慢增多是一件很有意思的事。"

少年时代的巴菲特有一本爱不释手的书——《赚到1000美元的1000招》,这本书用一些白手起家的故事来激发人们创造财富的欲望。巴菲特沉醉于创业成功者的故事里,想象着自己未来的成功景象:站在一座金山旁边,自己显得多么渺小。他牢记书中的教诲:开始,立即行动,不论选择什么,千万不要等待。

巴菲特11岁那年,被股票吸引住了。他从做股票经纪人的父亲手里搞来成卷的股票行情机纸带,把它们铺在地上,用父亲的标准、普尔指数来解释这些报价符号。他果断地以每股38美元的价格为自己和姐姐分别买进3股城市设施优先股股票,在股价升至40美元时抛出,扣除佣金,获得5美元的纯利。看着这具有历史意义的5美元,巴菲特感到想象中的金山离自己越来越近了。到了高年级,学校里的许多人都认为巴菲特是股票专家,就连老师也要从他那里挖一些股票的知识。

13岁那年,巴菲特成了《华盛顿邮报》的发行员,并因此成了纳税人。但除此之外,巴菲特一点也不开心,他在学校成绩一般,还时常给老师惹点麻烦。在经历了一次失败的出走后,巴菲特开始听话和用功了。他学习成绩提高了,送报的路线也拓展了许多。他每天早上要送500份报纸,这需要在5:20前就离开家。当他偶尔病倒时,母亲利拉就帮他去送报,但她从来不要巴菲特的钱:"他的积攒是他的一切,你根本不敢去碰他装钱的那个抽屉,每一分钱都必须好好地待在那里。"

这时的巴菲特显示出了和他的年龄不相称的商业头脑，他制定了最高效率的送报路线，而且还在送报的时候兜售杂志。为了防止读者赖账带来的损失，他免费给电梯间的女孩送报，这样一旦有人要搬走，女孩就会向巴菲特提供消息。巴菲特很快就把送报做成了大生意，他每月可以挣到175美元。到1945年，14岁的巴菲特就把1000美元投资到了一块40英亩（1英亩≈4047平方米）的土地上。

到高年级的时候，巴菲特和善于机械修理的好朋友丹利开始在理发店里设置弹子机，他们和理发店的老板五五分成，生意非常好，市场不断扩大。但是，巴菲特并没有被利润冲昏头脑，他总是很冷静地在较为偏僻的地方选址，以防地痞流氓控制他们的生意。

1947年，巴菲特中学毕业时，在370人的年级里排名第16。威尔森年鉴上对巴菲特的评价是：喜欢数学……是一个未来的股票经纪家。

父亲坚持要巴菲特到宾州沃顿商学院读书，但巴菲特认为那是浪费时间，自己已经挣了5000多美元，读了大约100本商业书籍，还要学什么呢？但是父命难违，他还是到了沃顿商学院。巴菲特对沃顿商学院极为厌倦，他认为他懂得的比教授们都多，教授们虽然有着成套完美的理论，但对如何真正赚钱却一无所知。巴菲特在学校里不能安心上课，而是在费城的股票交易所里耗费了许多时间。确实，在沃顿商学院没什么东西可教巴菲特。

1949年夏天，巴菲特离开了沃顿商学院，到内布拉斯加大学去读书。 实际上，巴菲特在内布拉斯加大学只是一个名义上的学生，他一边干着全时的工作，一边打桥牌，一边却拿到了学业成绩 A。 他的积蓄也有了 9800 美元。

后来，沃伦·巴菲特成为美国一个神话般的人物。 和历史上同时代的大富豪比如石油大王洛克菲勒、钢铁大王卡内基，还有后来的软件大王比尔·盖茨相比，巴菲特不同凡响，其他人的财富都是来自一个产品或者发明，而巴菲特却是个纯粹的投资商。 他从事股票和企业投资，迄今已经积累了数百亿美元的财富，并成为美国投资业和企业的公共导师。

在 40 年的投资生涯里，巴菲特从没有用过财务杠杆，没有投机取巧，没有遭遇过大的风险，没有哪年亏损。 不管外界如何风云变幻，巴菲特在市场上一直保持良好的态势，同期没有哪个人能与巴菲特相媲美。 严格地说，甚至没有人能够接近他。

这真是个奇迹！ 在市场专家、华尔街经纪人看来，这简直是一件不可思议的事情。 为了参悟巴菲特成功的奥妙，人们每年一次蜂拥到小城奥马哈，像圣徒朝圣一样去聆听巴菲特的教诲，把他的著作视为《圣经》，像念经文一样背诵他的格言。 但是，比尔·盖茨一语打破了人们的幻想："只将沃伦大量的格言记在心里是远远不够的，虽然沃伦大量的格言值得记下来。"

在遗嘱中，他把个人财产的 99% 捐给慈善机构，只把为数不多的 1% 留给自己的孩子。 他解释说："我希望我的孩子们有足够的钱去干他们想干的事情，而不是因为有太多的钱而什么也不干。"

善于等待时机

在美国宾夕法尼亚州发现石油以后，成千上万人像当初采金热潮一样拥向采油区。一时间，宾夕法尼亚土地上井架林立，原油产量飞速上升。

克利夫兰的商人们对这一新行当也怦然心动，他们推选年轻有为的经纪商洛克菲勒去宾州原油产地亲自调查一下，以便获得直接而可靠的信息。

经过几日的长途跋涉，洛克菲勒来到产油地，眼前的一切令他触目惊心：到处是高耸的井架、凌乱简陋的小木屋、怪模怪样的挖井设备和储油罐，一片乌烟瘴气，混乱不堪。这种状况令洛克菲勒多少有些沮丧，透过表面的"繁荣"景象，他看到了盲目开采背后潜在的危机。

冷静的洛克菲勒没有急于回去向克利夫兰的商界汇报调查结果，而是在产油地的美利坚饭店住了下来，进一步作实地考察。他每天都看报纸上的市场行情，静静地倾听焦躁而又喋喋不休的石油商人的叙述，认真地做详细的笔记。

而他自己则惜字如金，绝不透露什么想法。 经过一段时间的考察，他回到了克利夫兰。 他建议商人们不要在原油生产上投资，因为那里的油井已有72座，日产1135桶，而石油需求有限，油市的行情必定下跌，这是盲目开采的必然结果。 他告诫说，要想创一番事业，必须学会等待，耐心等待是制胜的前提。

果然，不出洛克菲勒所料，"打先锋的赚不到钱。"由于疯狂地钻油，导致油价一跌再跌，每桶原油从当初的20美元暴跌到只有10美分。 那些钻油先锋一个个败下阵来。 3年后，原油一再暴跌之时，洛克菲勒却认为投资石油的时候到了，这大大出乎一般人的意料。 他与克拉克共同投资4000美元，与一个在炼油厂工作的英国人安德鲁斯合伙开设了一家炼油厂。 安德鲁斯采用一种新技术提炼煤油，使安德鲁斯—克拉克公司迅速发展。

这时，洛克菲勒尽管才20出头，做生意已颇为老练。 他欣赏那些得冠军的马拉松选手的策略，即让别人打头阵，瞅准时机给他一个出其不意，后来居上才最明智。 他在耐心等待，冷静观察一段时间后，决定放手大干，取得了成功。

年轻无极限

弗朗西斯是一个贫民窟长大的穷孩子，他的故乡是出了名的犯罪之都——马里兰州的塔克玛，那里距离华盛顿只有半小时的车程。

当弗朗西斯把青春期过剩的无法宣泄的精力纵情地挥洒在家乡简陋的室外球场上时，没有人给予他过多的重视，而他的母亲布兰达和他的两个哥哥特里和杰夫却表现出了异乎寻常的关注。

"我的家庭真是太棒了，他们三个整天盯着我，我无时无刻不在他们的'监视'之下，他们一致允许我去两个地方，一个是球场，另一个就是家。"弗朗西斯感动地说。

弗朗西斯第一次"触球"是他9岁那年，他的一个小朋友带他到当地的男孩俱乐部，在那里他第一次看到了真正的篮筐是什么样子。 他穿着牛仔裤和学校统一发的鞋，因为家里买不起对于他来说已经算是奢侈品的运动鞋。 就是这样一个小孩散发出来的灵性，一下就吸引了俱乐部里的篮球教练托尼·朗利,托尼邀请这个貌不惊人的小朋友来他的球队训练。 很快弗朗西斯就开始了他每天课外6小时的正规篮球训练。 朗利说:"当时的他其实和别的小孩没什么太大的不同,唯一一点就是你永远能从他的眼中看到强烈的争胜欲望,无论在哪里他总是要成为最好的。"

但唯一遗憾的是:他并不拥有一副适合打篮球的好身板。 "在篮球场上,他显得太小了。"他的哥哥特里说。

弗朗西斯进入布莱尔高中的时候身高仅有1.6米。 那时他的身高成了唯一能够阻止他上场比赛的因素,一旦对手派上一个高大的后卫,教练就不得不把他换下场,就这样他也从未离开过球队,即使教练不让他上场,他也是球队中训练最刻苦的球员,那个赛季弗朗西斯仅仅代表球队出战一场,而且还不是作为主力控卫,而是作为在外围突施冷箭的三分投手。 接下来的一年他又因为伤了脚踝休战了几乎整个赛季。

对于弗朗西斯来说,那并不是最糟的,更糟的情况发生了,母亲布兰达因为癌症离开了他,年仅39岁。 "他几乎放弃了学业,而且他也拒绝训练,仿佛世界末日即将来临。 那段日子,他好像是想与世隔绝,几乎令他失去了生活下去的勇气。"特里回忆当年。

接下来的那个秋天,一个好心的朋友替弗朗西斯申请到了康涅狄格大学预科班的机会,但是就算是学校提供了数额不菲的助学金,弗朗西斯还是负担不了高昂的学费。 1995年11月,他不得不离开学校,再次返回了家乡塔克玛小镇。 已经18岁的弗朗西斯仅仅打过可怜的一个赛季的高中联赛,但是他仍旧梦想着有朝一日能够进入 NBA。

"那就是我最想要的。"他说,"我做梦都想成为一名职业球员。"

为了实现心中的目标,在接下来的几个月里他开始在学校上课,继续他那荒废已久的学业,之所以这样做就是为了像其他同学一样完成高中课程以后,可以直接进入大学。另一方面,这个阶段他在球场上疯狂的表演几乎征服了所有见过他打球的人。此时,身高已经不能再继续限制弗朗西斯的发挥了,他的速度奇快,没有人能够防住他。

他的身高在短短的几个月内就增长了 20 多厘米,而腾空垂直高度更达到了惊人的 110 厘米,他骄傲地说:"虽然我不高,但是我能跳,这通常让我在球场上显得并不比别人矮。"

1996 年,他跟随马里兰大学预备队参加了 NCAA 19 岁以下预备年龄组的联赛。而且他也幸运地拿到了高中毕业证书。得克萨斯圣哈辛托青年大学的篮球队主教练一眼就相中了弗朗西斯这个可造之才,为他提供了全额奖学金,就这样弗朗西斯第一次踏上了得克萨斯的土地。在这里的一年时间里,他率领球队夺得了一项全国冠军,之后又返回了他的老家马里兰,进入了一所免学费的阿莱加尼社区大学打球,那里离他在塔克玛的家仅有 3 个小时的车程。

弗朗西斯说:"我离开得克萨斯的原因很简单,我患上了严重的思乡病。"来到一个新环境,弗朗西斯的表现愈加抢眼。头一个赛季他就交出了平均每场 25.3 分和 8.7 次助攻的成绩,正是如此优异的表现使他得以获得马里兰大学的全额奖学金，也使他能够进入这所他心仪已久的篮球名校中一展才华。

　　远在得克萨斯的时候，弗朗西斯就曾想过直接加入 NBA 的职业联盟中。但是他发现如果你并非出身于杜克、北卡、马里兰和乔治城这样的名门，你在 NBA 的发展之路将不会是平坦的，而且很有可能就是在替补与伤病名单里徘徊，最终把自己金子一样的 AA 职业年华耗尽。这当然不可能是弗朗西斯对于自己职业生涯的设想，于是他下定决心一定要登上 NCAA 名校的赛场，令自己的职业生涯始于一个相对高得多的起点。这就是为什么弗朗西斯像美国人换工作一样换了 3 个大学的原因。

　　弗朗西斯真正成为美国人心目中的天才还是 NBA 闹劳资纠纷的那一赛季，直到 1 月没有 NBA 比赛可看的美国人把目光完全投向了 NCAA，那正好是弗朗西斯的舞台，而且他是当之无愧的主角。

男人的人生从挫折开始

孙正义说:"男人仅仅有聪明,是不行的。如果一个男人不执着、愚直,他就不会成长。男人的人生从挫折开始。"

1957年8月11日,孙正义出生于日本佐贺县鸟栖市,在家中四兄弟中排行老二。他的父亲叫孙三宪,母亲名叫李玉子。在他的出生地,二战前有很多韩国人、朝鲜人临时搭建了木板房,在里面居住着。这些简易房没有门牌号。孙正义是第三代韩裔日本人。孙家祖先原来从中国迁移到韩国,到孙正义祖父一代,又从韩国的大邱迁徙至日本九州。

孙正义的祖父孙钟庆在筑丰煤矿做矿工,勉强养家糊口。孙正义的父亲孙三宪卖过鱼,养过猪,还酿过酒,拼命地辛苦劳作。后来,通过经营游戏厅、餐饮业和不动产,孙三宪积累了一些资本,奠定了经济基础。

"不仅爸爸如此,妈妈也是像只勤劳的蜜蜂一样工作着。"孙正义的脑海里经常会浮现出当时在鸟栖市度过的岁月。幼年的孙正义经常坐在祖母李元照的拖车上,"坐在上面滑溜溜的，心情很差。 到附近去收集剩饭回来喂家畜。车子很滑，祖母拼命在前面拉着车，我要努力地抓住才不会掉下来。"用拖车到处收集猪食的祖母辛苦劳作的身影经常浮现在孙正义的眼前。

祖母问孙正义："你知道真正的贫穷是什么吗？"他摇摇头。 祖母说："真正的贫穷不是生活不舒适，而是从来没有想过贫穷这件事。"

孙正义反复认真地品读了三遍《龙马出发》，司马辽太郎的一系列文学作品让他更加关注这些战国英雄，并且对他的人生产生重大影响。

龙马的声音荡气回肠："人生只有一次，我不想做后悔的事情。 因此，我一定要下决心去做自己想做的事情。 这样的人生岂不更有意思？ 在人生的大幕缓缓落下的那一瞬间，我会说我知足了，因为我过了我想要的人生。"

幕府末年，热血男儿龙马毅然脱离土佐藩，成为一贫如洗的浪人。 后来，龙马邂逅从美国归来的腾海舟，遂拜腾海舟为师，随后进了神户海军操练所，并成了其中的领导人(塾头)。 庆应元年（1865），龙马在长崎成立了海上运输和贸易的商社——龟山社，之后又组织了海上援助队。 同时龙马还帮助实现了终结德川家族命运的萨长联合，为大政奉还出谋划策。 庆应三年（1867）10月14日，江户幕府的第15代将军德川庆喜向朝廷提出归还政权的建议，第二天就被朝廷接纳。 镰仓幕府以来持续700多年的武家政权终于土崩瓦解。 然而，就在决定日本命运一个月后的庆应三年（1867）11月15日，龙马正与中冈慎太郎在京都三条河原町谈话，被一个自称为十津川乡的人暗杀。

少年时代的孙正义为织田信长血染本能寺、龙马横尸京都而心如刀绞。织田和龙马两者除了同样悲剧性结局外，还有什么共同之处呢？几乎没有。无论性格、资质，甚至行动，两人都迥然而异。但是这两个人的思维方式和普通的日本人截然不同。那时，孙正义每天不管睡觉还是醒着，都想着龙马。龙马是第一个度蜜月的日本人，也是第一个穿西式靴的日本人。

要像龙马那样志存高远，勇敢地跋涉在人生道路上。小时候，孙正义梦想着当小学老师、企业家、政治家，每个理想都是追求独特创造性的崇高职业，从中可以窥视出年少的他对自我的人生定位。

中学时候，孙正义遭遇到意想不到的挫折。他以前想做小学老师，因为国籍问题只好作罢。那就选择别的职业，在企业家和政治家两者中，孙正义最终选择了企业家。

迎接挑战，永不畏惧

科比一旦进入赛场，马上就像换了一个人一样，在球场上全神贯注。

对于职业运动员来说，受伤司空见惯。不管是膝盖受伤，还是肩膀受伤，很多球员整个职业生涯都因此葬送了。

当那个时刻发生的时候，科比常会问自己："如果你经历这样的伤痛你会怎么样？是不是应该退出了？是不是应该停止打球？""我自己都不知道还能否返回赛场。我现在坐在这里告诉你，我要完全康复回到球场。但我不敢打包票，因为很多时候我也有疑问，但是我觉得，这才是迎接挑战的意义所在。"

"要抓住一切机会，向所有人证明你自己，证明你能够迎接挑战。向那些说你永远不可能成功，你一定会失败的人证明，这就是我的看法。如果有人说你这次受伤，要一蹶不振了，对我来说，如果别人受了这种伤可能就退出了，但是我不能这样。别人说这下你不行了，我会说，你这样你才可能会退出。所以我必须要证明给他们看，尤其是给那些支持我，热爱我的粉丝们，我一定要赢了自己，要赢了伤痛，能够重返赛场。这样才能让那些怀疑我的人重新思考，什么叫将不可能的变成可能。这些伤疤的重要性体现在这里，这些伤疤就是我成长转变的体现。"

  作为一个球员，科比与生俱来的激情就是想要成功，想要赢。这同时也是人生最难却最重要的事情。作为一个球员，要到球场上去迎接最大的挑战，最大的挑战就是要把全队的人变成像一个人那样，要不断地，不断地取得胜利，这就是团队竞技比赛的最大挑战，这也正是他的激情所在。对个人来说，最重要的事是不断地迎接挑战，而且永不畏惧挑战极为重要。

  但更重要的是要对事物保持不断的好奇心，比如说怎么样打得更好，怎么样提高技巧，怎么样从别人身上学到什么。其实科比从小到现在一直从各个方面寻找激励因素，不仅仅从迈克尔·乔丹身上，从魔术师埃尔文·约翰逊身上，还从迈克尔·杰克逊、贝多芬、达·芬奇、李小龙身上，这些伟大的人给了科比激励，让他前进。

  并不是说你要不断进攻别人，而是要永不停歇你前进的脚步。人生是学无止境的，于是不断学习就显得极为重要。你要不断地学习，学习，再学习，和别人交谈，了解，学习，而不是觉得你自己什么都懂。只有这样，你才能成为一个更好的人，你的技巧才能进一步提高。最后才会有一个副产品——成为冠军，成为更好的自己。

  不管你的梦想是什么，一定要坚持梦想，从成功的前人身上汲取经验和知识，各行各业的成功人士，他们身上都有一些共性使得他们脱颖而出，取得成功，这些共性值得我们学习。

我没有什么可以输的

因为家里无法同时抚养 5 个孩子,于是很小的时候,他就被送到了孤儿院。没有亲人,孤独无助的滋味可想而知,然而让他更痛苦的是:为了生活,年纪还不算大的他就要在一家加工眼镜零件的工厂打工。

年龄小、身体瘦弱的他很快成了工人们无聊时捉弄的对象。他们常常毫无顾忌地拿他开玩笑,还常常让他去干一些不属于他的工作。而对这一切他都逆来顺受,从来不说什么。

有一次,寻开心的工人们把他的外套抢来,几个人围成一圈互相扔着玩。他跑向左边,左边的人就把外套扔到右边;他跑到前边,前边的人就把外套扔到后边。他越着急,这些人就越开心,跑着跑着,他的眼睛红了起来,泪水在眼眶里直打转。忽然,他停下脚步,站在原地,冷冷地看着这些捉弄他的人,努力控制不让自己的眼泪掉下来。

他的举动让那些人不知所措,就在大家都以为他要发火的时候，他却转身离开继续干起活来。 这时候，一位老师傅看不下去了，走到这些人面前训了他们一顿，狠狠地把外套抢了回来给他重新披在身上。

他说了一声"谢谢"之后又继续低头干活，老师傅怕孩子会受到什么刺激，就在旁边劝他。 "您放心吧，我不会在意的。 我现在什么都没有了，也没有什么可以输的，还在乎别人这点捉弄吗？"老师傅没想到这孩子如此懂事，心里一酸，摸了摸他的头，叹着气离开了。

在后来的日子里，那些捉弄他的人因为被教训而收敛了很多，但还是会时不时地揶揄他一下。 对于这一切，他就像什么也没听见一样，只是埋头苦干，把心思都放在了学习本领上。

时光荏苒，转眼之间，几年过去了。 根本不在乎别人捉弄的他因为在工作中的勤奋和努力，已经成为工厂里最出色的工人之一。 当年那些处处捉弄他的人也不敢再捉弄他了，反而因为工作上经常需要他帮忙，对他格外客气和尊重。

有了多年的磨炼，20出头的他已经对眼镜制造行业非常熟悉。 不久之后，他就萌生了开一家眼镜制造铺的念头。 当身边要好的朋友们得知他的想法之后，都不同意，因为大家都知道对于他这样一个年纪轻轻、阅历尚浅的人来说，做生意的困难和风险是非常大的。 为了劝他打消这个念头，一个好朋友天天跑到他的住处苦口婆心地劝他。

他告诉朋友："我从来就没拥有什么，我也没有什么可以输掉的，所以我能够承担任何风险和后果。"

觉得自己没有什么可以输的东西，他的心里特别放松，没有丝毫的压力和负担，反正大不了一切从头再来。 很快，他的眼镜制造铺就开张了。 正是因为心态良好、技术过硬，他的眼镜制造铺迅速接下不少生意，小日子也过得越来越好。

没有压力轻松上阵的他在商场大展拳脚，小小的眼镜制造铺在他的经营下，只用了几十年的时间就成长为世界上最大的眼镜制造商 Luxottica 集团，而他本人也成为世界级的富豪。 他就是莱昂纳多·戴尔·维奇奥，在 2011 年《福布斯》全球富豪榜中，他排名第 71 位。

突破自己的局限,你可以从无到有

1931年钱伟长以中文和历史两个100分的成绩进入了清华大学历史系。按说有国学大师的叔叔钱穆做指导,而且进入清华后,有当时著名的史学大师亲自授课,钱伟长肯定能在国学方面学业有成,将来也会有一番大成就。

然而九·一八事变之后,钱伟长再也耐不住书斋的寂寞了。他的救国图强的热诚被激起,立志弃文从理。他决定改选物理专业,将来学一技之长,报效祖国。可是当时钱伟长的物理考试成绩只得18分,面对他的请求,物理系主任吴有训自然坚决不允许。没办法,钱伟长去吴有训那里软磨硬泡。吴有训每天8点上班,钱伟长6点就去了。一看到吴有训,钱伟长就说:"我要去物理系。"结果一周下来,吴有训见他态度诚恳,便改变了坚决的态度,答应让钱伟长试读一年,如果平均分能考70分就收他。

一年之内,钱伟长几乎是从零开始,他克服了用英语听课和阅读的困难,最终数理课程都超过了70分。自此,至

1937年，钱伟长在清华大学物理系研究生院学习。

1940年至1942年钱伟长在加拿大多伦多大学应用数学系学习，并获博士学位。1942年至1946年钱伟长任美国加州理工学院喷气推进研究所研究总工程师，师从世界导弹之父冯·卡门，从事博士后科学研究。

回国后，钱伟长为我国的科技事业贡献了毕生的才干。

一个文史专业的学生，物理只得18分，却改学物理，而且居然还学出了一番大成就，成就了救国大志。

孙子曰："将者，智、信、仁、勇、严也。"钱伟长当年虽然是一个青年学子，但他的尚勇精神不异于大将。他敢于在自己救国之志的奋斗目标的激励下，突破自己在物理专业上的局限，从零开始努力，用一年时间学完了专业出身的其他同学数年的学业！

这种从无到有，敢于挑战自己局限，敢于在高标准下发奋图强，最终不仅达标还远远超标的精神，你是否具有？奋斗就要敢于突破各种局限，而最需要突破的就是自己的局限。

第五章

永远年轻,永远热泪盈眶

对事物持正面的看法

很多时候你不满于自己的现状,是因为你身旁没有可以比较的对象,你无止境负面地抱怨着自己的工作事业、人际关系以及感情生活,仿佛这世上最倒霉的人就是你。但如果你能静下心来,对周围的人和事物持正面的看法,你将会发现,跟别人相比,自己其实并没有那么多不如意、那么多不幸。因为当你不满意于现状时,一定是在抱怨缺少了什么、什么不够好,而绝不会去提及或珍惜自己当下拥有了什么,这是普遍的一种人性。

世上很多事物都是相对的,正与负、赢与输、好与坏、幸运与不幸运。问题是,当你去对比这些事物时,通常都是拿自己跟别人比,而且这个别人一定是所谓的成功人士。你用高标准去审视自己的幸福指数,于是开始衍生出负面情绪,怎么别人的车是进口的?怎么别人的住屋都在高档社区?怎么别人的薪资远超过自己?什么都是别人好,他们都比自己帅、有钱、快乐,甚至连女朋友都是别人的好,脸蛋好、身材好、气质好。 其实你在比较这些事物时，犯了一个很严重的错误，你看到的都是别人所谓成功后的结果，而不会知道，或根本不想了解，那成功的过程中他们背负多少压力、挫折，以及你无从想象的辛苦。 你眼睛里看到的都是各领域各行业中脱颖而出的优胜者，你却只是嘴巴上抱怨不公平，接着站在原地怨天尤人，负面的情绪已经压垮你应该努力向前的动力。

你跟别人比幸福时，一定眼高手低地拿金字塔顶端的成功跟自己比，对象一定是在社会竞争下所谓的优胜者，但你不会跟自己周围那些相同背景、相同学历、相同出身的人相比。 因为你比较的对象本来就是极少数的成功者，相较之下，你的待遇、你的工作、你的生活，自然会显得样样不如人，于是你开始愤世嫉俗地认为社会对你不公。 但你除了负面地抱怨外，完全没有思考要如何以正面的态度去解决这些问题，此刻的不满已经蒙蔽了你的理智，所以你停止了正向的思考。 更多时候，你心里想的是一步到位的成功，最好是明天一觉醒来，已经有辆进口车停在门口，或一进公司就被通知加薪，你不会觉得这些事情其实你也办得到，但需要时间去累积，去努力。 当然，如果你真会如此理性地去分析，就不会无止境地抱怨了！

什么是正面思考与负面思考呢？ 在此举个例子：当你摇晃着手中透明玻璃杯里的半杯水，悲观本位者看到时会想：唉！ 只剩下半杯水！ 而性格乐观的人则会说：好的！ 还有半杯水！ 同样只有半杯水，但解读角度不同，语气也就跟着不同。 很多时候看事情的角度是可以随心境转换的。

所以，请即刻停止负面的情绪，因为你以负面的态度去面对世界，这个世界的画面就是负面的，并不是如数学问题般负负得正。我们凡事都应用正面思考去面对，而且除了不应该与少数成功的个案相比之外，连周围的同事、朋友、同学也都不需要跟他们去比，你应该自己跟自己比，而不是拿别人的标准套在自己身上，你应该自己鞭策与要求自己，问现在的你比起过去进步了多少，改变了多少，有没有过得比以前好，这才是正确的生活态度。请切记：生活中的努力，是为了让自己的人生过得更美好，而不是为了超越别人而炫耀！

凡能假如的，必是充满了遗憾的

郭沫若曾说：人世间，比青春再可贵的东西实在没有，然而青春也最容易消逝。最可贵的东西却不甚为人们所爱惜，最易消逝的东西却在促使它的消逝。谁能保持永远的青春，便是伟大的人。

不少人都存在好逸恶劳意识，想少付出多获得，想多享受少劳动，尤其是部分年轻人的好逸恶劳意识更加强烈，对娱乐玩耍的兴趣很浓，总是玩不够，对工作和学习总是很冷淡，一提起工作和学习，就皱眉头。然而随着年龄的增长，一个人肩头的担子越来越重，要承担家庭责任，赡养老人、养育子女；要承担社会责任，干好工作、服务社会。于是，人的好逸恶劳意识就越来越淡化，以至化为乌有，变得十分能吃苦耐劳，工作和学习很有韧劲。这时，那些在青年时期虚度年华的人，过了而立之年，想在工作中创造一流业绩，想提高家庭生活水平，却感到力不从心了。

我们经常会假设我们的人生：假如当初好好学习，那么今天的我将……假如当初我选择的是另外一家公司，那么今天我将……假如当初我娶了她，那么今天我将……

  人们的假如往往都存在抱怨，抱怨来源于对过去的追悔，对现在的不满。人们一边"假如"着曾经，一边却在毫不吝啬地把今天浪费在"假如"上，亲手让今天成为未来的遗憾。

  社会是普遍联系的，遵循一个平衡定律：一个人只有付出，才能得到回报，方便别人，自己才能得到方便；而一个人只想得到，不想付出，结果他什么也得不到，甚至损失得更多。

  生命的残酷恰恰就在于昨日不能重现，而这也是生命美好的根源。试想假如时光可以倒流，人们将会更加恣意地浪费、宣泄自己的人生，生命将变得一文不值。

  凡能假如的，必是充满了遗憾的。

  纳德兰塞姆牧师在聆听了万余人的临终忏悔后，总结出了这句足以让后人时刻警醒的话——假如时光可以倒流，世界上将有一半的人可以成为伟人。

  老人后悔年轻时的努力不够，以致事业无成，这正印证了那句老话"少壮不努力，老大徒伤悲"！

  人生是不可逆转的，昨天已经过去，今天也将成为昨天。当你为昨天而哀叹时，是否想过明天会不会哀叹已成昨日的今天？之所以时光倒流人们才会成为伟人，正是人们反省后的结果，于是才有了那么多不可能的"假如"。

  大多数人回头看，都做着各类不能实现的假设，希望重新活过。大多数人向前看，都对未来寄托着最美好的、仿佛就在眼前的希望。 可是我们真的不能重新活过,这是很多人的遗憾。 我们也不能左右未来,你明知道未来是不确定的,依然要往前走。

人就这么一生,到这世上匆匆忙忙地来一次,我们每个人的确应该有个奋斗的目标。 如果该奋斗的我们去奋斗了,该拼搏的我们去拼搏了,但还不能如愿以偿,是否可以换个角度想一想:人生在世,有多少梦想是我们一时无法实现的? 有多少目标是我们难以达到的? 我们在仰视这些无法实现的梦想,眺望这些我们无法达到的目标时,是否应该以一颗平常心去看待我们的得与失。"岂能尽如人意,但求无愧我心",对于一件事,只要我们尽力去做了,就应该觉得很充实,很满足,而无论其结果如何。

青春是短暂的,犹如炫美的烟火,但即使是短暂的,在那一瞬间却成了永恒。 我们不会因为它短暂而忽视了其存在的价值,有人说存在的即是合理的,与其去抱怨青春的短暂,何不静下心来去领会它的奥妙呢?

有人为了博取青春的自由而付出了生命的代价,有人为了获得青春的成功而一直在努力前行。 也许过了这个轻松的青春时节,以后的每个季节都不再轻松,既然这样,那我们为何又要虚度青春呢? 当你拿着父母的血汗钱在放纵时,又可曾想过青春的沙漏在哭泣;当你在职场中碌碌无为时,青春的雨滴早已干涸;当你因失恋而一蹶不振时,青春的警钟早已敲响。

与其把青春挥霍殆尽而去黯然垂泪,不如把握好现在的时光,让自己拥有一个不后悔的人生。

生命的意义只能从当下去寻找

我们之中，一定有很多人已经步上了这条路。我们买了车子和房子，我们投身工作，并且正一步步爬上成功的阶梯，我们努力供给小孩那些我们不曾有过的一切享受。我们得到很多想要的东西，也当上了我们从前所欣羡的成功人物。但是渐渐地，我们开始怀疑，好像有什么地方出了差错。不停追求的那些梦想，已经把我们带进了一个心灵和情感的死胡同：这一路上，我们拿出所有真实的刹那来换得财富、换取目标的达成，但是，我们换不到快乐。

而更可怕的是，在这过程中，我们的生命已悄然飞逝了。每个周末，我们奇怪一个星期又跑哪儿去了；每个除夕夜，我们感叹怎么一年又不见了；早上醒来，赫然发现自己已经三十岁、四十岁或更老了，却怎么也想不起来，时间是怎么流逝的！我们看着孩子毕业、有了自己的家，但总觉得摇他们入睡、教他们绑鞋带，仿佛都是昨天的事。

当我们将生命耗费在为未来做准备，而非享受眼前时光时，我们失去了欣赏和领受快乐的能力。

我们不能让时间慢下来，从呱呱坠地的那一刻起，我们就向死亡的那一端迈进，一点一点地在变老，但是，一旦我们能更全心全意地体验生命的每一刻，就会觉得时间过得更有意义。

一行禅师在《一步一莲花》中写道：生命的意义只能从当下去寻找。逝者已矣，来者不可追，如果我们不反求当下，就永远探触不到生命的脉动。

如果你不知道珍视现有的一切和现在的自己，无法从中得到快乐，那么即便将来拥有了更多，你也不会快乐；如果你不懂得怎样充分享受手上的五百元，就算有了五千，甚至五百万，你还是无法享受；和你的另一半在家附近散散步，如果你不能从中得到乐趣，就算去夏威夷、去巴黎也没用。这里并不是说多点钱、多点休闲活动，不能让生活更舒适。事实上，生活是会因此舒适一些，但你却不会因此而快乐，因为钱和休闲活动本来就没这功效。只有你自己，借着学习活在当下，与时偕行，才能让自己快乐。

抉择学院的创办人之一柯福曼有一句名言："我们的忧患并非与生俱来，而是学而时习之。"意思是说我们还保有"放心于当下"的本能，我们可以戒掉麻木的习惯，开始全神贯注去品尝每一分活着的滋味。

"如果一直这么努力，你就会失去所有的东西了……"

昨日已成历史；

明日还未可知。

此刻是上天的赐予（gift），

所以我们称它作"现在"（the present）。
真实刹那只出现在你有意识地，
全神贯注于身所处、手所做和心所感的时候。
而唯有全神贯注于那一时刻，
你方能得到那一时刻所带来的赐予、启示或喜悦。

快乐不快乐,都是一天

聪明女人一生应该追求的只有六个字:健康、美丽、快乐。不管在现实中,你扮演着怎样的社会角色,只要你内心是快乐的,你就是幸福的;不管你有没有钱,只要你的身体和心理是健康的,你就有骄傲的资本;不管你多么默默无闻,在爱你的人眼里,你是美丽的,你就是成功的。一个内心不快乐、被病痛折磨、心灵不美丽的女人,即便她再有钱、再有名利也是不幸福的。

女人一生最重要的是健康,因为没有健康,快乐、美丽就无从谈起,所以我们一生孜孜以求的就是健康。

世界卫生组织曾对健康进行了界定:"健康乃是一种身体的、心理的和社会适应的健全状态,而不只是没有疾病或虚弱表现。"由此可见,健康不仅指躯体健康,还包括心理健康和社会适应的健全状态。所以,要想拥有完整意义的健康,心理健康是不可缺少的,它是健康的重要组成部分。

一个人,不论性别、年龄,只有心理健康,其行为才合理正常。也只有行为合理正常，才能正确处理工作和生活方面的事情，工作才有成效。否则，如果由于压力过大，超过一个人身体和精神的承受力，势必会出现心理问题，出现心理疾病，比如，强迫症、抑郁症等心理疾病，那么，其行为就会出现异常，在这样的情况下，就会影响一个人的正常工作和生活。

只有心理健康才有行为健康。

同样，一个人只有拥有健康心理，其抗压力才强，心理素质才高，心态才好，才会随着社会环境和条件的变化不断地调整自己的心态，遇到困难才能轻松应对。

有了健康的身心，我们就要努力做一个快乐、美丽的女人。有句话说得好：世上只有懒女人，没有丑女人。女人的相貌固然不同，有美有丑，但适当地修饰自己，则是每个女人必须做的功课，这也是爱生活、尊重别人的一种表现。

有人说，四十岁之前的相貌是爹妈给的，四十岁之后的相貌好坏就靠自己了。这话说得没错，女人，仔细保养，那是修外在；不断从书本、人生阅历中汲取知识、感悟，修得内心丰富、强大，才是真正的内外兼修。

最可惜的是年少时美貌如花的女子，到了中年，开始放松、懈怠、暴饮暴食、不修边幅，把自己搞成了一个邋里邋遢的中年肥婆的形象，那可真的是暴殄天物了！人到中年，应注意饮食、保养，不让自己过度肥胖，是克己自制、修养良好、热爱生活的表现。

至于快乐与否，我们只需要这样想：快乐还是不快乐，都是一天，干嘛不快乐呢？如果你没钱、没事业、没青春美貌还能天天快乐，那就是赚了。而且，中国有句俗语："笑一笑，十年少。"既然快乐还有好处，干嘛不快乐呢？

人生的价值是由自己决定的

　　自卑是由于一种过多地自我否定而产生的自惭形秽的情绪体验，其主要表现为对自己的能力、学识、品质等自身因素评价过低；心理承受能力脆弱，经不起较强的刺激；谨小慎微，多愁善感，常产生猜疑心理；行为畏缩、瞻前顾后等。在任何年龄和各种各样的人身上都可能存在这种心理短板，它使人们不能正确地认识自己的价值，因而产生更多其他的困扰。比如说，德才平平，生命仍未闪现出辉煌与亮丽，往往容易产生看破红尘的感叹和"流水落花春去也"的无奈，以致把悲观失望当成了人生的主调；经过奋斗拼搏，工作有了成绩，事业上创造了辉煌，但总担心风光不再，容易产生前途渺茫、四大皆空的哀叹；随着年龄的增长，青春一去不回头，往往容易哀怨岁月的无情和发出红日偏西的感慨……

　　这种自卑心理是一种消极、不良的心境，它是一具压抑自我的沉重的精神枷锁，是一块限制自我容量的心理短板。它消磨人的意志，软化人的信念，淡化人的追求，使人的锐气钝化，畏缩不前，从自我怀疑、自我否定开始，以自我埋没、自我消沉告终，使人陷入悲观哀怨的人生陷阱中不能自拔，眼睁睁地看着生命之水从短板处虚妄地流失。

自卑是一种消极的自我评价或自我意识，自卑感是个体对自己能力和品质评价偏低的一种消极情感。之所以会产生这种情感，不是其认识上的不同，而是感觉上存在差异。其根源就是人们不喜欢用现实的标准或尺度来衡量自己，而相信或假定自己应该达到某种标准或尺度。如"我应该如此这般""我应该像某人一样"等。这些追求大多脱离实际，当一味地假想无法得到印证，眼看着别人超过了自己时，就滋生了更多的烦恼和自卑，令其在日后生活中不敢希望什么，也不敢对自己有任何期待。

强者不是天生的，强者之所以成为强者，在于他善于战胜自己的软弱。

有些人讨厌可怜虫，但自己就是可怜虫。因为他们不是首先被别人看不起而垂头丧气，而是因为自己总是爱贬低自己，所以变得无精打采，毫无斗志。妄自菲薄，这种性格短板使人过分忽视自己的长处，而一味地盯着自己的缺点。

妄自菲薄使有些人片面地夸大了自己身上存在的缺点和毛病，而从不正视真正的自我。如果一个人的心理有这样一块短板，总认为自己一身缺点和毛病，认为自己是一个笨拙的人，一个不幸的人，承认自己绝不能取得其他人所能取得的成就，那么，他就会被这块短板贻误终生。这样的人其实已经踏入一个自掘的人生陷阱之中，把自己活埋了。

一般来说，一个人也绝不可能完成自信心所不能承受的事情，这也就是人之所以不能自贬自己的根本原因。妄自菲薄这块短板让人不能自信地面对自己，更别提面对别人了。

通常，一个人最大的短板就是自我贬低，因为绝大多数人的自信心都不够强。许多失败者如果在年轻时使自信心得到适当的调整和加强，用心提高自己心里的那块短板，那么他们是完全能够成功的。

就拿一个胆怯、害羞、敏感和畏缩的人来说，如果不断地教导他相信自己，不要陷入妄自菲薄的沼泽中，会有光明灿烂的前途，那么他一定能成为对社会有用的人才。对他不断地进行训练、调教，使他能正视自己的性格短板，进而积极地调整，就可以使他充满坚强的自信心。这种坚强的自信心不仅能增强他的勇气，同样也能加强其他方面的能力。

我们的整个生命过程一直都在复制我们心中的理想图景，一直都在复制我们心中为自己描绘的画像。没有哪一个人会超越他的自我评价，而妄自菲薄这块性格短板无疑就是在抑制个人实力的发挥。如果一个天才相信他会变成一个白痴，并且一直那么想，那么他就真的会成为一个白痴。一个人目前的整体能力是不是很强，这一点倒不太重要，因为他的自我评估将决定他的努力结果，将决定他是否能取得成功。妄自菲薄就像水桶上的短板，决定着整体容量的大小。一个自信心很强但能力平平的人所取得的成就，往往比一个具有卓越才能但自信心不足的人所取得的成就要大得多。

西方有一句非常流行的谚语："上帝之所以安排一个人来到这个世界，就一定有他存在的价值。"

不完美怎么了

如果等你把自己的房间装饰得非常漂亮以后再请客的话,你可能已经没有朋友了;如果等你功成名就赚了钱以后再找女朋友的话,能够和你同甘共苦的人可能已经结婚了。

如果现在让黄西再制定人生目标的话,他可能会说:要成为一个能够抓住今天,抓住现在,努力做我自己想做的事情的人。 所以长期的目标不妨定高一点儿,近期的目标应该定得低一点。

我们一定要成为自己的啦啦队,在自己遇到挫折的时候,在别人过分责怪你的时候,一定要记住,要对自己讲:不完美怎么了。

黄西出生在吉林省白山市。 那时候条件特别艰苦,他的学习成绩也特别不好,一个班级里边四十多人,黄西就考四十三名。 当时也是回家没法交代,黄西还跟他爸讲:"你看,爸,黄西比两个小朋友还聪明。"

黄西爸每次去学校,老师就向黄西父母保证,他说:你儿子肯定考不上大学。黄西爸也相信了,然后他还在锅炉房里边给黄西找了份工作。但在家里边,黄西爸一个劲对儿子说:"你其实是很聪明的,你只是没有用功而已,如果你努力的话,肯定会赶上去的。"

父亲讲的很多话即使到现在还是很影响黄西的,反正就这样,黄西一点一点学习成绩就好起来了,后来还考上了吉林大学。

1994年黄西争取了一个到美国留学的机会,到美国以后感觉周围很多的美国同学都显得非常的乐观开朗,他们脸上总是带着自信的微笑,仿佛在说:这个世界是我的。

那时候黄西性格比较内向,不是很擅长表达,而且刚到美国,对周围的人和事不是很了解,更谈不上有自己的见解,当时确实有一种丧失自我的感觉,有一种被忽略的感觉。

记得当时有一天晚上,坐在门外,黄西想:我这一辈子绝对不会再到另外一个文化环境里去适应,这太艰难了。但黄西后来逐渐发现这些感觉不完全是由于文化差异引起的,有很多美国同学到了新的环境以后,也要经过这样一个不适应阶段,会有压抑,甚至是丧失自我的感觉。

后来黄西每当遇到事情不顺利的时候,总感觉自己以前经历过类似的情况,但想不起来是怎么应付过去的,所以就决心要写日记,这样的话将来可以参考以前的经验。

黄西以前没有写日记的习惯,但这次写日记就比较认真,记了几个月的日记。过了一年以后,黄西翻开日记看了一下,当时就感觉比较压抑,因为日记里边记起了很多对过去的懊悔，对现在的不满和困惑，还有对将来的疑虑。

　　黄西当时就在想，那时已经三十出头了，但自己不是一个非常成功幸福的人，人生不完美。但黄西后来又一想，不完美怎么了，没准人生就不应该是完美的，黄西到现在也没看见有一个完美的人，除了黄西太太以外。如果黄西等到自己成为一个自认为完美的人以后再享受生活的话，可能这一辈子都不快乐。其实追求完美是一个人的本能，但过分追求完美容易让你失去兴趣。

　　黄西记得小时候学过吉他，那时候老师花了很大的劲来纠正黄西拿吉他的姿势，后来黄西就一点一点丧失兴趣了。等黄西长大以后才发现有很多一流的吉他手，他们拿吉他的姿势就是黄西小时候拿吉他的那个错误的姿势。

　　黄西去美国，学的是生物化学，他当时做实验比较努力，而且读了很多文献。在一次开小组讨论会的时候，黄西有个想法，但他怕自己的表达能力不太好，所以就没讲出来。黄西就把他的想法给旁边一个美国同学讲了一下，这个美国同学把手举起来，把黄西的想法讲出来了，他还被教授表扬了一顿。

　　只要有好的想法，一定要表达出来，不要太在乎自己英语的口音这方面的问题，"不完美怎么了"是一个态度，不应该是个目标。

　　从心态上来讲，黄西觉得幽默是面对人生不完美的最好的办法。不管你现在的状况多么困难，你总是有个选择，你是哭还是笑？你笑，这个世界就会和你一起笑。如果我们能用一种积极主动的态度来面对不完美的时候，就可能有一些意想不到的收获。

黄西在搞科研的时候,有一次做了一个星期的实验,那时候每天都要往200~400只非常小的青蛙卵里边注射DNA,然后每天晚上在床上躺着,一闭眼睛,看见的全都是青蛙卵,后来为了自娱自乐,黄西就在校报上写了一篇文章,有很多人看了文章以后跟黄西讲:"祝贺你,你还挺有幽默感的。"这是黄西第一次发现美国人也能理解自己的幽默感。

过了两年以后,黄西开始去单口秀俱乐部表演。开始的时候有很多俱乐部老板对新手特别粗暴,记得有一次,黄西给一个老板打电话,说能不能给他一个演出机会,老板让他过一个小时再打来。

黄西就把电话撂下了,等过了一个小时以后又打,那个人接了电话就冲黄西喊:"你是个什么东西,你是块手表吗?"

在美国很多单口秀俱乐部里,老板要求新手必须自带两名观众才能上台表演。黄西当时在波士顿举目无亲,为了争取演出的机会,有时候黄西在外边冒着大雪就问过往的行人想不想看单口秀。如果他们说想看的话,黄西就说你能不能进去告诉那个老板,说你是来看黄西表演的。

黄西就这么到处争取演出机会,表演了四五年,有很多从中国一起来的同学,不是很理解。有人说黄西是不务正业,还有人说你如果能够用英语把单口秀讲好的话,就把自己脑袋砍下来。

黄西就那么又坚持了大概五六年。2007年的时候,黄西做得特别不顺利,有好几个和黄西同时开始的美国同行已经上了电视。有一个美国喜剧界资深的人士跟黄西讲，他说："是，你的笑话现在已经写得很好，讲得也不错，但是美国人不会对一个移民的故事感兴趣。"这话给黄西打击特别大，因为黄西意识到作为一个中国人，在美国做单口秀，不光要克服语言上和文化上的障碍，而且还要面临一个美国的主流社会能否接受中国文化的问题。

那个时候黄西的儿子刚出生，黄西就想放弃单口秀，然后把精力都集中在工作和科研上面，多赚点钱养家糊口，真有那么半年、一年就没上台表演。

2008年的时候，黄西的公司和哈佛大学有一个合作项目，黄西到了哈佛大学一看，已经有一些中国人成为哈佛大学的教授了。黄西那时候就有一个想法，觉得科学界里边不缺黄西这么一个中国人，但喜剧界里边确实一个中国人都没有。

虽然做得不是很完美，黄西认为还是应该继续做下去，这么做下去还是有点意义的，因为黄西确实有个故事要讲。在美国很多移民的故事是通过第二代第三代移民来讲自己父亲和祖父的事情，很少有通过第一代移民来直接讲自己经历的，所以从那以后黄西就重返单口秀俱乐部，当时一心想把笑话讲好，他不太在乎自己的能力或客观条件，只要自己想做的事情或者是有意义的事情，他就一个劲地要做下去。

黄西那时候就是白天去实验室里边工作，晚上去酒吧里讲，去俱乐部里讲，去剧场里讲，后来一路讲到美国深夜收视率最高的莱特曼秀。

我坐在这里，看着青春消逝

莫妮卡·贝鲁奇的性感，是纯意大利式的真实、自然。她的演员生涯逃离了当下意大利的电影荒漠，选择在好莱坞和欧洲文艺片中游走，曾被誉为"全世界最美丽的女人"。当其他女星用各种科技方法试图抓住青春的尾巴，46岁的贝鲁奇则真实地让岁月的痕迹留了下来。

她并不反对别人用科技手段保持青春，只是她自己暂不打算采用。"我非常喜欢那些聪明地对待自己的女人，她们不做青春的奴隶。我喜欢女人的这种精神力量，但这并不意味着什么也不做，而是以智慧的方式去做。"

1968年，她出生于意大利佩鲁贾的一个小镇。18岁，她一边在校读书，一边做模特走秀赚外快。很快，她便进入米兰模特界，1990年后进军电视、电影界，1999年和2001年分别被《Max》和《GQ》两本男性杂志选为日历模特。

和当时大多数瘦到只剩下硬邦邦直线条的模特不同，贝鲁奇丰满，凹凸有致，反而会被时尚界同行嘲笑为"胖企鹅"。但她绝不减肥、节食，甚至懒得去健身房。她信奉自然主义，认为这些行为都很愚蠢可笑，她说："我喜欢吃东西，谁会在乎身材呢？我是个自然主义者。"

年轻时，贝鲁奇本想一直待在学校，读到大学毕业，但母亲说："莫妮卡，不要告诉我你想过你那些朋友的生活，因为你跟他们不一样。"母亲过着很简单的生活，结婚后便一直待在家里，但她看出了女儿未来的潜力。

1990年，当贝鲁奇要离开小镇，前往米兰发展模特事业时，母亲哭了。她问："你干嘛哭啊？我会回来的，不会有事发生的。"母亲说："莫妮卡，我知道，你从来就没准备回来。"

母亲说对了。贝鲁奇从此再没回过家乡。现在，她自诩"是欧洲的吉卜赛人"。她在罗马有一套房子；丈夫是法国人，在巴黎也有住所；因为罗马的环境糟糕，她又在伦敦买了房。因此，她常年在三地轮番居住。

对贝鲁奇而言，她人生最大的转变，便是从模特走上了演员的道路。

"他们看着我，会想：哈，又是一个想成为演员的模特！他们会原谅你的天分、原谅你的聪明，但他们不会原谅你的美貌。很抱歉，我说的都是事实，如果你是个漂亮的女人，且还不蠢的话，就会遇到这样的困境。"贝鲁奇说这番话时，平静中带着愤怒。她习惯坐在沙发的前端，身体朝前倾，显得跟你距离很近，有亲和力。她的英文流利，但有明显的意大利口音，英国媒体还经常挑剔她的发音不准。

大多数模特转型演员，经常只能演一两个小角色，然后便彻底消失。相比之下，贝鲁奇则幸运得多。1992年，弗朗西斯·福特·科波拉就凭一张照片，便约见了贝鲁奇，邀请她在《惊情四百年》里饰演一个几乎没有台词的龙套角色——一个女吸血鬼。

"此后，我就知道我无法再回头做模特了，无法再去做那些垃圾的事情了。我觉得自己像是一头胀满了奶的牛，没有人来挤它。我知道，我能拍电影，是因为我很漂亮，不是因为我是这个世界上最好的演员。"贝鲁奇说。

从20世纪90年代起，意大利电影度过了其最辉煌的时代，基本处在荒漠状态。贝鲁奇想在电影上施展拳脚，只能寻求国际发展路线。1996年，她出演了第一部法语片《情景公寓》，该片让她获得了凯撒奖提名，也让她遇到了现在的丈夫文森特·卡索。有趣的是，两人对彼此的第一印象都不好：文森特坚决反对让一个意大利模特来演这个角色，他认为法国有那么多好演员可以挑选；而贝鲁奇则想："他以为自己是谁？如此自以为是。"

此后，他们却一起合作了8部影片，1999年，两人步入婚姻的殿堂。

2000年，贝鲁奇再度杀入好莱坞，在影片《疑云密布》中与两大演技派巨星摩根·费里曼和吉恩·哈克曼合作。同一年，她在影片《西西里的美丽传说》中的少妇形象，受到国际上如潮的好评。当年32岁的贝鲁奇发现，整个世界都朝她敞开了大门。

"对于现在的意大利演员来说，要想走出国门是很困难的。你能想象索菲亚·罗兰和安娜·麦兰尼去美国吗？她们在意大利已经是超级明星了，而那时候的意大利电影风靡全世界。"

她带着假睫毛，化了浓妆，但眼角仍然有非常明显的皱纹，下巴的皮肤也明显松弛。 这是一个 46 岁女人的真实状态。 不像大多数美国、亚洲的女明星在这个年龄拼命拉皮、打肉毒杆菌，用各种科技方法保住容颜，贝鲁奇真真实实地让岁月的痕迹留了下来。 "我处在青春美、纯粹美、生物美的最后阶段，看着它消逝我并不感到悲伤。"贝鲁奇说道。

在她现在这个年龄，疾病会令她恐惧，但年华衰老、岁月流逝，已经没什么好怕的了。

"事实上，我生命中最美的事物是在 40 岁时来临的。"贝鲁奇说道，"我在 40 岁拥有了第一个孩子，45 岁有了第二个。 我在 42 岁签了此生第一个美容品合约。 因此，40 岁对我来说，不能说明什么。"

人生是一段旅程

　　"人生就是一段旅程，不在乎沿途的风景，而在乎看风景的心情"，这虽然是一则广告，却道出了人生的真谛。不同的心情，就会看到不一样的风景。试想，再美的风景，如果没有宁静的心情，也无法感受其中的韵味。反之，再糟糕的风景，只要用乐观的态度去面对，困难也会变成铺路石。只是在步履匆匆间，我们常常因为直奔某种目标而穷追猛打，以至丢失了自我和为目标而奋斗的乐趣。我们常常因为太过于在乎目的地而忘了品味过程，又或是忽视了欣赏沿途美丽的风景！

　　对于人生旅程而言，其实我们很难选择起点，也很难预知终点，很难猜测下一个目的地什么时候到达。可是，我们可以慢慢回味那些让我们成熟、让我们的人生变得厚重而沉淀的点点滴滴！在人生的旅程上，我们遇到的每一个人、每一件事、每一片景色、每一道沟壑，不管是阳光灿烂还是风雨交加，都会在时间的流逝中，成为旅程中一道道难忘的风景。这就需要我们懂得选择一份美好,体会一份快乐。懂得享受过程,欣赏沿途的美景!

苏格拉底告诉我们:"当我们追求一个遥远的目标时,切莫忘记,旅途处处有美景!"是啊,在人生的旅途上,哪怕只是一条河,一棵树,一个很普通的朋友,都有可能给你带来意想不到的欣喜。人生的喜或悲,与其脸上写满烦躁、焦急、疲惫与不安,还不如怀着一种欣赏的眼光看世界,也许会别有一番收获。

中国文化给人的感觉一直是沉稳、含蓄的,就如太极拳般心平气和、不急不躁。《论语》中说:"欲速则不达,见小利则大事不成。"但是,当今社会,经济正在高速发展,物质水平不断提高,不少人似乎少了耐心,多了急躁;少了冷静,多了盲目;少了脚踏实地,多了急于求成……在市场经济的大背景下,很少人能按捺住自己驿动的心,守住自己可贵的孤独与寂寞,更多人变得越来越浮躁和急功近利。

浮躁是一种情绪,是一种并不可取的生活态度。浮躁指轻浮,脾气急躁,做事无恒心,不安分守己,见异思迁,总想投机取巧。浮躁者对现有目标的关注度不够、耐心度不足,对现有的目标抱有不切实际的想法和希望。

浮躁不仅是人生最大的敌人,而且还是各种心理疾病的根源。浮躁的人的心灵深处,总有那么一种力量使他们茫然不安,让他们无法宁静。

有时候,我们需要在心中添把火,以燃起某些希望;有时候,我们需要在心中洒点儿水,习惯等待,以浇灭急于求成的欲望……这就是"酒"和"洒"字的来历,只是差了那么一小横，只是早了那么一小会儿，但造成了巨大的差距。只要我们能够真正地静下心来，认真地去学习、工作，我们做的会比现在好得多。

人浮躁了，就会终日处在又忙又烦的应急状态中，脾气会变得暴躁，神经会越绷越紧，长久下来，会被生活的急流所裹挟。浮躁这种情绪对我们生活的影响很大，它在人的内心里积存下来，久而久之，逐渐形成某些人固有的性格。他们在任何时候任何环境中，都不能平静下来，因而不自觉地，在冲动和盲目的情况下，让自己越来越急躁，做出错误的决定，给自己造成更大的精神压力，最终形成恶性循环，一发不可收拾。所以说，欲成就大事者，要心存高远，更要脚踏实地。

如果每天生活得懒散不羁，对人对事毫无热情，那么生活将会成为一潭死水，毫无生命气息可言。在生活中，人们热情饱满，甚至凡事跃跃欲试，自然是件好事，生活本就需要这样的劲头。但是热情也要讲究方式，热情用在积极的心态上，是一种动力。而浮躁则是对热情的一种错误运用。

浮躁的人虽然并不缺乏生活热情，但是缺少合理分配和利用热情的能力。这类人在处世中常常缺乏理智、浅尝辄止，容易半途而废，易将热情消极化。如梁实秋所说：为迫切达成事情而心浮气躁，就容易导致言行过分，这不仅有碍于人际关系，容易语出伤人，更容易分散心智，影响做事的效率或是错过眼前的良机。

行至水穷处,坐看云起时

人生之事,不如意十有八九。 我们永远无法控制每一件事情,比如挫折失败、生老病死、海啸地震、股市的涨跌,以及各种不幸的降临等,但是我们永远可以选择自己的心情。

荷兰阿姆斯特丹有一座 15 世纪的教堂遗迹,上面有这样一句让人过目不忘的题词:"事必如此,别无选择。"

人在无法改变不幸或不公的厄运时,要学会接受不可改变的现实。 接受现实是克服任何不幸的第一步,即使我们不接受命运的安排,也不能改变分毫事实,我们唯一能改变的只有自己。

美国心理学家埃利斯却认为,是我们内心的观念或者说心态决定了我们的情绪。 所以,不要把你的一切情绪都归于现在的事件、现在的人、现在的关系上。 表面上是这些因素决定了你的爱恨情仇以及种种情绪,实际上,导致你负面情绪的罪魁祸首是你内心对事情的想法和态度,而这是完全可以用积极的心态去改变的。 从这个角度上说,我们完全有能力左右自己的心情。

往事不必再细数，这些经历让我们明白，与其怨天尤人，不如接受现实。而人生，总会在接受现实后，有了新的起点，重新开始。

一位哲人说过："我希望拥有三种智慧：第一，努力做好自己能够做好的事情；第二，接受自己不能改变的事情，不要为了自己不能改变的事情苦恼；第三，拥有辨别这两种事情的智慧。"

人生有时很残酷，总是充满了变数。如果它给我们带来了快乐，当然是很美好的，我们也很容易欣然接受。但事情却往往并非如此，有时，它带给我们的是可怕的痛苦，如果这时不能学会接受它，反而让痛苦主宰了我们的心灵，那我们的生活就会永远失去阳光。

面对不可避免的事实，诗人惠特曼这样说："让我们学着像树木一样顺其自然，面对风暴、黑夜、饥饿、意外等挫折。"这不是逆来顺受，也不是不思进取，而是一种积极的人生态度。

接受现实，并不等于消极地接受所有的不幸。只要有任何可以挽救的机会，我们就应该奋斗。但是，当我们发现情势已不能挽回时，就要理智地接受不可避免的事实，只有这样，才能在人生的道路上掌握好平衡。我们每个人迟早要懂得这个道理——只有接受并顺应不可改变的事实才能更好地生活。

许多残酷的事实，我们是无法逃避和避免的，抗拒不但可能毁了自己的生活，而且可能会使自己精神受到严重的打击。因此，人在无法改变不公和厄运时，要学会接受它、适应它。

熙熙攘攘的人群，纷繁的世界，炫目噪耳的声色之中真的更需要淡泊。淡然是一种心境，是一种生活的姿态，是"宠辱不惊，闲看庭前花开花落"，是诸葛先生的那副对联"淡泊以明志，宁静而致远"的傲岸和平和，是"去留无意，漫随天外云卷云舒"的风流和洒脱。

无论名利，无论得失，坦然面对，要做到这样确实不容易。

生活中，我们经常看到这样的人，加薪了、晋升了，就到处张扬请客，恨不得让全世界的人都知道自己的得意之事；下岗了，生意失败了，要么借酒浇愁，要么到处喊冤叫屈，想博得全世界人的同情。这种人在得失面前不能坦然待之，因此他的烦恼也就比别人多。但生活中那些充满智慧的人则能够以平常心来对待一切，得意时，他们不喜；失意时，也不忧。

这方面做得最好的要数陶潜，"采菊东篱下，悠然见南山"。他的淡泊，是看透官场，对富贵和名利的一种鄙夷。这首被人评价"一语天然万古新，豪华落尽见真淳"的诗，正是洗尽铅华的一种纯真的回归。能以此为乐，更是不可企及的境界啊。

王维晚年也半官半隐，"行至水穷处，坐看云起时"，都说"诗人不幸诗歌幸"，能在仕途显贵亨达，文学上也有建树的恐怕也仅有此人吧。

得意淡然，失意淡然。

给未来的你

英国小说家狄更斯有部短篇小说叫《圣诞欢歌》，故事讲的是一位本性善良，但因为受环境影响，变得非常小气、吝啬、刻薄的商人。他在平安夜被三个精灵分别带到了自己过去、现在和未来的生活场景，看到了未来的自己，并因此彻底醒悟，领会到生活的意义，决心改过自新，做个好人。

假如能看到未来的自己可能变成什么样，许多人也许就不会按照现在的方式去生活。几年后，一些人可能会出现这样那样的困惑，可能陷入迷茫，也可能发现，距离自己的目标还存在许多不足。未雨绸缪，如果想避免以后的困惑和迷茫，就必须从现在开始，认真规划自己的大学生活，努力提高自己。

大学四年，必须要认清你自己，弄清楚自己想要成为一个什么样的人，特别要知道，自己的兴趣在哪里，天赋在哪里。

你必须摈弃过去一些错误的理解：自己想要成为什么样

的人，这件事跟别人认为你是谁，或别人想要你成为谁，没有丝毫关系。无论是同学、老师、家长，他们都不能决定你想成为什么样的人；或者，他们想要你成为的人，很可能根本不是你自己真正想要成为的人。

天生我材必有用，每个人都有自己的天赋，只有找到天赋所在，才能把自己的潜力发挥到极致。

找到自己的兴趣也同样重要，甚至更为重要。如果做的事情是自己最喜欢的事，那么你会在吃饭、睡觉甚至洗澡时都在想着这件事，想不成功都很难。

大学生该怎样寻找兴趣和天赋呢？多尝试！多尝试自己可能有兴趣的东西：无论是选修课程还是实习工作，无论是参加社团还是去网上求知，花足够的时间去尝试、体验，努力寻找天赋和兴趣所在。

当然，求知不能太功利。千万不要因为你的某个职业规划，就只去学那些"用得上、有帮助"的技能，而放弃那些你可能有兴趣或有天赋的领域。否则，你可能会错失心中真正喜爱的事情。

乔布斯曾经说："我们的人生面临各种选择，应该追随我们的心。"他还说："你在憧憬未来时不可能将以前积累的点点滴滴串联起来，你只能在回顾过去时将它们串联起来。所以你必须相信，当前积累的点点滴滴，会在你未来的某一天串联起来。你必须相信某些东西——你的勇气、目的、生命、因缘等——相信它们会串联起你的生命，这会让你更加自信地追随你的心，甚至，这会指引你不走寻常路，使你的生命与众不同。"

乔布斯在2005年斯坦福毕业典礼的演讲中说:"你们的时间有限,不要将时间浪费在重复他人的生活上。不要被教条束缚,那意味着你活在其他人思考的结果中。不要被他人的喧嚣遮蔽了你自己内心的声音、思想和直觉,它们在某种程度上知道你真正想成为什么样子,所有其他的事情都是次要的。"

如果你对未来迷茫,希望你能把握时间,找到自己的天赋和兴趣所在,这样,你在大学毕业的时候,才会真正拥有一片充满自信的天空。

不要被应试教育训练成机器。在大学期间,必须学会三种学习和思考的能力,这三种能力可以帮助你从应试教育的束缚中摆脱出来。

第一种也是最重要的一种能力,是自学的能力。你必须学会问"为什么"。在应试教育体系中,只要学会"什么"就可以及格了,但在大学里,一定要学会"为什么"。当你真正理解一件事为什么如此时,才能举一反三,无师自通。问"为什么",要有打破砂锅问到底的决心,随时发问,上课问、上网问、问同学、问朋友……只有这样,你才真正学懂了,学到了。

第二种能力是从理论到实践的能力。不要只知道公式是什么,理论是什么,而且要知道在实际工作中如何运用。很多人进入社会才知道,以前学的会计、统计、哲学、文学之类,可能都不是老板要求你掌握的知识。有人说,其实在大学里学到的真正有用的知识,只是一生中要用到的5%而已。所以,更重要的是要知道如何学以致用。这需要在学习时多问一个问题——"有什么用"。

第三种能力是批判式思维的能力。每一件事情，都有多方看法，不是只有一个非黑即白的答案。不同的人有不同的意见，每个意见都值得了解和珍惜。不要被教条束缚，要学会用不同的观点看问题。每碰到一个知识点的时候，不但要学会问"为什么"，还要学会问"为什么不"。为什么一定是这样，为什么不可能是那样？这会让你更深入地了解问题的本质。

励志人生

你要么出众
要么出局

宋犀堃

主编

新华出版社

前　言

"我只拿这点钱，凭什么去做那么多工作""工作嘛，又不是为自己干，说得过去就行了""我只是对得起这份薪水就行了，多一点我都不干"……此种"我不过是在为老板打工"的想法在许多人身上普遍存在，他们抱怨得不到升迁，抱怨不能及时加薪，工作一时热、一时冷，没有动力，不能全身心地投入，对上级布置的任务得过且过，不好好地完成，更谈不上在工作中取得斐然成绩，结果聪明反被聪明误，机会来了，能力却不够，失去了本应属于自己的机会。你，到底在为谁工作呢？为了父母？为了爱人和孩子？为了公司？为了更多爱你或对你好的人……

只有一次的青春，不去拼命搏一搏，也就不能尽了兴。社会学家戴维斯说："自己放弃了对社会的责任，就意味着放弃了自身在这个社会中更好的生存机会。"在年纪轻轻的日子里，你要么选择出类拔萃，要么被迫出局后悔，这个时代，没有中间选项。只有抱着为自己工作的心态，才能心平气和地将手中的事情做好，获得丰厚的回报，赢得社会尊重，最终实现自己的人生价值。

　　时光，不会辜负每一个平静努力的人。 洛克菲勒曾经说：工作是一个施展自己才能的舞台。 本书多次提醒人们：在工作中，不管做任何事，都应将心态回归于零，把自己放空，抱着学习的态度，把每一次任务都视为一个新的开始，一段新的经验，一扇通往成功的机会之门。 必须明白：这世上哪儿有什么平白无故的成功，全都是精心准备的必然结果。希望本书能对所有读者，尤其是陷入工作泥潭并正在寻找工作意义的人带来帮助，快速找到自己的职场位置，拥有一个快乐、充实、成功的职业生涯。 过好今天的人，明天一定不会差，你的努力，时间都会帮你兑现。

2019 年 4 月

目录
CONTENTS

第一章 忙起来，世界才会拥抱你

不是为老板打工，而是为自己打拼 / 002

用干事业的心做工作中的事 / 006

努力工作，惠及你的亲人 / 009

工作能带来个人能力提升 / 011

个人的成长离不开公司的发展 / 013

幸福感来自个人价值的实现 / 017

实现自身的价值 / 021

第二章 弱者看平台，强者造平台

工作岗位是我们发展和成长的平台 / 028

工作是我们实现梦想的途径 / 032

对工作心怀感激 / 034

每份工作都是一个钻石矿 / 043

没有卑微的工作，只有不知珍惜的心灵 / 048

1

尊重工作就是尊重自己 / 051
不是工作追求你，而是你追求工作 / 055

第三章　认真负责，超越简单的雇佣关系

让责任成为一种职业习惯 / 060
对工作负责，你会做得更好 / 063
责任是创造财富的源泉 / 067
用责任心点燃工作激情 / 070
尽职尽责，追求完美 / 074
能力需要责任来承载 / 077

第四章　高效执行，拒绝拖延

早起的鸟儿有虫吃 / 082
做一分钟效率专家 / 085
克服拖拉的恶习 / 087
克服"拖延症"才能所向披靡 / 091
合理利用自己的时间 / 094

立刻行动,马上执行 / 097
没有行动,梦想毫无价值可言 / 100

第五章 懂得感恩,以感恩的心态努力工作
心怀感恩,工作就会充满乐趣 / 104
感恩让幸福和快乐常伴你左右 / 107
感恩于公司的培养和信任 / 111
感恩于客户的抱怨和选择 / 114
感恩是多赢的工作哲学 / 117
感恩是解决问题的精神源头 / 120

第六章 超越平庸,从优秀走向卓越
将平凡的工作做得不平凡 / 124
做有心人,把握身边的机会 / 128
平庸是逃避者和懒汉的"专利" / 132
用高标准来要求自己 / 134
与自甘平庸划清界限 / 136

突破现状，追求卓越 / 140

第七章　在努力中修行，与人和谐相处
管理好你的"朋友档案" / 144

尊重朋友，赞美朋友 / 148

珍惜机缘，善待同事 / 151

想获得尊重，先尊重别人 / 153

多点理解和宽容 / 158

朋友是一笔无价的财富 / 161

第八章　燃烧自己，用热情点燃生活激情
将压力转化为工作的动力 / 166

点燃工作的激情 / 171

对成功抱有强烈的渴望 / 175

不疯魔不成活 / 177

将工作视为一种精神享受 / 179

培养坚韧的品质 / 182

第一章

忙起来,世界才会拥抱你

不是为老板打工,而是为自己打拼

我们在工作与生活中,经常会听到这样的说法:"我不过是在为老板打工",或者"差不多就行了,是公司的事,又不是我自己的事情"。这些说法让我们觉得自己是在为别人卖命,或者是在向老板出卖劳动力。为什么不换一种说法呢?比如说"老板给了我一份工作",或者"老板给了我一次锻炼的机会"。这样的说法,会让我们觉得,我们是在为自己的前途而工作,而不仅仅是在为老板打工。

实际上,优秀的员工是不会有"我不过是在为老板工作"这种想法的。无论他们从事什么样的工作,他们已经是公司的老板了,因为在他们的眼中,他们是在为自己工作。从某种意义上说,他们和老板的关系更像是同一个战壕里的战友,而不仅仅是一种上下级的关系。

在一个企业家论坛上,一位曾做装修生意的老板讲了他在工作中的一些所见所闻。

他把接到的生意分成四类:第一类,花别人的钱,给别人装修；第二类，花自己的钱，给别人装修；第三类，花别人的钱，给自己装修；第四类，花自己的钱，给自己装修。

花别人的钱，给别人装修。这种情况大致都是公家的房子，派个人来办理装修事宜。办事的人不会管房子装修要花多少钱、用料是否精良，只求早点装修完，早点交差，偶尔也会收收回扣。所以，这一类房子的装修往往比较赚钱，而且不会被对方指责、挑剔。

花自己的钱，给别人装修。这种情况往往是主人装修客房。主人轻易不会住客房，所以，一般情况下不会花费大价钱装修。主卧安装几万元的木质地板，客房铺几百元的就可以了。主卧的床要柔软、舒适，客房的床往往买个木板床就可以了。主人一般会很计较价钱，而不是很计较质量。这一类的钱不会赚太多。

花别人的钱，给自己装修。这种情况往往是企业高层职员装修房子，公司给报销费用。既然是花别人的钱，自然不会节省，但给自己装修，用料一定要精良。这一类生意往往比较赚钱，但是，客户会百般挑剔，一定要力求完美。

花自己的钱，给自己装修。这是最普遍的现象，老百姓自己掏钱给自己装修。这笔钱是最不好赚的。客户不但对用料很挑剔，而且价钱也要便宜才好。往往在一个马桶的问题上也要反复思量，既要美观大方，又要经济实用。

从这四类客户中，我们想到了工作同样有四种境界：花别人的钱，办别人的事，最不负责任；花自己的钱，办别人的事，最经济；花别人的钱，办自己的事，最浪费；花自己的钱，办自己的事，效果最好。

装修老板的一番感悟也让我们反思：怎样才能把工作做得更好？只有具备第四种工作境界，把每一份工作都当作自己的，给自己办事，才能让自己与企业实现共赢。

被誉为"世界上最伟大的推销员"的乔·吉拉德在被问及如何成为一名好的推销员时，他是这样说的："不要把工作看成是别人强加于你的负担。虽然是在打工，但多数情况下，我们都是在为自己工作。只要是你自己喜欢，就算你是挖地沟的，这关别人什么事呢？"

世界上汽车推销商的平均销售记录是每周卖出7辆，而吉拉德平均每天卖出6辆。

1963年，25岁的吉拉德所做的建筑生意失败，令他身背巨额债务，几乎走投无路。后来，他只好改行去卖汽车。开始他并没有把推销员这份工作放在眼里，只是将之当作养家糊口的一种手段。

当他第一天经过努力卖掉了一辆汽车后，他内心的想法完全改变了。他掸掸身上的灰尘，信心百倍地对自己说："就这样，好好地干，你一定会东山再起的！"

从此以后，吉拉德把心思全用在了工作上，用"废寝忘食"一词来形容他对工作的态度一点也不为过。一次，妻子打来电话，说他们的小儿子已住进了医院，让他赶快过去。当吉拉德匆忙换下工作服准备离开时，一位顾客找上门来，说刚买的汽车刹车不好使，要求他尽快给调一下。吉拉德二话没说，立即又换上工作服钻进了车底，一干就是几个小时。当他拖着疲惫的身躯赶到医院时，妻子已经搂着儿子进入梦乡了。他没有惊动他们母子，在病房的墙角蹲了一夜，第二天又早早地去上班了。

在吉拉德一个月没有卖出一辆汽车的时候，他也没有失望。多年的经验和教训告诉他，所有的工作都会有难度，都会出现这样或那样的问题，如果一遇到问题就缩头退让，或者一次接一次地跳槽，情况有可能会越来越糟。

他常把对待工作的态度形容成一个人种下一棵树，从种下去开始，只要你精心呵护，倾注你的热情，该浇水时浇水，该剪枝时剪枝，到它慢慢长大时，就会给你回报。

作为一名汽车推销员的吉拉德，目前种下的树苗已长成参天大树，给他带来了无穷的财富。

在现实生活中，我们经常会看到一些受过良好教育、才华横溢的"穷人"。他们在公司里长期得不到提升，主要是因为他们不愿意自我反省，养成了一种嘲弄、吹毛求疵、抱怨和批评的恶习。造成这种状况的原因在于他们还没有悟透一个道理：努力工作并不仅仅有利于公司和老板，其实真正的受益者恰恰是自己。

如果你能够认识到，你是在为自己工作，那么你将会发现工作中包含着许多资产。这些无形资产的价值是无法衡量的，最终的受益者是你自己。

用干事业的心做工作中的事

事业和工作是有区别的，工作是一种谋生的手段，是解决吃饭、穿衣等基本生存问题的，而事业则是用来解决发展问题的，并且事业上的付出不一定能在短期内得到回报。因此，一个人对待工作是事业的态度还是工作的态度，在现实中产生的结局和效果也是不一样的。

我们在工作中不应该只是把工作当作工作，而是应该把工作当作自己的事业。拥有自己的事业，并通过努力和付出来发展自己的事业，这是每一个有志者的根本追求。在这种意义上，我们应该本着事业的心去做工作的事。如此，我们才有可能取得事业上的成功。

铁路职工大卫·安德森有一天和他的同事们正在路基工作。这时，他的老朋友——铁路总裁吉姆·墨菲突然前来此处视察工作。他们俩非常高兴地交谈了一个多小时，然后愉快地握手道别。

他很快被他的伙伴们围住了，伙伴们对于他是铁路总裁的朋友备感惊奇。他说，他和吉姆·墨菲在20多年前一同为这条铁路工作。

伙伴中有一个同事感慨地说："真想不到你还待在这里，而吉姆·墨菲却成了总裁！"听了此话，他若有所思地回答说："当时，我工作是为了1小时1.75美元的工资，可吉姆·墨菲不是，吉姆·墨菲工作是为了这条铁路。事情就是这样。"

不必惊诧，其实很多时候，人的成败就在于那么一点小小的区别。大卫·安德森与吉姆·墨菲的区别仅仅在于前者用工作的心在工作，而后者则用事业的心在工作。在吉姆·墨菲的心里，他不是把修建铁路当作一种工作，而是将它看成一份自己的事业，并不断地投入自己的智慧和热情，一直努力着，最终他成就了自己真正的事业。

企业中，将工作当事业的职员是企业最受欢迎、最需要的。只有将工作当事业，才能真正将自身融入工作之中，与企业风雨同舟，一起成长，一起走向成功。

一位纽约的百万富翁在回顾自己的成功历程时说，当年他在一家百货公司的薪水最初只有每周7.50美元，后来一下子就涨到了年薪1万美元，而这之间没有任何的过渡，没过多久，他还成了这家百货公司的合伙人。他是怎么做到的呢？

原来，刚去公司的时候，他和公司签订了五年的工作合约，约定这五年内薪水保持不变。但他暗下决心：决不满足于这每周7.50美元的低微薪水，决不能就此不思进取。他一定要让老板们知道，他绝不比公司中的任何一个人逊色，他是最优秀的人。

他工作的能力很快引起了周围人的注意。三年之后，他在工作中已经如鱼得水、游刃有余，以至于另一家公司愿意以3000美元的年薪聘用他为海外采购员。但他并没有向老板们提及此事，在五年的期限结束之前，他甚至从未向他们暗示过要终止工作协定。也许有很多人会说，不接受如此优厚的条件，他实在是太愚蠢了。

但是，在五年的合同到期之后，他所在的公司给了他年薪1万美元的待遇。

老板很清楚，这五年来他所付出的劳动要比他所领的薪水高出数倍。理所当然，他成了一个获利者。假如他当时对自己说："每周7.50美元的工资，他们只给我这么多，而我也就只拿这么多好了。既然我只领着每周7.50美元，那么我何必去考虑每周50美元的业绩呢！"如果那样，你说结局会怎样？实际上，这些话正是很多年轻人的想法，他们一边以玩世不恭的态度对待工作，对公司报以冷嘲热讽，还频繁跳槽，甚至消极懒惰、怨天尤人。因为老板所付不多就敷衍自己的工作，正是这种想法和做法，令成千上万的年轻人与成功绝缘。

努力工作，惠及你的亲人

努力工作不仅是对公司负责、对自己负责，更是对亲人负责，因为你良好的工作表现有时能让家人的命运得到改变。

对大多数人而言，每天劳碌的工作为了什么？不就是为了能够多挣点钱来养家糊口吗？所以努力工作就是为了能让亲人过上好日子，从某种意义上说，努力工作可以惠及你的亲人。作为一个普普通通的人，活着就要承担很多的责任，这些责任来自社会和家庭，那要怎么来更好地承担这些责任呢？唯一的办法就是努力工作，因为只有你努力工作了，才能创造更多的价值、得到社会的认可、为社会做出贡献。而对于家庭来说，同样需要你努力工作，只有这样你才能给家人更加舒适的生活，从而赢得家人的尊敬，让一家人过上和和睦睦的日子。

有这样的一个故事，我们来看一下：

在北京市的一家小型加工厂里，超过五分之四的员工是男性，他们当中有很多人要求公司为配偶提供一定的生活保障和福利待遇。一个企业不可能无缘无故给不创造任何价值的人员提供福利。但是，如果企业不满足员工的要求，那就意味着很可能失去这五分之四的优秀员工，甚至面临着倒闭的危险。

经过几天的商讨后，厂长给所有的员工开了一个会议，厂长这么说："大家为自己的家人谋福利是一种很好的表现，是你们对自己家庭负责的一种可贵的精神。但是，企业也相当于是你们的大家庭。只有你们先对企业这个大家庭负责，让企业能够生存和发展下去，你们的小家才能获得保障和利益。我可以保证，只要厂子效益有所上升，你们所提出的家庭成员的生活保障与医疗保险问题就能很快解决，但是这一切都在于你们自己工作的成绩。"

听了厂长的话后，员工们都觉得非常有道理，于是，他们每天都努力工作。令所有员工惊讶的是，大会后不久，厂里就给在职的员工配偶提供了相应的福利待遇，从此，员工们更加努力工作了。

其实，努力工作既让你获得更多的工资，为公司的经济效益增长做出贡献，又能让你的家人直接或间接地获得相应的生活保障，何乐而不为呢？

工作能带来个人能力提升

一个人只有在工作中充分展现自己的才华，才能获得更多宝贵的工作经验，才能在工作方面得到很大的上升空间，才能得到更多人的尊敬与认可。

有很多的员工经常抱怨自己的工作不理想，其实他们只要再转念想想就会明白，一份在他们看来不尽如人意的工作也不会让他们失去什么，反而他们收获的可能比失去的要多得多。如果一个人连不尽如人意的工作都能做得尽善尽美，那还有什么工作是他做不好的呢？别忘了，工作可以让人学会技能和宝贵的经验，可以让人成为能力突出、积极进取的优秀员工。下面这个案例就能充分说明上面的理论：

中石油的修理工朴龙光为了实现自己成为修理专家的梦想，不断埋头苦干，努力积累工作经验，不仅获得了高级技师资格，更练就了一身"绝活"。现在他修车，已到了凭着感觉就能找出故障的程度——听听声，转一圈，十有八九就能找到故障点。他还总结了一步到位法、对号入座法、死看死守法等修理方法。也正是由于他技术过硬，修理班才能拿下一些大修、难修的活儿。可是他还是不满足，柴油机弄通了又开始研究汽油机，干过铆工、钳工，又去参加火电焊培训，如今他真正成了厂里的多面手，就连附近厂子里的人遇到解决不了的难题，也常常来向他求教。

有一次，一家厂子的一台推土机出现了故障，实在修不好，请朴龙光去帮忙。只见朴龙光绕着设备转了一圈，突然，他蹲下身向车底望去，然后起身说了一句："修一下油管吧。"修理工依言照做，推土机立即恢复正常，工人们连连称赞他。

如果你只是一名普通员工，请不要气馁，只要你肯努力工作，就像朴龙光一样在工作中不断地积极进取，你也能在不知不觉中提升工作能力，同时你也可以为企业、为自己创造更多的财富。

个人的成长离不开公司的发展

公司是每个员工生存和发展的载体。

公司为员工提供工作机会，是员工展现自我、实现人生价值的场所，个人如果离开了公司这个平台，就像一个优秀的演员失去了舞台一样。再优秀的员工，如果无法发挥其聪明才智，他的价值则不可能也无法发挥出来。

新员工初到公司，首先要参加培训班，以便将书本知识逐步转化为实践知识。之后，公司会将其安排到生产第一线，以熟悉产品、进入角色，进而独立思考、独立工作。其次，员工一旦进入公司，就会被要求去迅速掌握自己从事工作所需的各种技能。同时，公司还会安排员工到一线市场去实践，直接接触客户，全面了解产品，在现场提供技术服务，以提高解决实际问题的能力。个人在工作中获得的经验都是公司赋予员工的，这些经验是他人永远无法夺走的财富。

可以说，任何一个公司都在努力为员工构筑全面发展的良好环境，并不断地提升其环境质量。对于公司的员工来说，公司就是船，是谋生之所、发展之地，个人成长离不开公司的发展。所以，作为公司中的一员，不管你是部门经理，还是技术开发人员，也不管你是会计、推销员，还是库管员、司机，哪怕你仅仅是一名清洁工，只要你仍然还在公司这条船上，就得和你所在的公司同舟共济。唯有如此，整个团队才能到达成功的彼岸。

1997年6月，当迈克尔·阿伯拉肖夫接管美国导弹驱逐舰"本福尔德"号的时候，船上的水兵士气消沉、人心涣散。这种压抑的氛围让很多人都讨厌待在这艘船上，甚至想赶紧退役。但是，两年之后，这种情况彻底发生了改变，"本福尔德"号变成了美国海军的一艘王牌驱逐舰。是什么让官兵上下一心、士气高昂呢？迈克尔·阿伯拉肖夫用什么魔法使得"本福尔德"号发生了这样翻天覆地的变化呢？

引用他自己书里的话就是："这是你的船！"迈克尔·阿伯拉肖夫告诉士兵："这是你的船，是你生存发展之地、谋生之所。"

同样，公司也是如此，它也是你的船，你的每一次航行都离不开它，是它载你驶进浩瀚的海洋，是它让你到达理想的彼岸。所以，你要热爱你的公司。因为只有你所在的船安安稳稳地行驶，你才能踏踏实实。如果你的船出现了什么漏洞，那么一定会殃及你。因为你是这艘船上的一员，只有船安全行驶，你才能安全。

然而，不可否认的是，在任何时候，公司这条船上都会有两种人。

一种是"主人"。这些人只有一个共同的任务和目的：把自己的工作做到最好，努力帮助公司这条船安全平稳地驶向目的地。他们明白，"公司兴亡，员工有责"，只有大家齐心协力、同舟共济，船才能顺利驶向成功的彼岸。

另一种是"乘客"。对这些人而言，一旦公司这条船出现问题，他们首先想到的是自己如何逃生，而不是想办法解决问题、克服困难、渡过难关。

那么，公司到底最需要的是哪种人呢？我们应当成为哪种人呢？

答案是明确的。因为这是你的船，在这条船上，你是主人，而不是乘客！

工作中，许多员工总是认为自己只是一个打工者，与公司只是一种雇用与被雇用的关系，有时甚至还有意无意地将自己置于与老板或上司对立的地位。可以说，这实在是一种错误的认识。虽然从表面上看，工作只与报酬有着直接的关系，但事情并没有这么简单。如果让这种想法控制你的思想，危害是极大的。试想，假如船上的水手都有破坏船的想法，那么当这艘船不能正常航行的时候，也就是水手随之覆亡的时候。

只有公司不断地发展壮大，在公司里生存的员工才会得到发展。因此，员工应该树立维护和建设公司这个载体的意识。公司这个载体只有越来越大、越来越好，才能为员工创造更多的机会、提供更大的发展空间。从这个意义上说，公司的兴亡不仅和公司里每一位员工的切身利益有着直接的关系，而且还维系在公司的每一位员工身上。因此，对每个员工来说，同公司命运与共永远都是你的神圣职责。任何时候，你都应该和公司的人一起努力。无论遇到什么情况，员工都不应该只想着逃避问题，而是应该负起责任来，全心全意与公司一起乘风破浪、共渡难关。

英特尔前任总裁安迪·葛洛夫曾对即将走入职场的学生们说："不管你在哪里工作，都别把自己当成员工，而应该把公司看作是自己开的，那是自己的事业生涯的开始，只有你自己可以掌握。"

商业社会中，到处都充满了竞争，充满了变化。为此，员工必须站在公司的角度，与公司一起去完成成长过程中的痛苦蜕变，因为只有那些能够与公司同甘共苦、把个人前途与公司未来紧密相连的员工，才是公司真正需要的人才。

幸福感来自个人价值的实现

我们每一个人都渴望拥有幸福,但又有几个人能真正地拥有幸福呢? 更多的人是在忙忙碌碌中走完自己的一生。为什么会是这样呢? 因为他们忽视了幸福是建立在现实的工作基础上的,以在工作中实现个人价值为前提的。 一位成功人士曾说过:"我感觉工作很幸福。 或许有人会说工作是痛苦的,但是我要告诉这些人,那是你没有找到工作的真谛,你没有把自己真正融入工作。 如果你真正把自己的工作当成实现个人价值的肥沃土壤,那么你就会在工作这片土壤上种下努力工作的种子,收获个人价值得以实现的幸福感。"

一个人如果连一份工作都没有,是根本无法获得幸福的。 一个人如果不努力工作,而是对工作充满抱怨,那么他实现不了个人价值,也难以获得快乐的人生。 如果我们失去了工作,就等于失去了人生幸福的机会。

刚刚大学毕业的陈丽,几经周折,最终被安排在一市区检察院工作，月薪3000元左右。在当今择业竞争如此激烈和下岗职工不断增多的情况下，这份工作对于来自一个小城市的普通大学生来说，已经是他人可望而不可即的，而且也可以算得上是当地的"白领"阶层了。按理说她应该感到满意了。然而，她每次给父母打电话时却总是在诉说她的工作如何辛苦、如何无聊，一再流露出自己对金钱的渴望。当然，她得到的是父母的一顿训斥和指责，并告诉她不要忘了得到一份工作是多么艰辛。

随着社会竞争的日趋激烈，一些企业纷纷破产、倒闭，下岗人员越来越多，加上每年毕业的大学生的不断涌现，这一切使就业问题成为我国现代化进程中的一个突出问题。在这样一种环境下，能找到一个合适的工作实属不易，陈丽所需要做的就是，好好珍惜，努力工作。

无论你从事什么样的工作，都要努力把它做好。再小的事或再不起眼的小角色，也有它存在的价值和意义。当我们把自己所学的知识、拥有的能力在工作中尽情发挥出来，当这些都转化为工作业绩的时候，我们会有一种发自内心的幸福感。

现实中，很多人在工作中不知道珍惜，总是心浮气躁、好高骛远，这山望着那山高，缺乏立足本职工作埋头苦干的精神，当然也就不会有建功立业的成就感。这种人一看到别人取得了一些成绩就会嫉妒，进而大发"英雄无用武之地"的牢骚，似乎自己没有成就，不是主观不努力，而是岗位不适合。

一旦领导将他们放到某个重要的岗位,他们又会沾沾自喜、乐而忘忧,人生的理想、奋斗的激情等等都会丧失殆尽,到头来,只能是平平庸庸、碌碌无为。

我们也时常听到周围的人们总是在抱怨自己的工作、羡慕其他人的工作。有人说银行工作好,收入高,殊不知银行人员跑存款、收陈欠款的酸甜苦辣。也有人说当教师好,一年有那么多假期,殊不知当你已进入甜甜的梦乡的时候,他们还在孤灯下修改作业、伏案备课。也有人说当纺织女工不错,上一天班,休三天,殊不知,当你夜晚怀抱自己的孩子温柔亲吻、享受天伦之乐的时候,她却要放下嗷嗷待哺的婴儿去车间工作……

为什么会有这么多人抱怨自己的工作不如意呢?因为他没有在工作中实现个人价值。其实工作没什么不同,只是个人对工作的态度有所不同罢了。如果你用积极上进的态度去面对工作,你就会在工作中实现个人价值,感觉到工作着就是幸福着,工作着就是快乐着;如果你用消极冷漠的态度去应付工作,你很难实现个人价值,你会感觉到工作就是活受罪,工作就是太无聊。要知道,幸福感来自个人价值的实现,而不是工作岗位的好坏。

山东某市建设银行新招了一批大学毕业生,其中有个女孩,是山东大学毕业的,被分配到基层分理处做了一名营业员,而她对工作的态度是勤勤恳恳、任劳任怨。有一次,市建设银行领导到基层检查工作完毕之后,就顺便和她聊了起来。她说:"我很珍惜现在的这份工作,尽管我的收入不到你们的10%，但我永远也忘不了曾经经历过的那段刻骨铭心的求职岁月。原来我总以为自己是个大学生，天生我材必有用，找个理想的工作是很容易的事情，但通过这次求职使我深深地体会到了生活的不易和竞争的残酷。因此我没有理由不好好工作，也没有理由不珍惜这份工作。与那些正徘徊在择业边沿的大学毕业生和正处在下岗中的兄弟姐妹相比较，我是很幸运的，也是很幸福的。这是命运对我的赏赐。我要在这美好的环境中尽快地熟练操作技能，不断地提高自己的业务水平，圆满地完成领导安排的各项任务。"这个女孩是这样说的，也是这样做的。她的业绩在不断地增加，当然她的收入也在与日俱增。

让个人价值在工作中得到充分体现，是珍惜自己工作的一种表现，更是一种对自己、对公司认真负责的表现。当今的职场竞争激烈且残酷，只有勤勤恳恳地努力工作，把自己的价值充分发挥出来，才能让你对工作投入更多的激情，让自己得到更多人的肯定，在这种肯定中感到幸福。

工作中的幸福是一种感觉，是一种个人价值得到实现的满足感，也是一种自己的努力得到肯定的成就感。想幸福吗？那就努力工作吧！

实现自身的价值

"如何实现人生的价值"给我们打下了一个很大的问号。人生本来没有什么价值可言,而你给它赋予什么样的价值,它就有什么样的价值。 在工作中,人生价值是人对公司的积极意义,反映了人与集体之间的关系。 人的存在具有双重性:人既作为个体而存在,又作为社会成员而存在。 个人总是生活在社会之中,作为一种"事物",必须也只能以自己所具有的属性去满足社会和他人的需要。

一个人的成功,可以说是个人意义上人生价值的实现。当他把成功的果实与社会一起分享的时候,他的成功就具有了广泛的意义,他的理念就升华到了新的境界,他的人生价值就在更大的程度上得到了体现。 工作不仅能实现人的价值,而且对社会进步也有巨大的贡献。 只有在工作中成功了,人们才能更好地服务社会、奉献社会,更好地实现人生的价值。 奉献是一种真诚自愿的付出行为,是一种纯洁高尚的精神境界。 懂得奉献的人生是壮丽的人生,人的生命因奉献而光彩夺目。人要实现自我人生价值，就要树立正确的人生价值观，重责任、讲奉献，正确认识和处理个人与他人和社会的关系、贡献与报酬的关系。

工作的价值远超过你的想象，你认为工作的价值只在于谋生，只在于那一点薪水吗？我们生命的一大半时间都是在工作，如果工作的意义只在于糊口，那么我们的人生未免显得太无趣了。

工作固然是为了生计，但是比生计更可贵的，就是在工作中充分挖掘自己的潜能、发挥自己的才干，从而做出有利于大众的事业。在任何工作的环境下都可以实现你的价值，在你工作的同时也可以使别人的生活更加美好。也许很多人看不到自己的价值所在，但是你确实存在着，没有在平庸里虚度自己的工作时光，而向大家汇报人生的意义。

怎样才能实现人生价值？这是每个希冀成功的人都曾苦苦思索的问题。失败者各有原因，但成功者具有共性，那就是在他们的身上都体现出一种精神——主人翁精神。正是在主人翁精神的激励下，他们将企业的事情当作自己的事情，不计较个人得失，满怀激情地工作，为企业的发展积极主动地贡献自己的力量，在企业实现目标的过程中实现了自己的人生价值。可以说，主人翁精神是实现自我价值的内在需求与不竭动力，是每一个成功者不可或缺的精神品质。

我们每个人，身在社会上，就是社会的一分子；身在企业中，就是企业的一个重要组成部分。无论你如何自命不凡，也无论你如何能力无穷，你首先要做到的，就是认清你自己。你从事的职业，完全由你自己做主，好与坏、成功与失败，都是由你自己的职业取向所决定的。

有许多人都羡慕名人和成功者的生活。那么我们在这里再跟他们接触一次：

美国微软公司创始人比尔·盖茨的财产净值高达数百亿美元。如果他和他太太每年用掉一亿美元，他们要数百年才能用完这些钱——这还没有计算这笔巨款带来的巨额利息，那他为什么还要每天工作？美国著名导演兼制片人斯蒂芬·斯皮尔伯格的财产净值估计为数十亿美元，不像比尔·盖茨那么多，不过也足以让他的余生享受优裕的生活了，那为什么他还要不停地拍片呢？

美国维亚良姆公司董事长萨默·莱德斯通在63岁时开始着手建立一个很庞大的娱乐商业帝国。63岁，在多数人看来是退休、尽享天年的时候，他却在此时做了一个重大的决定，让自己重新回到工作中去。而且，他总是一切围绕维亚康姆转，工作日和休息日、个人生活与公司之间没有任何的界限，有时甚至一天工作24小时。你认为他哪来的这么大的工作热情？

类似的例子还有很多。那些拥有了巨额"薪水"的人们，不但每天工作，而且如果你跟在他们身旁，你会因为他们工作那么卖力而且时间那么长而感到精疲力竭。那么，他们为何还要这么做？仅仅是为钱吗？

还是看看萨默·莱德斯通自己对此的看法："实际上，钱从来不是我的动力。我的动力是对于我所做的事的热爱，我喜欢娱乐业，喜欢我的公司。我有一种愿望，要实现生活中最高的价值，尽可能地实现。"

拥有正确的价值观，才能为社会做出贡献，才能达到真正的成功。这是中国社会几千年来一直提倡和推崇的成功法则。例如，《礼记·大学》中说："古之欲明德于天下者，先治其国；欲治其国者，先齐其家；欲齐其家者，先修其身；欲修其身者，先正其心；欲正其心者，先诚其意。"这段话不正点明了树立正确的价值观对于一个人成长的重要性吗？现在假如你置身于沙漠中，已经跋涉了三天三夜，你还会选择钻石吗？我相信你不会的，因为你知道这个时候矿泉水对你更有价值，它能让你存活下去，而钻石对你没有价值，它无法让你存活下去。所以说，一件物品只有在使用中才能发挥它的价值。

就是这种自我实现的热情，让这些成功人士热衷于他们所做的事业，而非单纯地为了名和利，甚至当他们可以控制生活的时速时，他们的脚还是不会离开油门。

一些心理学家发现，金钱在达到某种程度之后就不再诱人了。人生的追求不仅仅只有满足生存需要，还有更高层次的需求和动力。其中，自我实现的需要层次最高，动力也就最强。

当一个人做他适宜且喜欢的工作时，在工作中发挥他最大的才华、能力和潜在素质，不断自我创造和发展，他就满足了自己自我实现的需要。有自我实现驱动的人，往往会把工作当作是一种创造性的劳动，竭尽全力去做好它，使个人价值得到确认和实现。在自我实现的过程中，他将体会到满足感如同植物发芽般迅速膨胀。

大家也许都听过一个智慧的心理学家与三个工匠的故事：

当心理学家问他遇到的第一位工人："请问您在做什么？"

工人没好气地回答："在做什么？你没看到吗？我正在用这个重得要命的铁锤，来敲碎这些该死的石头。而这些石头又特别硬，害得我的手酸麻不已，这真不是人干的工作。"

心理学家又找到第二位工人："请问您在做什么？"

第二位工人无奈地答道："为了每天500美元的工资，我才会做这件工作，若不是为了一家人的温饱，谁愿意干这份敲石头的粗活？"

心理学家问第三位工人："请问您在做什么？"

第三位工人眼光中闪烁着喜悦的神采："我正参与兴建这座雄伟华丽的大教堂。落成之后，这里可以容纳许多人来做礼拜。虽然敲石头的工作并不轻松，但当我想到，将来会有无数的人来到这儿，在这里接受上帝的爱，心中就会激动不已，也就不感到劳累了。"

第一种工人，是完全无可救药的人。可以设想，在不久的将来，他可能不会得到任何工作的眷顾，甚至可能是生活的弃儿，完全丧失了生命的尊严。

第二种工人，是没有责任感和荣誉感的人。他们抱着为薪水而工作的态度，为了工作而工作。他们不是企业可以信赖并委以重任的员工，必定得不到升迁和加薪的机会，也很难赢得社会的尊重。

　　该用什么语言赞美第三种工人呢？在他们身上，看不到丝毫抱怨和不耐烦的痕迹，相反，他们是具有高度责任感和创造力的人，他们充分享受着工作的乐趣和荣誉。同时，因为他们努力工作，工作也带给了他们足够的尊严和实现自我的满足感。他们不仅真正体会到了工作的乐趣、生命的乐趣，而且他们才是最优秀的员工，才是社会最需要的人。

第二章

弱者看平台，强者造平台

工作岗位是我们发展和成长的平台

工作岗位是人生旅途拼搏进取的支点，是实现人生价值的平台。热爱自己的工作，意味着你的人生价值会得到良好的提升。

公司实际上是每一个员工生存和发展的平台。企业中的每个人，无论是老板，还是员工，都是在这个平台上履行着自己的职责、发挥着自己的作用。任何人离开了这个平台，就如同演员离开了舞台，无法施展自己的才华。公司为我们提供了工作的机会、搭设了施展才华的舞台，我们因此才会有事业和成就。

许多员工认为自己只是一个打工者，与公司只是一种雇用与被雇用的关系，把公司仅仅当成一个完成工作的地方，甚至有意无意地将自己置于与老板对立的位置。这种心态和认识对于一个人的职业发展是十分不利的。

一份工作对你而言意味着什么，是一份维持生活的薪水还是成就一番自己的人生事业？不同的人对此有不同的看法，但对大多数人来说，工作就是个人历练成长的基石。除了极少数人能直接创建自己的事业外，大多数人都必须走一条相同的路——在工作岗位上磨炼，依托组织来拓宽自己的事业之路。

年轻人初入职场时，切记不要过分考虑薪水，而应注重工作带来的隐性报酬，抓住机会发展自己的能力，把公司当成自己生存和发展的平台。

职场上有很多人仅仅把公司当成一个完成工作的地方，工作也只是为了自己的那份薪水，他们总会盘算：我为老板做的工作应该和他支付给我的工资一样多，只有这样才公平。这种短浅的目光不但使他们的工作充满了痛苦，也会使他们丧失前进的动力。把工作看成一个自身生存和个人发展的平台，这样，原本卑微单调的工作就成了事业发展的一个契机。

公司是员工生存和发展的平台，真正优秀的员工应当把公司看成一个实现自身价值的地方，始终与老板站在同一个立场上，自觉地维护公司的利益，建设和发展公司这个平台。这样，公司会越来越大、越来越好，就能为员工创造更多的机会、提供更大的发展空间。

我们从工作中所获得的一切、所享受到的一切，不是平白无故的，而是许多人创造、奉献的，这其中也包括你的公司和老板。公司和老板给了你一个机会，一个施展才华的平台，给你提供工作环境、办公设备、各种便利、福利等，成就了你的事业、你的价值、你的人生。

1992年，潘刚大学一毕业就被分配到回民奶食品厂

（伊利集团前身），在车间做质检员。一年后，伊利集团决定在金川地区筹建冰激凌厂质检部。金川地区荒凉、偏僻，条件艰苦，远离总部，当时很多人都不看好这个项目，都不愿意去，潘刚却自告奋勇地去了。

在筹备质检部的过程中，潘刚在工作实践中提升了自己独当一面的工作能力。1996 年，伊利集团在乌素图一个更偏远的地区收购了一家倒闭的工厂，决定筹建矿泉水饮料公司。对于这个也没人愿意去的地方，潘刚再度放弃自己熟悉的工作，无怨无悔地带着几名大学生来到这里重新开始。他把这些当作是锻炼自己能力的一个机会。这是一个全新的业务，潘刚在这里可以独当一面，并尽情地展现自己的才能。事实上，他确实也得到了锻炼，能力也得到了提升，他成了矿泉水饮料公司的董事长、总经理。

1999 年 10 月，伊利集团成立第 7 项目部，被称为"最熟悉伊利的人"的潘刚因多年基层工作经历的积累和极强的沟通、协调能力，具备了不凡的实力，被集团委任为项目组组长，随后又被任命为液态奶事业部总经理。5 年后，32 岁的潘刚升任伊利集团总裁。2005 年 6 月，55 岁的潘刚全票当选为伊利集团董事长，兼任总裁。

也许在我们平常人看来，潘刚的一路晋升顺风顺水，似乎归属于运气好的那一类。 那是我们只看到别人成功辉煌的一面，却没看到别人在成功路上洒下的汗水和辛劳。 回首自己的成长历程，用潘刚自己的话说：我几乎每年迎接一个挑战、苦的、累的、未知的，什么都干过。

依托伊利这个平台，潘刚靠自己的悟性和努力伴随着企业成长，从质检员、车间主任、分公司董事长、经理、总裁，一直做到董事长。走过一路风雨，经受了极大的锻炼，这是非常宝贵的经历。这一切都是伊利这个平台给他带来的。

企业中每个工作岗位都承担着一定的职能，都是员工在企业中扮演的角色，也都在社会分工中占有一席之地。作为一名员工，我们在企业中谋求了一个职位，并不仅仅意味着掌握了谋生的渠道，更重要的是拥有了一个位置，一个可以得到社会承认的身份和一个可以施展才华、发展自我的机会，拥有了这个机会，我们就可以成就事业并且履行一定的社会职责，就可以兢兢业业、尽职尽责地去实现自己的价值。一个人一旦从事了自己热爱的工作，他就会全身心地投入工作中，并且拥有持久的动力和热情，在平凡的岗位上做出不平凡的事业。

工作是我们实现梦想的途径

每个人都有自己的梦想，梦想当上经理、总裁或者亿万富翁，但任何一个梦想的实现都要有其基础并付诸行动。工作既是我们实现梦想的基础，也是我们实现梦想的最佳途径。

拥有梦想，对我们来说，是件好事，但我们还需要懂得：梦想只有在脚踏实地的工作中才能得以实现。许多浮躁的人都曾经有过梦想，却始终无法实现，最后只剩下牢骚和抱怨，他们把这归因于缺少机会。脚踏实地的人在平凡的工作中创造了机会、抓住了机会，最终实现了自己的梦想。

每一个在职场中打拼的人，都梦想着有朝一日能从一个平凡员工成长为一名卓越员工。事实上，当今世界那些最出色的人确实也大都经历过这样的职业生涯之路。那么，怎样才能实现这一职业理想，从平凡走向优秀，从优秀走向卓越呢？

在任何一个职位上，我们都能做到心情愉悦，同时在业务上追求尽善尽美。久而久之，地位的上升也成为一种必然。而事事马马虎虎、处处投机取巧、时时认为自己所耗的精力太多、对工作本身很轻视冷淡的那些人，即使学识再高、本领再大，也绝不会有出人头地的一天。

对于一个有抱负的普通员工来说，追求的目标越高，对自己的要求越严，他的能力就会发展得越快。要想把看不见的梦想变成看得见的事实，就要在工作中兢兢业业，把工作当成自己的私事一样干。强烈的敬业精神会将你推上成功的良性轨道，并积极引导你实现自己的人生梦想。

一个员工从平凡走向优秀，从优秀走向卓越并不难，如果你是一个能够为自己设立伟大目标并勤勤恳恳地奋斗与拼搏，而不是一个牢骚满腹、寻找各种借口的员工，那么，即使你出身卑微、地位低下，也同样能够成就伟大的事业。

对于工作，我们不能始终抱着"我不过是在为老板打工"的观念，或仅仅为薪水工作，我们应该为自己的梦想而工作，为自己的前途而工作，为未来的人生和成长而工作。要知道，工作不只为了解决温饱，更是为了实现自己的梦想，为了成就一番自己的事业。

只有对自己的工作目的有了正确的认识，把梦想作为你的工作目标，才能以饱满的热情、自觉的工作态度、积极的开拓进取精神、顽强拼搏的斗志投身到工作中去，才能实现自己的人生梦想和职业目标。

对工作心怀感激

"唯贤者，能为报恩。"怀有一颗感恩的心，才能深刻体会到自己职责的神圣；怀有一颗感恩的心，才能体会到工作的快乐。无论是谁给了你工作的机会，我们都应抱着感恩的心对待它。

当我们从出生的那一刻起，我们就应该感恩我们的周围。父母、亲朋好友、老板、同事、领导、下属、政府以及社会等都值得我们感恩。我们的生命、健康、财富，还有我们每日享受的空气、阳光与水，都应该在我们的感恩对象当中。

"用感恩的心对待工作"，乍一听这是一句很好听的话，其实，它是来自一个人内心的情感。感恩自己的工作，对工作心怀感恩的心情也是基于一种深刻的认识：岗位为你提供了广阔的发展空间，工作为你提供了施展才华的平台，而你自己最基本的生存也要依赖你的工作，所以都要心存感激，只有自己通过努力工作才可以回报社会，表达自己的感激之情。

感恩从现在开始，让自己带着感恩的心去工作。

一位盲人，曾经在自己乞讨用的牌子上这样写道："春天来了，而我却看不到她。"我们和这位乞丐相比，或者进一步说和那些丧失生命与自由的人相比，现在可以这样开开心心地活在世上，难道不是一种命运的恩赐吗？我们还会经常气愤得咬牙切齿地埋怨命运对自己的残忍与不公吗？"感恩"是一种处世哲学，是生活中的大智慧。感恩可以消解内心所有积怨，感恩可以涤荡世间一切尘埃。人生在世，不可能一帆风顺，种种失败、无奈都需要我们勇敢地面对、豁达地处理。

一位父亲与儿子谈话："遇到一位好老板，要忠心为他工作；假如第一份工作就有很好的薪水，那算你的运气好，努力工作，感恩惜福；万一薪水不理想，就要懂得在工作中磨炼自己的技艺。"这位父亲是智慧的，我们应该把这些话牢牢地记在心底，把这段话放在自己的心里，在心的热度下把它给融化。即使起初位居他人之下，也不要计较。在工作中不管做任何事，都要以宽怀的心态工作，抱着学习的态度，将每一次任务都视为一个新的开始、一段新的体验、一扇通往成功的机会之门。

一个成功的人离不开自己生活的环境。"一个成功的男人离不开背后的那个女人"，谁是男人，谁是女人，在不同的时期与场合答案也就不同，每个人的成功都少不了别人的帮助。而你感谢自己身边的亲人了吗？感谢你工作的那个环境了吗？如果没有，从现在开始，要感恩在进行时里。

人的生命是离不开工作的，工作不仅仅为了谋生，工作还是上天赋予每个人的使命，我们必须要用对待生命的态度来对待工作。可以说，懂得感恩是一名员工优秀品质的重要体现，学会感恩则是一名员工做好工作的精神动力。其实每一份工作或每一个工作环境，都无法满足人的那种无法满足的欲望，但是我们可以获得宝贵的经验、温馨的工作伙伴和值得感谢的客户等等。如果你每天能带着一颗感恩的心去工作，即使再单调无味的工作，你也可以感觉自己身处在快乐的乐园里。带着感恩的心去工作，人与人之间的关系也会变得简单而又真诚。员工真诚地感恩于公司的培养，老板真诚地感恩于员工的帮助，员工与老板之间的配合就会默契，一种雇用与被雇用的关系，就会变成朋友之间真诚的合作关系。

牛根生是蒙牛集团的总裁，他就是一位非常懂得感恩的人。在1983年时，牛根生和郑俊怀差不多是同时进入伊利的前身——呼和浩特市回民奶食品总厂。但是，老郑是坐在主席台上的企业最高领导，而牛根生只是一名在车间里洗瓶子的普通员工。6年以后，牛根生从一个普通的洗瓶工变成了副总经理。又过了10年，他为打造"伊利"这个全国知名品牌立下了汗马功劳。

此后，由于和郑俊怀之间的是非恩怨，不知是被辞退还是自动离职，牛根生于1999年创立了蒙牛，用了8年的时间创造了一个年营业收入21318亿元（2007年），实现净利润936亿元的蒙牛神话。一直以来，牛根生都非常感恩郑俊怀。无论是在伊利后期，老郑刻意找碴儿、挤对他，最后在应该支付的奖金与薪水未兑现的情况下，无奈离开伊利；还是在他创业蒙牛的过程中，伊利对蒙牛的百般阻挠、挤压，甚至有计划地不惜花重金中伤蒙牛，牛根生始终都在以德报怨，心存感恩，真诚地对待伊利，真诚地对待郑俊怀。在郑俊怀出事以后，他不愿意多做评论，甚至不愿再提起那段"草原公案"。很多次，记者们想"撬开"他的嘴巴，可他几乎都是重复那几句话："草原品牌是一块，蒙牛伊利各一半""没有郑大哥的知遇之恩，就没有我牛根生的今天""没有郑大哥就没有我牛根生"。2004年，郑俊怀因挪用公款罪入狱，他还去看守所里给老郑捎了一万块钱，给老郑90岁的老母亲一万块，给老郑的妻子一万块。老郑的女儿要留学，妻子薄香女向"最不应该求助"的老牛求助，结果，"最不可能帮助"的老牛慷慨解囊……在2003年11月23日这一天，蒙牛非常隆重地举办了一场"感恩节"，主题叫作"给企业安装一颗感恩的心"。为答谢广大消费者、奶农、职工、职工亲属、各界朋友，蒙牛公司邀请了100名消费者代表、100名奶农代表、300名职工亲属、50名分公司出色的职工以及其他各界朋友参加了活动，并颁发了有关奖项。此后，国际上流行的感恩节变成了蒙牛的一个"法定节日"。

心怀大爱的牛根生，不仅感恩于对自己有恩的人，他同时也感恩社会、回报社会。"非典"时期，牛根生率领蒙牛首家捐献1200万元抗击"非典"，捐助价值3000多万元的产品送健康给人民教师，捐赠价值30多万元的牛奶给赤峰地震灾区，捐献价值30多万元的牛奶给锡林郭勒盟地震灾区；有一户穷人家的孩子没有钱上大学，蒙牛送去3万元；每逢过年，牛根生都要领着公司领导到贫困地区访贫问苦，送米、送钱、送温暖；2008年雪灾，"老牛基金会"联合蒙牛捐赠1000万元抗击雪灾；汶川地震，蒙牛积极捐助超千万元，并向灾区人民捐赠大批牛奶……"财散人聚，财聚人散"是牛根生奉行的哲学，至于他在伊利与蒙牛自掏腰包感谢他的属下与职工，到底花费了多少钱，也许连他本人也说不清。

可能会有人说，因为牛根生拥有许多财富，他才有能力感恩社会、感恩员工，但我们普通人并没有多少钱，所以无法实施感恩。很多人都会用无力回报的思想来为自己的不感恩行为辩解。实际上，感恩并不需要马上回报。无力回报或者暂时没有机会回报，都没关系，只要心中长存感恩、常念回报就可以了。

孔子曰：父母在，不远游。《弟子规》里说道："恩欲报，怨欲忘；抱怨短，报恩长。"

面对同一件事情，我们可能有两种态度，一种善良的积极，另一种是邪恶的消极。对人学会感恩，对物学会珍惜，对事学会尽心，对自己学会克制，这样的人才是成功的人。在一个公司内部，人们如果都能看到别人的优点，都为别人的成功鼓掌，这个公司就是快乐的天堂。别人有点成就，自己心里就不舒服，大家都会觉得很累。

带着感恩的心工作，就会包容别人的错误。一个一辈子不犯错误（当然不是品德错误）的员工不是好员工，一个第二次犯同样错误的员工仍然可能是个好员工。我们都追求完美，而要真正做到完美，就必须不断创新，因此也就必须不断进行试验。既然必须试验，你就必须容忍别人的错误，学会包容别人的失误。一个组织没有这种氛围，如果出一点错误就受到指责，别人就不敢试验、不能创新，最后只能僵化。

当我们学会了感恩时，我们就会变得更加宽容，不再抱怨社会和他人，不再以私心度事和斤斤计较；当我们学会了感恩时，我们就可以用一种更积极的心态去报答自己感恩的对象；当我们学会了感恩时，我们就会带着一颗感恩的心，去帮助那些有困难的人；当我们学会了感恩时，我们就会舍弃那些阴暗自私的欲望，让心胸变得更加宽广，让心灵变得更加洁净。

电影《达摩祖师传》中有一个片段：

达摩祖师第一次见梁武帝时，皇帝便问他这样一个问题："朕为百姓做了那么多善事，你看朕的功德有多大呢？"但达摩祖师却说："了无功德。"梁武帝听了非常生气，后来经高僧指点才了解其中玄机。原来功德是无量的，若要斤斤计较，那么功德马上就没了。

感恩是一种精神和境界，它是促进自己努力拼搏、严于律己的重要源泉。感恩最本质的方式就是认真做好自己的本职工作，为公司、老板以及社会多做贡献。

不要忘了感谢你周围的人、你的上司和同事，感谢给你提供机会的公司。因为他们了解你、支持你。大声说出你的感谢,让他们知道你感激他们的信任和帮助。请注意,一定要说出来,并且要经常说!这样才可以增强你的人际关系与公司的凝聚力。

真正的感恩应该是真诚的、发自内心的感激,而不是为了某种目的而迎合他人的虚情假意。与溜须拍马不同,感恩是自然的情感流露,是不求回报的。一些人从内心深处感激自己的上司,但是由于惧怕流言蜚语,而将感激之情隐藏在心中,甚至可以任意地疏离上司,以表自己的清白。这种想法是何等幼稚啊!

感恩并不仅仅对公司和老板有利,对于个人来说,感恩是丰富的人生。它是一种深刻的感受,能够增强个人的魅力、开启神奇的力量之门、发掘出无穷的智能。感恩也像其他受人欢迎的特质一样,是一种习惯和态度。

"谢谢你""我很感激你",这些话应该经常挂在嘴边。以特别的方式表达你的感激之意,付出你的时间和心力,为公司更加勤奋地工作,比物质的礼物更可贵。

只要你一直怀有一颗感恩之心,你就是一个人格健全的人、一个可以和他人友好相处的人、一个品德高尚的人、一个谦虚的人。你在尊重他人的同时,也一定会得到他人的尊重。

不管我们从事什么工作,只要长存一颗感恩之心,我们就会拥有自信、坚定、善良这些美好的处世品格,阳光就会照耀我们,雨露就会滋润我们,我们的生活中也就有了一处处美丽动人的风景。懂得感恩是一个员工优秀品质的重要体现，学会感恩是一个员工做好工作的精神动力。感恩不仅仅是为了报恩，因为有些恩泽是我们无法回报的，有些恩情更不是等量回报就能一笔还清的，唯有用纯真的心灵去感动、去铭刻、去永记，才能真正对得起给你恩惠的人。

当你拥有一份稳定而又满意的工作时，请务必珍惜自己的工作。唯有每天都用心工作，努力奋斗，拼搏进取，才能够取得人生的辉煌与成功。感恩，能够使一个人全身心地投入到自己的工作中去，感知这个世界的美好。

千万不要怨天尤人，觉得工作没有意义，结果做得心不甘情不愿，心存怨愤。羔羊跪乳、乌鸦反哺，动物尚知感恩，何况于人乎？古人说得好，施恩勿念，受恩莫忘，知恩图报必大善也。只要我们能够每天都带着一颗感恩的心去工作，相信工作时的心情将会是非常快乐而积极的，工作效率必然会大大提高，在不知不觉中，我们就会成为更优秀的人。

对工作心怀感激并不仅仅有利于公司和老板。"感激能带来更多值得感激的事情"，这是宇宙中的一条永恒的法则。请相信，努力工作一定会带来更多更好的工作机会和成功机会。除此之外，对于个人来说，感恩赋予我们富裕的人生。感恩是一种深刻的感受，能够增强个人的魅力，开启神奇的力量之门，发掘出无穷的智能。感恩也像其他受欢迎的特质一样，是一种习惯和态度。

其实，人的生命比蜉蝣还短，学会感恩，你便是快乐的。生存本身就是个概率，每一分钟都可能出现意外，不顺是常态，顺利才是例外。常言道："人生不如意十之八九。"抱怨着过是过，感恩快乐地过也是过，关键还在于人的心态如何调整。于是，智者就选择了感恩，他们也很快乐地生活着。对于那些心态悲观的人来说，他的生存概率也就下降了。

感恩自然，没有人类的家园，你也感受不到生活的存在，我们又能向谁感恩？

感恩父母，没有跟跄学步，你只会爬；没有一滴滴的乳汁，也没有现在的你……没有父母，还能有谁？

感恩老师，她是一盏灯，她的光亮照亮了愚昧无知的暗淡，使你聪慧明理，一个人的成长少了这个人的参与，也就少了一份感恩！

感恩机遇，是谁让你展现了自己的才华与魅力，是谁磨炼了你的人生斗志……它就是机遇，人离不开的机遇。

每份工作都是一个钻石矿

在快节奏的现代社会，许多人心态浮躁，他们总想："做这份工作，有什么希望可言？""混呗，干这差事能有什么出头之日？"这些人坚信世界上有很多挣钱或者成功的机会，于是他们焦急地等待，等待另外的时间、另外的地点、另外的行业、另外的工作职位。但他们觉得绝不是现在，绝不是手头上这个日久生厌的工作。他们知道如何在将来提高自己，却不珍惜眼前的机会。

阿里·哈法德住在距离印度河不远的地方。他家拥有大片的兰花花园、稻谷良田和繁盛的园林。有一天，一位年老的佛教僧侣前来拜访这位老农夫。他坐在阿里·哈法德的火炉边，向这位老农夫讲述钻石是如何形成的。最后，这位僧侣说：

"如果一个人拥有满满一手的钻石，他就可以买下整个国家的土地。要是他拥有一座钻石矿场，他就可以利用这笔巨额财富的影响力,把孩子送至王位。"

那天晚上上床时,阿里·哈法德想:"我要一座钻石矿。"因此,他整夜难以入眠。第二天一大早就跑去询问那位僧侣在什么地方可以找到钻石。

"只要你能在高山之间找到一条河流,而这条河流是流淌在白沙之上的,那么,你就可以在白沙中找到钻石。"僧侣说。

于是,阿里·哈法德卖掉了农场,把家交给了一位邻居照看,然后便出发去寻找钻石了。他先是前往月亮山区寻找,然后来到巴勒斯坦地区,接着又流浪到了欧洲。最后,他身上带的钱全部花光了,衣服又脏又破。在旅途的最后一站,这位历经沧桑、痛苦万分的人站在西班牙巴塞罗那海湾的岸边,将自己投入了迎面而来的巨浪中,从此永沉海底。

几十年后的一天,当阿里·哈法德的继承人(继承并居住在阿里·哈法德的庄园)牵着他的骆驼到花园里去饮水时,他突然发现,在那浅浅的溪底白沙中闪烁着一道奇异的光芒。他伸手下去,摸起了一块黑石头,石头上有一处闪亮的地方,发出彩虹般的美丽色彩。

几天后,那位曾经告诉阿里·哈法德钻石是如何形成的僧侣,前来拜访阿里·哈法德的继承人。当看到架子上的石头所发出的光芒时,他立即奔上前去,惊奇地叫道:"这是一颗钻石!这是一颗钻石!阿里·哈法德已经回来了吗?"

"没有,还没有,阿里·哈法德还没回来。那石头是在后花园里发现的。"

然后,他们一起奔向花园,用手捧起河底的白沙,发现了许多比第一颗更漂亮、更有价值的钻石。

这就是印度戈尔康达钻石矿被发现的经过。戈尔康达钻石矿是人类历史上最大的钻石矿,其价值远远超过南非的金百利。曾经,英国国王皇冠上的库伊努尔大钻石(106克拉),以及镶在俄国国王王冠上的那颗世界上最大的钻石,都取自戈尔康达钻石矿。

这是美国演说家鲁塞·康维尔的著名演讲故事。当我们今天再次"聆听"戈尔康达钻石矿的发现经过时,我们仍然会被故事背后的深刻寓意所惊醒和震撼。你仔细看过自己脚下的土地了吗?你注意自己手头的工作了吗?认真分析过手头工作可能给自己带来的巨大财富和机遇了吗?你还是每天都在羡慕朋友的工作,或是感叹成功者的机遇之可遇不可求吗?

"如果一个年轻人在他的工作和生活中不能发现任何机会,而他认为自己可以在其他地方做得更好,那么他会感到非常灰心和失望。"这是著名成功学家奥格森·马登给年轻人的忠告。大部分人不能清晰地意识到,自己手头的平凡工作就是一座丰富的钻石矿。只要全力以赴、尽职尽责地做好目前所做的工作,就能找到属于自己的"钻石"——包括职位的提升和财富的增加。

崔明伟在一家大型建筑公司任设计师。他刚到公司时老板并没有给他分配很重要的工作，只是常常让他跑工地、看现场，有时还要为不同的老板修改工程细节，异常辛苦。但崔明伟仍认认真真地做，毫无怨言。

有一次，老板安排他为客户做一个设计方案，规定他必须在三天内完成。接到任务后，崔明伟看完现场，就开始工作了。因为这是他的第一次重任，所以他是在一种异常兴奋的状态下度过的。三天时间里，他食不甘味、寝不安枕，满脑子都想着如何把这个方案弄好。他到处查资料，虚心向别人请教。三天后，他把设计方案交给了老板，得到了老板的肯定。这个方案给公司带来了巨大利润，他也给老板留下了好印象。在此之后，崔明伟平步青云，薪水也几乎是连年翻番。

后来，老板回忆第一次交给崔明伟的重任时，这样说道："我知道给你的时间很紧张，但我们必须尽快把设计方案做出来。如果当初你因此抱怨，甚至推掉这个任务，你将永远不可能得到公司的重用。你表现得非常出色，在最短的时间内圆满完成了任务。我们公司当然需要你这样的员工，所以在你完成这个任务之后，我便着力培养你。"

其实，即使在极其平凡的职业中、极其低微的位置上，也往往藏着极大的机会。只要你珍惜自己的工作，将工作做得比别人更专注、更迅速、更正确、更完美，只要利用自己的全部智慧，从工作中找出新方法来，便能引起别人的注意，从而使自己有发挥本领的机会。

珍惜自己的工作,哪怕是看似平凡的琐碎工作。无论你从事什么行业,都应该认真审视自己所拥有的一切。看看自己脚下的土地吧! 其实,每一份工作都是一座丰富的钻石矿。 珍惜在职的每一天,用心做好每一份工作,你也会发现自己工作中的"钻石矿"。

没有卑微的工作，只有不知珍惜的心灵

在现实生活中，有些人觉得自己能力不够强，能成就一番事业的概率微乎其微；有些人抱怨自己的工作得不到他人的重视；有些人觉得工作是那么琐碎、那么微不足道；有些人觉得工作无法给自己带来金钱，更无法实现自己所谓的人生价值。但事实上，没有卑微的工作，只有不懂得珍惜工作的员工。

两个年轻人一同寻找工作。一个是英国人，一个是犹太人。

一枚硬币躺在地上，英国青年看也不看走了过去，犹太青年却激动地将它捡起。英国青年对犹太青年的举动露出鄙夷之色：一枚硬币也捡，真没出息！犹太青年望着远去的英国青年心生感慨：让钱白白地从身边溜走，真没出息！

两个人同时走进一家公司。公司很小，工作很累，

工资也低。英国青年不屑一顾地走了,而犹太青年高兴地留了下来。几年后,两人在街上相遇,犹太青年已成了老板,而英国青年还在寻找工作。

英国青年对此难以理解,说:"你这么没出息的人怎么能这么快'发'了?"

犹太青年说:"因为我没有像你那样绅士般地从一枚硬币上迈过去。你连一枚硬币都不要,怎么会发大财呢?"

那些看不起工作的人,是很难走向成功的。古罗马斯多葛派哲学家们曾经说过:没有卑微的工作,只有卑微的工作态度。如果一个人轻视自己的工作,那么他就会将自己的任务做得一团糟。如果一个人认为自己的工作辛苦、烦闷,那么他也绝不会全力以赴做好手中的事情。同样,他也无法在这一工作岗位上发挥自己的特长。其实任何一种工作都有它存在的价值,工作没有高低贵贱之分,最重要的是我们能保持一颗珍惜的心灵。

中国台湾学者林清玄先生去朋友家做客。朋友说:"今天没有好茶招待先生了。"林清玄说:"现在喝的这壶茶也很不错啊。"朋友又说:"假如今天连茶都没有怎么办?"林先生笑笑说:"喝白开水也是一种享受啊。"

好茶与白开水,高雅和平凡的工作是一样的,都是要先学会满足再去珍惜。珍惜自己的工作,无须像拜佛还愿一样感激流涕,只要有一颗珍惜的心,哪怕只有一点点,都能使我们受用终生。 要明白，我们在工作中的付出只是在回报工作带给我们的幸福感，仅此而已。

对于一个饥饿的人来说，哪怕有人给他一小片干面包，他也会充满珍惜之情。 面包解决饥饿问题，而工作能解决生存和发展的问题。 从这个角度来讲，我们理应怀着珍惜的心情去工作。 事实上，没有卑微的工作，只有不懂珍惜的心灵。

职业从来不能决定一个人的表现，反倒是工作表现最终会决定一个人在生活中的地位。 "如果一个人是清洁工，那么他就应该像米开朗基罗绘画、像贝多芬谱曲、像莎士比亚写诗那样，以同样的心情来清扫街道。 他的工作如此出色，以至于天空和大地的居民都会对他注目赞美：'瞧，这儿有一位伟大的清洁工，他的活儿干得真漂亮！'"这是著名黑人领袖马丁·路德·金说过的话。

无论你的职位如何，都不要看不起自己的工作。 如果你认为自己的劳动是卑贱的，那你就犯了一个巨大的错误。 工作好比是栽种一棵苹果树，我们每天为它剪枝、修叶、浇水。 等到了秋天，望着被果实压弯的枝条，我们在品尝着酸甜的苹果时，应当珍惜那棵树。 因为，是树给了我们收获果实的机会。 如果没有苹果树，我们想去浇水也无处可浇了，何谈吃苹果呢！

尊重工作就是尊重自己

工作是每个人的天职，也是每个人的使命，只要这样想，你就会从工作中得到更多的知识和经验，也会找到生活的快乐、实现人生的价值。如果不尊重自己的工作，就不可能从工作中有所收获，反而还会浪费自己的时间，给自己的人生留下遗憾。更何况，一个看不起自己工作的人最终也会被别人看不起。

在美国曾发生过这样一个故事：

一天下午，一位穿着时尚的女士和一个小男孩儿坐在亚联集团总部大厦楼下花园里的休息椅上。女人好像很生气的样子，她一个劲儿地在责骂小男孩儿。在他们不远处有一位正在打扫垃圾的老人。过了一会儿，小男孩儿很伤心地哭了。女人拿出纸为他擦脸上的眼泪，擦完便把纸随手一扔，丢在了地上。打扫垃圾的老人走过来，看了那个女人一眼，什么话都没说，只是默默地从地上捡起那团废纸放在了垃圾桶里。女人也毫不在乎地看了老人一眼，那眼神分明是看不起老人。之后，女人接着责骂那个一直在哭泣的孩子。一会儿，女人又为男孩儿擦眼泪，接着又把纸扔在地上，其实她的身后就是垃圾桶。老人再一次走过来，将废纸捡起并扔进垃圾桶。女人不停地扔，老人不停地捡……如此重复了七次。那女人突然很不礼貌地指着老人对小男孩儿凶巴巴地说："你看，如果你不好好学习，就会和他一样每天扫垃圾，做这些低下肮脏、让人看不起的工作。"老人听后很平静地对那个女人说："这里是亚联集团的私家花园，只有这里的员工才可以进来，你是怎么进来的？"那个女人很自豪地说："因为我是这家集团下属公司的部门经理，就在这里上班，自然可以自由地出入这个花园！"说完她从包里掏出一张名片扔在老人身上，名片随后掉在了地上。

老人脸色有些沉重，他弯腰捡起名片，像扔那些垃圾纸一样把名片扔在了垃圾桶里，然后拿出手机打了一个电话。

女人见老人毫不在乎地扔了自己的名片，心中愤愤不平，正想和老人理论时，不远处来了一名领导模样的男子。他大步走来，毕恭毕敬地来到老人面前，问道："您有什么指示？"老人说："立即免去这位女士在我们集团的职务。"这位男子连声回答："是，是，我这就去办。"然后老人来到小男孩身边，轻轻地对他说："人不能只懂得好好学习，更重要的是要懂得尊重每一个人。"说完就向大厦走去。女人一脸惊讶地问男子："他只是个清洁工,你怎么听他的话呢?""他哪是什么清洁工呀,他就是我们集团的总裁。"男子说完向大厦走去。女人一下子瘫坐在椅子上,懊悔不已。显然,就因为她不尊重别人的工作才把自己的工作弄丢的。

这个故事发人深省,那个女士从一开始就对"清洁工"老人不屑一顾,她既不尊重老人的工作,又不尊重老人的人格,而她失去的不只是自己的工作,还有自己的人格。她对别人工作的不尊重,同样表明了对自己工作的不尊重,对自己的不尊重。

不尊重工作、看不起自己工作的人,都是一些不愿意努力进取的人。他们不愿意通过自身的努力来改变自己的生活状况。他们看不起体力劳动者,高傲地认为自己应该拥有一个很好的职位、一份让自己拥有更多自由的工作,认为自己会有更好的发展前途,但结果往往事与愿违。

有句名言就是对那些不尊重工作的人说的:"如果人们只追求高薪与社会地位,是非常危险的。它说明这个民族的独立精神已经枯竭;说得更严重些,一个国家的国民如果只是苦心孤诣地追求职位,会使整个民族像奴隶一般地生活。"

尊重工作是一个人对工作最基本的态度。人们要坚持做到以人为本,尊重自己和身边的每个人,尊重他们的工作。在美国IBM公司,员工之间存在着一种平等、和谐的关系,他们处于同等重要的地位,无论是谁都会受到尊重,上至高层领导,下至刚进入公司的新员工,在这里都会得到同等对待,绝不会有厚薄之分。"必须尊重个人"是IBM公司的准则，进入这家公司的人都能感觉到这条准则的力量。在新员工刚踏入 IBM 公司时，老员工对他们就非常尊重。如果新员工遇到问题，老员工再忙也会抽出时间帮助解决。新员工也亲眼看见了老员工对待顾客的热情和对其他人员的赞赏。由于 IBM 公司里的每一个人都知道如何尊重工作、尊重他人，因而他们也得到了别人的尊重。

那些尊重自己工作的人，对工作热情认真。他们认为，工作代表着一个人的尊严，所以对待工作就像对待自己的生命一样爱护，进而努力把工作做得更好。付出就会有回报，他们终会取得卓越的成就。

人人都需要工作，只有我们以正确的态度看待工作，把工作当成我们生命的一部分，才能在工作中取得成功。热爱工作也就是爱惜自己，在每次出色地完成工作后，我们都会得到进步，经验也会相应地增长。

工作职务不分高低，每个人都要尊重工作。只有拥有这种心态，你才可能认真工作，才会投入全部的热情和激情在工作中，以创造辉煌的明天。

不是工作追求你,而是你追求工作

在经济学里有一个"智猪博弈"的例子:

假设猪圈里有一头大猪和一头小猪,两头猪在同一个食槽里进食,并且这两头猪都是有智慧的"智猪"。猪圈两头距离很远,一头安装了脚踏板,另一头是饲料的出口和食槽。踩一下,就会有相当于10个单位的饲料进槽,但是踩踏板和跑到食槽处需要消耗相当于2个单位的饲料。

两头猪都有两个选择:自己去踩踏板或是等待另一头猪去踩踏板。

大猪先去踩踏板,它将比小猪后到食槽,除去大猪运动消耗,双方纯得益为[6:4],若大猪选择等待,得益为0;小猪先踩踏板,它将比大猪后到食槽,吃到的饲料少,除去运动消耗,双方纯得益为[9:-1],若小猪选择等待,得益为0;两头猪同时踩踏板,双方纯得益为

[5:1]；两头猪都等待，都吃不到饲料，双方得益都为0。综合以上分析，大猪选择行动优于等待，小猪选择等待优于行动。为了让双方达到双赢，最佳选择就是大猪行动、小猪等待。

"智猪博弈"的道理在我们的工作中也有所体现，员工就是"大猪"，而公司则是"小猪"。为什么这么说呢？员工在公司里，要么努力工作，让公司和自己都受益；要么敷衍工作，给多少钱干多少活儿，久而久之，不是自己感觉个人能力没有施展的空间选择辞职，就是公司对你不满意辞退你，员工的收益自然大受损失。公司也有两种选择，要么主动培养员工——这样风险很大，就犹如小猪去踩踏板，收益为负数，很少有公司会做出这样的决定；要么选择等待，等待员工行动，如果员工不主动，公司也能维持基本的运转，收益并不受损，即使员工辞职，还会立刻有人来补充这个岗位，对收益没有什么影响。公司就像小猪一样具有先天的优势。因此，在员工与公司博弈中，只有员工主动行动，才能够与公司达到双赢。

郭某在一家公司已经工作一年了。这家公司很小，只有郭某一名会计。他总认为自己是公司的"财政大臣"，掌握着财政大权，同时又认为自己所学的知识没有得到完全施展，好像是公司欠了他一样。每天面对前来报销、送报表的同事都是一副不耐烦的样子。工作也不积极，他想，反正公司就我自己懂这方面知识，你们都得来求我，没有我，你们谁也领不到工资。就这样，他把应该这个月报销的单子拖到下个月，本来应该每月8号发工资，他硬是到10号才清算完毕。公司同事都对他很不满意，有的人便向领导反映了此事。

一位和郭某很要好的同事劝他："现在大家都对你颇有微词，你要注意一些，要不会被公司辞退的。"

郭某对于同事的劝告根本不当一回事："没事，公司就我一个会计，要是离了我，公司的正常运营都会出现问题。再说了，我所学的专业知识还都没有得到充分应用，我还感觉委屈呢。"

没想到一个月后，郭某真的收到公司的辞退信。

后来，郭某又换了两家公司，每次都是因为他感觉自己的能力没有施展开而离职。这时，郭某又想回到原来那家公司，便把以前的同事约出来了解情况。在他离开后，公司立即就招聘了一名新会计，新会计在一周之内已经把公司的业务以及郭某以前留下的问题都解决了。现在公司正在准备上市，因为这个会计的工作非常出色，她已经升职做了财务经理，除了处理日常的一些事务，还参与未来公司规划的讨论以及一些公司事务的管理，她的工作得到了老板和同事们的认可，大家都非常喜欢她。

听到以前同事的话，郭某真是追悔莫及，如果自己当初积极主动一些，现在坐在财务经理位置上的就是他了。

人们开玩笑总爱说："地球离了谁都照样转。"公司也是一样，没有了这个员工，会有更合适的人去把这份工作做得更好。而员工丢了工作却要从头开始，继续投身应聘大军。

如果员工感觉在工作中没能充分发挥自己的能力，因此而懈怠，这将造成两种选择：一是员工感觉这份工作不适合自己，主动辞职；二是公司对员工不满意，辞退他。两种选择只会造成一种结果，那就是员工继续找工作、公司再重新招聘。

任何一家公司都不会主动挖掘新员工的价值，都需要员工自己寻找机会证明自己的价值，如果继续抱着以前那些"不得志""怀才不遇"的想法，那只能是继续跳槽，当然结果还是一样。公司并不会因为某个人的离去而影响正常运转。不努力工作，频繁跳槽，最终损失最多的是自己。

是员工追求工作而不是工作追求员工，这是每位在职人员和求职人员都应该明了于心的道理。没有一个工作岗位是专门为你设定的，就算现在拥有的工作岗位可能都有几十人在竞争，每个员工都必须让自己主动，紧紧把握工作机会，才不会让自己丢掉这份工作。

应该是员工去适应工作，而不应该让工作适应员工。如果员工不主动工作，每天让工作追得"人仰马翻"，不仅让自己处于疲惫之中，总有一天也会被公司抛弃。只有主动工作，争取更多的工作机会，才会让自己的能力得到充分展示，公司也会更加重视这样的员工，给他更多的机会，最终达到个人与公司的双赢。

第三章

认真负责,超越简单的雇佣关系

让责任成为一种职业习惯

任何一个组织都会有一批将承担责任作为一种职业习惯的人。之所以很多组织能继续存在和发展，就是因为有一批这样的群体跟随它、奉献于它。同样，一个公司的发展壮大，也需要这样一批能够将承担责任作为职业习惯的员工。这样的员工有一个共同的特点：具有很强的责任心。正是这种责任心促成了公司的不断发展。

当责任成为自己的工作态度和习惯后，工作对于自身的意义就不再是赚钱那么简单了，工作成了一种使命，一种在关键的时候可以自然而然用生命去捍卫的使命。

吴斌是杭州长运客运二公司的快客司机，跑杭州至无锡的路线。2012年5月29日中午，他驾驶浙A19115大型客车从无锡返回杭州，车上有24名乘客。11时40分左右，车行驶至锡宜高速公路宜兴方向阳山路段时，一块大铁片突然从天而降，在击碎挡风玻璃后，砸向吴斌的腹部和手臂。面对突如其来的致命打击和后面惊慌的乘客，作为司机的吴斌会怎么做？监控画面记录下他当时坚强的 1 分 16 秒：被击中的一瞬间，吴斌看上去很痛苦，本能地用右手捂了一下腹部，但他没有紧急刹车或猛打方向盘，而是强忍着疼痛把车缓缓减速，停靠在路边，打起双闪灯，拉好手刹，最后他解开安全带挣扎着站起来，回头对受惊吓的乘客说："别乱跑，注意安全。"

车上一名周姓乘客回忆说："当时我正打瞌睡，听到一声巨响后就被惊醒了。车子没有失控，而是稳稳地停了下来。我立刻跑上前去看，司机表情很痛苦，已经说不出话来，腹部都是血……"这位周先生还说："若不是吴斌的敬业，很可能会发生车毁人亡的惨剧。"

乘客们见状，马上报警。吴斌随后被送往医院救治。按医生的说法，他的肝脏就像被掏空了，另外，多根肋骨断裂，肺肠也严重挫伤。6 月 1 日凌晨，吴斌因伤势过重去世。

吴斌在受伤后靠毅力完成安全停车的 1 分 16 秒的视频在网上流传开来，数百万网民表达了敬意，大家毫不吝啬地称他为"最美司机"。同时在论坛、微博上，网民们还自发地为他祈福、送行。

当事故发生的生死一瞬间，吴斌师傅的第一个举动就是把客车平稳地停了下来，或许这只是他一个下意识的职业举动，但是支撑他做出这个动作的一定是长期养成的职业责任感，也正是这样的一种职业责任感，换来了一车乘客的安全。

吴斌的行为，不仅是一次一瞬间生命潜能超常迸发的非凡壮举，更是一种崇高职业习惯和神圣责任的自然流露。

将承担责任作为一种职业习惯并不是先天的，它是社会个体从责任赋予者那里接受责任之后，内化于本人内心世界的一种心理状态，这种心理状态是个体履行责任行为的精神内驱力。这种内驱力可以保证你将工作当作一种崇高的使命，让你在"无意识"的状态下进而形成牢不可破的敬业意识和负责意识。当这两种意识在工作中发挥作用的时候，好的结果自然会产生。

对工作负责，你会做得更好

　　早晨的闹铃响了好几遍，A公司的销售人员小叶才从床上挣扎起来，脑子里第一个感觉就是：痛苦的一天又开始了。他匆匆忙忙地赶往公司，早餐也顾不上吃。跨入公司大门，他还是神情恍惚，坐在会议室睡眼蒙眬地听着经理布置工作……一天的痛苦工作之旅就这样开始了。

　　小叶上午拜访客户，结果遭到拒绝和冷遇，心情简直糟透了，仿佛世界末日即将来临。下午下班前，他回到公司填工作报表，胡乱写上几笔凑合一下交差……一天就这样结束了。

　　平时没有花时间学习，从不好好去研究自己的产品和竞争对手的产品，没有明确的计划和目标，从不反省自己一天做了些什么，有哪些经验、教训，从不认真去想一想顾客为什么会拒绝，在销售产品的过程中为顾客带来了什么样的服务和满足，当一天和尚撞一天钟，混一天算一天……这就是小叶工作状况的真实写照。

到了月底一发工资,才这么点,真没意思,看来该换地方了,于是小叶很牛气地炒了老板的鱿鱼。一年下来,小叶换了五六个公司。日复一日、年复一年,时间就这样耗尽了,结果是"三个一"工程:一无所获、一事无成、一穷二白!

故事中的销售员小叶是"敷衍型员工"的典型代表。他在应付中生活,在应付中工作,做一天和尚撞一天钟,从不去认真、脚踏实地做好一件事,结果一事无成。相反,那些有责任感的员工往往会在工作中受益匪浅:在精神上,他们获得了快乐和自信;在物质上,他们也获得了丰厚的报酬。

在任何一家公司,只要你努力工作,负责对待每一件事情,你就会受到尊重,从而获得更多的自尊心和自信心。不论你的工资多么低,不论你的老板多么轻视你,只要你能忠于职守、毫不吝惜地投入自己的精力和热情,渐渐地,你会为自己的工作感到骄傲和自豪,也会赢得他人的尊重。对工作负责,工作自然就能做得更好。

格林大学毕业之后在一家保险公司做业务代表。这是一项很让人头痛的工作,因为很多人都对保险业务员敬而远之,所以,格林的工作开展起来很困难。办公室的其他业务员整天对自己的这份工作抱怨不停:"如果我能找到更好的工作,我肯定不会在这里待下去。""那些投保的人太可恶了,整天觉得自己上当了。"当然,这些人只能拿到最基本的薪水。只有在业务部经理的催促下，或者是"胡萝卜+大棒"的政策下，他们才有一点点进步，否则就是原地踏步或者在退步。

唯有格林和他们不一样。尽管格林对现状也不是很满意，但是格林没有放弃，因为他知道，与其说是放弃工作，不如说是在放弃自己。在这个世界上，没人强迫你放弃自己，除非你主动为之。格林还相信，努力是没有错的，努力还会让平凡单调的生活富有乐趣。

于是，格林主动去寻找客户源。他熟记公司的各项业务情况以及同类公司的业务，对比自己公司和其他同类公司的不同，让客户自己去选择。虽然一些人很希望多了解一些保险方面的常识，但是他们对保险业务员的反感使他们在这方面的知识很欠缺。格林知道这些情况之后，主动在社区里办起"保险小常识"讲座，免费讲解。

人们对保险有了更多的了解，也对格林有了好印象。这时，格林再向这些人推销保险业务，大家不再反感，都乐于接受。格林的工作业绩突飞猛进，当然薪水也有了很大的提高。

格林的成功说明了这样一个道理，对自己的工作负责，才能发挥自己的价值，赢得他人的尊重。这也是为什么格林能获得成功而其他人却碌碌无为的原因。

当你尝试着对自己的工作负责时，你就会发现，自己还有很多的潜能没有发挥出来，你要比自己往常出色很多倍，你会在平凡单调的工作中发现很多的乐趣，最重要的是，你的自信心还会得到提升，从而让你做得越来越好。其实，改变的不是生活和工作，而是一个人的工作态度。正是工作态度，把你和其他人区别开来。这样一种负责的工作态度和精神让你的思想更开阔，工作更积极。

生活总是会给每个人回报的，无论是荣誉还是财富，条件是你必须转变自己的思想和认识，努力培养自己尽职尽责的工作精神。一个人只有具备了尽职尽责的精神之后，才会产生改变一切的力量。

责任是创造财富的源泉

美国著名军事家麦克阿瑟对他的子女们讲道："战场上，军人的责任至高无上。职场上，你们的责任依旧至高无上。要明白，责任感是战争胜利的有利保证，也是工作中赢得财富的机会和体现自我价值的关键所在。"

身在职场，我们每天都要面对工作的压力、责任的烦恼，有的人消极地应付，视责任为不得已而为之的苦役；有的人却能够积极面对，从中看到自身发展和创造财富的机遇。

其实，我们每天平淡的工作就像捡起一颗颗毫不起眼的鹅卵石。我们必须要做的就是满腔热情、尽职尽责地工作。某一天，当机会来临的时候，我们每天收藏起来的鹅卵石就会变成一颗颗璀璨的钻石，为我们带来无尽的财富。

机会从来不青睐毫无准备的人，财富也从来不垂青不负责的人。对于我们来说，责任就是财富，责任就是体现价值的机会。

责任既能创造物质财富，也能创造精神财富。有一档名为《时代先锋》的栏目，里面讲述的那些先进个人有一个共同的特点：他们对平凡的工作富有极高的责任感，从而赢得了广大民众的尊敬和认可，成就了一种新时代的精神风范。他们从责任走向优秀的典范，并激励着人们在本职工作中以"时代先锋"为标杆，增强责任心，创造平凡中的辉煌。

高度的责任感是工作出色的前提，也是职业素质的核心，一个人有了责任心，才能有激情、有忠诚、有奉献，从而创造更多财富的可能。

成功之人都是尽职尽责能够制造并抓住机会的人。对待工作，他们兢兢业业，他们会在有机会时抓住机会，没有机会时创造机会。机会来自每一份责任，关键看我们以何种态度、何种角度对待工作。就如同"钢铁大王"安德鲁·卡内基所说："机会是靠自己努力争取和创造的，任何人都有无限的机会，只是有些人善于在责任中创造机会罢了！"

维斯康公司是美国20世纪80年代最知名的机械制造公司。有一个叫费迪的年轻人和大多数人的命运一样，在该公司每年一次的招聘大会上被无情地拒之门外，但费迪发誓一定要进入这家公司工作，并且一定要有所成就。

于是，他找到公司的人事部，提出甘愿为公司免费提供劳动力。公司开始觉得有些不可思议，但考虑到不用花任何费用，便分派他去打扫车间的废铁屑。

一年来，费迪兢兢业业地重复着这种既简单又劳累的工作。为了糊口，他下班后还要去酒吧打工。尽管他得到了公司同事、领导的一致好评，可仍然没有被正式录用。

1990年，公司的许多订单纷纷被退回，原因是产品质量不过关，为此，公司将蒙受巨大的损失。董事会为了挽救败局，紧急召开会议，寻找解决方案。当会议进行了一整天仍然毫无收获时，费迪大胆地闯入会议室，希望上层给自己一个说出想法的机会。

费迪就该问题出现的原因做出了令人折服的解释，并就工程技术上的问题提出了自己的观点，接着拿出了自己的产品改造设计图。这个设计十分先进，既恰到好处地保留了原来的优点，又克服了已经出现的弊病。

原来，费迪在清扫废铁屑的过程中，细察看了整个公司各部门的生产情况并详细记录，发现了所存在的技术问题并想出了解决方案。他利用业余时间做了大量的数据统计，最后设计出了科学实用的产品改造设计图。总经理及董事会都被这个编外的清洁工所震惊，费迪当即被聘为公司负责生产技术问题的副总经理。

费迪并没有因为自己是一名编外的清洁工就敷衍自己的工作，恰恰相反，他知道自己在对公司负责的同时，更是在为自己的未来负责。

当我们把自己平凡的工作岗位当成一个珍贵的学习平台时，同时就拥有了在平凡的工作岗位中为自己的未来创造财富的契机。

用责任心点燃工作激情

美国纽约中央铁路公司前总裁弗瑞德·瑞克皮·威廉森说过:"我越老越感到激情是成功的秘诀。成功的人和失败的人在技术、能力和智慧上的差别通常并不是很大。但是如果两种人各方面都差不多,充满激情的人将更可能如愿以偿。一个能力不足但是充满激情的人,通常会胜过能力高强但是缺乏激情的人。"

如果一个人对工作充满了激情,不管做何种工作,他都会调动一切积极因素,全身心投入,圆满地完成工作。这类人通常十分热爱自己的工作,并且认为任何工作都是一定要完成的任务,如果在工作中遇到困难,他们会想尽各种办法去解决,力求尽善尽美地完成任务。

不过,要是一个人没有激情的话,任何工作都不会引起他的兴趣,也无法调动他的积极性,他只会按部就班地工作,甚至敷衍了事。当碰到难题的时候,他就会感到沮丧,从而无法很好地将工作完成。这种人又怎能取得成功呢?

如果一个人对工作没有责任感,那他就不会对工作产生激情。他的责任意识淡薄，觉得工作干好干坏和自己没有多大关系，因此也就不会尽自己最大的努力去完成工作。不过，当一个人对工作抱有强烈的责任感时，他就会自发地燃烧起激情，全身心地投入到工作中去。这就像比尔·盖茨曾经所说："每天早晨醒来，一想到自己所从事的工作和所开发的技术将会给人类生活带来巨大的影响和变化，我就会无比兴奋和激动。"

实际上，只要一个人对工作充满激情，就会爱上自己的工作，就不会再觉得自己的工作枯燥无味，这会让他在接受一项计划或者任务以后，能始终如一地执行下去。就算困难重重，他也不会灰心丧气，依旧保持饱满的激情与高昂的斗志，乐观地去解决问题，从而渡过难关。

微笑服务是美国"旅馆大王"希尔顿的经营理念，他要求员工即使再辛苦，也要充满激情，也一定要对客人保持微笑。

希尔顿的座右铭就是："你今天对顾客微笑了吗？"几十年中，他一直周游世界各地，视察各家分店，每到一个地方，他对员工说得最多的就是这句话。

在1930年时，英国的经济不景气，80%的旅馆停业或倒闭。

希尔顿旅馆也没能躲避这次厄运，但希尔顿还是信念坚定地飞赴各地，鼓励员工要充满激情，共同渡过难关，就算是借钱度过这段日子，也必须坚持"对顾客微笑"。在最困难的那段时期，他时常向员工呼吁："绝对不能将心中的愁云摆在脸上，不管遇到任何困难，'希尔顿'服务员脸上的微笑永远属于客人！"

希尔顿的激情感染了每一位员工，他们一直以其永恒美好的微笑感动着每一位客人。没过多久，希尔顿旅馆便走出了低谷，进入经营的黄金时期，增添了很多一流的设施。当希尔顿再次巡视时问自己的员工："你们觉得还需要增添什么吗？"员工们都回答不出来。"记住，还要有一流的微笑！"希尔顿笑着说。

可以说，是微笑给希尔顿集团带来了巨大的成功，令其发展成为在全球五大洲拥有多家分店、资产高达几亿美元、目前全世界规模最大的旅馆连锁企业之一。

在商场上，用激情去爱和关怀客户，是促进执行的极为有力的手段。很多企业家正是将这种手段贯彻到执行中去，从而在事业上取得了巨大成就。

安妮塔·罗迪克于1976年3月27日在英格兰布雷顿的肯星顿加镇建立了第一家康体公司。第一天下班之后，她将当日的收入225英镑放入了粗布工作服的口袋中。1992年初，该企业在全球扩展到了709家分店，股票市值约10亿美元，并在此后的时间里，每年都保持高速增长。

安妮塔·罗迪克从来没有上过商学院。当人们因她的成功而感到惊讶时，她说："如果说我的生命有什么驱动力，那就是时时刻刻满怀激情，我们所做的每件事都触及爱和关怀这两个不可分割的主题。"

有一位推销百科全书的业务员，曾经连续6年在36

个国家获得销售业绩第一名。有人问其成功秘诀,他回答说:"每次拜访顾客以前,我都会提前5分钟到,然后在洗手间里照照镜子,将两根手指伸到嘴巴内,开始扩张,等感到肌肉松弛了,就对着镜子说:'我是世界一流的,我是世界最棒的'。"

一次,这位业务员和一位总经理约好了下午2点钟见面。1点55分,他准时来到洗手间,对着镜子说:"我是最棒的……"这个时候,突然有个人走了进来。他依旧继续说着。这个人笑了笑,就走了。

到了1点59分,业务员敲开了总经理的门。进去以后,两个人都有些惊讶,因为刚才他们在洗手间里已经见过了。

总经理直接说:"小伙子,你的产品我要了。"

"能告诉我这是为什么吗?"业务员问。

"这是因为你的激情感染了我。我早就听说过,你每次拜访顾客都要提前5分钟到,并在洗手间里照镜子。今天亲眼所见,所以我相信你介绍的产品。"

激情影响执行,激情成就事业,因此许多知名企业都将激情当成招聘员工的标准。 例如,微软的招聘考官曾经对记者说:"我们愿意招的'微软'人,他首先应是一个非常有激情的人——对公司有激情、对技术有激情、对工作有激情。可能在一个具体的岗位上,你会觉得奇怪,怎么会招这么一个人,他在这个行业涉猎不深,年纪也不大,但是他有激情,所以和他谈完之后,你会受到感染,愿意给他一个机会。"

尽职尽责，追求完美

"责任保证绩效，责任创造结果。"著名管理大师德鲁克如是说。

一位记者这样记述了自己深受"不胜任"之苦的经历：

"前些日子，我订购了60平方米的玻璃用作装修。当时我站到订购柜台的职员身旁以确定她写的数量是否正确，结果还是枉然！建材公司开给我90平方米的账单，送来的货却是80平方米的玻璃。"

现在，很多企业在寻找各种方式和方法来提高工作绩效。 不过他们发现，无论是优秀的管理模式还是先进的管理经验，一应用到自己的公司就"不灵"了，工作绩效并没有显著的提高。

责任与绩效之间的关系应该是正比例的关系。 当一方面提高时，另一方面也随之提高；反之，当一方面下降时，另一方面也会随之下降。所以，要提高工作绩效，首先要确保员工的责任心。

美国著名职业演说家马克·桑布恩常常讲邮差弗雷德的故事，因为弗雷德的责任心使他深受感动：弗雷德是美国邮政的员工，他总是十分周到并细致入微地为他的客户服务。有一次，桑布恩去外地出差，快递公司误投了他的一个包裹，把它放到了别人家的门廊上。幸运的是，邮差弗雷德在发现桑布恩的包裹送错了地方后，便把他的包裹捡起来，重新放到桑布恩的住处，并在上面留了张纸条，解释事情的来龙去脉，还费心地找来擦鞋垫把它遮住，以免丢失。弗雷德这种认真负责的精神让桑布恩既惊讶又感动，于是桑布恩开始把弗雷德的事迹在全国各地宣讲。

桑布恩说：在10年的时间里，他一直受惠于弗雷德的优质服务。一旦信箱里的邮件被塞得乱糟糟，那准是弗雷德没有上班。因为只要是弗雷德在他服务的邮区里上班，桑布恩信箱里的邮件就一定是整齐的。

应该说弗雷德的工作是很平凡的，但是他对工作强烈的责任感，使他在平凡的工作中展现出了不平凡的一面。

美国独立企业联盟主席杰克·法里斯曾经讲起他少年时的一段经历：

13岁时，他就开始在父母的加油站里工作。那个加油站里有三个加油泵、两条修车地沟和一间打蜡房。法里斯想学修车,但他父亲却让他在前台接待顾客。

当有汽车开进来时,法里斯必须在车子停稳前就站到司机门前,然后忙着去检查油量、蓄电池、传动带、胶皮管和水箱。在工作中,法里斯注意到,如果他干得好的话,顾客大多还会再来。于是,法里斯总是多干一些,帮助顾客擦去车身、挡风玻璃和车灯上的污渍等。

有段时间,每周都有一位老太太开着她的车来清洗和打蜡。但是,这位老太太极难打交道,每次当法里斯清洗完毕后,她都要再仔细检查一遍,让法里斯重新打扫,直到清除掉每一缕棉绒和灰尘,她才满意离去。

终于,法里斯忍受不了了,他不愿意再为她服务了。然而,他的父亲却告诫他:"孩子,记住,这是你的责任!不管顾客说什么或做什么,都要努力做好你的工作,并以应有的礼貌去对待顾客。"

父亲的话让法里斯深受震动。法里斯回忆说:"正是在加油站的工作使我学到了严格的职业道德和负责的工作态度。这些东西在我以后的职业生涯中起到了非常重要的作用。"

当我们在工作中凡事都能尽职尽责、追求完美时,我们就会与"胜任""优秀""成功"同行。

能力需要责任来承载

福特汽车创始人亨利·福特曾经说过:"真正有意义的工作,从来都不是轻松容易的,你所承担的责任越重,你的工作也就越难做。"

但凡有大成就的人,他们都有一个共同的特点,那就是敢于承担更多的责任。 正是因为有了这种敢于承担更多责任的勇气,他们的能力在工作中得到提高,平台也不断扩大。

许多企业的领导非常羡慕联想的柳传志,因为他有两个很好的接班人——杨元庆、郭为。 但是很多人却不知道,柳传志为了培养这两个人,前后"折腾"了他们多少年。 柳传志的用意只有一个:只有勇于承担更多的责任,才会让人变得更强。

1988 年,24 岁的杨元庆进入联想工作,公司给他安排的第一份工作是做销售业务员。多年以后,杨元庆还清楚记得,当时他骑着一辆破旧的自行车,穿行在北京的大街小巷，去推销联想产品时的情景。

虽然刚开始杨元庆并不喜欢销售的工作，但他觉得那是自己的责任，干得非常认真，并且卓有成效。正是有了销售工作的历练，杨元庆后来才能够在面对诸多困难时而毫不退缩，也正是杨元庆敏锐的市场眼光和出色的客户服务，才引起了柳传志的注意。

1992年4月，联想集团任命杨元庆为计算机辅助设备部总经理。杨元庆在这个位置上依旧尽职尽责，不仅创造出了很好的业绩，还带出了一支十分优秀的营销队伍。

1994年，柳传志任命杨元庆为联想微机事业部总经理，把从研发到物流的所有权力都交给了杨元庆。

为了磨一磨杨元庆倔强的脾气，在1996年的一个晚上，柳传志在会议室里当着大家的面，狠狠地骂了他一顿："不要以为你所得到的一切都是理所当然的，你这个舞台是我们顶着巨大的压力给你搭起来的……你不能只顾往前冲，什么事都来找我柳传志讲公不公平，你不妥协，要我如何做？"柳传志在杨元庆被骂哭后的第二天给杨元庆写了一封信：只有把自己锻炼成火鸡那么大，小鸡才肯承认你比它大。当你真像火鸡那么大时，小鸡才会心服。

杨元庆回忆起当时的情景说："如果当初只有我年轻气盛的做法，没有柳总的妥协，联想就可能没有今天了。"

2001年4月，37岁的杨元庆，正式出任联想的CEO。柳传志在给他一份新的责任时，也给了他一份新的机遇。

而杨元庆在承担起这份责任时,恰恰也抓住了这个机遇,在磨炼中让自己得以不断成长。

经过不断的"折腾",杨元庆最终被炼成了一块好钢。柳传志就是让他在不断的锤炼中成长,让他承担起责任,使他的能力在承担责任的过程中不断提升。

能力永远需要责任来承载,只有主动承担更多的责任、经历更多的磨难,我们的才华才能够更完美地展现,我们的能力才能更快地提升,才能为自己赢取更多的发展机会。

一天,某大型公司的人力资源部经理对应聘者进行了面试。他提问了一些专业知识方面的问题以后,还提出了一个在许多应聘者看来好像是小孩都能够回答上来的问题。然而正是这个问题让许多人落聘了。这是一个选择题,给出了两个选择,由应聘者任选其一。第一个:挑两桶水上山去浇树,你能够做到,不过会非常吃力;第二个:挑一桶水上山,你会很轻松就上去,并且还有充足的时间回家睡上一觉。你会选哪一个?

许多人都选了第二个。

这时,面试官问道:"你挑一桶水上山,就没想过树苗会非常缺水吗?"很遗憾,许多人没有想过这个问题。

但是,有一个青年却选择了第一个,当面试官问及原因时,他说:"尽管挑两桶水非常辛苦,可是我有能力完成,既然有能力完成的事情为何不去做呢?再说了,让树苗多喝一点水,它们就会生长得更好,何乐而不为呢？"

这位青年最终被录取了。人力资源部经理这样解释："一个人有能力或通过一点努力就能够担负两份责任，可他却不想这么做，而只选择担负一份责任，因为这样就不用努力，而且十分轻松。我们觉得这样的人不敢于承担更多的责任，能力再好也不是我们公司所需要的，我们希望自己的员工都具有强烈的责任心。"

如果你有能力尽自己的努力担负两份责任，你获得的也许就是绿树成林。反之，如果你看起来也是在做事，但没尽全力，那么你得到的或许就是满目荒芜。这就是责任感不同导致的差距。

要是你能够担负更多的责任，就不要因为少担负了一份责任便感到庆幸，因为你只知这么做会十分轻松，却不知会因此而失去更多的东西。

第四章

高效执行,拒绝拖延

早起的鸟儿有虫吃

"早起的鸟儿有虫吃。"这个道理在商界中是最适用的。凡事都要早人一步,积极行动,不要消极等待,否则你什么也得不到。睿智的决策者们总是善于在商机来临之际,抢先一步行动,因此他们的企业往往越做越强、越做越大,业绩自然高出那些跟风的企业一大截。

说起李德建,可能很多人不知道他是谁,但提起"德庄火锅",恐怕就妇孺皆知了:"德庄"在短短几年时间里,从默默无闻的"小麻雀",飞上枝头,变成了"金凤凰"。

"德庄"之所以出名,因为它有一张王牌——肉感强、口感好、有天然草香的"绿色毛肚"。这种特制的"绿色毛肚"还有一个小故事:

一次进货的时候,李德建得知市场上不法商贩制作毛肚水发品时,往泡毛肚的池子里倒福尔马林。为此,他与母校食品科学院联合，研制出了"德庄绿色毛肚"，随后又将"绿色毛肚"的生产标准化、规范化，使之成了标准火锅菜品。2002年，"绿色毛肚"荣获"全国商业科技进步三等奖"。就这样，"德庄"又一次出名了。在"绿色毛肚"的影响下，"德庄"走上了一条"科技兴火锅，绿色兴火锅"的道路。

与其说是"天下第一大火锅"和"绿色毛肚"让"德庄"人尽皆知，倒不如说是李德建有着领先别人一步、敢为天下先的勇气和智慧。在激烈的市场竞争中，企业要保证自己立于不败之地，就必须比别人多付出，哪怕只比别人好一点，也能通过领先一步来领先一路。

率先抓住机会，快人一步，是领先于别人的不二法门。什么事情都是说来容易做起来难，但只要你是一个有心人，学会见微知著，能够从小事中看到机会，你就有成功的可能。毕竟"千里之行，始于足下"，所有的成功都是一点一滴积累的结果。

一次，海外某公司的一位采购员准备来国内采购一大批计算机方面的产品。为了争取到这个大客户，几家大型的计算机生产商都派出了人马去机场等待该采购员下飞机，准备把他接到自己的公司。

一家生产商甚至派出了销售主管亲自带队，正当他以为一定能把那个采购员接到自己公司的时候，他出乎意料地发现，在出关的大厅里，另外一家公司的总经理率领工作人员也在那里等候。

看着对方强大的阵营,这位主管心里没了底,感叹道:"没想到我们如此精心准备,还是迟了一步,落了别人下风。"不过,他还是硬着头皮走了过去,和那位总经理一起等待那位采购员,心里想着,这样至少可以跟对方打个招呼,不至于失了礼数。

飞机准点到达之后,各公司派出的迎接代表像潮水一样涌向接机口,大家都想把这位"财神爷"请回自己家。然而,让大家大跌眼镜的是,当那位采购员出现在众人眼前的时候,他的身边多了一个人——某家计算机设备生产商郭总。

他们两个人谈笑风生,所有的接机人员都愣在了现场。原来那个郭总,一早就知道了对方的行踪,抢在众多的竞争对手之前,和"客户"搭上了同一次航班。就是这快人的一步,为公司争取到了一大笔订单,那位采购员和郭总一起回了公司,这位郭总就是郭台铭。

起跑领先一小步,人生领先一大步。如果郭台铭不是事先有所准备,抢占先机,恐怕那么大一笔订单就要花落别家了。

在我们身边,总会有一些"事后诸葛亮",他们总是爱说"要是我当初如何如何,现在一定怎样怎样",表示后悔当初慢人一拍,没有能够做到快人一步。与其等到事后后悔不已,为什么不在"想当初"的时候先出手呢?

做一分钟效率专家

美国有个保险业务员自创了"一分钟守则"。他只要求客户给予一分钟的时间，让他介绍工作服务项目，时间一到，他自动停止自己的话题，感谢对方给予他一分钟的时间。他严格遵守自己的"一分钟守则"，总是充分地利用这一分钟，并且努力在一分钟之内让客户对他的业务感兴趣。结果，他大获成功。

信守一分钟的承诺，业务员不仅保住了自己的尊严，同时也引起了别人对自己的兴趣，还让对方对这一分钟产生了好奇并珍惜他这一分钟的服务。

有效利用时间，不仅要利用好全部的工作时间，更要利用好琐碎的时间。成功的人都是善于利用琐碎时间的人，这些平时被忽略的琐碎时间积累起来就会让你大吃一惊。只要每天能够多利用10分钟，一个月就是5小时，而一年就是60小时！在这段时间内，你完全可以创造出更高的价值。

每一个纵横职场的成功人士，都是善于寻找隐藏的琐碎时间，并能够合理利用时间的精英。就算是停在十字路口等红绿灯的短暂时间，也有人把它很好地利用起来。

李霞是一家顾问公司的业务经理，一年要接上百个案子。她很善于利用空闲时间，即使在等红绿灯或者塞车时，也会拿出客户的资料翻阅，以加深印象。她在车上放着一把拆信件的剪刀，有时开车时带着一沓信件，利用等红绿灯的时间看信。她认为，这段时间正是可以用来淘汰垃圾信件的时间，所以，她每天在到达办公室之前，就先进行一番筛选，这样一来，一进办公室，就可以把垃圾信件处理掉了。

李霞每年还要在各地奔波，很多时间就花在坐飞机上。她常常利用在飞机上的时间给客户写信。她经常告诉她的下属："与客户保持良好的关系，对我们来说非常重要。我们不能白白浪费这些琐碎的时间，要时刻想着为客户做点什么。"

有人之所以业绩优秀，就是因为他们能够有效利用每一分钟、珍惜每一分钟，他们使每一分钟都能产生价值。这样的员工是高效率的员工，也是当今老板所器重的员工。

克服拖拉的恶习

拖延已经成为现代人的通病，它不仅影响工作效率，而且会造成精神上的重大负担。事情未能随到随做，随做随了，渐渐堆积在心上。既不去做，又不能忘，实在比早做、多做更加疲劳。能拖就拖的人，心情总是无法释然，该做未做的工作始终给他一种压迫感。拖延不仅不能省下时间和精力，反而白白浪费了宝贵时间，不仅无法让人放松，相反却使人心力交瘁、疲于奔命。

一旦养成了拖延的习惯，就会有众多原因导致拖延的发生。经常拖延的人总是能找到很多借口：工作太无聊、工作太辛苦、工作环境不好、完成期限太紧、身体不舒适、精神不在最佳状态，等等。恩科公司的总裁约翰·钱伯斯先生对此评论说："拖延时间常常是少数员工逃避现实、自欺欺人的表现。"拖延的习惯最能降低人们做事的能力。如果去问一个忙碌的人，他一定是不肯拖延的。因为他们觉得，生活就像骑在一辆自行车上，如果不一直向前进发，就会失去平衡翻倒在地。效率高的人往往有限时完成工作的观念，他们会给自己估计做每件事情需要的时间，并且强迫自己在预期内完成，绝不让拖延发生。

对一位渴望成功的人来说，拖拉最具破坏性，也是最危险的恶习，它使人丧失进取心。行动能力强的人从不拖延，因此，他们能够紧紧抓住成功的机会。

19世纪50年代，受西部淘金热的影响，年轻的美国小伙子李成·施特劳斯也按捺不住了，他放弃了自己轻松的文职工作，随着两个哥哥来到旧金山。到旧金山不久，他开办了一家百货店。

一天，一位来店里买东西的淘金工人无意中对施特劳斯说："你们的帆布包真的很适合我们，为什么不用帆布做成裤子给我们淘金工人穿呢？我想，那一定比我们现在的棉布工装裤结实耐用多了。"

淘金工人的建议引起了施特劳斯的兴趣，他经过反复思考，决定立即试一试。他马上取出一块帆布到裁缝店，做了第一条帆布工装短裤。这种工装裤诞生以后，果然受到了众多矿工的喜爱。这种工装裤就是现在风靡全球的牛仔裤的前身。

过了些日子，一位从远方来看望施特劳斯的朋友见到工人购买工装裤的情形，向他建议道："我认为，你应该聘请一些有丰富经验的裁缝，先把这种裤子重新设计一番，再投入一些资金，并进行相应的广告宣传，然后把它推向市场。"施特劳斯经过慎重思考，又接纳了这位朋友的建议，以最快的速度将经过重新设计的工装裤推向了市场。令施特劳斯没有想到的是，这种裤子不但吸引了大批矿工的喜爱，而且受到了年轻人的青睐。

后来，他引进设备，组装生产线，开始大批量生产这种工装裤——牛仔裤，并利用各种媒体对牛仔裤进行大力宣传，甚至还谈起了"牛仔文化"，无孔不入的宣传使牛仔裤深得人心。牛仔裤的市场前景越来越光明、越来越广阔，他的公司也因此而获得了蓬勃发展。

对一个人来说，机会摆在面前，能否抓住这些机会，不仅取决于他是否有敏锐的洞察力，更取决于他是否敢于付出行动，如果一味拖延而不去行动，那么他永远都不能将梦想变成现实。

喜欢拖拉的人往往意志薄弱，他们或者不敢面对现实，习惯于逃避困难，惧怕艰苦，缺乏约束自我的毅力；或者目标和想法太多，导致无从下手，缺乏应有的计划性和条理性；或者没有目标，甚至不知道应该确定什么样的目标。另外，认为条件不成熟，无法开始行动也是导致拖拉的原因之一。

要想从根本上克服拖拉不行动的弊病，可以从以下几个方面入手：

1. 分类找原因

是什么原因使员工无法做某项工作呢？ 是优柔寡断？是害羞？ 是无聊？ 是无知？ 是散漫？ 是恐惧？ 是疲倦？是无法忍受不愉快？ 是缺乏必备的工具？ 请一字一句地具

体指出拖延某事的原因，然后区分类别。如果正确地认清问题，则解决方法就会变得相当明确。如信息不足，则可以开始寻找必需的资料。

2. 将问题分解

工作似乎相当艰巨，则稍稍暂缓，拿出纸来做思考。记下完成工作的所需步骤，步骤的幅度越小越好，即使它们只需要花费一两分钟，也须分别记下。

这个艰巨的工作就像一条未被切割的大腊肠，庞大、皮厚、油腻，难以入口，但如果切为薄片，则相当引人垂涎。将艰巨的工作分开对待，即分成每个小小的即时工作单，就像可以马上享用的腊肠片，而非整条腊肠。

3. 引导式工作

假设想拖延写信，不要试着去强迫自己，只要采取一些预备步骤，当做完此步骤，便可以决定是否要继续下去。这步骤可能是看看信的地址，或将纸转入打字机，或取下纸来，或写下提出的要点。任何事皆可，只要是明显的身体行为，这是打破内心困顿的方式，其理论基于：事物静止时依旧是静止着，运动时依旧是运动着。

此外，记日记、和自己对话、让信得过的亲朋好友或者同事在固定时间督促检查你的工作等，这些方法也可以克服拖延，让你马上执行。

克服"拖延症"才能所向披靡

既然职场中完美的执行力是我们立足的根本，那么我们就必须克服拖延的毛病，因为拖延是有效执行任务的最大障碍。

现实中有一种人总喜欢在晚上睡觉前制订第二天的计划，但到了第二天，他们不是忘了那些已经列好了的计划，就是觉得很难付诸行动。"明天再说吧"，他们总是这样安慰自己。于是，无数个"第二天"就这样被浪费掉了。可见，拖延的直接后果就是使我们的执行力大打折扣，久而久之，就会造成不可挽回的局面。

1989年3月24日，埃克森公司的一艘巨型油轮在阿拉斯加触礁，原油大量泄漏，给生态环境造成了巨大的破坏。这原本是一件应该立即着手解决的事情，但埃克森石油公司却一味拖延。这引起了大众的愤怒，以致引发了一场"反埃克森运动"，这场运动甚至惊动了总统。最后，埃克森公司总损失高达数亿美元，公司形象严重受损。

埃克森公司最终为自己的拖延行为付出了惨痛的代价。由此可见，做事拖延有百害而无一利。

遇到问题不拖延，对企业来讲至关重要，对员工更是如此。

工作中，很多员工都有拖延的习惯，却不知拖延是一种顽疾，是我们通往成功之路的巨大障碍。而善于作战的拿破仑则非常重视"黄金时间"，他知道每场战役都有"关键时刻"，把握住这一时刻意味着能在战争中取得胜利，稍有犹豫就会导致灾难性的后果。

克里·乔尼是一名火车后厢的刹车员。一天晚上，因为暴风雪的来临，火车晚点了，这意味着克里要在寒冷的冬夜里加班了。克里十分不情愿，他在考虑如何才能逃掉夜间的加班。与此同时，另一节车厢里的列车长和工程师正在因为这场暴风雪而忧心忡忡。

就在这时，克里所在的这列火车发动机的汽缸盖被风吹掉了，不得不临时停车，而另外一辆快速列车几分钟后就要从这条铁轨上经过。列车长匆忙跑过来，命令克里拿着红灯到列车后面去警示后方的列车。克里心里想：那里不是有一名工程师和助理刹车员在守着吗？便笑着对列车长说："不用那么着急，后面有人守着呢。等我拿上外套就过去。"列车长一脸严肃地说："一分钟也不能等，那列火车马上就要开过来了。""好的！"克里答道。列车长听完克里的答复后又匆匆忙忙向火车的发动机房跑去。

但是，克里并没有立刻过去，他认为后车厢有一位工程师和一名助理刹车员在那儿守着，自己没必要冒着严寒和危险，那么快地跑到车厢后面去。他喝了几口酒，才吹着口哨，慢悠悠地向后车厢走去。

当他走到离车厢十来米的地方时，才发现工程师和那位助理刹车员根本不在那里。原来，他们已经被列车长调到前面的车厢去处理另一个问题了。克里加快速度向前跑，但一切都晚了，克里眼睁睁地看着那辆快速列车的车头撞在了自己所在的这列火车上……

克里明明已经发现了问题，却没有立即去解决，而是将希望寄托在其他人身上，最终酿成了惨祸，这就是拖延造成的可怕后果。

职场如战场，你拖延，别人却在进步，于是你就在不知不觉间被淘汰出局了。因此，立刻行动起来才是最重要的。当我们养成想到就做、不拖延的习惯后，我们就会发现自己在不自觉间有了新的成绩，工作很快就能得到解决，不但自己感到非常充实，还能得到企业的欣赏，这种爽快的感觉会使我们心情更加愉快。

其实，只有那些我们一拖再拖的工作才会让我们觉得累，而那些我们正在做的工作却会让我们感到无比快乐。的确，拖延的习惯不但耽搁工作的进行，而且对人的精神来讲也是一种负担。

总之，我们要克服"拖延症"这个工作中的巨大障碍，让自己在职场中稳步前行、所向披靡。

合理利用自己的时间

很多人有这样的感觉，休息一段时间或者在平淡乏味一成不变的日子里觉得自己的时间很松散，有时候觉得自己懒惰提不起精神，有时候觉得自己时间不够用。其实这些都是缺乏时间观念的表现。

人生的意义在于你对生活的态度！"一寸光阴一寸金，寸金难买寸光阴"，通过这句话我们知道了时间无法用金钱买到，所以我们要珍惜时间，做时间的主人。一个人的成就取决于他的行动，一个人的成就跟他管理时间的能力成正比。

很多人时间管理做不好，是因为他不够忙。管理好时间的人，第一个现象就是忙，整个人开始忙碌起来，不是瞎忙，而是很有效率地忙。

管理时间的目的是为了要达成你的目标，所以假设一开始目标没有设定好，计划没有拟订详细，事实上管理时间的效率已经不理想了。成功就是每天进步一点点。当你每天学习一点、行动一些，把计划做得越来越详细，不断地做检讨，你就会每天进步一点，慢慢步入成功。

有一件事情是你应该做的：每天睡觉前做好次日的工作计划。用一张纸罗列次日要做的事情，并且根据要紧程度排序，以便第二天一件件来做，每做完一件便做上标记。量化自己每天的工作，会让你做事非常有成效。

一旦你开始做某项工作，就要把它做好，不要半途而废。但是如果一项工作过于宏大不能一次做完，那你该怎么办呢？

很简单，你可以把这件工作化解成若干个分段，最好用文字记录下来，规定自己每天需要完成的数量，这样你就不会觉得头绪紊乱，也不会白白浪费时间和精力了。而且你会觉得离大功告成越来越近，随时都可以鼓足劲干下去。

不要让那些看起来很吓人的任务吓倒你。如果你能分配好你的任务，就能提高你的办事效率，使你能在和别人相同的时间内做好更多的事情。

有一句话是这样说的：你不可以延长你生命的长度，但你可以扩展它的宽度。在有限的生命里做出更多有意义的事，更高效地利用自己的时间，会让你加快脚步，比别人走更多的路。量化的工作正是争取高效的表现。给自己规定每天的任务，让自己有适当的压力。这样可以防止拖延，提高时间利用率。因为我们在做事情的时间上有很大的伸缩弹性，只要我们紧急一些，花的时间就会少很多。因为你已经给自己规定了任务，你在做事的时候就会想，我还有很多事要做呢，我不能耽搁，我应该再快一点。这样，你就不会把事情拖延了。

一份研究机构的研究结果表明，制订计划将极大地提高目标实现的成功概率，制订计划的人的成功概率比从来不制订计划的人高3.5倍。 在成功实现目标的人群中，制订计划者高达78%；在成功实现目标的人群中，没有制订计划的人仅为22%！

为自己每天的工作都制订计划、规定数量，然后付诸行动，这就是高效的秘诀之一。

晚上睡觉前，你第二天的工作计划准备好了吗？ 每天都坚持你的计划，你会发现，自己原来可以这么高效。

时间就是生命，掌握时间就是掌握生命！

一个人的成就大小取决于他24小时做了哪些事情。 时间管理的重点在于如何分配时间、如何在更短的时间内达成更多的目标。

立刻行动，马上执行

每一位员工都应养成一种现在就行动的好习惯，这是克服拖延的良方。"有空再做，明天做，以后做""再等一会儿""再研究一下"，都是在为拖延找借口。该解决的问题必须马上去解决，一分钟也不要推迟。

有时候即使只是推迟一分钟，也许好事就会变成坏事。实际上，职场中每个人都有拖延的坏习惯，只是拖延程度大小不同而已。但是，优秀员工会将这种冲动扼杀在摇篮里，他们时刻提醒自己"决不拖延，立即行动"。

可见，一个工作效率高的人，其秘诀就是该解决的问题立即解决，决不拖延一分钟。问题积累成堆是因为你拖延的坏习惯，面对着日趋增多的工作，你都不知道从哪里下手，最终的结果会更为严重。

因此，我们必须记住：在工作中，每一分钟都非常重要。拖延时间，只会使我们在"现在"这个时期更加懦弱，并期待于幻想。也就是说，我们总是想着事情能往好的方向发展，但始终都不能取得成功。而且,有拖延心理的人心情总是不愉快,总觉得疲乏,因为应做而未做的事总是给他压迫感,拖延并不能节省时间和精力,相反,它会使你心力交瘁,甚至失去工作机会。

我们来看一个现实中的事例:

孙浩是一家知名广告公司的文案策划,他的策划文案总是很有创意,这让老板对他格外器重。一次,老板将新签约的一家大客户的广告策划案交给他来完成,并告诉他最迟在月底完成。孙浩接过任务,心想还有半个月时间,不用着急开始,他有充分的自信可以在规定时间之内完成。

于是,他天天不急不慌地浏览网页、看看报纸、聊聊天,想着等到最后几天开始做一样可以完成,不必这么着急。

当孙浩玩得差不多了,准备开始工作了,却被老板叫去参加一个广告学习研讨会,耽误了整整一天的时间。他还是不着急,想着,那就第二天再开始做吧。

可是他没想到,第二天公司电脑集体中毒,全部拿去电脑公司维修,又耽误了一天。没办法,孙浩找借口,跟老板多要了一天,下班后自己再回家赶夜车,匆匆写了一份策划方案交了上去。

由于策划方案写得仓促,几乎没有什么新意,客户又催得急,连修改的时间都没有了。最后导致客户不太满意策划方案,公司为此赔偿了客户很多钱。于是,老板将他辞退了。

员工一定要独立,一定要在规定期限内完成工作,绝不能有拖拖拉拉的情况。优秀的员工不仅能守时,而且他们深知,在所有老板的心目中,最佳的开始时间是现在,最理想的任务完成日期是今天。

实际上,拖延并不能解决问题,问题不会随着拖延而变得简单,拖延只会让问题变得更加严重。而且,我们拖延造成的损失不会有谁为我们买单,可想而知拖延的后果有多么可怕。所以,我们一定要抛弃拖延的坏习惯,养成当日事、当日毕的好习惯。

没有行动，梦想毫无价值可言

"忙""烦"——是如今职场人士说得最多的两个字，为什么会造成这种现状，除了某些客观原因外，还有一个非常重要的主观原因，就是多数人总是工作拖延。

培根曾说过："好的思想，尽管得到上帝赞赏，然而若不付诸行动，无外乎痴人说梦。"

对于一个好的想法，我们应及时采取行动，虽然这样不一定能带来令人满意的结果，但不采取行动则绝不会产生满意的结果。

美国管理专家史华兹说："我们对于一件事的完美要求必须折中一下，这样才不至于陷入行动以前永远等待的泥沼中。"如果整天停留在创业计划的阶段，那只能是梦想，永远不能成为现实。不管做什么事情，一旦我们有了好的想法、好的主意，就立即采取行动，决不拖延！

拖延并不能使问题消失，更不能使问题变得容易。随着事情完成期限的逼近，我们的工作压力反而会与日俱增。这不仅会让我们感觉到身心疲倦，问题还会由小变大、由简单变复杂，解决起来也越来越难。更糟糕的是，没有任何人会为我们承担拖延的损失，拖延的后果可想而知。

此外，拖延会侵蚀我们的意志和心灵，阻碍我们潜能的发挥。处于拖延状态的人，常常会陷于"拖延——低效能＋情绪困扰——拖延"的恶性循环之中。为此，我们会常常苦恼、自责、悔恨，但又无力自拔，结果一事无成。

避免拖延的唯一方法就是"立即行动"。

许多人做事总喜欢等到所有的条件都具备了再行动，诚然，条件成熟是成功的前提，但并不是说我们只能等条件成熟才能行动。坐等其成，只能虚度时光。目标需要用行动去证明，梦想需要用行动去实现。

著名的西点军校的校规中最重要的一条就是：立即行动！如果你永远不行动，那么你永远是一场空。千里之行，始于足下。一百个空想家抵不上一个实干家！

世界上的所有发明，都是在人们大胆的想象之后付诸行动而来。地动仪正是通过张衡的积极探索发明而成；日心说若没有经过哥白尼日复一日地观测行动也无法问世；美洲新大陆若没有经过哥伦布两个多月的海上航行也无法被发现……

的确，人生伟业的建立、事业的发展，不仅在于能知，而且在于能行。

很早以前，一个和尚决定去南海。当他下定决心后，便不顾家境贫苦、路途遥远等困难，毅然前往。

途中，和尚到一个有钱人家中化缘。有钱人得知他此行的目的后，不由嘲笑："凭你也想到南海？我想到南海的念头已经有好几年了，但一直没有准备充分。像你这样贫穷的人，还没到南海，不累死也会饿死了。还是趁早找个寺庙安稳度日吧！"

和尚不为所动，继续前行。几年以后，和尚从南海返回的途中又碰到这个有钱人，他仍未开始行动。

这个故事向我们生动地诠释了行动的重要性。 有行动才会有结果。 开始是最困难的工作，但却必须开始。 那些不去做现在可以做的事情，却下决心要在将来的某个时候去做的人，他们不满于自己工作中拖延的现状，却又不去改变，每天都生活在等待和无奈之中。 这样的人，最终将一事无成。

行动是一件了不起的事，如果没有行动，那么我们的梦想毫无价值可言，我们的计划也不过是一堆废纸，我们的发展目标也不可能达到。

一张地图，无论绘制得多么详细，它都不能带着它的主人在地面上移动一寸。 一位运动员，如果一直停留在起跑线上思考，而没有跑出去，那他永远都不可能成功！

只有行动起来，才能使我们的梦想、我们的计划、我们的目标成为一股活动的力量。 行动才是我们成功的起点！ 所以，我们要时刻牢记，要成功，只有行动！

第五章

懂得感恩,以感恩的心态努力工作

心怀感恩，工作就会充满乐趣

现实中，总有一些人感叹工作的枯燥乏味，为工作的琐碎繁重而烦恼，在工作中一遭遇挫折和难题就灰心丧气。事实上，工作是单调乏味还是充满乐趣，完全取决于我们的心态。一个心怀感恩的人，他会热爱自己的工作，把工作当成是一种享受。他会从工作中发现更多的乐趣，学会更多的知识和技能，从而不断提升自己，迈上一个又一个新的职业台阶。

我们没有理由不感恩自己的工作。工作就好比是一棵果树，我们为它修枝剪叶、浇水施肥，到了秋天，当沉甸甸的果实压弯了枝头，呈现出一片丰收的景象时，我们心头就会涌现出无限的喜悦。而工作带给我们的实际利益，还远不止这些，因为工作不仅让我们的衣食住行有了保障，还为我们提供了施展才华的舞台，让我们的人生价值得以体现。试想，一个没有工作的人，他的人生不会有任何的悬念。他会因整天无所事事、虚度光阴而忧郁苦闷，他不能为人类做出任何贡献，他失去了思想和灵魂，犹如行尸走肉一般，苟活于世间。因此，拥有一份工作，我们就应该感恩，并将感恩化为力量，付诸实际行动，这样我们就会对工作充满激情，工作当中也会充满乐趣。

据说，在美国的西雅图有一个很特殊的鱼市，这个特殊的鱼市被许多电视台争相报道过。这里的鱼贩们特殊的卖鱼和批发处理鱼的方式不但招来了众多的顾客，让鱼市的生意兴旺发达，还吸引了大量的游客。

原来，这个鱼市的小贩们一个个面带笑容，像合作无间的棒球队员那样传递着手中的鱼，冰冻的鱼也如同棒球一般在空中飞来飞去。鱼贩们一边工作，一边互相唱和着……

当人们向鱼贩问及为何在这样糟糕的环境中仍能保持快乐工作的心境时，他们解释说，几年前，这个鱼市本来也是一个毫无生气的地方，鱼贩们整天抱怨工作太过无聊和沉重。后来大家一致认为，这样抱怨不但无济于事，还会影响生意，不如改变心态，以一颗感恩的心去打造工作的高品质。

于是，他们好像脱胎换骨了一般，把卖鱼当成了一件乐事。他们整天笑脸迎人，心情舒畅，前来买鱼的顾客越来越多，鱼市生意很快火爆起来。而他们因为心怀感恩，对工作充满了热情，也愈加发现了工作中的乐趣。于是，在这里，创意一个接着一个，笑声一串接着一串，成了鱼市中的奇迹。

这样的工作气氛还影响了附近的上班族。许多人在工作之余，都要跑到鱼市来感受一下快乐的氛围，感染一下鱼贩们工作的好心情。一些管理层人士还专门到这里来询问提升员工士气的方法，而这里的鱼贩们也已经习惯了给工作不顺心的人们排忧解难。他们最常说的一句话是："并不是生活亏待了我们，而是我们对拥有的一切不知道感恩，企求的太多，忽略了生活本身。"

由此可见，如果鱼贩们不知道感恩，对拥有的一切麻木不仁，总把自己当成是世界上最悲惨的人，那么他们终究会活在委屈、不满、愤懑的情绪中不能自拔，享受工作的乐趣便无从谈起，更谈不上富有创造性地去工作了。

现实中，对于任何一个人来说，只有学会感恩，你的脸上才会洋溢出从心底生发出来的那种快乐和满足，你才会积极乐观、敬业合群。

视工作为乐趣，人生就是天堂；视工作为苦役，人生就是地狱。 佛说："我不下地狱，谁下地狱？"由此可见，人们对天堂是多么的向往。 既如此，我们就要视工作为乐趣，而要做到这一点，我们首先必须对工作心怀感恩。 因为感恩之心可以帮助我们及时调整自己的心态，让我们舒开紧锁的眉头，保持对工作的兴趣与激情，并坚持自己的梦想和追求。事实上，只要我们心怀感恩，用乐观的心态看问题，心中的那个烦恼结自然就解开了，我们的工作就会变得妙趣横生起来。

感恩让幸福和快乐常伴你左右

我们每个人来到这个世界上,都希望自己过得幸福快乐,然而,却并不是所有人都拥有自己想要的一切,都过得开心快乐。相反,疾病和战争、失败和挫折,常常会让我们陷入痛苦的深渊,而面对这一切,我们又该如何抉择?

要知道,幸福和快乐不是可以外求的事物,而是人们一种内在的心灵感觉。或许在某一个瞬间,心中那根隐秘的弦忽然被牵动,泛出一圈圈甜美的涟漪,这就是我们想要的快乐和幸福。但在现实中,人们并没有注意到自己内心那根隐秘的弦的存在,而是一味追求外在那些认为可以给自己带来"幸福"和"快乐"的东西。其结果,由于索取的一次次失败,导致了内心的悲观失望,于是,我们心灵深处那根幸福和快乐的弦,便再也不能拨动了。

事实上,只要我们心怀感恩,就能常常拨动心中那根幸福和快乐的弦。感恩源自我们内心的爱,源自我们纯洁的心灵。一个人的心灵越纯洁,他的力量就会越强大,这种强大的力量，足以摧毁一切恶魔，驱走一切阴霾。看看吧，在现实工作和生活中，那些不懂得感恩的人，总觉得工作和生活赐予自己的还不够多，不停地抱怨这抱怨那。可以说，在他们的生命里，很少有幸福和快乐可言。他们要么抑郁成疾，要么终日凝眉，对人对事表现出一副不耐烦的姿态。这些人的心灵早已被黑暗侵蚀，失去了思想，对现实中的一切都感到无能为力。而如果他们怀有一颗感恩的心，就不仅能够稀释心中那些狭隘的积怨，还能帮助自己忍受住莫大的痛苦，挺过莫大的灾难。他们在让自己体会到真正的幸福和喜悦的同时，也让自己变得更加自信和坚强。

在我们的工作和生活中，到处都是美丽动人的风景，只是没有心怀感恩的人，看不到也体会不到它们的美好。懂得感恩，看似是对别人的礼遇，实则是善待自己，懂得感恩的人还会创造出更多的幸福和快乐。举例来说，面对眼前的一个苹果，有些人可能会想："就剩一个苹果了，还这么小！"懂得感恩的人则会说："啊，真好，还有一个苹果，我又可以好好地享受一下了。"同样的一个苹果，看在不同人的眼里，却有着截然不同的反应。是上帝亏待了那个觉得苹果太少又太小的人了吗？不是的。上帝对每个人都是公平的，只因他们的心态不同，才体会出了工作和生活中的不同滋味。

有一位70多岁的老先生，家里有一幅祖传的名画。他的父亲告诉他，这幅画可能价值数百万元，因此，他总是战战兢兢地收藏着，从不轻易示人。但他很想知道这幅名画到底是不是名人的真迹，而自己又不懂艺术，于是,在一次电视台组织的鉴定活动中,他携名画去参加了。

现场的专家们对这幅画进行了认真细致的鉴定,结果很快出来了。他们一致认为,这幅名画是后人临摹的作品。主持人问老先生:"这个结果是不是让您很失望?"没想到,老先生只是憨厚地笑了笑,说道:"这样也好啊,至少以后不用再担心有人来偷这幅画了。我就可以放心地把它挂在客厅里了。"

这位老先生没有因自己苦心收藏的"名画"是赝品而深感沮丧,而是以一种豁达的心境,坦然接受了现实,并且对这一事实仍然有着感激之情。因为这样一来,他就不用担惊受怕,就可以放心地把画挂在客厅里,供人随意欣赏了。此时,他内心的那份宁静和快乐,是无以言表的。

心怀感恩的人,在面对困境时,不会一味地埋怨上天的不公,而是把挫折和困难当作命运对自己的考验和磨炼,当作自己生命中一份特别的礼物。抱着这样的心态,在失败和艰难面前,他仍会感觉到快乐,因为他坚信自己在经受住这一切的考验和磨炼之后,必能迎来事业的辉煌和生命的又一个春天。在这一思想支配下,他变得思维活跃、思路清晰,并且有了破除万难的决心和勇气,会积极想办法走出眼前的困境。所以说,心怀感恩的人,即使正在遭受磨难,他的内心也是平静和安宁的。

感恩犹如心灵之泉,它源源不断地滋润着我们的心田,让我们的心灵免于干涸,让我们的生命遍洒阳光,充满了活力与生气。 一个不懂得感恩的人，即使家财万贯，也仍只是一个贫穷的人，而只有懂得感恩的人，才真正是天下最富有的人。 从现在开始，让我们用纯真的心灵去感激、去铭记生活的点点滴滴吧。 只要我们用心去感受，就会发现，感恩给我们带来的温暖时刻萦绕在我们的心间，把我们带入幸福和快乐的家园。

感恩于公司的培养和信任

是谁给了我工作？是谁在培养我成长？我该感谢谁？我该怎样感谢？

我们都应该明白，是公司给了我工作，是公司在培养我成长，我们应该感谢公司，我们应该怀着感恩的心态去对待公司交给我们的每一件事情，并且认真出色地完成每一项工作。

一个具有完美人格的人是懂得感恩的人。只有懂得感恩的人，才会得到外界的认可，才会得到老板的信赖，才能认真执行公司交给自己的任务。

但是很多时候，我们可以为一个陌路人的点滴帮助而感激不尽，却无视朝夕相处的老板的种种恩惠。我们将工作关系理解为纯粹的商业交换关系，甚至与老板处于相互对立的状态。其实，虽然雇用与被雇用是一种契约关系，但是也并不至于完全对立。从利益关系的角度看，是合作双赢；从情感关系角度说，是一份情谊。

目前，肯德基在中国大约有5000家，餐厅管理人员，针对不同的管理职位，肯德基都配有不同的学习课程。学习与成长相辅相成，是肯德基管理技能培训的一个特点。比如，当一名见习助理进入餐厅，适合每一阶段发展的全培训科目就在等待着他。最初，他要学习进入肯德基每一个工作站所需要的基本操作技能、常识以及必要的人际关系管理技巧。随着他管理能力的增强和职位的升迁，公司会再次安排不同的培训课程。

当一名普通的餐厅服务人员经过多年的努力，成长为管理肯德基餐厅的地区经理时，他不但要学习领导者的分区管理手册，同时还要接受公司的高级知识技能培训，并获得被送往其他国家接受新观念以拓展思路的资格的机会。除此之外，这些餐厅管理人员还要不定期地观摩录像资料，进行管理技能考核竞赛。

当然，也许别的公司并不像肯德基那么做，但是为了追求效益、创造价值的氛围也会加速你的成长，锻炼你的学习能力、接受新事物的能力以及解决问题的能力。静下心来想想，你在成长中犯过的错误，哪次不是公司帮你买单？

公司给你提供了一份工作，并且容忍你的错误、等待你的成长，等待你从一名青涩的职场新人成长为一名职业精英，为你的每一次错误付出代价。难道你不该对公司和老板感恩吗？感谢公司对你的培养，感谢老板让你有机会证明自己的实力吧。

在人的一生中，可能会经历一些不同类型的工作。如果不是公司为我们提供一个平台，为我们的职业生涯提供一个良好的途径，我们作为社会中的一个微不足道的个体，又怎能有机会在舞台上尽情施展自己的才华呢？也许我们对某项工作不太满意，也许某项工作并不是我们喜欢从事的，但无论如何，我们所选择的每一项工作，都将是人生链条上非常重要的一环。我们将从那里获得暂时的成功或者失败。而那些失败，也将帮助我们更清晰地认识、分析自己的优劣所在，激发我们内在的、沉睡的各种潜能，从而找到真正适合自己的事业。

"联想为我提供了一个从学生到职业人的转换平台，成为我个人事业上的第一个里程碑，这是联想给我的第一个惊喜。"联想公司的高管杜涛向大家讲述加入联想之后所收获的惊喜。短短两年多的时间，杜涛本人的职业生涯在联想实现了稳健而又快速的发展。在一系列培训项目的扶持和培养下，他由刚入门的一名助理工程师，成为一位可以全权负责全球选件项目开发管理工作的经理。在此期间，他还获得了公司提供的远赴美国的培训机会。"我感谢联想包容的公司文化和它对我的培养。"杜涛如是说。

许多成功人士在事业上取得令人瞩目的成就，都是基于公司为他们提供的一个施展才华的场所、一个广阔的发展空间。公司是员工发展的载体，公司的存在为员工提供了一个工作的机会、也提供了一个不断发展进步的舞台。作为公司的一员，我们应该心怀感恩。

感恩于客户的抱怨和选择

工作中,我们只有满足了客户提出的要求,客户才可能会选择我们,我们才会得到发展和进步。所以,我们应该感谢客户的抱怨和选择。

厨师海伦在纽约郊外著名的卡瑞月湖度假村工作。

周末的一天,海伦正忙碌时,服务生端着一个盘子走进厨房对她说:"有位客人点了这道'油炸马铃薯',他抱怨切得太厚。"

海伦看了一下盘子,跟以往的并没有什么不同,但还是按客人的要求将马铃薯切薄了些,重做了一份请服务生送去。

几分钟后,服务生端着盘子气呼呼地走回厨房,对海伦说:"我想那位挑剔的客人一定是生意上遭遇了困难,然后将气借着马铃薯发泄在我身上,他对我发了顿牢骚,还是嫌切得太厚。"

海伦在忙碌的厨房中也很生气，从没见过这样的客人！但她还是忍住气，静下心来，耐着性子将马铃薯切成更薄的片状，之后放入油锅中炸成诱人的金黄色，捞起放入盘子后，又在上面撒了些盐，然后请服务生再送过去。

没过多久，服务生仍是端着盘子走进厨房，但这回盘子里空无一物。服务生对海伦说："客人满意极了，餐厅的其他客人也都赞不绝口，他们要再来几份。"

这道薄薄的油炸马铃薯从此成了海伦的招牌菜，并发展成各种口味，如今已经是地球上各地域的人们都喜爱的休闲零食。

海伦的成功，关键在于她在面对批评的时候，不是满腹牢骚地抱怨别人，而是能忍住怨气做好自己的工作，一次一次地改进，让顾客满意。这一点不仅满足了顾客，同时也成就了海伦的事业。

一名好员工所具备的素质就是当有人对自己的工作不满意时，不是去抱怨别人，而是积极努力地完善自己的工作。如果我们每天都能带着一颗感恩的心去面对客户，那么我们在工作时的心情也一定是积极而愉快的。带着这样的心情投入工作，最终我们一定会取得成功。

多问问自己："我做得怎么样？"这不仅仅是一种对客户感恩的表现，同时也可以使我们自己得到不断的提高。其实，这是一种双赢的策略。

时常怀有感恩之心，我们就会变得谦和、可敬且高尚。

每天提醒自己，为自己能有幸得到这份工作而感恩，为自己能遇到这样一位客户而感恩。

时下，面对琳琅满目的商品，消费者的选择余地大了。同一类商品，消费者有可能选择 A，也有可能选择 B，选择谁，谁就有可能在最终竞争中获胜。长期或永远不被消费者认可的商品，最终只能出局！

客户是上帝！客户选择我们，我们就成功了！如果客户选择了他人，我们只能"关门大吉"！

的确，如果代理商都不支持我们的产品、不代理我们的产品，仓库积压，产品滞留，企业只能关门；如果销售商都不支持我们的产品、不积极推销我们的产品，商品滞留货架，企业无从赢利；如果消费者选择了别人的产品，而不是我们的产品，最终我们就会失败。

感恩吧，感恩客户的抱怨和选择，是客户让我们永远成功！

感恩是多赢的工作哲学

感恩不是没有回报的付出，感恩的最后结果一定会是你得到别人的认可和赞同，也一定是你获得比别人更大的成功。

当我们手拿工资和自己的爱人享受美好生活的时候，我们应该感恩我们的工作；当我们用拿着薪水换来的礼物去孝敬父母的时候，我们也应该感恩我们的工作。节假日，当我们开怀畅饮，尽情放松的时候，我们应该懂得，这都是工作给我们带来的幸福。感恩是要发自内心的，我们要感恩于生养我们的父母，正是他们给了我们生命，养育我们成人，教给我们做人的道理，如果没有他们，我们就不会来到这个世界上，也更不会有所作为。

怀着一颗感恩的心去工作，我们就会明白，工作不只是我们谋生的手段，更是我们自我持续发展和实现自身价值的一个舞台。没有了这个舞台，我们的能力就没有办法得到体现。所以，感恩会让我们敬业。

怀着一颗感恩的心去工作，人与人之间的关系就会和谐起来。 员工真诚地感恩于公司的培养,老板真诚地感恩于员工的辛勤劳动,员工与老板之间的关系就会更加融洽,那种雇用与被雇用的关系,就会变成朋友与朋友之间真诚的互助关系。 所以,感恩会让我们对老板忠诚。

怀着一颗感恩的心去工作,就会用包容的心去对待别人的错误。 一个人一辈子不犯错误是不可能的,有时候甚至会犯两次同样的错误。 感恩会让我们变得宽容,与同事和谐相处。 所以,感恩会让我们拥有良好的人际关系。

怀着一颗感恩的心去工作,你就不会去抱怨暂时的不公正待遇;用感恩的心去工作,你就不会感到工作的无趣乏味;用感恩的心去工作,你就不会在困难面前畏首畏尾;用感恩的心去工作,你会觉得工作就是为自己工作;用感恩的心去工作,你在受到领导批评时就不会感到委屈,而会把这种批评当成一种激励,用感恩的心去工作,你才能真正做到严于律己、宽以待人,和整个团队共为一体。

如果一个下属不懂得感恩,就不值得同事们尊重;如果一个员工不懂得感恩,就不值得老板提拔和委以重任;如果一个孩子不懂得感恩,就是家庭教育的失败。 感恩是一种能力,更是获得能量和能力的途径。

我们要用一颗善良的心去对待周围的人,感恩你身边的每一个人。 感激领导给我们提供的工作机会;感恩同事给予我们的支持和帮助;感恩家人的默默奉献和无私关爱,感恩朋友无微不至的关怀和不求回报的援助,感恩客户的抱怨和选择;感恩生命中的每一个人。 生活中,感恩无边,一句话语、一个行动、一点情怀都能表达和诠释感恩的真谛。 感恩无痕，一分努力、一点进步都能传达一份真情与心愿。

有感恩之心，不仅仅意味着要拥有博大的胸襟和高尚的情操，实际上，它更应是一种快乐自我的智慧。感恩是积极向上的生活态度和谦卑的智慧，当一个人懂得感恩时，便会将感恩化作一种具体的行动，而不是单单停留在口头上。感恩不是简单的滴水之恩当涌泉相报，它更是一种对工作的责任感和使命感、一种追求灿烂人生的崇高精神境界。一个人会因感恩而感到工作并不是一件很难的事情，会因感恩而感到自己的内心无比畅快，感恩的心是整个社会和谐的种子。我们只要怀有一颗感恩的心，就能在生活中发现更多的真善美，就能永远快乐地生活在温暖而充满真情的阳光里！

学会感恩，珍惜工作，对公司负责，对工作负责，对自己负责，把发自内心的感恩之情化成工作上的强大动力，把这种责任化作工作上卓越的能力，为公司分忧解难。

拥有感恩之情，我们便会时刻有报恩之心。在公司困难之时，需要舍弃个人利益，我们要坦然面对，而不应去斤斤计较和盲目埋怨。我们要用一颗感恩的心，凝聚大家的智慧，在感恩的感召下，在责任的驱动下，竭尽全力，以公司的经营为己任，顺利完成工作，谋求公司的又快又好的大发展。

感谢生活的每一分钟和每一份赠予，你的生活会好起来，你的人生会更加多姿多彩。让我们每个人都学会感恩，学会在生活中寻找属于自己的快乐。我们用一颗饱满心去迎接每一天早晨、每一项事情、每一个令我们感动的细节。抓住时机给你带来的机遇，把青春、理想、爱心融合在一起化成一颗感恩之心，去追求幸福的人生。

感恩是解决问题的精神源头

感恩是解决问题的精神源头，感恩有利于促进人与人之间和谐共处。

怀着感恩的心情去生活，我们的心态就会变得谦逊，对外界充满友善。感恩能加强人与人之间的情感交流、促进人与人之间和谐相处。构建和谐社会首先需要个体和谐，个体和谐的基础是心理和谐，具备感恩的心态，有利于理顺我们的情绪，也有利于为和谐营造环境。

感恩是解决问题的精神源头，感恩有利于缓和工作中的矛盾。

社会生活中存在许多矛盾，城乡之间的差距矛盾，企业之间的竞争矛盾，同事之间的攀比矛盾，亲友之间的计较矛盾……现实中，发达与落后并存，富裕与贫穷同在，文明与愚昧交织，正确看待这些矛盾，学会通过感恩解决矛盾，才是成功的最佳方案。

通过感恩解决工作中的矛盾需要注意以下几点细节：

一是沟通要到位。找到问题的根源所在用感恩的心态化解症结。

二是适度的谦虚。过分谦卑反而会让人反感,掌握好分寸才能有效地化解矛盾。

三是做个好听众。无须急于发表意见,先听听大家怎么说,理智地判断后再做出分析。

四是论事不论人。做人要宽厚,学会在背后赞许他人,切勿因为矛盾而贬低别人抬高自己,更不要在大众面前轻易谈论没有依据的是非。

懂得感恩的人才是幸福快乐的,感恩是获得快乐、幸福的最便捷的途径。只要拥有一颗感恩的心,生活便会充满阳光和幸福。感恩是一种朴素的情感,是生命中最本质的一种情感!感恩能促使人与人之间互敬互爱,也能营造和睦与欢乐。当我们怀着一颗感恩的心去看待社会、看待父母、看待亲朋、看待同事时,所有烦恼都烟消云散,一切矛盾都化为乌有,任何问题都迎刃而解。

学会用感恩化解矛盾,感恩就能够改善环境,从而迎接希望。

感恩可以使病床上奄奄一息的病人看到次日初升的太阳;感恩可以使沙漠中举步艰难的行者发现绿洲;感恩可以让我们在迷茫之时忽然领悟"柳暗花明又一村"的道理。感恩是连接你我的心灵纽带,感恩是沟通世界的精神桥梁。

有一对很要好的朋友在沙漠中行走,在途中,不知为何他们大吵了一架。其中一个人打了另一个人一巴掌。

那个人很伤心,于是他就在沙里写道:"今天我朋友狠狠地打了我一巴掌。"写完后他们继续前行。

走着走着,他们来到一块沼泽地,那个人不小心陷入沼泽,另一个人不惜一切拼命地将他拉出沼泽。他得救了,于是很开心地找到一块石头,在上面写道:"今天我朋友救了我一命。"

朋友一头雾水,奇怪地问:"为什么我打了你一巴掌,你把它写在沙上,而我救了你一命,你却把它刻在石头上呢?"

那个人笑了笑,回答道:"当你对我有误会,或者对我做了什么不好的事,我就把它记在最容易遗忘、最容易消失不见的地方,由风负责把它吹散;而当你有恩于我,或者对我帮助很大的时候,我就应该把它记在最不容易消失的地方,任凭风吹雨打也磨灭不了。"

当我们用一颗感恩的心化解工作中的一切矛盾、问题时,感恩就像灿烂的阳光,时刻照亮温暖他人的心灵;感恩也像奔流的泉水,随时带走我们身边的怨怒与无奈;感恩更是人生的一种财富,可以留下终生的快乐与幸福。

第六章

超越平庸,从优秀走向卓越

将平凡的工作做得不平凡

海尔总裁张瑞敏说过:"把简单的事情做好就是不简单,把平凡的事情做好就是不平凡。"换句话说:"出色就是将平凡的工作做得不平凡。"在工作中,我们要端正一个观念,不要觉得只有大事才值得认真去做,事实上,工作中更多的就是一件一件的小事,一个人只有把每一件平凡的小事做到极致、做得不平凡,才有成功的可能。

在微软公司的员工当中,流传着这样一则让所有微软人反思的故事。这件事也让微软人认识到,即使日久天长地做同样一件事情,只要认真努力,就一样会有与众不同的收获,就会成为不平凡的人。

故事发生在中国上海。微软中国公司全球技术支持部的部门经理刘润准备去机场,出了美罗大厦,坐上一辆出租车,还没等他说话,司机就说:"您去哪里,路程短不了吧?"刘润一愣,自己正是要去机场!"您怎么知道啊？我正是要去机场呢！"司机笑了笑，驱车向机场方向驶去。

健谈的司机在途中和刘润聊起来。他说："其实我一看到您，就知道您要去机场或者火车站，看您这身打扮，拎着这样的箱子，不出远门才怪呢！那些在超市门口、地铁口打车，穿着随便的人可能去机场吗？"刘润听他这么说，感觉很有意思，不由得兴致大增，请他继续往下说。

司机给刘润举了一个例子，"有一次，人民广场前面有三个人招手，第一个是年轻女子，拿着小包，刚买完东西；中间是一对青年男女，一看就是逛街的；第三个是穿羽绒服的青年男子，手上还提着笔记本电脑。我毫不犹豫地把车开到了那位穿羽绒服的青年男子面前。那人上车后也觉得奇怪，就问我为何放弃前面两个不拉，偏偏开到了他的面前。我说，第一个女孩子是中午溜出来买东西的，估计公司很近；中间那对情侣是游客，没拿什么东西，不会去很远。那青年竖起大拇指说，你说对了，我去宝山。

"我做过精确统计，我每天开17小时的车，算上油费和各种费用，平均每小时的成本为545元。如果上来一个10元的起步价，大约要开10分钟，加上每次载客之间的平均空驶时间7分钟，等于我花了17分钟只赚了10元钱，而17分钟的成本价是98元，不划算，20元到50元之间的生意性价比最高。"

司机这一边算着，那一边让刘润听得瞠目结舌。一个普通的出租车司机，竟然能把工作精算到如此地步，不仅准确抓住理想的客户,还能将运营成本精确到每分钟,分明就是一个推销专家和成本核算师嘛!

到了机场,司机给刘润留了名片,刘润这才知道司机名叫臧勤。刘润事后在他的博客上写道:"臧勤给我上了一堂生动的MBA课!"后来通过接触,刘润得知,臧勤是开了17年出租车的老司机,在上海出租车行业中,也是赫赫有名的能人。在上海,出租车司机平均月收入只有3000元左右,被大家认为是又苦又累又不赚钱的职业,臧勤每个月的收入却能高达8000元,远远超过上海普通白领的收入。

就是这样一个平凡的出租车司机,一个看上去不需要多少文化水平和技术含量的开车工作,臧勤却能够把它做得如此出色!也许就是从他选择做出租车司机这一行那天起,就开始用上了心思,用心观察、用心体验、用心总结,对乘客的每一个细节都有了准确的判断。对理想乘客出现的位置、时间,做到了然于心,最终做到了省时省力省成本,保持高载率、高收入、高效能。

可见,一个人即使在最平凡的岗位上,只要将工作做好、做出色,就一样可以做到不平凡。因此,作为员工,我们无论做什么工作,都应该把它做出色,坚持把每一件平凡的工作做好,成就自己的不平凡。

中央电视台《经济半小时》和《开心词典》的著名主持人王小丫,本科就读于四川大学经济系,毕业后被分到一家经济类报社当记者。可让她没有想到的是，报社领导把她分配到通联部去抄信封。整整三个月时间，她都是在桌案上与信封为伴。

当时的王小丫感到非常沮丧，她不明白大学毕业怎么竟干这种谁都能干的写信封工作啊。虽说一时有些想不通，可她还是本本分分、勤勤恳恳地把每一天的工作做好。三个月之后，她写信封写得又快又好，一个人的工作量竟能抵得上别人的三倍。领导看她表现十分突出，就主动地问："想不想干点什么其他工作？"

从此以后，王小丫先后成了文摘版、理论版和副刊的编辑……最后成为家喻户晓的著名节目主持人。

坚持把简单的事情做好就是不简单，坚持把平凡的事情做好就是不平凡，无论做什么事，都贵在坚持，贵在求实、求好、求快。有其职斯有其责，有其责斯有其忧。所谓出色，就是那些能坚持把平凡的工作做得不平凡的人。因此，面对工作，每一个员工都应该抱有良好的积极心态，应当以"把平凡的事做到出色、做到不平凡"为自己的座右铭，让自己成为一名出色的员工。

做有心人，把握身边的机会

有这样一个寓言故事：

　　一个人很幸运地遇到了一个神仙，这个神仙告诉他说，不久你的人生就要发生很大的变化，你可能得到很多的财富、很高的地位，并且能娶到一位貌美的妻子。听了神仙的话，这个人深信不疑，就什么事也不做了，天天等着这一天的到来，可是，一直到死他都没有等来这一天。他死后，又遇到了那个神仙，他对神仙说："你说过要给我财富、很高的社会地位和漂亮的妻子，我等了一辈子，却什么也没有。作为神仙，你怎么可以骗人呢？害得我等了那么久，我的一生都搭进去了。"

　　神仙回答他："我没说过那么肯定的话。我只承诺过要给你机会得到财富、一个受人尊重的社会地位和一个漂亮的妻子，由于你自己的不珍惜，这些机会都从你身边溜走了。"这个人迷惑了，他说："我不明白你的意思。"神仙回答道:"你记得你曾经有一次想到很好的创意,这个创意很可能给你带来巨大的财富,可是你没有行动,因为你怕失败而不敢去尝试吗?"这个人点点头。

神仙接着说:"因为你没有去行动,你的这个创意几年以后被另外一个人想到了,那个人真的去做了,他后来变成了全国最有钱的人。还有,你应该还记得,有一次发生了大地震,很多人都被埋在了废墟之下。这个时候你原本有机会去帮忙拯救那些存活的人,可是你因为怕小偷会趁你不在家的时候,到你家里去偷东西,就以这作为借口,故意忽视那些需要你帮助的人,而只是守着自己的房子。"这个人不好意思地点点头。

神仙说:"那是你去拯救几百个人的好机会,而那个机会可以使你在城里得到多大的尊崇和荣耀啊!而你连这样的尊崇和荣耀都不想要,那你还要什么呢?"

"还有,"神仙继续说,"你还记不记得你遇到过一个美丽的女子?你深深地被她吸引了,你第一次这么喜欢过一个女人,之后也没有再碰到过像她这么好的女人。可是你想她不可能会喜欢你,更不可能会答应跟你结婚,你因为害怕被拒绝,就让她从你身旁溜走了。"这个人又点点头,这次他流下了眼泪。

神仙说:"可怜的人啊,就是这个女子!她本来该是你的妻子,你们原本会生好几个漂亮的小孩,而且跟她在一起,你的人生将会有许许多多的快乐。"

看了上面的故事,我们都明白其中的道理。 在我们身边，每天都会围绕着很多的机会，包括爱的机会。可是我们经常像故事里的那个人一样，总是因为害怕而停止了脚步，结果机会就溜走了。直到我们意识到我们失去这些机会的时候，才后悔莫及，而这个时候，一切已经晚了。

不过，我们比故事里的那个人多了一个优势，因为我们还活着。我们可以从现在起去抓住那些机会，我们可以开始去创造我们自己的机会。如果自己不去创造机会，那么就很可能被社会埋没了。所以我们要善于创造和把握机会，机会对每个人都是一样的。

唐代大诗人白居易成名之前就已经才高八斗、满腹经纶了，但仍旧不被人所知。白居易初到长安，由于自己名气还小，所以他想给自己创造一个机会，于是便毛遂自荐到当时的社会名流顾况之处。顾况一听有一个叫白居易的人，顿时讥讽道："长安米贵，要在此地居住下来可不容易！"

但当他读完白居易的那首《赋得古原草送别》时，对白居易的评价就大不一样了，一见开头两句："离离原上草，一岁一枯荣"，觉得很有味道，读到"野火烧不尽，春风吹又生"时，拍案叫绝，叹道："道得个语，居即易矣。"于是，立即召见，并大力推举了他，使得白居易很快便在京城长安名声大扬，站稳了脚跟。可见，机会都是靠自己去创造并抓住的。

机会向来是偏爱那些有心的人，它只留意那些有准备、有头脑的人，只垂青那些懂得追求它的人，只喜欢那些敢于付诸行动的人。碌碌无为，无所用心，或遭遇挫折就悲观失望、灰心丧气，那么机会是不会自动送上门来的。

"自古英才多磨难，纨绔子弟少伟男。""美辰良机等不来，艰苦奋斗人胜天。"这些诗句正表明了把握机会、寻求机会对我们的人生是多么重要。

做一个有准备的人，当机会来临的时候，伸手去抓住它，然后利用这个机会完成自己人生的一次飞跃。

平庸是逃避者和懒汉的"专利"

懒散的工作态度，拖延的工作作风，怎样也不能换来老板对员工的重视和提拔，最终的受害者只能是员工自己。

平庸的员工，无论做什么工作都敷衍，心不在焉；而卓越的员工则总能以敬业的心去对待自己的工作。平庸者不知道自己追求的是什么，被人鞭打着向前走；而卓越者很清楚自己的目的，他们会朝着自己的目标迈进，并总能以目标鞭策自己、心无旁骛。

有些人一接手任务就废寝忘食地工作，一遇到问题就雷厉风行地解决，而有些人则在工作和生活中养成了马马虎虎、心不在焉、懒懒散散的坏习惯。问一问你自己，是要得到怎样的事业成果，过怎样的生活，而这一切又怎样才能够得到？

姚明有一句格言："篮球就是竞争，没有游刃有余的取胜方法，而要拼尽全力、连滚带爬地争取胜利。"对于每件事情，姚明都发誓不会停滞不前，并要发挥他的最大潜力。他说:"我所受的教育,历来都是每打一场球,都应竭尽全力拼搏。我不担心在 NBA 第一年就遭遇失败,我只想试一试。我全力以赴避免失败,但我认为最重要的是我努力过了。我现在唯一可以做到的,就是全力打好每一场比赛,连滚带爬地争取胜利。"

逃避和懒散无助于问题的解决。无论是公司还是个人,没有在关键时刻及时做出决定或行动,而让事情拖延下去,这会给自身带来严重的伤害。那些经常说"唉,这件事情很烦人,还有其他的事等着做,先做其他的事情吧"的人,总是奢望随着时间的流逝,难题会自动消失或有另外的人解决它,这永远只能是自欺欺人。一个人无论用多少方法来逃避责任,该做的事还是得做。我们没解决的问题,会由小变大、由简单变复杂,像滚雪球那样越滚越大,解决起来也越来越难,而且没有任何人会为我们承担拖延的损失。

对工作的逃避和拖延,只会让你失去更多成长和成功的机会。让自己学会以负责的态度做事,一丝不苟地工作,那样你才能够摆脱平庸,向卓越靠近。

用高标准来要求自己

对于员工来说，以最高的标准要求自己，就意味着让客户和老板满意，让客户感受到超值的服务，让老板觉得雇用你是他的明智选择。这就是卓越员工工作的唯一标准。

没有高标准就没有高动力。如果要问及很多高效的销售员工，为什么他们能够创造奇迹般的销售业绩，他们的回答各种各样，但是其中有一点非常相似：他们对自己都有着极高的要求。

王强说他开始做推销之前就读了很多自我启发的书籍，这方面的书籍堆满了他的书架，这些书中给他影响最大的是拿破仑·希尔的《成功哲学》。

王强是22岁时和这本书相遇的，至今书中还有一节内容铭记在他的心中："如果你想成功，必须明确自己的追求，并且要明确付出多少代价才能把它搞到手。为此，你要具体地设定目标，详细、周密地做出到达目标的行动计划,尽最大努力去做,每天大声唱读,在实现目标之前就以目标的最高标准来要求自己。"当时,他的内心被"实现目标之前就以目标的最高要求来要求自己"这个观点强烈吸引,但并没有真正理解它的含义。可是,在他按照这种观点去做以后,他便理解了其中的深刻内涵。

有很多人把每天的工作当成是一种负担,他们也想成功,但最好是不用花费任何的力气就能获得的成功,别说像成功人士那样用高标准来要求自己了,他们根本就对自己没有什么要求,他们还经常用"没有要求就是最高的要求"来自欺欺人。 一个员工不能对自己没有要求,相反一定要用最高的标准来要求自己,这样才会有所进步,未来才会有出头之日,要不然就得一辈子都做一名不起眼的小员工了。

韩国现代公司的人力资源部经理在谈到对员工的要求时是这样说的:"我们认为对员工的最好的要求是,他们能够在内心为自己树立一个标准,而这个标准应该符合他们所能够做到的最好的状态,并引领他们达到完美的状态。"

标准都是人定下来的。 如果你是一个有理想、有抱负的员工,你就要对自己有严格的要求。 只有你对自己有了一个高标准的要求,你才能不断向这个高标准靠拢,最终成就自我。

与自甘平庸划清界限

杨澜曾经说过:"宁在尝试中失败,不在保守中成功!"为什么她这样讲? 因为她明白,所谓保守,也就是满足于现状、甘于平庸。 一个人一旦有了这样的想法,要赶紧打消,因为这在某种意义上已经是一种失败了,而这种失败比"尝试中的失败"更没有价值。

我们一旦甘于平庸,即使不马上被宣告失败,也已经决定了不可能再取得更大的成功。 事实上,做一个不甘平庸的人的确需要莫大的勇气,因为在这个过程中,总是会伴随着很多风险,还要具备一定的冒险精神。 有些人因为惧怕遭受挫折与失败,就甘于平庸,不求进步,却不知道甘于平庸本身就已经等于失败,等于关闭了通向成功的大门。

邓亚萍小时候因为个子很矮,被省乒乓球队以"个子太矮,没有发展前途"为由退回,这让邓亚萍深受打击。但她没有认输,而是谨记爸爸的话:"先天不足后天补,只要有特长和扎实的基本功,何愁不会脱颖而出!"她开始了刻苦的训练。

当时,郑州市乒乓球队的条件十分艰苦,连一个固定的训练场地都没有。邓亚萍和她的队友们一开始在一间暂时不用的澡堂里练球,后来又转移到一个小学的礼堂,最后才搬到市体育场的训练房。夏天,训练房里的温度非常高,可队员们在里面一待就是一整天,挥汗如雨,连衣服都湿透了。冬天,室内十分寒冷,队员们的双手常常肿得像个面包,甚至开裂。

无论训练多么严格、条件多么艰苦,全队年纪最小、个头最矮的邓亚萍都咬牙坚持下来,甚至比别人做得更出色。训练房离邓亚萍的家不远,但她从不擅自回家,她那不服输的拼劲,让很多比她大的队员都自叹不如。正是在这里,邓亚萍练出了"快、怪、狠"的战术,那就是正手球快、反手球怪、攻球狠,这成了她以后打球最突出的风格。

功夫不负有心人。1986年,在全国"乒乓协杯"比赛上,邓亚萍战胜了当时的世界冠军戴丽丽,从而一战成名!河南省乒乓球队最终向邓亚萍敞开了大门。回想起3年来的辛苦训练,邓亚萍自信地说:"我一定要更加努力,取得更好的成绩!"从此,她更加刻苦了,拼命地练球,休息的时间被一缩再缩。

邓亚萍的努力得到了丰厚的回报,1988年,邓亚萍在国际、国内各项大赛上所向披靡,并夺得了第六届亚洲杯乒乓球比赛的女子单打冠军。进入国家队后,邓亚

萍依然保持着勤奋、刻苦的精神:

训练时,教练最常给邓亚萍的指示不是"要多练",而是"要注意休息,别练过了"。邓亚萍的训练量要超过正常运动员很多。平时,队里规定上午练到11时,她给自己延长到11时45分;下午训练到6时,她练到6时45分或7时45分;封闭训练时,晚上规定练到9时,她练到11时。一筐200多个训练用球,邓亚萍一天要打掉10多筐;练一组球的脚步移动,相当于跑一次400米,邓亚萍的一堂训练课,相当于跑一次1万米,这还没算上数千次的挥拍动作。有人做过统计,邓亚萍平均每天加练40分钟,一年就比别人多练40天。

练全台单面攻,她腿绑沙袋,面对两位男陪练左奔右突,一打就是两个小时。多球训练时,教练将球连珠炮般打来,她瞪大眼睛,一丝不苟地接球,一口气打1000多个。教练曾经做过统计,她一天要击1万多次球。邓亚萍每天练球,都要带两套衣服、鞋袜,湿了一套再换一套。她经常因为训练错过吃饭的时间,有时食堂会为她专设"晚灶",很多时候她只能用方便面对付一下。

一次次的南征北战,邓亚萍捧回了一枚枚金牌,并又一次次地把目光投向更远的目标。在1992年巴塞罗那奥运会和1996年的亚特兰大奥运会上,邓亚萍蝉联了乒乓球女子单打、双打的冠军。

邓亚萍说:"一个人追求的目标越高,他的才能就发展得越快。但我也深深懂得,要在比赛时打败对手,必须从一板一球做起。只有脚踏实地,抓牢今天,才能把握明天。"

不甘于平庸，随之要面对的是更高的目标、更大的挑战。当然，超越自我，超越目前生活状态的过程总会碰见挫折，但是越过了挫折，迎接你的也就是更大的成功。我们活在这个世上，抱着随波逐流、随遇而安的观念是不可取的，因为你一定要先明白一个观念，那就是：一个人首先要有不甘平庸的念头，才会有行动，而只有真的付诸行动，才会有成功的可能。

如果你是一个渴望拥有卓越成就、拥有更美好人生的人，抛弃甘于平庸的想法是第一步，无论你现在是在自己人生的高峰还是低谷，都需要有更上一层楼的欲望，也需要有迈向更高点的决心。不甘平庸是优秀品质，也是潜在财富。

突破现状，追求卓越

久入职场者，难免会有激情消失、创意不再、情绪低落、落落寡合的状况出现。这时，你是应该喋喋不休地抱怨，还是应该好好反省一下自己？其实新鲜感来自对工作、对生活的细微发现。

1. 突破现状

上班族面对每天的工作，总是会渐渐形成一种习惯，从好的方面来说，这表示对工作逐渐上手、越来越熟练了，碰到各种状况都知道应该如何去处理。但是从另一个角度来看，如果每天面对每一个状况，都是用同一种思考模式、同一种方式来处理，很可能就会故步自封，成为整个团队向前迈进的障碍。所以，我们应该自觉地求新求变。

2. 追求卓越

卓越的员工很多都是通过后天的努力成功的，他们追求卓越的过程值得每一个人参考。一个人会成为卓越的员工，关键是他有勇气追求卓越，不随便妥协，也不随便放弃，不过分自傲，对事务非常执着。

3. 与众不同

与众不同，即能独立思考与判断，不人云亦云，不盲信盲从、盲目追随流行，更不哗众取宠。当然，更不能为了讨好上司、同事而放弃原则或失去立场，不能不顾真理和正义。

4. 能原谅别人

在工作上，不论是与同事之间还是与客户之间都是每天互动频繁的，都可能会发生不愉快的事。当不愉快的事情发生后，又往往不见得能够有机会、有时间好好去处理，于是有些人把这些不愉快放在心里，而且总是忘不了，久而久之，我们的工作就会变得很不快乐。

原谅别人，说起来倒是很简单，可真要做起来却并不是那么容易的。我们常常会面临需要原谅别人的状况，这时候，是趁机好好报复他呢，还是不计前嫌、真心去帮助他，因为我们累积了太多的伤心往事在内心深处，潜意识里已经深埋着对这个人的怨恨。原谅他们真的需要极大的勇气和胸襟，说到底，有这种勇气的人最后往往也是朋友最多的人。

5. 进取的脚步不要停留

你可以选择维持"勉强说得过去"的工作状态，也可以选择卓越的工作状态，这取决于你有无进取心。

尽职尽责的员工仅仅是一个称职的员工，而绝不是个优秀的员工。要想出类拔萃，必须要有进取心，不能安于平庸。

满足现状意味着退步。一个人如果从来不为更高的目标做准备，那么他永远都不会超越自己，永远只能停留在自己原来的水平上，甚至会倒退。

生活中最可悲的事莫过于此：一些人满怀希望地开始他们的职业旅程，却在半路上停了下来，满足于现有的工作状态，然后漫无目的地游荡着人生。由于缺乏足够的进取心，他们在工作中没有付出所有的努力，也就很难有任何更好、更具建设性的想法或行动，最终只能做一个拿着微薄薪水的普通职员。只有不安于现状、追求完美、精益求精的人，才会成为工作中的赢家。

不管你在什么行业，不管你有什么样的技能，也不管你目前的薪水有多丰厚、职位有多高，你仍然应该告诉自己要做进取者，你的位置应该在更高处。这里所说的"位置"是指对自己工作表现的评价和定位，不仅限于职位或地位。

不断追求更高的自我定位，每一个与你交往的人——你的上司、同事或者朋友，都能感觉到从你身上散发出的意志的力量。这样，每一个人都会意识到你是一个不断进取的人、一个能给自己和他人带来更多物质和精神财富的人。于是，他们将会被你吸引，乐于来到你的身边，你也会从中发现更多的机会。

第七章

在努力中修行，与人和谐相处

管理好你的"朋友档案"

不管什么人，只要在社会中生存，就必须靠朋友帮忙，虽然有的朋友不见得能帮你什么忙，甚至还会拖累你，但没有朋友却会无路可走。 尤其在当今知识经济时代，信息的重要性更是非同一般，朋友有意无意地一句话，就可能蕴藏着巨大的商机。 广交朋友不仅会带来精神的慰藉，更是无数机会的源泉。

每一片树叶看上去都相似，实际上却都不相同。 朋友也是这样，有的正直无私，有的别有所图；有的是事业上的伙伴，有的只是酒桌上的知己……对形形色色的朋友，只有区别对待，才能正确"亲近"，合理利用这种"资源"。

有的人交际活动很多，整天为应付自己的朋友而忙忙碌碌，甚至叫苦连天。 朋友网织得虽然很大，但却漏洞百出，而且又有许多死结，结果真到需要这些"网"来帮忙时，却又难以利用。

有个地方官员，朋友无数，三教九流的朋友都有，他也曾向人夸耀,说他朋友之多,天下第一。

他的邻居曾问他:"朋友这么多,你都同等对待吗?"

他沉思了一下,对那个邻居说:"当然不可以同等对待,要分等级的。"

他说他交朋友都是诚心的,不会利用朋友,也不会欺骗朋友,但别人来和他做朋友却不一定是诚心的。在他的朋友中,真挚诚恳的朋友固然很多,但想从他身上获取一点利益、心存他意的朋友也不少。"对不够诚恳的朋友,我总不能也对他推心置腹吧,那只会害了我自己呀!"所以,在不得罪朋友的情况下,他把朋友分了等级:"刎颈之交""推心置腹""可商大事""酒肉朋友""点头哈哈""保持距离",等等。

他就根据这些等级来决定和对方来往的"频率"和自己心窗打开的程度。

他曾说:"我过去就是因为人人都是好朋友,受到了不少伤害,包括物质上和心灵上的伤害,所以今天才会把朋友分等级。"

把朋友分等级听来似乎无情,但这样做确有其必要——为了保护自己免受别人伤害。

人的精力是有限的,交际一定要理顺关系网,建立一个朋友档案,该增的增,该删的删,该修的修,该补的补。如何做到这一点呢? 把他们通通纳入我们的"朋友档案"。

"朋友档案"的建立其实很简单。

首先,把我们的老朋友的资料整理出来,并做好记录。

这种朋友关系，若能加以掌握，将是一笔相当大的资源。当然，要加强与这些朋友的关系，必须时常参加朋友聚会，并且随时注意朋友的动态。

其次，把我们身边最有用的朋友的资料建立起来，对他们的专长、住所应有详细的记录。他们的工作有变动时，也要在资料上予以修正，以免必要时找不到人。而这些变动情况，则依赖于我们平时和他们的联络。

朋友的资料越细越好，我们还可以记下他们的生日。在他们生日的时候写上一张贺卡，或请其吃个便饭，保证与朋友的关系不断线。

另外，有一种"朋友"也是不能忽略的，那就是在应酬场合认识的，只交换名片但谈不上交情的"泛泛之交"。这种"朋友"各种行业、各种阶层都会有。我们不应把这些名片丢掉，名片带回家后，要依姓氏或专长、行业分类保存下来，最好在名片上尽量记下这个人的特征，以备再见面时能"一眼认出"。平时可以借故在电话里向他请教一两个专业问题，话里自然要提一下碰面的场合或共同的朋友，"唤起"他对我们的印象。有过"请教"，他对我们的印象也会深刻些。这种"朋友"也许在哪天，我们就需要他们的帮忙了。

为朋友建立档案之后，还应该为朋友划分等级。有人也许会对为朋友分等级十分反感。不是说对朋友以诚相待、一视同仁吗？为什么要为朋友划分等级呢？实际上，这样做是很有必要的。

我们交朋友要诚心，不要欺骗朋友，但别人来和我们做朋友却不一定全是诚心的。在我们结交的朋友中，讲义气的固然很多，但想从我们身上获取一点利益、心存歹意的人也不少。

要把朋友分等级其实不容易，因为人都有主观的好恶，有时难免会把善良的朋友当成一肚子坏水的人，把凶狠的"狼"看成友善的朋友，甚至在旁人提醒时还不能发现自己的错误，非要等到受了"伤"才如梦初醒。要把朋友分"等级"，对感情丰富的人可能比较难。因为这种人往往在对方尚未把他当朋友时，早已投入感情，而且把朋友分等级，也会使这种人觉得有罪恶感。不过，任何事情都要经过学习，可以在交友过程中慢慢培养这种习惯。

给朋友分等级，也可简单地分为"可深交级"和"不可深交级"。可深交的，可以和他共享很多的东西；不可深交的，维持基本的礼貌就可以了。这就好比有人来到我们家中，真正的客人请进客厅，推销员之类的在门口应付一下就可以了。毕竟人的精力是有限的，不应在无谓的事情上投入过多精力，否则，我们会生活得很累。

另外，也要根据对方的特性调整和他们交往的方式。但有一个前提必须记住，不管对方多聪明或多有钱，一定要是个"好人"才可深交。也就是说，对方和我们做朋友的动机必须是纯正的。

如果我们目前平平淡淡或失意不得志，那么不必太急于把朋友分等级，因为这时我们的朋友不会太多，还能维持感情的朋友应该不会太差。但当我们有成就了，对朋友便可尝试分等级了，因为这时的朋友有很多是另有所图的。

尊重朋友，赞美朋友

在人生的道路上需要友谊，一个没有朋友的人是孤单的、无助的、可怜的。生活中我们需要亲人的关怀、爱人的眷恋、友人的情谊，缺少其中一样就显得不够完美。在很多时候，我们心中有一些话不能对父母说，也不能对爱人讲，所以只能向朋友倾诉。朋友常常比家人更能使我们获得理解和安慰。因此，生活中能有几位知心好友是非常珍贵和幸运的。那么，我们如何赢得朋友并使一般的友谊不断升华呢？

第一，尊重别人的个性和理解别人的缺点。这样就能得到理想的友谊。有人认为，只有性格详尽的人才能彼此理解、相交成友。其实不是这样的，尽管个性的差异很容易造成人们行为认识上的距离，给建立友谊带来困难，但人都有共同的属性，比如，人们都希望被人理解和支持，希望得到别人的帮助。因此，人与人之间都能找到契合点。

人的个性是五彩缤纷的，有人豪爽大度，心直口快；有人谨小慎微，沉默寡言；有人活泼开朗，乐天知命；有人郁郁寡欢，多愁善感……但我们不能因个性的不同，来给别人做界定。我们在与人相交的时候，尊重别人的个性，这一点是相当重要的，因为在生活中我们都有各自的价值观念和评价善恶的是非标准。需要记住的是：我们自己的并非是最好的。有了这条，我们为人处世就容易很多了。如果我们一味地以自我为中心，那么肯定会失去别人相应的尊重和理解，也就无法与人建立友谊。

对朋友的缺点，我们要学会理解和忍让。一个朋友对你说了粗话，过后他早已忘得一干二净，你却耿耿于怀，那么友谊可能会因此而破裂，反之，你付之一笑，不再计较，友谊就会更加牢固。

第二，懂得赞美别人。是人都喜欢被赞美，尤其是发自内心的真诚的赞美，最能打动人心。黄宗英采访柑橘专家曾勉时，以一个外行的身份谈到她了解到老专家的"枝序修剪法"与众不同，这样一来，老专家知道对方是真诚地尊重自己，居然了解到自己的具体专业成就，也就沟通了情感。

那赞美别人有哪些技巧呢？

第一，赞美要发自内心、真心真意。只有名副其实、发自内心的赞美，才能显示出它的光辉、它的魅力。其赞美的内容应该是对方拥有的、真实的，而不是无中生有，更不能将别人的缺陷、不足作为赞美的对象，比如，对一个嘴巴大的人，你夸他："瞧，你的小嘴多可爱！"或对一个胖子说："呀，你多苗条！"还有比这更糟糕的赞美吗？这种赞美不但不会换来好感，反而会使人反感，甚而造成彼此间的隔阂、误解，甚至反目成仇。

第二,赞美要具体。赞美越具体,表明你对他越了解,从而越能拉近人际关系。另外,不要赞美他身上众所周知的长处,应赞美他身上既可贵又不为人知的特点。

第三,赞美要适时。真诚具体的赞美最好在事情发生的时候或不久后及时给予。因为这时人的心情是格外舒畅的,友谊能不增进吗?

第四,赞美要注意分寸。适度的赞美能使人树立信心。反之,会使人反感、难堪。所以,赞美要讲究分寸,要恰如其分。赞美的方式要适当,只要掌握了这些,你就抓住了成功的关键。

珍惜机缘，善待同事

大千世界，茫茫人海，能够相遇已是不易，而能够有幸成为同舟共济的同事，这份机缘不能不叫人深深感动。

同事是一种既定的安排、偶然的组合。同事不同于父母兄弟，有着血缘的羁绊和根深蒂固的道德理念；同事不同于夫妻，要以感情为依托，彼此承担着义务和责任；同事也不同于朋友，需要百般照顾和精心呵护才能维护友情。不管你喜欢也好讨厌也罢，也不管你们是情投意合的密友还是针锋相对的对头，你都得去面对同事并与之相处，在慢慢的接触中去适应对方。

同事既不可凭你的喜好去选择，也不能因你的厌恶而放弃。同事是一根绳上的蚂蚱、一架车上的战马、一台机器上的零件，在冥冥之中被无形的手结合在一起，各人拥有各人的位置，发挥着不同的作用，离了谁不行，少了谁也不行。

拥有好的同事是人生的一大幸事。好的同事如诗，隽永耐读；好的同事如酒，浓郁香醇；好的同事如太阳，热情奔放。和好的同事相处会轻松愉悦，获益匪浅。

同事首先应该是良师益友，彼此要以诚相待，相互关怀、相互信任。当你遇到困难时，他会热情相助；当你遇到烦恼时，他会好言宽慰；当你快乐时，他会和你一起分享；当你伤心时，他会陪你流泪。好同事不会打肚皮官司、给人穿小鞋，更不会当面阿谀奉承、背后设绊插刀。

同事是一种特定的社会关系，为共同的目标而拼搏。因而，同事之间只有分工和机遇的差异，而无人格的高低。不要因为你是领导就盛气凌人；也不要因为你位卑而自暴自弃。只要你有真才实学，你就是无言的权威。不必考虑太多，也无须计较得失。

同事之间能力有大小，竞争也难免，但贵在公平、乐在奉献，切忌机关算尽、明争暗斗。当同事取得成功、获得晋升时，你应当替他高兴、为他自豪，并送上你真诚的祝贺，千万不要心胸狭窄、嫉贤妒能、摇唇鼓舌、搬弄是非。当同事在人生的道路上不慎摔跤时，你应该伸出热情的手搀扶一把，切忌幸灾乐祸、冷嘲热讽、落井下石。当然，就像稻田里不可能没有稗子一样，同事中也可能会有卑鄙小人、无耻之徒，对这些人你最好是敬而远之。

在特定的环境里、在融洽的氛围中，同事之间也应当充满情趣。当有同事结婚时，大伙儿可以凑份子，增个喜庆、添个热闹；周末节假，可以纵情欢歌一场，然后涌进餐馆"撮一顿"，也可以和同事相约，找一个风和日丽的日子，带上好心情去野外踏青寻芳。

相识是缘，既然命运把大家安排在一起，就让我们好好珍惜这份机缘，善待同事吧。

想获得尊重，先尊重别人

作为职场中人，一天中除了家人，相处时间最长的就数同事了。同事之间互相尊重，创造融洽的工作气氛，自然有利于工作。反之，彼此之间就容易形成隔阂，不但得不到对方的支持和帮助，还会降低团队的战斗力。所以，不尊重同事的员工，在公司里往往是"孤家寡人"，没有人愿意跟他交往，而一个失去人脉基础的人，上司是不会让他担当重任的。

俗话说得好：尊重别人就是尊重自己。意思是说，只要你主动去尊重别人，就会获得别人的尊重。

在职场中，自高自大、谁也不放在眼里的员工，毕竟是极少数。这类人，说到底是太自恋了，太把自己当回事了。殊不知，职场中竞争激烈，能跟你站在一起的，都不会比你差多少，即使你确实出类拔萃，但终究会有不及他人之处。

有的员工，不能说他不尊重人，他只是在选择对象的时候，戴着"有色眼镜"，正所谓"势利眼"。那些对他的加薪和晋升起决定作用的人，比如说他的上司、公司董事，他无比地尊重；对待身边的同事，他先是分出三六九等来，比他优秀的，他会尊重，因为这些人有可能晋升成为他的上司，况且，他还想跟这些人学招；跟他同一水平的，他则爱理不理；比他差的，也就是他眼里所谓的小人物，他就不屑一顾了。其实，越是公司里的小人物，越在乎别人对自己的态度。你不尊重他，他不但不尊重你，还会传播你的坏话。俗话说，好事不出门，坏事传千里。你仅仅是不尊重一个你认为无足轻重的同事，结果变成对所有的人都不尊重，你的声誉自然会受到贬损。你若敬他一尺，他就敬你一丈。况且，他们之中也许有藏龙卧虎之人，说不定哪天会晋升到你上头，如果你平时尊重他，自然会有好报。即使他们不能晋升，也许跟公司里某位大人物有特殊关系，照样对你的职场发展起到不可忽视的作用。

　　吴为是从公司市场部竞聘到总经理办公室秘书这个职位的。他以前是市场部的统计，对市场很了解，又具备很强的文字表达能力，所以很受总经理赏识。他特别善于察言观色，懂得领会总经理的意图，有时总经理还没发话，他就知道总经理准备干什么；有时总经理还没安排，他就知道给总经理准备哪些资料。渐渐地，总经理就养成了依赖他的习惯，简直有点离不开他了。

　　平时，吴为对公司的副总和各级主管们非常尊重，因为他知道，那些副总都是经常在老总身边转的人，也深得老总的信任，给他们留下好的印象，如果他们对老总美言自己一句，比自己说多少好话都管用；那些主管，说不定哪天就会获得晋升,也不能轻视。所以,吴为获得了副总及主管们的一致好评。

对待身边的同事,吴为可没有那么好的态度。他自以为是老总的红人,就觉得比同事高人一等,不但对同事爱理不理的,说话也是颐指气使的,似乎为了从同事身上体会一下当老总的感觉。所以同事都很讨厌他。

在起草一份市场营销方案时,吴为提了两点建议,得到了老总的肯定,并在执行中起了显著的作用。不久,就从公司高层传出吴为将晋升为总经理助理的消息。吴为听说后心花怒放,干得更加卖力了。

这天,公司传达室的那位相貌平平的女工上楼来送报纸,报纸在办公桌上没有放稳,滑落到地板上了。还没等女工弯腰捡,吴为就严厉地命令道:"快把报纸捡起来!"他没想到女工不甘示弱,回击道:"请你态度放尊重点!"吴为冷笑道:"一个送报纸的,还要怎么尊重?"女工气得一时说不出话来,摔门而去。

办公室里的一个女同事不一会儿也跟着出去了,她找到那个女工安慰道:"你别生气了,别跟他那样的小人计较。别说你了,我们这些经常跟他打交道的,都整天受他的气。他就那副德行,只知道拍上司的马屁,从不把同事放在眼里!你跟老总反映反映,老总会相信你的话的。"

说完,这个女同事就幸灾乐祸地偷着乐了,因为她知道,这个女工是老总乡下的一个表妹。

吴为见提拔他任总经理助理的事没了下文,而且老总对待他也不像以前那样热情了，正想跟人力资源部主管打探一下情况，忽然一纸调令将他调回了市场部。他拿着调令找到老总，坦率地说："我想知道我做错了什么。"老总说："从你这一段的工作来看，你还不成熟，还需要在基层部门锻炼。工作无止境，不要以为自己已经做得很好了。相信你回去以后，能够改进自己，做得越来越好。那时，会有重要的岗位让你担当重任的。"

老总这样说，吴为就不好再问，只好垂头丧气地去市场部报到了。后来，他从别人对自己的议论中获悉传达室的女工是老总的表妹，这才知道自己被调离的真正原因。老总鞭策自己的那番话，只不过是老总的借口而已。

有的员工并没有戴"有色眼镜"看待同事，只是觉得同事与自己处于相同的地位，没有必要把尊重表现出来，只要不歧视同事，或者不恶意对待同事就足够了，刻意去尊重同事，反而有一种难为情的感觉。其实，尊重同事是一种工作态度，是职场必备的素质。所以，尊重同事不仅要想在心里，还要落实到行动上。那么，我们要在哪些方面表现出尊重同事呢？

首先，同事见面主动问候。在同一个单位里共事，彼此熟悉了，见面也免不了互相问候。试想一下，别人主动问候你时，你是一种什么感觉？当然是一种受尊重的感觉，心里也很高兴。所以，同事见面时要主动问候对方，而不是等着对方向你问候了才做出回应。

其次，热情地对待同事。你以一副冷漠的神情对待同事，即使你没有不尊重对方的意思，却会使对方容易联想到你瞧不起他，特别是在同事有困难请求你帮助时，你板着一副冷漠的面孔，显出一副事不关己、不感兴趣的样子，一定会伤了对方的心。反之，你热情对待同事，对方就会产生一种受尊重的感觉。即使你对同事的请求无能为力，同事心里也会感到暖暖的。

然后，宽容同事。你的同事不小心做了对不起你的事，他向你赔礼道歉，你就应该原谅对方。即使同事给你造成了伤害，你也要宽容对方。这样，同事就会觉得你尊重他，并从心里感激你。

最后，真诚地关心同事。无论你的同事取得了成绩，还是遭遇了失败，你都应该及时表示关心。这样会让他觉得他在你心中有一定的地位。所以，你要向取得成绩的同事表示真诚的祝贺，向遭遇失败的同事表示安慰和鼓励，而不是无动于衷、坐视不管，尤其不要对遭遇失败的同事进行冷嘲热讽。这样做的后果只能使你化友为敌，并让众人对你敬而远之。

多点理解和宽容

作为企业的一员,搞好团结、融入团队是非常重要的。要团结同事,与同事和谐相处,信任是必不可少的,而宽容就是赢得信任的最好方法。职场就像一个大家庭,各个成员之间在生活经历、文化背景、兴趣爱好、脾气性格等方面都有着很大的差异。而每天至少 1/3 的时间都生活在一起,难免会产生这样那样的矛盾,有可能是工作中的分歧,也有可能是交流中的误解等等。面对这些问题,我们都应该从维护大局出发,从维护团结出发,互相理解、互相帮助,这就是宽容。

如果你凡事锱铢必较,就会加大与同事之间的矛盾。反之,如果你感觉有人总跟自己过不去,最好的办法不是你也跟他过不去,而是不妨从自身找找原因,宽容一点、大度一些,甚至吃些无关大局的小亏,那不仅能化解矛盾,还能赢得同事的信任。

孟华和宋佳都是刚刚毕业的大学生,在一次招聘会上被同时招进了一家生产家具的公司，开始担任电子数控方面的技术人员。因为在毕业时间、学历、技术和技能方面，两个人都差不多，无形中就成了一对竞争对手，孟华对宋佳处处表现出敌意，甚至在背后说他的坏话。但是宋佳对这一切都假装不知道，见了面仍然热情客气地打招呼。

有一天临近下班的时候，因为偶然的失误，孟华把一组急需要的数据弄丢了。这下他可急坏了，因为主管已经交代过，第二天一早，就要用这个数据去开一个重要的会议。而这个数据非常难整理，就算他一个人加班，明天也不一定能整理出来。这时候，宋佳安慰他说："别着急，咱们一起整理吧，明天早上一定不会耽误事情的。"

那天晚上，他们俩一直忙活到凌晨4点多，终于把数据整理出来。看着宋佳熬得满是血丝的眼睛，孟华惭愧地说："对不起，以前都是我不好，不该……"宋佳没让他说下去，拍拍他的肩膀说："都过去了，就别再提了。"因为这件事情，孟华对宋佳最初的敌视态度很快就转变成一种工作中的热情友谊了。他还对其他同事说："宋佳宽容大度，是个值得信任的人。"

宽容是理解、博大、包容，也是一种高尚的品格，是一种上乘的人生境界。 人非圣贤，孰能无过？ 每一个人在工作中都难免犯错，因此我们要宽容同事的错误，允许他改正，不能以牙还牙，或者揪着他的小辫子不放。 如果缺乏宽容的品格或者不注重这方面的修养，在工作中就会人为地制造很多矛盾，或者在矛盾出现之后火上加油，造成更多更大的矛盾，这既不利于自己，更不利于工作的开展。

工作中，同事之间本是唇齿相依的关系，就如泥土与牡丹的关系。人们赞美牡丹的鲜艳，不一定会想到泥土的芬芳，如果没有泥土的养分，又哪来牡丹的鲜艳呢？又何来对牡丹的赞美呢？同事之间也是如此，只有多一点宽容、多一点理解，才能促进关系更加和谐，也才能在工作中取得更大的成绩。

宽容一点，我们就能发现同事之间的优点，包容他们的缺点。生活中不是缺少美，而是缺少发现美的眼睛。在每个人身边都会有美的存在，我们要以宽容的心态去发现工作和生活中的美，只有善于发现美，我们才会有激情和活力，工作才会有动力；只有以宽容的心态去发现同事中的优点，工作才会有凝聚力。

常言道：处世让一步为高，退步即进步的根本；待人宽一分是福，利人是利己的根基。请微笑面对那些曾经伤害过你的同事吧！宽容同事，就是善待自己。

朋友是一笔无价的财富

朋友是一本书、一双手、一面镜子……我们重视朋友,朋友有比金子还贵重的意义。而朋友圈则是一种挖掘不尽的资源,是一笔无价的财富,让你一生一世都享用不完。

"在家靠父母,出门靠朋友。"靠朋友什么? 靠朋友帮忙、靠朋友谋事、靠朋友结识朋友。朋友是一条线,以线牵线,以线织网,就能拥有自己的朋友圈了。朋友也是一条路,会走的路路通、路路顺,不会走的则四处碰壁、走投无路。"为人一条路,惹人一堵墙",此乃经验之谈。

有一个关于维克多连锁店的故事:

维克多从父亲的手中接管了一家古老的食品店,很早以前就存在而且已出名了。维克多希望它在自己的手中能够发展得更加壮大。

一天晚上,维克多在店里收拾,第二天他将和妻子一起去度假。他准备早早地关上店门,以便做好准备。

突然，他看到店门外站着一个年轻人，面黄肌瘦、衣衫褴褛、双眼深陷，典型的一个流浪汉。

维克多是个热心肠的人。他走了出去，对那个年轻人说道："小伙子，有什么需要帮忙的吗？"

年轻人略带点腼腆地问道："这里是维克多食品店吗？"他说话时的口音带着浓重的墨西哥味。"是的。"维克多回答道。

年轻人更加腼腆了，低着头，小声地说道："我是从墨西哥来找工作的，可是整整两个月了，我仍然没有找到一份合适的工作。我父亲年轻时也来过美国，他告诉我他在你的店里买过东西，喏，就是这顶帽子。"

维克多看见小伙子的头上果然戴着一顶十分破旧的帽子，那个被污渍弄得模模糊糊的"V"字形符号正是他店里的标记。"我现在没有钱回家了，也好久没有吃过一顿饱餐了。我想……"年轻人继续说道。

维克多知道了眼前站着的人只不过是多年前一个顾客的儿子，但是，他觉得应该帮助这个小伙子。于是，他把小伙子请进店内，好好地让他饱餐了一顿，并且还给了他一笔路费，让他回国。

不久，维克多便将此事淡忘了。过了十几年，维克多的食品店越来越兴旺，在美国开了许多家分店，他于是决定向海外扩展，可是由于他在海外没有根基，要想从头发展也是很困难的。为此，维克多一直犹豫不决。

正在这时，他突然收到一封从墨西哥寄来的陌生人的信，原来正是多年前他帮过的那个流浪青年。

此时，那个年轻人已经成了墨西哥一家大公司的总经理，他在信中邀请维克多到墨西哥发展，与他共创事业。这对于维克多来说真是喜出望外，有了那位年轻人的帮助，维克多很快在墨西哥建立了他的连锁店，而且发展得异常迅速。

再来看看下面这个故事：

杰克·伦敦的童年贫穷而不幸。14岁那年，他借钱买了一条小船，开始偷捕牡蛎。可是，不久之后就被水上巡逻队抓住，被罚去做劳工。杰克·伦敦瞅准机会逃了出来，从此便走上了流浪水手的道路。

两年以后，杰克·伦敦随着姐夫一起来到阿拉斯加，加入淘金者的队伍。在淘金者中，他结识了不少朋友。他这些朋友三教九流干什么的都有，而大多数是美国的劳苦人民，虽然生活困苦，但是在他们的言行举止中充满了生存的活力。

杰克·伦敦的朋友中有一位叫坎里南的中年人，来自芝加哥，他的辛酸历史可以写成一部厚厚的书。杰克·伦敦听坎里南的故事经常潸然泪下，而这更加坚定了他心中的一个目标：写作，写淘金者的生活。

在坎里南的帮助下，杰克·伦敦利用休息的时间看书、学习。1899年，23岁的杰克·伦敦写出了处女作《给猎人》，接着又出版了小说集《狼之子》：这些作品都是以淘金工人的辛酸生活为主题的，因此，赢得了广大中下层人士的喜爱。杰克·伦敦渐渐走上了成功的道路，他著作的畅销也给他带来了巨额的财富。

刚开始的时候,杰克·伦敦并没有忘记与他共患难、同甘苦的淘金工人们,正是他们的生活给了他灵感与素材。他经常去看望他的穷朋友们,一起聊天、一起喝酒,回忆以往的岁月。

但是后来,杰克·伦敦的钱越来越多,他对于钱也越来越看重。他甚至公开声明只是为了钱而写作。他开始过起豪华奢侈的生活,而且大肆地挥霍。与此同时,他也渐渐地忘记了那些穷朋友。

有一次,坎里南到芝加哥看望杰克·伦敦,可杰克·伦敦忙于应酬各式各样的聚会、酒宴和修建他的别墅,对坎里南不理不睬。一个星期中,坎里南只见了他两面。坎里南头也不回地走了。同时,杰克·伦敦的淘金朋友们也永远地从他的身边离开了。

离开了朋友,离开了写作的源泉,杰克·伦敦的思维枯竭,他再也写不出一部像样的著作了。1916年11月22日,处于精神和金钱危机中的杰克·伦敦在自己的寓所里用一把左轮手枪结束了自己的一生。

俗话说"一个篱笆三个桩,一个好汉三个帮",每一个成功者的道路都会洒满他人的汗水,一个人独行是很难成功的。

金钱有价,朋友无价。 德国的卡西尔说:"没有朋友的人,只能算半个人。"波斯的萨迪则说:"损失一个朋友你就损失一个肢体,时间可使自己的痛苦减除,但失去永不能补偿。"

第八章

燃烧自己,用热情点燃生活激情

将压力转化为工作的动力

只要有工作,压力就会存在,它其实是你工作中无法回避的组成部分。压力大与小,能不能承受与纾解,关键在于面对压力时,你自己的心态与应对的方法。

面对压力,不同的人有不同的态度:有人抱怨,有人感叹,有人改变。显然,第三种最可取,压力在一定情况下可以转化为动力。所以,面对压力要持有正确的心态。莎士比亚曾经说:"压力是一柄双刃剑。"正确地对待压力,可以使人进步,压力是动力;反之,可以使人失败,压力便是阻力。

美国麻省理工学院曾经做了一个很有意思的试验:试验人员用很多铁圈把一个成长中的小南瓜圈住,以便观察当南瓜逐渐长大时,对铁圈的压力有多大。

最初试验人员估计这个南瓜最大能够承受大约 500 磅(1 磅≈0.45 千克)的压力。

在试验的第一个月,如预期一样,南瓜承受了 500 磅的压力。

试验到第二个月时,这个南瓜承受了1500磅的压力,已经远远地超出了原来的估计。

当它承受到2000磅的压力时,为了避免南瓜将铁圈撑破,研究人员不得不重新对铁圈进行了加固。

等到试验进行到第三个月,铁圈对南瓜的压力增加到了3000磅!

最后当研究结束时,这个小小的南瓜竟然承受了超过5000磅的压力。

当试验人员充满好奇地打开南瓜时,发现南瓜里面充满了一层层坚韧牢固的纤维!

为了冲开铁圈的压力,小小的南瓜把压力转化成生存的力量,向所有能够触及的地方伸展根系,最后,这棵南瓜的根系竟然占据了整个花园!

小小南瓜能够承受如此巨大的压力,实在令人惊奇。其实,人也是如此。个人潜能的开发只有在重压下才能实现。压力越大,动力也就越大,只有不断在压力中获得重生的人才能茁壮成长。

有一位哲人说过:"要想有所作为,要想过上更好的生活,就必须去面对一些常人所不能承受的压力,你得像古罗马的角斗士一样去勇敢地面对它、战胜它,这就是你必须走的第一步。"的确,压力中潜藏着成长的机缘。哪里有压力,哪里就有成长的契机。只有不断在压力中获得重生的人才能茁壮成长,同样,也只有那些顶着压力一步一步向前走的员工，才能为公司创造更大的价值。

一个博士毕业生找了一份满意的工作，但公司总是不断地给他工作上压担子，他感到压力很大很累，就去向他的导师请教。导师没有立即回答他的问题，反而领着他外出散步。他们像往常一样一边走一边漫谈，不知不觉在操场上转了一圈。导师看了一下表说，你看我们已经走了一圈了，用了近10分钟，现在你一个人便步走一圈吧。弟子不明白老师的用意，只得信马由缰地走了一圈，回到导师身边。导师又看了一下表说，你这次走一圈用了6分多钟，现在请你把身边的那块石头扛在肩上，再走一圈吧。弟子只得把那石头扛在肩上，他感到很沉，只好小跑了一圈，回到导师身边已经是大汗淋漓、气喘吁吁了。导师又看了看表说，这次你只用了3分多钟，你说是怎么回事呢？弟子想了想说，老师我明白了，第一次因为我们漫无目的，所以用了最长的时间才走完一圈；第二次我心里有了走完一圈的目标，但没有压力，所以用的时间也较长；第三次因为我心中有了走完这圈的目标，也有了肩上的重压，所以反而用了最短的时间。导师赞许地点点头说："这就是公司给你压力的原因呀。"

可见，一个人在一定的压力范围内，他的工作业绩与压力是成正比的，对于强者，压力从来就不是包袱。因为适当的压力会转化为个人内心的动力，有利于保持良好的状态、挖掘自己的潜能、提高工作效率。

"铁人"王进喜说:"油井没有压力打不出油;人没有压力做不好工作。"有压力才有动力,对任何人都一样。面对压力,与其一味退缩、逃避,还不如勇敢地面对,并把它化作前进的动力。这样,我们就能获得更多的力量去克服工作中的困难,从而去完成那些看似无法完成的工作。

有一位知名泰国企业家因玩腻了股票,想尝试做一些其他的,他把矛头指向了房地产,他把自己的积蓄和银行贷款全部投了进去,在曼谷市郊盖了15幢配有高尔夫球场的豪华别墅,但时运不济,他的别墅刚刚盖好,就面临亚洲金融风暴肆虐,他的别墅一栋也卖不出去,贷款也还不起,这位企业家只能眼睁睁地看着别墅被银行没收,连自己住的房子也被拿去抵押,还欠了一屁股的债。

这位企业家一时被突如其来的巨大压力压得喘不过气来,他怎么也没想到对做生意一向轻车熟路的自己会陷入这种悲惨的境地。

他决定重新白手起家,他的太太是做三明治的能手,于是就建议丈夫去街上叫卖三明治,企业家经过一番思索答应了。从此曼谷的街头就多了一个头戴小白帽、胸前挂着售货箱的小贩。

昔日亿万富翁沿街卖三明治的消息传到大街小巷,有的顾客出于好奇,有的出于同情,买三明治的人越来越多,许多人吃了这位企业家亲手做的三明治后,被这种三明治的独特口味所吸引,于是消费者就经常光顾,回头客不断增多。现在这位泰国企业家的三明治生意越做越大，他慢慢地走出了人生的低谷。

他叫施利华，他以自己不屈的奋斗精神赢得了人们的尊重。在1998年泰国《民族报》评选的"泰国十大杰出企业家"中，他名列榜首。

作为一个创造过非凡业绩的企业家，施利华曾经备受瞩目，在他事业的鼎盛期，他认为自己尊贵得像城堡中难得一见的皇帝。当他失意时，习惯了发号施令的施利华亲自推车叫卖三明治，无疑需要极大的勇气。然而，他顶住了压力，获得了成功。施利华的故事告诉我们：勇于接受挑战并承担压力，是人们获得事业成功的重要保证。

无论我们从事什么样的工作，都不可避免地会遇上压力。面对压力，其实是一个人的态度问题。只要你能够放开胸怀去面对，压力不但能化解于无形，更能成为成就你的动力。在竞争激烈的职场中，只有那些能够正确面对压力、通过积极的努力化压力为动力，最终出色完成任务的员工，才会在同事中脱颖而出，得到企业和社会的高度认可。

在压力下工作和生活，是每个人的常态，所以，我们不必逃避，要以积极的态度去面对、去化解，并将压力转化为自己前进的动力，享受工作压力下的乐趣、追寻工作的成就感。

点燃工作的激情

每个人的体内都蕴藏着巨大的潜能。在工作中,只有发掘出这些潜能,才能点燃对工作的激情,才能真正认真而专注地投入到工作中去,才能发挥永不止息的开拓精神,并在这种精神的指引下,最终实现自己的理想。

高林候在海外留学的时候,曾经有一段时间在一家餐馆打工,从洗盘子到端盘子再做到侍应,最后成为比利时收入最高的侍应,日薪5000元。他是怎样做到这一点的呢?

洗盘子原本是一件很枯燥的事,可是他却从中找到了乐趣。开始时,他也很痛苦,后来想既然干了就要把它干好,不能因为工作而丢失了好心情,于是他就开始尝试快乐地工作,他换着法儿地洗盘子,创造了"飞盘"等一系列动作,他这样做不仅不会枯燥,而且还提高了工作效率。

原本很疲惫无聊的事，却让他做得有声有色。他想了个增加乐趣的办法，就是看看自己一只手能端多少个盘子。终于练到装满菜的盘子，一只手能放6个，在没有人帮助的情况下，两只手可以拿17只高脚杯。这样一来，乐趣找到了，工作也越做越好。后来他开始做侍应生，因为记人名字几乎过耳不忘，所以很快成为全比利时小费最高的侍应。

在同事们的一致认可下，他后来有机会和时间观察大厨们如何炒菜，渐渐地也开始传菜。之后他更主动地做一些事，有一天看到院子里草长了，觉得除草应该也是一件很有意思的活，于是站在院子里干起来。这时候老板看到了他，很欣赏他对工作投入的兴致，拍拍他的肩膀让他下周到前台报到。

看起来很平凡、很无聊的工作，高林候却能从中找到乐趣并越做越好，这样的经历值得每一个喜欢抱怨的职场人深思。 如果你觉得工作岗位太卑微、工资太少、埋没了你的才华，从而懈怠你眼前的工作，那么你还能做好什么呢？

要知道，每一份工作都有其枯燥的一面，善于发现工作的乐趣，点燃自己的工作热情才是最重要的。 那么，要想做到这一点，应该怎么做呢？

第一，拓展自己的学习领域。 当今世界，科技的发展日新月异，知识的丰富多彩早已远离了孔子时代的局限，这也对学习提出了更高的要求。 没有激情的工作是对人生的浪费。 真正有意义的学习，不是一味地吸取知识，而是通过学习懂得如何运用知识,并能用经验和智慧填补自己的不足之处。 新的知识会对工作产生积极影响,使工作开拓出新的天地。 这样一来,懈怠的工作热情就会被重新激发起来。

第二,在学习中体会工作的快乐。 一个人一旦体会到了工作的快乐,就会热爱工作,全身心地投入到工作中去。 尤其是当自己默默无闻的工作换来领导和同事的认可、换来新的成绩、换来自身能力和素质的提高时,那份自我价值感岂是一份薪水可以衡量的? 也只有在工作中不断地创造快乐,并以这种快乐影响和激励自己,才能在工作中始终保持昂扬的斗志和激情。

第三,和同事间相互鼓励。 在工作中遇见困难虽然是非常普遍的事,但是却很容易打击你的工作积极性。 每个人都希望把工作做好,把任务完成得漂亮,但是力不从心、事与愿违的情况还是很常见。 因此,在团队中,要学会与同事间相互鼓励,更要学会自我激励,以此来渡过难关,重新找回自信。 只有激励自己,不断地自我勉励,才是保持长久工作激情的基础。 另外,身体力行,创造一种集体的工作氛围也很重要。 记住,公司是一个整体。 成员之间相互鼓励、相互认可,这种精神上的支持是无价的。

第四,找到自己的兴趣点。 一般来讲,人们只会对自己擅长的事、喜欢的事充满热情。 据调查,有28%的人正是因为找到了自己最擅长的职业才彻底掌握了自己的命运,并怀着高度的热情,将自己的才华发挥得淋漓尽致。

工作不仅是生存的必需,也是人实现精神理想的必由之路,因此,只有对工作真正产生兴趣,真正地培养对工作的兴趣,才能在工作中真正有所作为。 如果没有兴趣,那么其中的乐趣就没有了,因为只是在例行公事地按照程序去做它,自然无法激发对工作的热情。

第五,小事中倾注热情。 我们在工作中处理的很多事情看起来都是平凡小事,对此,要端正自己做事的心态。 不要因事小而不为,或者对其另眼相看。 其实哪怕是最平凡的小事,只要投入我们的热情,也能使我们在工作中充满活力。 古希腊人伊索说过:"工作对于人来说是一种享受。"林肯也说过:"人生的乐趣隐藏在工作中,如果充满激情地工作,就能享受到更快乐的人生。"只有把每一件小事做好,才会有成大事的本领。

其实人的一生要负载很多东西,谁也不知道自己哪天会面临哪些沉重的问题,并把这些东西扛在肩上风雨兼程地向前赶路。 如果有些工作上的困难注定是我们无法逃避、必须面对的,我们不妨以一种积极的态度去面对。 人生有了压力,才会产生前进的动力,工作才能充满激情,生命因激情而走向成熟。 就像船,没有负重的船会被大浪掀翻;就像心灵,没有激情的心灵会飘浮如云。

第六,把工作和人生目标联系起来。 人有了目标才能有动力。 工作的激情,来自人生的目标,只有将工作的激情和人生的目标统一起来,才能实现自我价值最大化。 因此,我们会为了目标的实现而殚精竭虑、一往无前。 工作的激情源于对人生完美的追求,源于对事业蓬勃的冀望,也存在于对人生目标追求的过程中。 在这样的目标指引下,只要工作着,人就会充满斗志和激情,更会激发出无穷无尽的创新能力。

对成功抱有强烈的渴望

站在起跑线上的运动员们浑身充满巨大的迸发力，心中的渴望燃起团团烈火，从冲出起跑线的那一刻起，求胜之心就开始化成一股强大的力量，那是一种让人心跳的挑战，那是一道无限美好的风景。这时候，夺冠的渴望就是运动员的动力。可见，不论你想做什么，要想达到成功的巅峰，你都必须对成功抱有强烈的渴望。

美国人约翰·富勒家中有7个兄弟姐妹，他5岁开始工作，9岁时会赶骡子。他有一位了不起的母亲，这位母亲经常和儿子谈到自己的梦想："我们不应该这么穷，不要说贫穷是上帝的旨意，我们很穷，但不能怨天尤人，那是因为你爸爸从未有过改变贫穷的欲望，家中每一个人都胸无大志。"这些话深植富勒的心中，为了跻身于富人之列，他开始努力追求财富。终于，12年后，富勒接手一家被拍卖的公司，并且还陆续收购了7家公司。他谈及成功的秘诀,还是用多年前母亲的话回答:"我们很穷,但不能怨天尤人,那是因为爸爸从未有过改变贫穷的欲望,家中每一个人都胸无大志。"富勒在多次受邀演讲中说道:"虽然我不能成为富人的后代,但我可以成为富人的祖先。"

你是否也像富勒那样,有过改变自己的强烈渴望呢? 你是否有做富人祖先的雄心大志? 富勒的话提醒我们,要想成功,必须有对成功强烈的渴望。 同样的道理,要想在职场中脱颖而出,必须有比别人更强烈的自我挑战精神。

可见,拥有一颗奔腾的心以及强烈渴望成功的动机,坚信自己能够成功,你就一定会成功。 因为对成功的强烈渴望,就是我们执行力的源泉,它推动着我们铆足了劲,向着理想的目标前进,这样的渴望和实践本身就是一股强大的力量,也是任何才华和机遇所无可匹敌的。

不疯魔不成活

你像发疯一样地热爱着你的事业吗？ 很多人的第一反应也许是：那是不可能的！ 我爱上任何东西，都不可能爱上那份又沉闷、又费时费力的工作！

与工作"谈恋爱"确实不容易，那么我们应该如何才能找到工作的"可爱之处"呢？ 对于这个问题，这里有一个故事可以给我们一个很好的解释：

1981年，当加德纳在争取一份迪恩·维特·雷诺兹证券经纪行里的实习机会时，他跟两岁大的儿子已经有一年的时间都是处于无家可归的状态了。加德纳和儿子每晚就在加州奥克兰市的地铁厕所中躲避风雨，而他办公室的人却对此都毫不知情。

最终，加德纳成了一名证券经纪人。两年后，他跳槽到贝尔斯登证券公司，并成了业绩最好的员工。1987年，加德纳在芝加哥成立了自己的加德纳·里奇证券经纪公司。而今天的加德纳已经成为一名千万富翁、鼓动人心的演说家、慈善家和跨国商人。

"是哪一样东西改变了你的人生呢?"《商业周刊》的记者采访他时问道。

他告诉记者,是对工作的热爱改变了他的人生。他说:"你得对自己的事业爱得发狂才行,就像精神错乱一样。"

这正如戏剧界的一句行话"不疯魔不成活"的意思一样。"不疯魔不成活"这句话指的就是一种职业精神,一种对一件事极痴迷的境界。唱戏的人讲究对戏曲应该具有一种深深的迷恋,只有这种迷恋才能让人忘我地投入到戏曲中。古往今来的艺术大师、科学伟人等,凡能成就一番大事的人,都是因为这份对所从事的事业的痴迷才最终获得了辉煌的成就。我们对工作也应该达到这种痴迷的境界。

事业上取得成功的人都有一些类似的品质,他们都像疯子一样热爱着自己所做的事,这也是他们成功的内在动力。因此,还在用力攀登的我们,更要热爱自己的工作,努力奋斗,才能不断向自己的理想靠近。

但是有些时候,人们一开始无法自由选择从事自己所热爱的职业,而只能被迫做出一些不符合自己爱好的职业选择。在这种情况下,千万不要以敷衍的态度去应付工作,而要学会去爱自己所做的工作。

将工作视为一种精神享受

潘石屹曾说过："要将工作变为一种精神享受，只有充分领会自己工作的意义才能实现自我价值。在我的理解中，工作作为我们人类非常有价值的行为活动，它至少有以下几个方面的意义：工作是一种团结他人与服务他人的努力，人们也是通过它才实现了自己的社会价值，从而证明了自己是一个合格的人或者说是一个成功的人。"

马克思曾经说过：物质不丰富时，工作是为了生存的需要，为了赚钱养家糊口，工作是围绕物质而进行的；而物质丰富时，人也需要工作，但是工作是为了满足人的精神需求，因为人一旦不工作、不劳动就会觉得难受。

职场中的我们，只有先将工作当成一种精神享受，才能在工作中不断地去探索和求新求变，从而提高自己的工作能力，最终取得辉煌的成就，成为职场中的佼佼者。

以知性和智慧著称的凤凰卫视知名主持人曾子墨，在谈起自己从事新闻业十余年的心得体会时，她感慨地说："我很喜欢我的工作,而且这个工作让我很享受。"而正是因为她将工作当成了一种享受,才会充满快乐地去工作。 对她来说,人生最大的快乐不是拥有多少财富,而是感觉自己每天都在改变着世界。 这就如同卡尔文·库基说过的那样:"人生真正的快乐不是无忧无虑,也不是去享受,因为这样的快乐是短暂的。 而一份充满魅力的工作才是快乐的源泉。"然而现实中能感受到工作中的幸福感的人却寥寥无几。 一个人如果缺乏快乐和幸福感,就应当学会到工作中去寻找。 下面这个小故事就生动地说明了这一点:

  有位英国记者到南美的一个部落采访,这天是个集市日,当地土著人都拿着自己的物产到集市上交易,这位英国记者看见一个老太太在卖柠檬,5美分一个。

  这位老太太虽然看起来非常开心,但她的生意显然并不好,一上午也没卖出去几个柠檬。这位记者便打算把老太太的柠檬全部买下来,以便使她能"高高兴兴地早些回家"。当他把自己的想法告诉老太太的时候,她的话却使记者大吃一惊:"都卖给你?那我下午卖什么?"

  其实,人生最大的价值就是把工作当成一种享受,这是一种智慧。 爱迪生说:"在我的一生中,从未感觉是在工作,因为我觉得自己从事的一切工作都是对我的安慰……"然而,在职场中,像卖柠檬的老太太那样对自己所从事的工作当成享受的人并没有多少。 这一类人不是把工作当作乐趣,而是视工作为苦差事。 早上一醒来,头脑里想的第一件事就是：痛苦的一天又开始了，然后磨磨蹭蹭地来到公司，无精打采地开始一天的工作。 好不容易熬到下班，立刻就高兴起来，和朋友"花天酒地"时，总不忘诉说自己的工作有多乏味、有多无聊。 如此周而复始，到最后，损失最大的却是自己。

职场中，如果我们对工作提不起半点兴趣，那么每天的工作对我们而言就好比毒药一样，怎么可能甘之如饴，令我们倾心付出呢？ 而如果我们能热爱自己的工作，那么上班就不再是苦差事，而是真正的享受与快乐。 我们只有进入这样的状态，才能创造出不一样的成果，而这种成果日日累积下来，不仅能为企业创造非凡的价值，更能成就自己的未来。

不要把工作看成是一种谋生的手段，而应把它看成一种爱好，全身心地投入进去，甚至为它痴狂，这样所有困难都会变得轻松起来，因为工作已经成为一种快乐和享受。 我们可以试着从以下几点，将工作变为一种享受。

第一，在工作中发现乐趣。 如果你想变得更优秀，那么你应该明白，工作就是工作，它永远不可能像休闲度假一样充满新奇和喜悦，关键是你如何在其中发现乐趣。

第二，全身心地投入工作。 把个人的智慧、心血、才能都倾注到工作上，那么一段时间后，你就会取得一定的成绩。此时，你就会觉得很有成就感，并且会很享受这种成就感。

培养坚韧的品质

在成功的道路上,没有任何东西比坚韧不拔的意志更重要。那些得到重用并且成为某一领域权威的人士,无一不是秉性坚韧的。他们也许并不具备聪明灵活的头脑,也许没有和蔼可亲的态度,但肯定缺少不了坚韧的个性。

一旦你具备了坚韧的个性,即使没有受到老板的青睐,也不会因此而沮丧。坚韧的个性能使做苦力者不厌恶劳动,使劳碌者不觉疲倦。它所产生的力量源源不断,如能加以控制和引导,就能变成一种执着,提高自己对挫折的忍受力。

当你看到他人成就斐然,而自己始终一无所获时,是否会倍感沮丧、自觉平庸?真正有韧性的人,能将种种悲观情绪抛在脑后,不断进取。

一位大学教授在分析美国历史进程时曾说过:"其实,美国人之所以能够成功,很大程度上是他们竭尽全力、毫不惧怕失败的结果。他们也曾经遭遇过失败,但是失败了从头再来,而他们坚韧的个性又增加了许多。"

追求人生目标的决心愈坚定，你就愈有耐心和韧性克服阻碍。所谓的耐心，是指动态的而非静态的，主动的而不是被动的，是一种主导命运的积极力量，而不是向环境屈服。

有一位推销员，在为公司推销日常用品。有一天，他走进一家小商店里，看到店主正忙着扫地，他便热情地伸出手，向店主介绍和展示公司的产品，然而对方却毫无反应，默然地望着他。

推销员一点也不气馁，他又主动打开所有的样品向店主推销。他认为，凭自己的努力和推销技巧，一定会说服店主购买他的产品。但是，出乎意料的是，那店主却暴跳如雷起来，用扫帚把他赶出了店门。

推销员却没有愤怒和放弃，他决心要查出这个人如此恨他的原因。于是，他就去询问其他推销员，了解那个店的情况，终于他了解了店主对他不满的理由了。原来，是他的前一任推销员推销不当遗留下来的问题，由于前任推销员的失误，使得那个店主存货过多，积压了大批资金。

于是，这个推销员疏通了各种渠道，重新做了安排，请求一位较大的客户以成本价格买下他的存货。不用说，他受到店主的热烈欢迎。这个推销员运用自己坚韧不拔的精神，在坚持中不断地寻找突破逆境的途径。

在一个人的修养中，坚韧不拔是很重要的一种品质，如果你没有恒心和毅力的话，就会无法忍受挫折和失败，甚至在生活的道路上刚一开始迈步，就会被逆境打倒。只有拥有坚韧不拔的意志，你才能成为赢家。

执着于你的目标，你就会拥有达成目标所需的耐心和勇气。

有一位清苦的农民，生活本来就不富裕，更加让他痛苦的是，他又受到了瘫痪的打击。可是，他的意志力战胜了身体的不幸，他的坚韧不拔给他的生活带来了新的转机。他忍受着生活的艰辛，开始思考怎样创造财富。最后，他决定把农场改为生产香肠的场地。后来，他的产品几乎家喻户晓。

励志人生

别在吃苦的年纪选择安逸

宋犀堃

主编

新华出版社

前 言

《钢铁是怎样炼成的》作者奥斯特洛夫斯基说:"生活赋予我们一种巨大的和无限高贵的礼品,这就是青春:充满着力量,充满着期待、志愿,充满求知和斗争的志向,充满着希望、信心的青春。"

是啊,青春是昂扬的,是向上的,它充满着无尽的力量。它像彩霞一样灿烂,像花儿一样芬芳;它像蓝天一样明净,像大海一样澎湃。它充满激情,充满希望,充满力量。它是人生之书不可或缺的华彩篇章,是生活赐予我们的极其高贵的礼品。

然而,青春又是迷茫的。一代文豪莎士比亚说:"青春时代是一个短暂的美梦,当你醒来时,它早已消失得无影无踪了。"于是,青春就像手中的一捧水,还没来得及握住,就从指缝间流光了……

青春就是这样,它朝气蓬勃,但却又转瞬即逝。它比时间还要昂贵,我们常常在考虑青春是什么,却不知道青春在我们考虑的时候就偷偷溜走了。我们常常在顾虑梦想是什么，却不知道现在不去追梦这辈子就再也没有机会了。

曾经少年不识愁滋味，总是认为世界那么美好，像阳光那样温暖，像小桥流水般诗意。在那个懵懂无知的年纪，我们的快乐是最真的，我们的笑容是最甜的。我们充满激情和斗志，希望通过自己的双手改变命运。但在见识过大城市的繁华，领略过最丰富的文化，经历过职场风雨的洗礼后，我们开始举步维艰，扑面而来的惨不忍睹的经历更是将我们攻击得体无完肤。

人生就是这样，耐得住寂寞才撑得起繁华；在该奋斗的年纪，不要失败在安逸上。扛得住艰难，才能配得上梦想。如果不想苦一辈子，就在年纪轻轻时苦上一阵子。

2019 年 4 月

目 录
CONTENTS

第一章 过早选择安逸,等于失去了未来
人生没有等出来的辉煌 / 002
人生只有走出来的美丽 / 005
实干的人才能获得成功的硕果 / 007
接受梦想之外的真实 / 010
未来的蓝图,要与自己相符 / 013
别总说自己"怀才不遇" / 016
把自己变成一颗珍珠 / 018

第二章 与其安于现状,不如用目标开路
做个有志向的人,让目标为你开路 / 022
做事之前,先定目标 / 027
想到,才有可能做到 / 029
坚持不懈才能成功 / 031
目标感不强最容易失败 / 034
没有目标的人生是没有意义的人生 / 036

规划自己的将来 / 043

如何激发目标 / 048

学着树立长远目标 / 053

相信自己追求目标的正确性 / 057

培养做计划的好习惯 / 060

第三章 行动起来，脚踏实地走好人生路

行动可以给你带来好运气 / 068

要做到"今日事，今日毕" / 070

只有行动了，才会有结果 / 072

迈向成功需要采取行动 / 074

人生要脚踏实地 / 076

坚持每天进步一点点 / 079

采取行动是成功的前提 / 081

第四章 只要你足够优秀，世界都会因你而灿烂

自信会使你获得更多 / 084

给自己编一本"心理辞典"／089
为你的行动播下自信的"种子"／093
不断激励自己／097
把自信当成一切行动的前提／100
信念的力量／103
做一个成功的"有心人"／106
用自信撑起一片天空／110

第五章　告别安逸，无惧一路风雨
像阿甘一样不停地"奔跑"／114
追求内心的强大／118
掌握战胜懦弱的方法／123
强者的"狼道精神"／126
像"雄鹰"一样展翅高飞／129
真正的强者会绝处逢生／132
经历苦难方为强者／135
不做懦夫做强者／140

第六章　持之以恒，笑到最后

坚持就意味着胜利／144

从不轻率地放弃自己的目标／147

坚持不懈才能成功／149

靠坚持的毅力创造奇迹／152

勇敢地坚持下去，直到好运降临／158

第七章　虚怀若谷，低调做人，时刻保持最佳状态

低调处世，低调做人／164

树大招风，明哲保身／166

谦虚行事，尊重他人／169

做人一定要谦虚随和／172

切勿失去做人的本色——谦逊／174

谦虚者能赢取更多／177

谦虚守礼地尊重上司／179

放下身段，永不自满／182

第一章

过早选择安逸,等于失去了未来

人生没有等出来的辉煌

有一种力量，让很多人无所畏惧，勇敢接受悲伤的过往，坦然面对异样的眼光，迈过沉沦的低谷，彰显惊人的毅力。这种力量，叫作梦想。

每个人都应该有自己的理想，尤其是刚刚走出校园的我们。但有了理想后，却总是让理想停留在口头上，不去行动，那无异于思想上的巨人，行动上的矮子。许多人到了不惑之年，依然碌碌无为，不是因为他们年轻时候没理想，只是他们对理想，要么处于长期犹豫之中，迟迟不能为实现理想做出具体行动；要么碰到一点困难就退缩，想放弃。

每个梦想都是美好的，但是，如果只热衷于谈论梦想，把梦想挂在嘴边，甚至，只是背着自己的梦想活了一辈子，却从来没有去认真地尝试实现梦想，那么，梦想自始至终都只是一个梦想而已，是最虚无缥缈的梦。所以，有梦想就要行动，要有全力以赴、不实现梦想决不罢休的毅力。

俄国寓言作家克雷洛夫曾经说过："现实是此岸，理想是彼岸，中间隔着湍急的河流，行动则是架在河上的桥梁。"其实，现实与理想之间那湍急的河流就是各种各样的借口，它总是发出各种嘈杂之音，干扰人的行动，阻碍人们前进的脚步，最终让理想坠入深渊。

每个人都应该懂得，要成功，光有梦想是不够的，行动的力量才是实现梦想的关键所在。要想在之后的人生岁月里实现梦想，就至少要在青春年少的时候开始行动起来。只有下定决心，历经学习、奋斗、成长这些过程，才有资格摘下成功的甜美果实。

然而，在这个浮躁的社会，在功名利禄的驱使之下，造就了一大批的空想家。他们幻想着自己能够干出一番惊天动地的大事，幻想什么时候自己能够一夜暴富……他们总是这样凭空幻想，却从不动手朝着目标奋斗。

有一则古老的意大利笑话：

> 一名穷人每天去教堂，在圣像前祈祷，请求："亲爱的圣人——拜托、拜托、拜托……请赐予我赢得乐透彩的恩宠。"他的哀求持续了数个月。最后，被惹恼的圣像活了起来，低头看着乞怜的人，轻蔑地说："孩子啊——拜托、拜托、拜托……去买彩票吧！"

这个故事实在令人发笑，但也值得深思。这个穷人是现实中许多人的缩影，我们很多人都像这个穷人一样，整天想着中得彩票头奖，却连起身去买都做不到。这样的人，又怎么能获得成功呢？

有很多人喜欢在时过境迁之后这样说："我当时真的应该那么做，可我没有。"还有不少人总是说："若是我当初……如今早已经……"这些都是天下最可悲的话。可惜，生活中没有那么多假设。一个好的梦想胎死腹中，的确会让人叹息不已，永远无法忘怀。

行动比心动更重要，迈出行动的第一步，成功的概率就会提高。无论我们拥有多么美好的理想与目标，如果不能尽快地付出行动，最终只能让自己的梦想变成空中的楼阁，彼岸的花朵。我们都懂得"想做就做"的道理，但是我们大多数时候没有将这个原则用到自己的经历中，所以我们未能改变现状。如果此刻的我们拥有一个梦想，那就闭上嘴巴，把所有的精力用在行动上，这样我们一定会早日获得成功！

人生只有走出来的美丽

英国著名文学家劳伦斯说:"成功的秘诀,在于养成迅速去做的好习惯。只要细细观察那些成功人士,就不难发现,并不是他们的知识、眼光、观念多么出类拔萃,其理想和目标常常和身边的人差不多,只是因为他们能为理想立刻行动起来。"毫无疑问,那些成功者都是说做就做、勇于行动的人。

每个人都有自己的人生目标,但并不是任何人都会为了这个目标付诸行动。有些人总是沉浸在空想之中,偶尔要耍嘴皮子,说出自己的胸襟大志,却没有任何身体力行的实践。他们总是抱怨时机不成熟,缺乏必要的条件,冥思苦想谋划着如何有所成就,殊不知,没有行动就是在做白日梦。

大学生书宁有一个美丽的梦想,那就是骑着自行车去西藏,她说:"那是一片最美的净土,是一个洗净铅华的地方,所以我一定要去。"于是,她为自己设计了一个非常完美的西藏之旅。她先是花了几个月的时间查找相关资料，接着又研究地图，还制定了详细的日程表，甚至每天骑到何处，她都有详细的计划。

大家看到她计划得如此周密，问她何时启程，她回答道："等毕业了我就去。"那个时候，大家都羡慕她有这样一个美丽的梦想，也很佩服她的勇气。

毕业之后，大家都各奔东西，再一次聚首是在一个朋友的婚礼之上。那天刚看到书宁，所有的人都热切地询问她的西藏之旅，问她西藏怎么样。

书宁却嗫嚅着说道："毕业之后就忙着找工作，工作了就更没时间了，我至今还没有去过西藏呢！"

想做成一件事，光有想法和计划是不够的，必须有一颗一定要做成事的心，还要配合确切的行动，坚持到底。只有这样，才能够成功。缺乏决心和实际行动的梦想，会在时间的作用下慢慢萎缩，甚至衍生种种消极的思想，最终掩盖理想，过着随遇而安的平庸生活。这也是为何生活中成功者占少数的原因。梦想是成功的起跑线，决心是起跑时的枪声，行动是跑步者全力以赴的奔驰，只有坚持到最后一秒的人，才可以看到人生的另一番美景。

实干的人才能获得成功的硕果

没有梦想就没有精彩的生活，梦想是人们对未来的向往。它意味着还没有体会过的生活，意味着无穷的可能性，意味着意想不到的惊喜，意味着对自己的信心。不要连梦想也没有，那样的生命将会无比苍白。只要肯有梦想并为之努力奋斗，你最后创造的东西就是伟大的。

美国海岸警卫队有一名厨师，因为文笔出众，在空余时间，有些同事经常找他帮忙代写情书。过了一段时间后，他发现自己深深爱上了文字，到了无法割舍的地步。于是，从这一刻起，他为自己埋下了一个梦，就是要成为一名作家，并且计划用两到三年的时间写一部长篇小说。

为了实现心中的梦想，这位厨师开始了积极的行动。只要有空余时间，他就会看书，在别人的书中钻研写作方法，到了晚上，他就在屋子里不停地写。就这样，他坚持了8年,他才第一次在杂志上发表了自己的作品,稿酬也只不过是100美元。虽然稿酬很少,但是却点燃了他的心灯,点燃了他奋斗的希望,他相信自己离理想更近了。

从美国海岸警卫队退休以后,他继续为自己的理想不停地写。在接下来的几年里,他不仅没赚到多少稿费,反而还欠了别人不少钱。尽管生活如此窘迫,他依然没有灰心,他相信只要努力就可以实现自己的梦想。

又是很多年过去了,终于,他将他的长篇小说创作完毕。算了算时间,他为这本书总共花费了整整12年的时间。这12年,他忍受了常人难以承受的艰难困苦。因为不停地写,他的手指已经变形,他的视力也下降了许多。

然而,功夫不负有心人,最终,他成功了。他的小说出版后立刻被全世界的人所接受,仅在美国就发行了160万册精装本和370万册平装本。这部小说就是我们今天经常读到的名著《根》,这位作家的名字叫哈里。

"要想取得成功,最好的方法就是努力工作,并且立刻行动,对自己的理想深信不疑。"哈里这样说。

的确如此。只要对自己的理想深信不疑,并不懈努力,梦想总会开花。一个人只要为理想付出,他就掌握了向成功迈进的秘诀。工作的能力加上工作的态度,决定了报酬和职位。只有那些想好了就立即行动的人,他们的工作效率才会惊人地高。往往也只有这样的人,才能勇敢地取得成功。

  理想，只能在行动后才能实现。只有毫不犹豫地拿出行动，为理想的实现创造条件，才是理想成真的必经之路。所以，想要让自己获得成功的果实，年轻的我们光有想法是完全不够的。想好了就立刻行动，并全力以赴地去做，才有可能获得成功的锦标。

接受梦想之外的真实

记得小学的时候,老师让大家说出自己的梦想。同学们有的说当老师,做祖国的园丁,有的说当医生,做治病救人的白衣天使,而晓晓却用她清脆的童音说道:"我长大了,要当一名保卫祖国的军人。"年少的晓晓并不了解军人是干什么的,只是单纯地挚爱那套军装,于是部队成了她魂牵梦萦的地方。

高中的时候,晓晓的这个军旅情结近乎痴狂,也因此而做出了很多现在想起来非常极端的事。作为女孩子,晓晓搜集了大量的军品、杂志,几乎所有穿的、用的,都是迷彩的,就连MP3里录的也全部是军旅进行曲和军营民谣。在选择文理科时,她为了日后更容易考取军校,断然和自己擅长的文科"告别"。然而,高考的时候,晓晓却因为不擅长理科而高考失利,被一所极普通大学的新闻系录取。

其实,晓晓虽然为梦想而疯狂,但是她对于部队和当代军人的认识仅仅是通过书籍、电视和网络上的军旅论坛，除了上学期间的几次军训，几乎很少和实际中的军人接触。她在脑海里构筑了很多对于军人威武、坚毅、奉献的印象，加之正处于少女青春期，于是对英雄的崇拜和青少年热血励志的冲动让这个从小生长在北京的女孩有了一个特殊的情结——要上高原哨所，和那里的战士们在一起。

大学期间，晓晓仍然执着于她的军旅梦。订阅了《军事记者》和《军旅文学》杂志，准备毕业后再去部队。

四年转瞬即逝，眼看着就要毕业，有很多就业机会她连多看一眼都不看，非要一心和"军"字沾边儿。经过百般周折，晓晓终于去了一家军事杂志社下属的小单位。但毕竟，进入了这个"绿色的圈"，对部队和军人的了解机会比以前大大增多了。

随着年龄的增长和现实工作中的接触，晓晓渐渐发现实际中的部队环境和当代军人并不像自己"编织"的那样，他们也有正常人的喜怒哀乐七情六欲。她越来越多地意识到原来自己从来不曾真正认识这个被捧为"神圣"的梦想，她开始理性地分析自己，到底是爱那身军装还是爱那里的人？自己是否适合从事那样一份职业？在那样的环境中，自身价值是否能得到最大体现？

这一系列不断的追问让晓晓终于明白，那个"梦想"是自己编织的，而非实际存在的。在重新审视和定位后，现在的晓晓依然有着军旅情结，但她知道那是一种尊敬，而非像以前那样极端而盲目地追捧。她准备踏实认真地干好眼下的工作，不一定非要在高原哨所。即使就是在这样最普通的小岗位上，也照样能实现自己的梦想。

很多年轻人的梦想迟迟不能实现，是不是和晓晓一样，只是给自己编织了一个不实际的"梦想"呢？人们常常说，有梦想才有目标，有目标才有动力。这句话本身没有错，但是脱离了现实的"梦想"，确实是万万行不通的。

当今这个时代，许多虚浮的幻境和严酷的现实，令年轻的我们感到无所适从，也是我们总是感到迷惘的根源。一方面一夜致富、一夜成名的神话传奇偶见媒体，一方面失业人口不断增多的现状又如洪水般滚滚袭来。理想与现实的严重脱节，让很多人喘不过气来，甚至迷茫到不知所措。而想要改变这一点，让"梦想照进现实"，那么我们首先就要接受现实。只有尊重现实，并借着现实的阶梯向上攀爬，才能更近梦想一步。

成功是没有捷径的，刚刚走进社会的我们，在努力为理想而奋斗的同时，还要看清现实，不要陷入"走火入魔"的状态。只有感受真实的现实，在现实中不断积累经验，我们才能朝着梦想稳步前进。而那些过于虚无缥缈的"理想"，我们则要第一时间把它们忘掉！

未来的蓝图，要与自己相符

漫画家蔡志忠曾经说过："做人最重要的就是要了解自己。有人适合做总统，有人适合扫地。如果适合扫地的人以做总统为人生目标，那只会一生痛苦不堪，受尽挫折。"一个人能否在事业上顺利发展，一个根本的原因就在于能否找到一个最适合自己发展、能最大限度发挥自己才能的职业岗位。

在古希腊帕尔索山的一块石碑上，也刻着这样一句箴言："你要认识你自己。"卢梭称这一碑铭"比伦理学家们的一切巨著都更为重要，更为深奥"。由此可见，认识自我是至关重要的，只有在"知己"的基础上，才能有选择性地"知彼"，从而规划未来的方向，明确具体的实施细节。

只有那些真正了解自己的人，面对成功才不会忘乎所以，遇到挫折才不会灰心丧气。也唯有如此，我们才能在人生奋进的道路中不自夸、不漂浮，客观而理智地规划未来，以一颗饱满的心迎接更大的挑战。

当然，想要看清自己，这并不是一件容易的事。我们不仅需要内心的"想当然",还要聆听他人的意见,从客观的角度来观察自己。甚至,我们还可以通过书籍、网络等个人测试习题,对个人的长处与短处、性格特征都有一个全方位的掌握。只有这样,我们才能让未来的蓝图与自身完全切合!

很久以前,有一片广袤无垠的田野,土地肥沃,水草丰美。为了更好地灌溉庄稼,当地的农民在这里挖了一大一小两条河。刚开始,小河和大河都勤恳地灌溉,因此两岸庄稼年年获得大丰收。可是有一天,大河忽然有了一个想法,它想去看看大海。这个想法一出来,就再也按捺不住了:"我是大河,怎么能和那条小河一样,老死在这穷乡僻壤之地呢?"于是,大河鼓起浑身的力量,一浪接着一浪地冲向远方。大河是坚韧的,它克服了重重困难,冲破了许多阻挠,它离自己的目标越来越近了。当它回头再看小河时,不由得生出一分悲悯之心:"唉,小河啊!你也太没有追求了!"

遗憾的是,终于有一天,大河一头扎进了无边无际的沙漠里,它那点水分很快就蒸发完了。

由于没有了水,所以没过几年,河道就被填平了。

而那条小河依然勤勤恳恳、任劳任怨地灌溉着两岸的庄稼,为两岸农民的丰收立下了汗马功劳。为了获得更多的水源来灌溉庄稼,人们又把小河的河道拓宽了,比原来的大河还要宽好几倍。小河周围整天热热闹闹的,有浣衣洗菜的农家妇女,有洗澡嬉戏的孩童,有泛舟垂钓的游客……

又经过几代人的传承繁衍，小河被当地人称作"母亲河"。而当初的那条大河，早已寻不到半点踪迹了。

在这则寓言中，大河定下的目标太过远大，它忘记了自己不过是一条乡野的内陆河，却好高骛远，异想天开地去看大海；而小河立足于本职，立足于现实，所以最终实现了个体的价值。由此可见，看不清自己，执着于追求错误的东西不仅会徒劳无功，还会让自己痛苦不堪，甚至伤痕累累。所以说，追求要适度，要符合自身的实际情况。

在漫长的人生历程中，我们每个人都必须正确认识自己。若是把自己估计得过高，那就很容易脱离现实，守着幻想度日，终日怨天尤人，最终的结果只会是小事不愿做，大事做不来，终究一事无成；可若是把自己看得过低，那又会产生强烈的自卑感，易自暴自弃，本来可以干得很好的事情，也会因为怯于尝试，与好的机会失之交臂，落得个抱憾终生的后果。

别总说自己"怀才不遇"

"我们读小学的时候,大学不要钱;我们读大学的时候,小学不要钱。 我们还没工作的时候,工作是分配的;我们工作的时候,手里拿着名牌大学的毕业证,却没有一纸录用通知。 我们还没挣钱的时候,房子是分配的;我们挣钱了,房子也买不起了。 我们没有进股市的时候,傻瓜都在赚钱;我们进了股市,发现自己成了傻瓜!"这是一位网友抱怨自己生不逢时的话。 的确,作为"80后"的我们,很多好事儿都被我们错过了。 然而,这却不是我们抱怨的理由,是金子总会发光,是人才总能站稳脚跟,现在也有很多"80后"在社会上大放异彩。

刚刚毕业的我们,在找工作时总是屡屡碰壁,始终找不到理想的工作。 一次次的失败让我们很受打击,于是开始抱怨这个世界上没有"伯乐"赏识自己,抱怨自己生不逢时。 可是,找不到满意的工作,真的只是"怀才不遇"吗?

其实,大多数时候,是因为自身的原因。 我们还年轻,总是有一种眼高手低的感觉，越年轻越是心高气傲，其实自己并没有什么了不起的，只要把自己的视野放宽就会发现山外有山，一个人在年轻的时候经常跌倒并不可怕，因为只有这样才会把自己越挫越勇。 机会都是留给有准备的人的，我们要相信自己，只要机会来临，自己就一定会成功的。

　　能够忍受不公平的待遇，并且以平常的心态对待，这是人生的一个境界，也是我们努力追求的方向。 坦然面对生活，用微笑来迎接一切困难。 如果一旦遇到波折、困难或不顺心的事，就抱怨他人，感叹自己"怀才不遇"，悔恨"明珠暗投"，对生活失去兴趣，对美好的东西失去追求。 这种心理不仅会磨损人的志气，而且是一个人生活幸福的致命伤。

把自己变成一颗珍珠

有个年轻人因为得不到他人的肯定,终日郁郁寡欢。在痛苦绝望之下,他想到了投海自尽。当他向大海中走去的时候,一位老人看到了,连忙制止了他。

老人问:"你年纪轻轻的为什么要走绝路?"

年轻人说:"我找不到自己存在的意义了,没有人欣赏我,也没有人重用我……"老人听后,从沙滩上捡起了一粒沙子。他放在手心里,给年轻人看了一眼,然后又随便扔在了地上。老人说:"年轻人,把我刚刚扔在地上的那粒沙子捡起来!"

"这怎么可能?"年轻人觉得老人是在开玩笑。

老人没有说什么,他把手伸进了口袋,掏出了一颗晶莹剔透的珍珠。接着,他随手把珍珠扔在了地上,说道:"年轻人,你能把这颗珍珠捡起来吗?"

年轻人不假思索地说:"当然能!"

老人笑了,问道:"你明白我要说什么了吗?现在的你还不是珍珠,所以你无法让他人立即就承认你。如果你想得到众人的肯定,就必须想办法把自己变成一颗珍珠。"

年轻人听后,低头不语,若有所思。

抱怨别人不承认自己,埋怨社会中的机遇太少,这些都只是"借口"。不管什么时候,真正的人才都不会被埋没,关键是要有真正的"才"才能够让人"遇";想要得到他人的承认与重用,必须要有鹤立鸡群的资本。那些在职场中平步青云的人,在事业上成绩耀眼的成功者,都是从一粒无人问津的"沙子"慢慢变成"珍珠"的,他们在这期间也必定经受了一番打磨,饱尝了各种各样的心情。

一位名牌大学的学生在某论坛上写道:"我经常会感到迷茫,在周围人的意见中,我不知道是该把自己的姿态放低点,还是摆得高点。"

这种困惑我们每个人都会有,其实,我们应该根据自己的能力来给自己定位,不能定得太高,也不能定得太低。俗话说:"取乎上,得其中;取乎中,得其下。"就是说,一个人把自己的位置定得太高,就可能会感到力不从心;而把自己的位置定得太低,可能就获得不了很大的成功。

一个人如果没有找到自己的位置,无论你是天之骄子,还是满面尘土的打工仔;无论你是才高八斗,还是目不识丁;无论你是大智若愚,还是八面玲珑,一旦出现这山望着那山高、好高骛远的状态,终将一事无成。

有时候,我们觉得自己行,但却不一定真的行。在职场中,说得再好也都是纸上谈兵,若没有实际的经验,就无法证明你的实力。 因此,如果你现在业绩平平,没有展现出身上的亮点,那么"怀才不遇"就是你一厢情愿,就是你自我陶醉。 生活在这个世界上,我们要学会去适应环境,适应工作,而不是让它们主动来符合我们的需要。 可能你现在只是一粒普通的"沙子",忍受不了打击和挫折,也不愿接受别人的忽视,但要想成为"珍珠",就必须要历经这些过程。你也应该相信:当所有的痛苦历练过去之后,你就一定能够成为光芒四射的焦点,那时候你也会感谢生活给了你磨难,让你成长,助你成功。

第二章

与其安于现状,不如用目标开路

做个有志向的人，让目标为你开路

一位名人说过，你必须首先确定自己想干什么，然后才能达到自己确定的目标。所以只有目标才会使你胸怀远大的抱负，才会使你在失败时赋予你再去尝试的勇气，也只有目标才会使理想中的你与现实中的你相统一。

缺乏目标的人生毫无意义可言。

一个人无论做什么事情，首先一定要先有自己的目标才对。而目标就是自己心灵的觉醒，只要你有足够的勇气和明确的目标，就可以成为全世界非常有影响力的人。

成功者与平庸者的区别在于：成功者始终有一个明确的目标、清晰的方向，并且自信心十足，勇往直前地走向前方；而平庸者却是终日浑浑噩噩、优柔寡断，迈不开决定性的一步。让我们来看一个小故事，或许你能从中得到一些帮助，找到属于自己的人生方向。

美国曾经的总统罗斯福的夫人在年轻时从本宁顿学

院毕业后，想在电讯业找一份工作，她的父亲就介绍她去拜访当时美国无线电公司的董事长萨尔洛夫将军。

萨尔洛夫将军非常热情地接待了她，随后问道："你想在这里干哪份工作呢？"

"随便。"她答道。

"我们这里没有叫'随便'的工作，"将军非常严肃地说道，"成功的道路是由目标铺成的！"

所以，一个人只要有了明确的奋斗目标，也就是产生了前进的动力。因而目标不仅是奋斗的方向，更是一种对自己的鞭策。有了目标，就有了热情，有了积极性，就有了使命感和成就感。其实，没有奋斗的方向，就活得混混沌沌；准确地把握好自己的喜好和追求，是走向成功的第一步。

显然，成功者总是那些有目标的人，鲜花和荣誉从来不会降临到那些没有目标的人头上。许多人怀着羡慕、嫉妒的心情看待那些取得成功的人，总认为他们取得成功的原因是有外力相助，于是感叹自己运气不好。殊不知，成功者取得成功的主要原因，就是由于确立了明确的目标。

前美国财务顾问协会的总裁刘易斯·沃克曾接受一位记者采访，要他谈有关稳健投资计划的基础问题。他们聊了一会儿后，记者问道："到底是什么因素使人无法成功？"

沃克回答："模糊不清的目标。"记者请沃克进一步解释。他说:"我在几分钟前就问你,你的目标是什么?你说希望有一天可以拥有山上的一栋小屋,这就是一个模糊不清的目标。问题就在有一天不够明确,因为不够明确,成功的机会也就不大。"

而在现实生活中,有数以千计的人,他们共同的悲哀是:"我无法决定。"这真是人生最大的遗憾之一。因为,"无法决定"的背后是对"成功目标"缺乏信心,它将扼杀人的希望、自信、进取精神和未来成就。一旦你陷入犹豫不决、彷徨无助的境地时,便无法胸有成竹地向一个明确的目标迈进。

一个没有目标的人就像一艘没有舵的船,永远漂流不定,只会到达失望、失败和丧气的海滩。其实更多的时候,目标还是要靠自己选择。唯有自己才明白自己的特长和潜力所在,才最明白什么样的目标会让你永久沉迷——而沉迷是迈向成功的重要心理保证。

你可曾想到,大多数人都是在没有明确目标或明确计划的情况下,完成了教育,找到一个工作,或开始从事某一种行业?但许多人依然如无头苍蝇到处乱撞,找不到合适的工作。因为他们从一开始就没有确立明确的目标,所以到了"而立"之年乃至"不惑"之年,还在为找不到合适的工作而苦恼,人生始终处于失败的状态。

就比如,你希望在山上买一间小屋,而你就必须先找出那座山,找出你想要的小屋现值,然后考虑通货膨胀,算出5年后这栋房子值多少钱;接着你必须决定,为了达到这个目标你每个月存多少钱。如果你真的这么做,你可能在不久的将来就会拥有山上的一栋小屋,但如果你只是说说,梦想就不可能实现。梦想是愉快的,但没有配合实际行动的模糊梦想,则只是妄想而已。

为了明白目标的重要性,我们可以这样假设一场生死攸关的篮球冠军争夺战中的一个场景:

两支出色的球队在做了赛前的热身运动之后,他们返回更衣室,教练对他们面授行动前最后的"机宜",下达最后的指示。他告诉队员:"队友们!这将是我们的最后一战,成败就在此一举,我们要么会青史留名,要么默默无闻,结果就取决于今晚!没有人会记得第二名!整个赛季的成败就在今晚!"

听到这里,队员们无不激动得心潮澎湃、热血沸腾,一个个像被打足气的皮球。当他们冲出门跑向球场时,几乎要把大门从门框上扯下来。可当他们来到球场上时却愣住了,原来他们发现球篮不见了。

没有球篮,他们就没法知道比分,就无法知道他们的投球是否能命中,他们的比分是否多于对手。总之,没有投球的目标,他们就无法进行比赛。球门对于球类比赛相当重要,对吧,那你呢?你是否也在打一场没有球门的比赛?如果是这样,你的得分是多少。

所以,聪明的人,有理想、有追求、有上进心的人,一定都有一个明确的奋斗目标,他懂得自己活着是为了什么。因而，他的所有努力，都是围绕着一个目标所进行的，他知道自己怎么做是正确的、有用的，否则就是做了无用功，或者浪费了时间和生命。

在你们成长的道路上，只有确立了前进的目标，才会最大限度地发挥自己的潜力。只有在实现目标的过程中，你们才能够检验出自己的创造性，调动沉睡在心中的那些优异、独特的品质，才能锻炼自己、造就自己。

做事之前，先定目标

世界顶尖潜能大师安东尼·罗宾曾这样说："有什么样的目标，就有什么样的人生。"

当你给自己定下目标之后，目标就会是你生活的方向，也是对你人生的鞭策。目标给了你一个看得见的射击靶。在你一天天地实现自己定下的目标时，你会从心底里产生一种成就感和幸福感，从而更加努力地去追求。

有这样一个小故事：

三个工人在砌墙，有人走过来问他们在干什么。

甲没好气地说："没看到我们在砌墙吗？"

乙说："我们在建造一座雄伟的大楼。"

丙吹着快乐的口哨，高兴地说："我们正在建设一座美丽的城市。"

十年后，甲还在工地上砌墙；乙成为一名著名的建筑设计师；而丙这时已经是这个城市的市长了。

这个故事说明了目标明确的重要性，这个故事告诉人们有了明确的目标，才会有成就。 明确的目标是前进的方向，明确的目标是人生的灯塔，人生若没有一个明确的目标，就像风筝断了线一样，不知道将要随风飘到哪里去。 人生若没有明确的目标，他只能庸碌地过日子，只会与失败为伍。

如果一个人能对自己的能力进行正确的评价，再给自己设定一个切合实际的目标，一步一个脚印地走下去，取得成功并不是一件很困难的事。 因为有了明确目标的指引，人对于前进道路上的困难就会有心理准备，就能够接受任何挫折与失败，并不断地调整自己的心态；不但有利于身心健康，而且也有助于事业的成功。

但是，需要注意的是，奋斗目标不应该好高骛远。 目标要明确、具体，不能太笼统。 目标还要适度，使自己能够承受。 此外，所设目标要有一定的难度，有一定的挑战性，有相当的竞争性，同时也不能"可望而不可即"；不然，给人徒留笑柄。

要做个有成就的人，就必须知道自己想成就的是什么。 没有目标，就会像在太平洋中驾船却没有带指南针一样，随风漂流，虚度一生，却哪儿也没去成。

明确的目标会让你精神十足地去面对前进道路上的一切困难，对于前方的艰难险阻，你会用百倍的信心去面对。 有了明确的目标就会产生伟大的精神，有了伟大的精神，整个世界都会为你让路。

因此，年轻的朋友一定要学会：不管做什么事，都要先有一个明确的目标。 了解自己内心的需求，明确自己的人生方向，朝着目标不断地前进，方能到达理想的彼岸，方能收获人生的喜悦与幸福。

想到，才有可能做到

想到，才有可能做到；如果想都不敢想，何谈做到？要想在未来的人生中有一番作为，就一定要敢想，并且敢做，唯其如此，才能从平凡走向卓越，进而出类拔萃。

有两个盲人，一胖一瘦，都是在街头以拉二胡卖艺为生。他们每天都要辛勤地拉二胡，为此，过一段时间他们就不得不再去购置一把新的二胡。为了节约开支，他们摸索着购置一些材料自己制作二胡。但因为制作二胡音膜的材料价格年年升高，两人都想到能不能用其他一种材料来代替传统的蟒蛇皮。胖艺人想想，感觉难度颇大并没有付诸行动。瘦艺人则不然，凭着"想到就要做到"的坚定信念，他寻找了多种替代材料，进行了无数次实验。功夫不负苦心人，他终于找到了一种可以代替蟒皮的材料，那就是装饮料的塑料瓶子，经过软化、添加等多项复杂工艺，才能使用。

经过三年之久的研制，一种"环保型"二胡在这位盲人的手中诞生了。由于眼睛看不见，盲人所遇到的困难是常人难以想象的，在试验过程中，他的双手被烫伤无数次。可喜的是盲人所发现的这种经过特殊处理的塑料音膜的音色与蟒蛇皮音膜比起来没有丝毫的逊色之处，相反还使得制作二胡的成本降了一半。乐器制造厂商发现了这项技术后，就出重金购买了下来。于是，瘦艺人凭着独有的技术而入了股，成为重要的股东之一，彻底地告别了卖艺生涯，生活水平大幅度提高。而当年的同伴胖盲人，如今还在街头辛苦地拉着二胡，拉坏了再去买新的，日复一日。

遇到困难，就认为自己做不到，总想着等到有百分之百把握时才行动，这样不但不能达到目标，反而还会陷入行动前的永远等待中。 世界上的事没有做不到，只有想不到。 想法只有化作行动，才有达成愿望的可能，否则想法永远是想法。 人人都有成功的梦想，但成功的却很少，就是因为他们在遇到困难时就放弃了梦想，而最初美好的构想慢慢也就变得迟钝、褪色了。 所以，你不可能等到所有条件都成熟后再行动，如果是那样，你将永远错过最佳的时机，也将不再有机会了。

坚持不懈才能成功

英国首相丘吉尔在第二次世界大战胜利后，应邀在剑桥大学毕业典礼上做一次致辞。这是丘吉尔历史上演讲最短的一次，也是最脍炙人口的一次演讲。经过隆重的介绍之后，丘吉尔走上讲台，以独特的风范开口说："永远，永远，永远不要放弃。"接着又是长长的沉默，他又一次强调"永远，永远，永远不要放弃。"他又注视观众片刻，然后回座。是的，永远，永远，不要放弃。如果做任何事都半途而废的话，最简单的事也不可能完成。在最困难的时候，要坚信：沙漠尽头必是绿洲，坚持到底才能胜利。

年轻人刚步入社会这个大熔炉，生活经验和社会经验都不是很丰富，因此在做事的过程中难免会遇到各种各样的困难。面对这种情况，你们一定不要轻言放弃，一定要坚持下去。要明白，所谓的成功者，都是那些坚持到最后一刻、迈出了最后一步的人。

古语云："行百里者半九十。"就是说成功需要坚持不懈、坚韧不拔,否则就会半途而废。许多人正是因为没能坚持到最后一刻,在离目标半步之遥时停住了脚步,与成功擦肩而过。罗曼·罗兰曾说:"坚持不懈是人生成就的一个关键所在。"是的,一个人无论在做什么事情的时候,都需要有一种坚持不懈的精神,坚持不懈会让一个人拥有更大的力量,就像插上一根丰满的羽翼,让你飞得更高,飞得更远。

在阳光灿烂的一天,两只猎豹商定结伴出去捕捉猎物,以便把饿了一天的肚子填饱。还没寻觅多久,一只羚羊就出现在它们的视线里,两只猎豹如获珍宝般地穷追不舍,可是羚羊跑得很快,两只猎豹追了很久也没有追上。就在它们有些力所不支时,前面突然出现了一头野牛,其中一只猎豹决定放弃追羚羊,转而去追野牛,它说:"要是能够追上野牛,并咬死它的话,那可是够我们吃上一阵的了。"另一只猎豹摇摇头劝它说:"咱们追羚羊这么久了,羚羊肯定和我们一样累。只要咱们再坚持一会儿,肯定能追上的。"想追野牛的猎豹根本就听不进去,执意要去追野牛。最后,追倒是追上了,可野牛也并不是好惹的,与野牛的打斗中猎豹显然处于劣势,几个回合下来依旧没有占一点上风,无奈之下只好垂头丧气地饿着肚子回来了。而那只追羚羊的猎豹很快就把羚羊追上,美美地吃了一顿。

两只猎豹同追羚羊,一只坚持不懈,最后美餐了一顿;而另一只半途而废,改追野牛,结果两手空空。这种结局也是我们意料之中的。

　　同样是猎豹，却是不一样的结局。世上事情就是这么简单，只要你再坚持一下，就能迈向成功。成功者与失败者的区别，只在于多坚持了一下。法国启蒙思想家布封曾说过："天才就是长期的坚持不懈。"的确，无论干什么事，坚持不懈的毅力和持之以恒的精神都是必不可少的。

目标感不强最容易失败

一个人赢得好射手的美名，并非由于他的弓箭，而是由于他的目标。

人的大脑发育水平，对于每一个人来说，基本上是平等的，除去那些天生的神童和天才以外，这个世界上没有谁比谁要聪明得多的。在现实生活中，却有很多看起来很聪明，但就是学习老赶不上去的学生，其主要的原因就是：目标感不强。

目标感不强的年轻人，做事虎头蛇尾，不能坚持，最终一事无成，就像脚踩着西瓜皮，滑到哪儿算哪儿。而目标感恰恰是情商中最核心的因素，有了目标的人，不管前面的路有多崎岖、多曲折，他都会一往无前。有很多没有目标感或者是目标感不强的人，往往没有那些目标感强的人进步快。

一个目标感不强的人，是不会在成功的路上走到头的。有人说：两个以上的目标就等于没有目标。可见，目标必须是专一的。

20世纪40年代，有一个年轻人，先后在慕尼黑和巴黎的美术学校学习画画。二战结束以后，他就靠卖画来维持生计。

一天，他的一幅未署名的画被一个人误认为是毕加索的画而买走了。经过这件事以后，他想，我何不去模仿毕加索呢？此后，他一模仿就是20年。

20多年以后，他一个人来到西班牙的一个小岛上，他想有一个家，让自己安顿下来。有一天，他再一次拿起了他的画笔，画了一些风景画和肖像画，并署上自己的姓名出售。但是，他的画过于感伤，主题也不明确，没有得到他人的认可。更不幸的是，当局查出他就是那位躲在幕后的假画制造者，考虑到他是一个流亡者，所以没有判他永久的驱逐，而给了他两个月的监禁。

这个人就是埃尔米尔·霍里。不可否认的是，埃尔米尔在画画方面有独特的天赋和才华，但是，由于他没有找准自己的方向，没有找到自己的目标，没有强烈的目标感，终于陷进泥淖，不能自拔，并难逃败露的结局。最令人可惜的是，他长期模仿别人的画，以至于让自己丢了最宝贵的思想，在模仿中渐渐迷失了自己，再也画不出属于自己的作品了。

究其落魄的原因，可以说他是目标感不强，错把别人的目标当成了自己的目标，所以，最终他难逃失败的结果。

没有目标的人生是没有意义的人生

就像一艘大船，如果失去了方向，那它在大海里来来回回，做的都是无用功，没有目标的人就像这样的船一样，在虚度自己的年华。而确立了明确目标的人，在与人竞争时，就等于已经赢了一半。确立明确目标是成就出色人生的起点，所以，你首先必须认识"确立目标"的重要性。

一个人如果没有明确的目标以及达到这些目标的明确计划，不管他如何努力工作，都像一艘失去方向的轮船。如果一个人并未在心中确定他所希望的明确目标，他又怎能知道他是如何出色的呢。

即使你有一颗善良的心，有一副健壮的身体，或者具备丰富的学识、非凡的才干，你也不能保证自己会拥有出色的一生，因为这些并非你人生出色的全部要素。具备这些条件者成千上万，但他们照样失落一生。何故？因为他们缺乏开创事业所必备的条件，即生活的目标。缺乏目标的人生是毫无意义可言的，他们浑浑噩噩，庸庸碌碌，只看见眼前的阴影，看不见明天的曙光，人生的天空隐晦失色，精神世界充满空虚。这样的人生，是何等的乏味！

哈佛大学有一个非常著名的关于目标对人生影响的跟踪调查。调查对象是一群智力、学历、环境等条件差不多的年轻人。调查结果发现：27％的人没有目标；60％的人目标模糊；10％的人有清晰但比较短期的目标；3％的人有清晰且长期的目标。

25年的跟踪研究结果显示，他们的生活状况及分布现象十分有意思。

那些占3％有清晰且长期目标者，25年来几乎都不曾更改过自己的人生目标。25年来他们都朝着同一方向不懈地努力，25年后，他们几乎都成了社会各界的顶尖成功人士，他们中不乏白手起家的创业者、行业领袖、社会精英。

那些占10％有清晰短期目标者，大都生活在社会的中上层。他们的共同特点是，那些短期目标不断被达成，生活状态稳步上升，成为各行各业不可缺少的专业人士。

其中占60％的目标模糊者，几乎都生活在社会的中下层，他们能安稳地生活与工作，但都没有什么特别成绩。

剩下的27％是那些25年来都没有目标的人，他们几乎都生活在社会的最底层。他们的生活都过得不如意，常常失业，靠社会救济，并且常常都在抱怨他人，抱怨社会，抱怨世界。

也许你现在与别人差距不大，那是因为你们离起跑线不远，而不是你比别人聪明，或者说上天眷顾你。那么，不妨扪心自问一番：你是属于那10％、60％还是其他部分？

让我们再来审视一下没有目标到底给人们造成了多大的麻烦。

公司要接待一个国外考察团，你却不知道如何着手准备，也没去打听一下考察团有多少人，准备在公司待多长时间，公司另外还安排什么活动没有，而是一整天都处在忧虑中。

你没把要穿的衣服放在床边，第二天早上慌慌张张地东找西找，赶到公司的时候已经迟到了半小时，于是老板恶狠狠地说："这已经是第三次了，奖金你也别想要了。"

明明跟女朋友约好了8点钟的电影，乱七八糟的生活让你轻轻松松就把这件事忘了，最可气的是连你自己也不记得这是第几次了。

生活是这样的一团糟，甚至逼迫得你到了要发疯的程度。没有目标，没有方法，没有前途，没有一点出息，你简直要被憋死在这浑浑噩噩的生活中了！

你知道如何训练跳蚤吗？别以为这是个玩笑，实际上，这是一件很严肃的事情，因为在你知道怎样去做这件事之前，你无法使自己变得更出色。

当你训练跳蚤时，把它们放在广口瓶中，用透明盖子盖上。这时跳蚤会跳起来，撞到盖子，而且是一再撞到盖子，当你注视它们跳起并撞到盖子的时候，你会发现一个有趣的现象：跳蚤会继续跳，但是不再跳到足以撞到盖子的高度。然后你拿掉盖子，虽然跳蚤继续在跳，但再也不会跳出广口瓶了。

原因很简单，它们已经调节了自己跳的高度，而且适应了这种情况,不再改变。 不但跳蚤如此,人也一样,有什么样的目标就有什么样的人生。 我们周围有许多人都明白自己在人生中应该做些什么,可就是迟迟拿不出行动来,根本原因乃是他们欠缺能吸引自己的目标。

为自己找一个值得追求的目标去追求,那不仅是为了最终目标的达成,而且是为了追求过程中自始至终抱有希望,有重心,有事可做的快乐。

在一家研究成功学的权威机构调查中发现这样一个结论:目标,对于人生具有很大的导向作用。 如果你确立了人生目标,并为此目标付出过、奋斗过,你就会成功。 反之,如果你没有目标,就没有发展的大方向,就没有成功的动力,就会失败。

费罗伦丝·查德威克是横渡英吉利海峡的第一位女性。完成这项壮举之后,她决定从加利福尼亚海岸以西34公里的卡塔林纳岛游向加州海岸。要是成功了,她就是第一位游过这个海峡的妇女。

1952年7月4日是费罗伦丝挑战的日子,这天清晨,加利福尼亚海岸及附近的太平洋洋面笼罩在浓雾中。海水冻得费罗伦丝身体发麻,雾很大,她连护送船都几乎看不到。她一个人坚定地游着。时间一小时一小时过去,已经15个小时了,费罗伦丝仍然在游。在以往这类渡海游泳中,她的最大问题不是疲劳,而是刺骨的水温。终于,她感到又累又冷,她知道自己不能再游了,就请求拉她上船。随船的教练及她的母亲都告诉她海岸很近了,不要放弃。但她朝加州海岸望去,浓雾弥漫,什么也看不到!

最后,在费罗伦丝的再三请求下人们把她拉上船,其实,这时她离加州海岸只有800米!也就是说,费罗伦丝只要再坚持一会儿,就能达到目标了,但她还是放弃了。上岸后,费罗伦丝总结道,令她半途而废的不是疲劳,也不是寒冷,而是因为在浓雾中看不到目标。

"说实在的,"她对记者说,"我不是为自己找借口,如果当时我看见陆地,也许就能坚持下来。"迷茫的目标,动摇了费罗伦丝的信念。

同年的9月份,费罗伦丝又向她树立的目标发出挑战。这一次,她成功地游过同一个海峡,仍然是游过卡塔林纳海峡的第一位女性,且比男子的纪录快了大约两小时。

一个人若没有明确的目标以及实现这项明确目标的明确计划,不管他如何努力工作,都像是一艘失去方向的航船。一个人过去或现在的情况并不重要,而将来想要获得什么成就是最重要的,除非你对未来有理想,否则因为你违背了善始善终的原则,一定做不出什么大事来。目标可以促使你拥有出色的人生,为成功事业努力奋斗的真正决心,目标比幻想好得多,因为它可以实现。

许多人之所以在生活中一事无成,最根本的原因在于他们不知道自己到底要做什么。

在生活和工作中,明确自己的目标和方向是非常必要的。只有知道自己的目标是什么、到底想做什么之后,才能够达到自己的目的,你的梦想才会变成现实。

有一个 25 岁的小伙子,因为对自己的工作不满意而向柯维咨询。他自己的生活目标是:找一个称心如意的工作,改善自己的生活处境。

"那么,你到底想做点什么呢?"柯维问。

"我也说不太清楚,"年轻人犹豫不决地说,"我还从没有考虑过这个问题。我只知道自己的目标不是现在这个样子。"

"那么你的爱好和特长是什么?"柯维接着问,"对于你来说,最重要的是什么?"

"我也不知道,"年轻人回答说,"这点我也没有仔细考虑过。"

"如果让你选择,你想做什么?你真正想做的是什么?"柯维对这个话题穷追不舍。

"我真的说不准,"年轻人困惑地说,"我真的不知道自己究竟喜欢什么,我从没有仔细考虑这个问题,我想我确实应该好好考虑考虑了。"

"那么,你看看这里吧,"柯维用双手比画着说,"你想离开你现在所在的位置,到其他地方去。但是,你不知道你想去哪里。你不知道自己喜欢做什么,也不知道自己到底能做什么。如果你真的想做点什么的话,现在你必须拿定主意。"

目标会使你拥有胸怀远大的抱负,目标会在失败时赋予你再去尝试的勇气，目标会使你不断向前奋进，目标会给你前途，目标会使你避免倒退，不再为过去担忧，目标会使理想中的我与现实中的我统一。 当别人问你"你是谁"时，你可以回答："我是能完成自己目标的人。"

　　一个人以自己的努力获得的收获，在开始的时候，只不过是存于心里的一幅清晰、简明、有待追求的画面而已。 当那幅画面成长、扩大，或发展到使人着魔的程度时，就被人的潜意识接受。 从那一刻起，当事人会身不由己地被牵扯着、导引着，为实现心底的那幅画面而努力不已。

规划自己的将来

有句古话说："兵马未动,粮草先行。"意思是说,在做一件事前要做好准备。同样,你想成大事,不经过任何准备,就想立即开始行动,绝对会受重创的。与其如此,倒不如像所有有作为的人那样静下心来想一想自己的"未来拼图",做到心中有数! 这就是说,要想成大事,如果不想糊里糊涂地开始,便须有周全的准备。

世上有没有不需准备就可成功之事? 答案很简单:没有!

有时候,我们可能未经刻意准备,即获得某些成就。

首次购买彩券就中大奖,也是有可能的事,但这类情形的概率极低。

一切的成功,都需要若干准备。任何人在任何活动中成为成功者,其背后必然做了铺路的工作。

好运连连的人,往往正是准备最周全的人。

不妨想想看,著名成功学家希尔的"未来拼图"是如何完成的?

首先，希尔决定向崇高目标挑战——让声誉卓著的出版商，为他出版某种类型的书。

以希尔当时的年纪，再加上在同行中资历尚浅，立定这样的目标实在有点勉强。

但是，希尔的学历、兴趣以及先前的一些成就，已使他在许多方面具备追求这一目标的资格。

但希尔知道，他还需另外拟定具体的进攻策略，否则，以当时的情形，出版社不太可能会接受他的企划案。

于是，希尔运用策略，使构想得以实现。

出版商希望出畅销书，假如他能让他们相信，他的书会有广大的市场，他们一定会感兴趣。

口说无凭，他们凭什么听他的呢？何况，即使他们同意在其知名丛书中加入某类主题的书，也未必认为应该由他主编，他必须一一说服他们相信他是不二人选。

希尔反复思考如何达成愿望，突然想到，何不从可能使用这本书的知名教师着手？

假如他能打动这些名师的心，他们便可以联合为他打动出版商的心。

所以，希尔的第一个目标，就是向他们推销他的构想。

为此，希尔立即拟订一份伟大的企划案，介绍自己的出书构想。

希尔迅即拟妥计划，连同亲笔信函寄给有关的学者专家，结果，获得热烈回复。

接下来，他把整套企划案，连同多位教授写来的支持信，寄到出版社，不出几周，即获得预期的回应，他就这样逐步达到最后目标。

由于做妥准备（包括为自己的人生与事业生涯所做的通盘准备，以及借此设定与达成中期目标，而完成特定准备），使希尔脱颖而出。

准备工作相当费事，但诚如丹麦谚语所言："想跳得高，助跑距离一定要长。"而出书这件事，使希尔更接近人生目标——做个对世界举足轻重的成功者。

毫无准备就参加马拉松竞赛，是不会取得好成绩的，要在马拉松比赛中获得佳绩，需要少则数周，多则数年的准备工作。

首先要找一双最合适的跑鞋、学习伸展操，并培养正确的饮食习惯；然后，开始每天跑几千米，再逐渐加长距离；同时也要阅读有关书籍，向好手请教；并且到了赛前，要勘查路线。透过这些准备工作，选手才能面对生理与心理双重严酷挑战。

首度披挂上阵的马拉松选手，如果事先做好周全准备，会提高许多胜算。充分的准备才能为成大事打下基础。从某个角度看，我们所做的每一件事，都可算是一项准备工作，对我们日后的人生有所影响。

我们所做的好事，乃至所犯的错误，都可能有助于日后创造更大的贡献。

在此必须特别强调，深思熟虑、明确、有创意的准备工作，对于我们获得预期的目的，实在重要无比。

历年来，每一位伟大的足球教练，都非常强调赛前准备的重要性。

优秀政治家投入竞选之后，必会尽力准备。

谨慎的律师在开庭前，必会事无巨细地做好准备。

登山家挑战高峰之前，必会详加规划。

老师上课前，也都会准备好教案。

没有一位成功者完全不需要准备；固然有不少类型的成功者似乎靠运气，但诚如一句17世纪格言所说："准备是幸运之母。"

针对人生中较重大的计划，我们更要重视其准备工作。

只有做好稳妥的准备，才能充分发挥潜能，展现自己独一无二的优势；然后，才会享受成功所带来的高度满足感。

在一家大公司的门口，写着这样几个字："要简捷！所有的一切都要简捷！"

这张布告明示着两层意义：第一，提醒办事要敏捷；第二，说明简洁是很必要的，因为那些喜欢赘言长谈的习惯已经不适用于今日了。

一个商人如果在谈生意时，闲卧在沙发上，不急不忙，想到什么便说什么，至于涉及业务关键问题的东西却并不一定进入谈话主题。毫无疑问，这样的商人，在自己的事业上必定是无法成功的。现代商业往往业务繁忙、应接不暇，所以，商业谈判中的每一句话都要针对业务本身，万万不可拖延。

人们一般所最厌恶的，就是谈话抓不住重点、旁敲侧击、不着边际，结果，说来说去也使人无法把握他谈话的要点，这样的人常常会使人厌倦。所以，那种谈话不直接不爽快而喜欢绕圈子的人，虽然在业务上会下功夫，但往往做不成什么大事。成就大业者是那些做事爽直、谈话简洁的人。

要培养做事爽直、谈话简洁的习惯，并不是一件很难的事。如果在日常生活中能常常有意地注意训练，能集中思想，做到处事有条不紊，谈吐简洁明了，那么必然会养成简捷的习惯。

我们从一个人处理书信的方式，更可以看出他是否养成简捷的性格。许多人写信函往往是不合格的，不是过于冗长，就是写得拖泥带水。许多人因为写不好一封求职信而无法得到好的职位。有一个公司的经理在阅读自荐信的时候，从来只把简洁的信放在一边，他知道能写出简洁信函的青年，一定是个能干的青年，尽管他根本没有和那求职的青年谋面。而其他写信冗长的或写信夸夸其谈的青年，都不能引起这位经理的注意。

商业上的信函尤其要写得清楚简明，要像打电报一样。我们要把每一个字都当作二角五分钱来看，因此当力求用最少的字数来说明最丰富的含义。在信函写好以后，即便你自己看来已经很完美简洁了，但最好还是要从头至尾通读一遍，要把多余的字句全部删去。一个人一旦学会了简捷的做法，就不会再写出语句冗长、结构散漫的信函来了，常常这样练习会改进一个人的思想。写信要简洁，同样，与人家谈话也要简洁。

杰伊说："在我看来，有一种美德是我完全能够做到的，那就是简捷。我立志要做到这一点。"

最后，我们劝你静下心来好好地想一想你心中的"未来拼图"，然后借助于周全的准备与简洁的行事风格助你成大事！

如何激发目标

人只有先定一个明确的目标,然后拾级而上,才能到达最后的成功。

目标是一种目的,一种意向,是一个引导着我们不断奋斗的梦。目标不是模糊的意念,"我希望我能",而是清晰的信念,"我要那么做"。

有目标的人,勇往直前;没有目标的人,犹如水上的浮萍,东飘西荡,不知何去何从,自然一无所获。

目标一如空气,是生命不可或缺的补给。没有目标的人生不能成功,如同没有空气的人无法存活一样。据一些社会学家分析说,每100个人中有97个人不满意他们的世界,但他们心中又缺乏一个他们所喜欢的世界的清晰图样。许多人一生胸怀不满,不断奋斗,但最终仍是一事无成,大概就是这个原因吧。

目标的确定有助于激发一个人身上的潜在才智。这些才智是每个人都拥有的,只是一直未被激发出来罢了。

（1）创造性的见识。

（2）预算时间和金钱。

（3）集中注意力。

（4）正确的思考。

（5）个人的首创精神。

（6）热情。

（7）自制能力。

下面看一看上述这些才智是如何被激发和应用的。

琼尼，一名熟练的照相师在阅读完《80天周游世界》时，他的想象力被激发了，他决心用80美元周游世界。琼尼坚信他的目的都是能够达到的，如果他有诚意和信心的话，也就是说，如果他从他所住的地方出发，就能到达他想要到达的地方。

于是琼尼从他的衣袋里拿出自来水笔，在一张便条上列出了他可能要面临的问题，并记下了解决每个问题的方法。在最终做出了决定后，他就行动了起来：

（1）和菲利普斯医药公司签订了一个合同，保证为它提供他所要旅行的国家的土壤样品。

（2）获得了一张司机执照和一套地图，以保证提供关于中东道路情况的报告。

（3）准备了一个青年旅馆会籍。

（4）设法弄到海员文件。

（5）获得了纽约公安部门的关于他无犯罪记录的证明。

(6) 与一个货运航空公司达成协议，该公司同意他搭飞机越过大西洋，只要他答应所拍摄的照片供公司宣传之用。

当这个 26 岁的青年完成了上述计划时，就在皮夹里装了 80 美元乘飞机离开了纽约市。他此行的目的是用 80 美元周游世界。

下面是他的一些经历：

(1) 在加拿大的纽芬兰岛一家酒吧吃了早餐。他是怎样付餐费的呢？他给厨房的炊事员照了相，他们都很高兴。

(2) 在爱尔兰的草行市花 4.80 美元买了 4 条美国纸烟。那时在许多国家纸烟和纸币做交易媒介物是同样便利的。

(3) 从巴黎到了维也纳，费用是一条纸烟。

(4) 从维也纳乘火车，越过阿尔卑斯山，到达瑞士，给列车员 4 包纸烟。

(5) 乘公共汽车到达叙利亚的首都大马士革给叙利亚的一位警察照了相，这位警察为此感到十分自豪，便命令一辆公共车免费为他服务。

(6) 给伊拉克的长途运输公司的经理和职员照了一张相，这使他免费从伊拉克首都巴格达到了伊朗首都德黑兰。

(7) 在吉隆坡，一家豪华宾馆的主人把他当作国王一样招待，因为他提供了那个主人所需要的信息，一个特殊地区的详细情况和一套地图。

(8)作为"和平号"轮船的一名水手,他从日本到了旧金山。

最后琼尼用了84天达到了他的目的——80美元周游世界。

让我们重复一遍,一切成就的起点,是目标的确定。记住这句话,并且问问自己:"我的目标是什么? 我真正需要的东西是什么?"

很多人把别人的成功看作是运气,把自己的失败归结为命运不好。唯心主义者就认为,人的命天注定,这就让很多人放弃了努力,把自己的命运交给了上天,这样的人活在世上只是走了一个过场,没有过自己的生活。

凡是想创造成功人生的人就一定要记住:命运是你自己创造的,谁也决定不了。

不要把自己的命运交给上帝,也不要把自己的命运交给别人,你是你自己的主人,你的命运就是由你自己创造的。

8岁的富兰克林·罗斯福是个脆弱胆小的男孩,脸上总是显露着惊惧的表情。他呼吸就像喘气一样,在学校里,如果喊他起来背诵课文,他就会两腿发软,颤抖不已,回答得含混不清,然后就颓丧地坐下来,脸色难看极了。

可是,罗斯福最后终于摆脱了消极心理的影响,为自己订立了目标。他在心里对自己说:我一定要成为伟大的人。

他的缺陷促使他更努力地去奋斗，他并不因为同伴对他的嘲笑便失去了勇气，他把喘气的习惯变成了一种坚定的嘶声，他用坚强的意志，咬紧自己的牙床使嘴唇不颤抖而克服恐惧。就是凭着这种精神，凭着对自己未来的心理暗示，保持积极的心态，不断努力奋斗，罗斯福最后终于当上了美国总统。

假如罗斯福只是看到自己身体的缺陷，不去订立目标，那么，他就可能一生不会有什么作为。如果他没有用一种心理暗示来激励自己，那么，他就不会有战胜自己缺陷的勇气和力量。

罗斯福成功的主要因素在于他有明确的奋斗目标，想成为伟大的人物，使他激发起了积极的心态，正是这种积极的心态，使他从不幸的环境中找到了成功的秘诀。

有一句话说得很好："我是自己命运的主宰，我是自己灵魂的领导。"这句话告诉我们，因为我们是自己心态的主宰，所以，自然就会变成命运的主宰。态度会决定我们未来的机遇，这是一个真理。

你想成为什么样的人，只要你有明确的奋斗目标，那么你就会产生无穷的动力，推动你去实现自己的梦想。

明白了你的命运就来自于你的奋斗目标，就会给自己一个希望，就不会祈求上帝给你好运，想要好运，就在你的内心祈祷，你对自己说：我一定要做个伟大的人。只要你这样想，这样做，你就一定会像你所想象的那样，成为一个伟大的人。

学着树立长远目标

学会定目标是成长中必备的一种能力,定好自己的目标,能既快又准地达到成功。那么,该如何制定目标呢？我们知道,目标可以分为长期目标、中期目标以及近期目标,下面我们来一一分析。

如何树立长远目标？

结合实际,问问自己,你今后想干什么,想成就什么,把它定为你的长远目标。长远目标不能定得虚无缥缈,也不能定得太伟大,因为这个目标是你力争去实现的,如果不能实现,就会对自己产生怀疑,以致产生失败感。

树立长远目标很重要,倘若你没有长远的目标,就很可能知足——津津乐道于眼前的利益,从而过高估计自己的能力,认为所谓的成功目标只是一蹴而就的事,用不着花大力气。于是,你经常为自己设定伸手可及的目标,凭着小聪明和惯性就手到擒来,不免沾沾自喜,久而久之,你就放松了素质的培养和能力的锻炼,聪明才智不断退化,一旦需要向更高更强的目标进发时，你就无能为力，跌足长叹了。

倘若你没有长远的目标，可能会被短暂的种种挫折所击倒，过分夸大成功道路上的艰难险阻，以为所谓的目标只是遥远的"乌托邦"，从而放弃了目标。事实上，在通往出色人生的路途上，不可能一帆风顺，总难免遇到各种各样的阻碍。这些阻碍有的来自客体——种种外在因素妨碍你实现理想；也有的来自主体——你可能遇到家庭问题、疾病、灾难等意想不到的意外；还有种种你无法控制的情况，都是通向出色人生的阻碍。假如你目光短浅，就会被眼前的障碍吓倒，甚至觉得有人在故意阻碍你的道路，从而将怨恨撒在别人身上。这样的情绪是非常有害的，它将阻碍你继续往前走。其实，没有人能够真正阻碍你，能够阻碍你的人就是你自己。其他最多暂时让你停下脚步，而唯有你才能让自己永久停下脚步。

有长远目标的人，既不会为眼前的小小成功所陶醉，也不会为暂时的挫折所吓倒。他们明白，在实现目标的过程中，肯定有艰难险阻，假如轻而易举就能排除，只能说自己的目标定得太低。如果所有的困难一开始就排除得一干二净，便没有人愿意去尝试有意义的事情了。你要一个一个地、脚踏实地地处理前进道路上的所有障碍，有一天，你便会到达目的地。

是的，你只有先走到你能看到的一个较远的地方，然后才能继续前进。通常，当你走到那个较远的地方时，你就能够高瞻远瞩，看得更远。这就是一个有长远目标的"进击方案"。而只具有鼠目寸光短视目标的人，不是轻易地跌倒就是轻易地醉倒,他们不可能到达那个迷人之地。因为,迷人的境界只接纳高瞻远瞩的追求者。

只有长远目标还不行。万丈高楼平地起,你还必须有近几年的目标,这是你的中期目标。

中期目标同样很重要,它能使你看到奋斗的希望,从而强化你的自信心。很多人在制定目标时,不注意建立中期目标,他们当年只制定了长远目标,可随着岁月的流逝,看到实现目标的希望越来越渺小,于是他们便轻易地放弃了自己的目标。他们知足而乐,只顾眼前利益。这样的人往往最终一事无成。

当长远目标和中期目标制定后,你就要重视近期目标,近期目标是你实现中期目标和长远目标的第一步。近期目标做得怎么样,会影响中期目标。近期目标是基础,是你的起跑线,一个人绝不能输在起跑线上。因此,近期目标必须具体、明确、有时限。可将近期目标分解成一个个小目标,各个击破,勇往直前。

有一个看似很难回答的问题:"怎样吃掉一只大象?"而实现一个大目标就像吃掉一只大象般有很大的难度。

这里可以告诉你,吃掉一只大象的方法就是"一口一口地去吃"。同样,把一个大目标分解成一个个小目标,然后从第一个目标开始做! 世界上没有任何捷径能够一步登天,只有脚踏实地,才能走得稳,走得高。

也就是说,结合你的实际情况,确立自己的目标,在实现这一目标的过程中,可把这一目标分解成一个个小目标,实现一个小目标,会使你产生成就感和自信。在实现小目标的过程中，你应该制定一个详细的时间表，严格按计划执行。正如建造房子一样，先由建筑设计师绘出一幅蓝图，再由建筑队建造。在蓝图上，家中的各个摆设都要清楚地画出，一切都要设计得井然有序。虽然我们把大目标分解成一个个小目标，但最终还是为了实现大目标，因此，千万不能满足于小目标的实现，千万不能只追求那些小目标。

报纸曾报道某海湾300条鲸鱼死亡的消息。原来，这些鲸鱼为追逐小利，想吃掉沙丁鱼，不知不觉被困在一个海湾受困而死。人有时也是如此，如果你只追求小目标，就会空耗自己的青春，而一无所获。

追求小目标会使你只顾及眼前利益，鼠目寸光，到时候，你依然一无所获，无法成就出色的人生。

没有解决温饱问题的人，一心想着解决吃饭问题，一旦温饱问题解决，他就知足而乐，不再去奋斗。最后，他回过头一看，后面的人却跑到前面去了，而自己依然只是一个小人物，依然默默无闻，可有可无。

每个人来到世上，都希望有所作为并能造福于人类。我们不能满足于眼前的生活，如果我们追求的是大目标，就不会满足于现实生活，就会奋斗不息，追求不止。

相信自己追求目标的正确性

两千多年前孟子就曾说过："尧舜与人同耳，人皆可以为尧舜。"唐代大诗人李白也有同样的诗句："天生我材必有用。"这说的都是人的自信心问题。一个出色的人，不仅拥有明确的目标，而且他们更知道明确目标要靠自己选择，这是他们自信的突出写照。

对自己有信心就是相信自己。具体讲，就是相信自己所追求的目标是正确的，相信自己有力量与能力去实现所追求的那个目标。

当初，门捷列夫发现元素周期律后，有些反对他的人认为，留下那么多空白就表明周期律的不合理和有矛盾，甚至连他的导师也嘲笑他不务正业。但是门捷列夫并没有因此而放弃他的科学观点，他根据周期律科学地预言一些当时还没有发现的元素和它们的性质。正因为他的预言和后来的实验结论完全一样，周期律才被科学界所承认并且引起广泛的重视。

居里夫人为了提取纯镭,以便测定镭的原子量,向科学证实镭的存在,曾终日穿着沾满灰尘和污渍的工作服,在极其简陋的棚屋里,用和她差不多一般高的铁条搅动冶锅,从堆积如山的沥青矿的废渣中寻觅镭的踪迹。条件极其艰苦,但她心里却充满自信。她对友人说:"我们应该有恒心,尤其要有自信心!我们必须相信自己的天赋是用来做某种事情的,无论代价多大,这种事情必须做到。"她终于获得了成功,一举成名。

出色的人之所以出色固然有种种因素,但自信心是必不可缺的。 如果失去了自信心,目标就不会很明确,当然也就不会有成功可言。 正因为他们相信自己的力量,才会朝着自己制定的目标勇往直前。 既不为闲言碎语所左右,也不为一时的失败和挫折所动摇。

我国第一位女学部委员、著名妇产科专家林巧稚同样是这样一位具有强烈自信心的女性。上学时,一位男生声称,我的数学要考100分,你们几个女同学分数加起来有那么多吗?林巧稚自信地回敬他:"你要拿100分,我就拿110分!"考试结果,林巧稚果然为女同学争了一口气。后来,她以优异的成绩毕业于协和医学院,又被派往英国留学进修妇产科。然而昔日的协和当权者对她不放心,认为女人开刀动手术不可想象,就拍电报要她改学公共卫生系。这充满歧视的电报使她很气愤。她坚信自己的选择是正确的,就仍旧进修妇产科,最终以优异成绩为女性争了光。她的自信和自强也使协和的当局者折服。几年后,她凭借精湛的医术和高尚的医德被提升为协和医院的妇产科主任。

由此可见,相信自己的力量,并朝着自己的目标努力,这才是成就出色的基础。俄国的罗巴切夫斯基发表非欧几何理论之后,非但没有得到众人的承认,反而受到不少人的攻击,甚至有人还给他戴上精神病、疯子、怪人的帽子。但他毫不理会,毫不动摇,信心百倍地坚持研究,终于取得了成功,成为非欧几何学的创始人。匈牙利青年数学家波里埃从12岁就开始研究非欧几何,并取得了一定的成就。但在他父亲的竭力反对以及未能得到别人鼓励和支持的情况下,动摇了决心,丧失了信心,以致最终放弃了这一有价值的研究。这正反两例再次告诉人们,自信心对你实现自己的目标,从而取得事业成功具有多么重要的作用。

培养做计划的好习惯

计划是实现目标的手段，养成做计划的习惯，可以在最短的时间内完成目标。

美国作家艾伦拉肯说："计划就是把未来拉到现在，所以你可以在现在做一些事来准备未来。"当你决定了人生的方向，知道自己真正要什么之后，就必须回到现实中，而计划是连接目前与未来、现状与目标的桥梁，有了计划，才知道要花多长的时间完成目标，因此追求出色人生的人，必须养成事前计划的习惯。

一个人一生走过的路可能绕地球几百、几千圈，但是最重要的却不过是那么几步。 出色的人生不仅要靠机遇、靠天赋，还需要正确的计划与部署。

有这样一句发人深省的话：你今天站在哪里并不重要，但是你下一步迈向哪里却很重要。 当人们站在十字路口茫然不知所措的时候，多么希望有人来指点迷津；当人们举棋不定、环顾左右而难以决断的时候，多么希望有人来助上一臂之力。

正确、合理、行之有效的计划部署就是这样一个超人,能够将前进路上的风险减到最低限度。

有这样一个关于4只虫子的故事:

虫子都喜欢吃苹果,这天,有4只非常要好的虫子一起去森林里找苹果吃。

第一只虫子跋山涉水,终于来到一株苹果树下。它根本就不知道这是一棵苹果树,当然也不知道树上长满的红红可口的东西就是苹果。于是,当它看到其他虫子往上爬时,自己也就稀里糊涂地跟着往上爬。没有目的,也没有终点,更不知自己到底想要哪一种苹果,也没想过怎样去摘取苹果。它的最后结局呢?也许找到了一个大苹果,幸福地生活着;也可能在树叶中迷了路,过着悲惨的生活。不过可以确定的是,大部分虫子都是这样活着的,没想过什么是生命的意义,为什么而活着。

第二只虫子也爬到了苹果树下。它知道这是一棵苹果树,也确定它的"虫"生目标就是找到一个大苹果。但它并不知道大苹果会长在什么地方,它猜想:大苹果应该长在大枝叶上。于是它就慢慢地往上爬,遇到分枝的时候,就选择较粗的树枝继续爬。于是它就按这个标准一直往上爬,最后终于找到了一个大苹果。这只虫子刚想高兴地扑上去大吃一顿,但是放眼一看,发现这个大苹果是全树上最小的一个,上面还有许多更大的苹果。更令它泄气的是,要是它上一次选择另外一个分枝,它就能得到一个大得多的苹果。

第三只虫子同样到了一棵苹果树下。这只虫子知道自己想要的就是大苹果，并且研制了一副望远镜。还没开始爬时就利用望远镜搜寻了一番，找到了一个很大的苹果。同时，它发现当从下往上找路时，会遇到很多分支，有各种不同的爬法；但若从上往下找路时，却只有一种爬法。它很细心地从苹果的位置，由上往下反推至目前所处的位置，记下这条确定的路径。于是，它开始往上爬了，当遇到分枝时，它一点也不慌张，因为它知道该往哪条路走，而不必跟着一大堆虫去挤破头。比如说，如果它的目标是一个名叫"教授"的苹果，那应该爬"深造"这条路；如果目标是"老板"，那应该爬"创业"这分枝。最后，这只虫子应该会有一个很好的结局，因为它已经有自己的计划。但是，真实的情况往往是，因为虫子的爬行相当缓慢，当它抵达时，苹果不是被别的虫子捷足先登，就是已熟透而烂掉了。

第四只虫子可不是一只普通的虫，做事有自己的规划。它知道自己要什么苹果，也知道苹果怎么长大。因此当它带着望远镜观察苹果时，它的目标并不是一个大苹果，而是一朵含苞待放的苹果花。它计算着自己的行程，估计当它到达的时候，这朵花正好长成一个成熟的大苹果，它就能得到自己满意的苹果了。结果它如愿以偿，得到了一个又大又甜的苹果，从此过着幸福快乐的日子。

从这4只虫子吃苹果的经历，不难得出结论。 第一只虫子是只毫无目标、一生盲目、没有自己人生计划的糊涂虫,不知道自己想要什么。 遗憾的是,很多人都像第一只虫子那样活着。

第二只虫子虽然知道自己想要什么,但是它不知道该怎样去得到苹果,在习惯中的正确标准指导下,它做出了一些看似正确却使它渐渐远离苹果的选择。 而曾几何时,正确的选择离它又是那么接近。

第三只虫子有非常清晰的人生计划,也总是能做出正确的选择,但是,它的目标过于远大,而自己的行动过于缓慢,成功对它来说已经是明日黄花。 机会、成功不等人。 同样,人生也极其有限,必须认真把握,而单凭个人的力量,也许一生勤奋,也未必能找到自己的苹果。 如果制订一个适合自己的计划,并且充分借助外界的力量,借助许许多多类似于"望远镜"之类的人,那么,人生的"苹果"也许会好吃得多。

第四只虫子,它不仅知道自己想要什么,也知道如何得到自己的苹果以及得到苹果应该需要什么条件,然后制订清晰实际的计划,在望远镜的指引下,它一步步实现了自己的理想。

其实,人就是虫子,而苹果就是人生目标,爬树的过程就是奔赴人生目标的道路。

有这么一句名言:出色人生的关键在于预算你的时间和资源。 许多出色、成功的人士能够出色、成功的重要原因就是好好利用了工作的三分之一,甚至经常把另外三分之二的时间也利用起来。 人生就是利用个人的时间和资源来谋求出色的一生。

从小，就不断有人问爱丽丝：你长大了想干什么？她自己直到大学毕业也不清楚自己想做什么，擅长做什么。爱丽丝一直是个优秀的学生，但自认为毫无特长。大学的专业并不是自己喜欢的，但到底喜欢什么，她也不清楚。当了两年教师，她没找到兴奋点，后来又稀里糊涂读了原专业的研究生，毕业后进了出版社，工作了两三年，没有太大的成就感，感觉很苦闷，好像有劲儿没处使，于是她又想跳槽。

偶然看到报上的某个招聘广告后爱丽丝就去应聘了，对所要进入的行业没有太多的了解、分析。刚进入一个新领域的新鲜感消失后，她又开始怀疑自己的选择：我到底适不适合这个职业？在这个职业工作了几年，别人看来还算不错，但自己内心有时会冒出一个声音：这不是我最想要的！不满足感常常困扰着爱丽丝，使她每天都过得很不开心。后来她了解到一些有关职业生涯规划的说法，后悔从前没有自我计划的意识。但转念又一想，即便有自我计划的意识，如果不清楚自己想干什么，也无从计划！爱丽丝已经35岁了，再重新规划职业道路好像也有些力不从心了。

人生有三分之一的时间用来睡觉，三分之一的时间用来做其他的事情，真正用来工作的只剩另外三分之一的时间。人与人之间的不同，在于业余时间怎么度过。 时间是最有情，也最无情的东西，每个人拥有的都一样，非常公平。 但拥有资源的人不一定成功，善用资源的人才会成功。 白天图生存,晚上求发展,这是21世纪对人才的要求。

现代社会,计划决定命运。有什么样的计划就有什么样的人生。时间非常有限,越早计划自己的人生,就能越早出色。要想得到自己喜欢的苹果,想改变自己的人生,就要先从改变自己开始,做好自己的人生计划,做吃到苹果的第四只虫子。

没有人可以不劳而获,也不可能一夜成功。订立明确的目标,把明确目标记录下来,可使你更清楚地了解你所希望的是什么。它既可提醒你明确目标,也可以暴露出目标的缺点。

如果你写不出心中所想的明确目标,可能意味着你对这些目标的确信程度还不够。你一旦写出计划之后,每天对自己至少大声念一次,这样不但可以加强你的执着信念,也可以强化你内在的力量,并使你朝着目标前进。

需要说明的是,在朝着目标前进的路上,盲目蛮干只会使你筋疲力尽,无所作为。一个人的时间、金钱和精力是有限的,如果不能充分利用,将是一个巨大损失。拥有出色人生的人,大都能非常有效地利用时间、金钱和精力,并尽可能大地支配它们。出色的人之所以能够做到事半功倍,是因为他们总是为自己做好了计划。因此,能不能把一件事情办成功,一个很重要的因素就是看你有没有科学的计划和方案。科学的计划和方案就像是火车的轨道,有了轨道,火车就能够轻而易举地前进;没有轨道,火车将寸步难行。

科学的计划和方案就像是人的大脑,是指挥部。德国伟大的思想家歌德说过:"匆忙出门,慌忙上马,只能一事无成。"就是强调在做事情之前一定要有计划，不能鲁莽行事。高尔基说过："不知道明天干什么的人是不幸的。"所以，你不仅要树立远大的理想，还要制订科学的计划和方案去实现它。

　　所制订的计划要具体、有时限、长短兼备。例如，你计划在5年之内创作一部反映当代青年生活的长篇小说，具体会涉及情节的安排、知识的积累、人物的塑造等。你可以把设计情节作为"第一步"，这大概需要一个月的时间。如果过去了一个月你还没有设计出来，就要反省自己，一定要督促自己按时完成计划。

　　另外，一件事情的计划表要根据环境和具体事情发展的情况及时修正，尽量使计划表和实际相符合，使自己能够很好地按照计划完成任务。

第三章

行动起来,脚踏实地走好人生路

行动可以给你带来好运气

要想成为成功者，就必须积极地努力和奋斗。成功者从来不拖延，也不会等到"有朝一日"再行动，而是今天就动手干。他们竭尽全力地工作一天后，第二天又接着干，不断地努力、失败，直至成功。

要记住这句老话："今日事今日毕。"成功者一遇到问题就会马上动手解决。他们不会在发愁上浪费一分一秒，因为发愁不能解决问题，只会不断地增加忧虑。当成功者开始集中力量行动时，立刻就会兴致勃勃、铆足了劲儿地寻找解决问题的方法。

你遇见过那种喜欢说"假若……我已经……"的人吗？有些人总是不停地谈论他曾经错过了什么云山雾雨的成功的机会，或是正在"谋划"未来、干一番了不起的事业。

失败者往往沉溺于"倘若怎样怎样"，所以，他们总是因故拖延，顺利不起来。

从现在开始，不要再说自己"倒霉"。对于成功者来说，勤奋工作与好运是同义词。只要专心做好你现在所做的工作，坚持不懈地做好每件事，"机会"就会来到。

　　怨天尤人不会改变你的命运，而只会浪费你的时间，使你没有时间取得成功。如果你想"赶上好时间、好地方"，就去找一份你可以为之拼搏的工作，然后，努力去干。幸运不是偶然的，只要勤奋工作，幸运女神就会应召而来。

要做到"今日事,今日毕"

一位大学生准备晚上7点开始学习,但因晚饭吃多了,便打算先看会儿电视。结果一看就看了一个小时,因为电视节目很吸引人。晚上8点,他坐在桌前正准备看书,突然又想起来要去见一个朋友,一见又是40分钟(他一天没跟朋友见面了)。在回来的路上,他又被人拉去玩了1小时的乒乓球,结果弄得满头大汗,便去洗了个澡。洗完澡,他又觉得饿了,因为毕竟打球耗费了很多体力。

这个晚上本来计划得挺好,可就这样过去了。到了凌晨1点钟,他终于打开了书,但又太累了,无法集中精神。最终,他去睡了。

他一直没能坐下来看书,因为他花在准备上的时间太长了。其实,这种"过分做准备工作的人"不计其数。一些推销员、经理及家庭主妇——他们在开始工作前往往先聊天、削铅笔、读读报、擦擦桌子、泡杯茶，然后才开始工作。

有一种方法可以改掉这种习惯，即告诉自己："我现在已经准备好了，可以开始工作了。我拖延时间将一事无成，我要把'准备'的时间和精力用到工作上去。"

想给朋友写封信吗？ 那就现在写。 有什么能够拓宽业务的好主意吗？ 那就现在去尝试。 记住本杰明·富兰克林的忠告："不要把今天能做的事拖到明天做。"立即行动就有可能成功，未来某一天去做却有可能失败。

只有行动了,才会有结果

制订一个计划,绘制到达目标所必须采取的行动路线图。每成功一步,你就能发现接下来的那一步会变得更容易。因为你吸引来了更多的人,而他们能够帮助你实现自己的最终目标。

希尔博士和 W. 克莱门特·斯通在他们的著作中引用了大量的诗歌,其中有一首与"黄金定律"的评论中所表述的想法非常接近。这首出自无名氏之手的诗歌题目叫作《今天》。

在今后的岁月里我要做很多事情,
但我今天做了些什么?
我将慷慨地分发黄金,
但我今天给出了什么?
我将擦干眼泪振作起来,
我将在充满惶恐的地方种植希望,
我将会说充满爱和鼓励的话,

但我今天做了些什么？
我将给每个孤独的人带来微笑，
也会给真理更大的心灵空间，
给坚定的信念赋予更深厚的价值，
我将滋养世上饥饿的灵魂，
但我今天滋养了谁？

  我们每人都在思考今天的所作所为及其可能产生的结果，我强烈支持你回顾发生在自己人生中的那些事情及其结果。 对自己人生各个方面的尊重程度将很大程度上决定我们未来的人生。 请你问问自己，你是不是尊重你的家人、朋友、财富、相貌、教育、工作以及你的家庭生活？ 你的答案将决定你的行动，而你的行动则决定你的结果。 例如，倘若你想拥有更多的朋友，那么就得采取行动而且更友好地对待其他人；如果你想在人生中获得更多的金钱，那么就请自问一下，你对目前收入的尊重程度有多少？ 为了创造更多自己想要的东西，最开始时你必须真心地感谢自己目前所拥有的一切，而且，采取行动时要很有目的性，这样你才能够获取更多自己想要的东西。

  在你写下和回顾自己这些决心的时候，还要制订两个行动计划：需要什么就增加什么和忽视人生中想减少的。 如果你能获得注意力集中的东西，并把注意力集中在好东西上面，那么好东西就一定会降临你身上。

迈向成功需要采取行动

拿破仑·希尔认为，人生中唯一确定的事是永恒的变化。而且，他详细地阐述了这样的观念：我们必须使用自己拥有的东西，否则就可能不再拥有它。这两个概念又回到那两件事情上——无所事事和空虚，这在希尔博士所阐述的世界中是绝对不能容忍的。

为了向着成功的方向前进，必须采取定向行动，因为任何东西缺少行动都无法移动。思想的确是能够促使其运转的要素，但之后必须要有行动，这样才能带来结果。

真空就是指什么也没有的空间，它总是吸引着所有需要空间的物体，而且是先到者先得。请试问一下自己，你是否可以在房间里摆放一张桌子，却一直不把东西放在上面呢？报纸、账单、信件、购买回来的物品、碗碟等，所有东西都占据一定的空间。拿破仑·希尔传递给我们这些进退两难的人的信息就是，在其他人或事填满你的空间之前，主动填满自己的人生空隙。

在我们的人生里，有很多空间需要被填满。这些空间可能存在于那些我们没有抓住或者决定不利用的机会中。那些我们不加以利用的机会会迅速叠加，从而在我们的人生中制造出更多的漏洞和空隙。你确定无须清晰的总目标，这没问题！但你的老板会给你找些其他事情，将这个空隙填满。这也许并非你的目标，但是，你猜会怎样？此时，你的时间被占用，你的生活被一些你原本不愿意做的事情填满。别人夺走了你的现实空间，而且你的精神空间也被填满。

倘若我们的人生有空隙，这些空隙会出现在以下方面：脑力方面、体力方面、社交方面、心灵方面和情感方面。很不幸的是，某个问题可以被忽视，然而却极少自动消失。通常，它会变得越来越大，越来越丑陋，而且很快就会变成需要我们马上清理的烂摊子。生活如果被琐事填满，那就不会蕴含什么成功的机会，只会充满了许多需要我们清除的困难。这会成为我们要克服的另外一个不利条件。

希尔博士指出，倘若这些是自然规律，那么我们就应该承认并诚恳地面对它们。这就意味着我们在人生的关键时刻要积极主动，目标明确。同时，当我们察觉到一些东西正在悄悄失去时，它可能就真的要失去了。你是否正在失去亲人、健康、爱情、教养或者神圣感呢？那么，请决定自己如何填满人生的这些空隙。如果你放任自流，等待其他人充实你的生活，那它肯定也会被填满，但这不是你选择和希望的方法。自己要积极主动一点，明确目标和方向。以你为自己设想的最好的将来为基础，绘出自己的路线图，只有你自己可以为你做这件事。引领你前进的生命之灯，首先照亮的是你自己的路，你要用自己的力量点亮它，接下来把它当作礼物送给别人，再照亮别人前行的漫漫长路。

人生要脚踏实地

成功的犹太人懂得，只有踏实工作的人，才能脚踏实地地为自己的前程打下坚实的基础；反之，不但不能得到大的财富，而且可能会与小财富擦肩而过。正如《塔木德》书中所说的："别想一下就造出大海，必须先由小河川开始。"犹太巨商大多白手起家，开始创业时一般都做社会最底层的工作。他们的一大共性是，都能将平凡的工作干得很出色。

一艘驶往异国的船上有两个年轻人，分别来自以色列和美国。他们下了码头后，看着海上的豪华游艇从面前缓缓而过，两人非常羡慕。以色列人对美国人说："以后我要是能有这么一艘船，那该有多好！"美国人点头表示同意。

吃午饭的时间到了，两人饥肠辘辘。两人四处看了看，发现有一个快餐车旁围了很多人，生意似乎不错。以色列人对美国人说："我们也可以做这种快餐生意！"

美国人说:"嗯!这主意似乎不错。可是,你看旁边的咖啡厅生意也很好,不如再看看吧!"两人未达成一致意见,就此各奔东西。

握手言别后,以色列人立刻开始选址,并把所有的钱投资做快餐。他不断努力,经过八年的用心经营,已经拥有了很多家快餐连锁店和大笔财富。他为自己买了一艘游艇,实现了自己的梦想。

这一天,他驾驶游艇出去游玩,发现远处走来一位衣衫褴褛的男子,那人就是当年与他一起闯天下的美国人马克。他兴奋地问马克:"在这八年中,你都做了什么?"马克回答说:"八年间,我每时每刻都在想:'我到底该做什么呢'?"

做人不能只有理想,还要有实际行动,否则理想就是空想。 在理想实现的过程中,成功者的共性是一旦锁定目标就立刻行动,不畏困难,不达目标誓不罢休。 当然,聪明的犹太人懂得,不管想成就多大的事业,都必须从小事做起。

一个故事在犹太人中广为流传:

美国西部是一个非常诱人的地方,所以,许多人都跑到那里打工,希望能赚到很多钱。其中有两个年轻人,一个是约翰,一个是斯蒂芬,他们偶然相识于路上。说起去打工的事情,两个人对未来充满了希望。他们来到美国西部后,开始不断地寻找机会。

有一天两人同行时,发现一枚硬币躺在地上,约翰连看都不看一眼就走了,而斯蒂芬却毫不犹豫地把那枚硬币捡了起来。约翰看着斯蒂芬,心中充满了对他的鄙视,想:真没出息,一枚硬币也要捡,怎么能成就大事业呢?而斯蒂芬却想:看着钱白白地从身边溜走,怎么能成就事业呢?

两人同时应聘到一家小公司,工作很累,工资也低。约翰不屑一顾地走了,而斯蒂芬却高兴地留了下来,努力地工作着。约翰换了一家又一家的公司,不断努力地寻找着机会。两年后的一天,两人在街上相遇。斯蒂芬由于努力地工作,已经闯出自己的事业,成了老板,而约翰却仍然没有固定的工作。

这让约翰匪夷所思:斯蒂芬是一个连硬币都捡的人,这么没出息,怎么就做出一番事业了呢?

世界上所有的伟大事业,都是从一些小事演变而来的。做成一件事不难,难的是坚持不懈,只有通过成就一件件小事才能走向辉煌。

坚持每天进步一点点

世界上的人很多，但真正有出息的人并不多。一个人的一生中，始终存在一个不断学习、不断努力奋斗的话题。无论何时，人们都面临着一个"不进则退"的法则。因而我们只有永远学习、永远进步、永远拼搏、永远奋斗，才能实现我们的人生目标。我们都知道学习犹如逆水行舟，不进则退，只有在学习上永远不知满足的人，才有可能取得成功。

想想水滴石穿和铁杵磨成针的故事，这些正是由于不断地坚持才做到的。只要我们每天都进步一点点，那么我们在一生中就可以不动声色地创造一个又一个料想不到的奇迹，酝酿一个个真实感人的神话。

《塔木德》所说的"超越别人，不如超越自我"，就是提倡要不断地进取。一个人即使在某一天超过了他人的成就，取得了巨大的胜利，但是，如果无法超越自我，没有做到天天都在进步，就很难取得巨大的成就。

其实，在生活中的一些人之所以没有成功，关键不在于他们的智商或者知识没有别人多，而在于他们没有不断地超越自我，或者害怕超越后的结果反而不如当前，因而坚持原地不动。

每一个人要想提高认识，增长学识，取得成绩，都需要一个持续努力、逐步积累的过程，它是"每天进步一点点"的总和，不可能一蹴而就。眼高手低、功利心强是成功的大忌。千里之行，始于足下；九层之台，始于垒土；合抱之木，生于毫末。踏踏实实，刻苦努力，"涓涓溪流汇成河，泉流万千必成川"，这才符合成功的规律。要不断进步，即使进步微小，只要我们持之以恒，就必能汇成大流，最终取得成功。"世界第一商人"犹太人就做到了这样，他们在不停地学习，并且为自己定下每天的目标，要求自己每天都要进步一点点，并努力实现当天的目标。正是这样一些微不足道的进步日积月累起来，成就了犹太人如今在商场上的地位。

活水不用便成死水，犹太人正是懂得这个道理，所以在经营生涯中，他们不停地做出更新和改进，不停地进步；他们恐惧倒退，害怕落伍。因此，他们总是自强不息地力求让自己每天的工作都有所进步。

实际上，每天进步一点点，要求我们认真地规划每一天，既不能急躁，又不能糊弄，更不能作假。因为这不是在别人面前做的表演，而是严于律己的人生态度和自强不息的进取精神。每天进步一点点，使每一个"今天"都充实而饱满；每天进步一点点，让自己不虚度此生，成功总是垂青有准备的人，那就是你。

采取行动是成功的前提

因为只有行动才会产生结果，所以，要成功就必须采取行动。

你必须研究成功者每天都在做些什么，他们的行为有哪些和你不一样。假如你可以如法炮制他们的行动，那么，你也可以成功。

一个业务员要成功，就要去见数不清的客户。如果他不知道最顶尖的业务员一天要拜访多少个客户，那么他根本就没有机会成功；如果他不能付出顶尖业务员所付出的行动，那他就无法提高业绩。

成功的人永远不会比一般人做得少。当一般人放弃的时候，他们在寻找下一位顾客；当顾客拒绝他们的时候，他们就会追问："你究竟买不买？"当顾客不买的时候，他还会问："你为什么不买？"他们总是在寻找自我改进的方法以及顾客不买的原因，他们一直坚持不懈地完善自己的行为、态度、举止和人格；他们总是希望知道人们为什么买，他们总是希望自己更有活力,产生更大的行动力。

相形之下,很多人每天吃饱喝足了,却游手好闲,不做运动,不学习,不成长,总是在抱怨一些负面的事情。他们哪来的行动力?

记住! 让你更成功的永远是你采取了多少行动,而不是你知道了多少。

所有的知识必须化为行动,因为只有行动才能产生力量。

不管你目前下定决心要做什么,不管你现在设定了多少目标,请你一定要立刻行动。正如赫胥黎所说:"伟大的生活目标不是目标,而是行动。"

第四章

只要你足够优秀,世界都会因你而灿烂

自信会使你获得更多

坚强的自信，是伟大成功的源泉。无论才干大小，天资高低，有了自信和自强，就有了成功的可能。如果你去分析研究那些成就伟大事业的卓越人物的人格特质，就会发现：这些卓越人物在开始做事之前，总是具有充分坚定的自信心，深信所从事的事业必能成功。这样，在做事时他们就能付出全部的精力，克服一切艰难险阻，直到取得最终的成功。

美国学者查尔斯12岁时，在一个细雨霏霏的星期天下午，在纸上胡乱画画，画了一幅菲力猫，它是大家所喜欢的喜剧连环画上的角色。他把纸拿给了父亲。当时这样做有点鲁莽，因为每到星期天下午，父亲就拿着一大堆阅读材料和一袋无花果独自躲到他们家所谓的客厅里，关上门去忙他的事。他不喜欢有人打扰。

但这个星期天下午，他却把报纸放到一边，仔细地看着这幅画。"棒极了，查尔斯，这画是你徒手画的吗？"

"是的。"

父亲认真打量着画，点着头表示赞赏，查尔斯在一边激动得全身发抖。父亲几乎从没说过表扬他的话，很少鼓励他们五兄妹。他把画还给查尔斯，说："在绘画上你很有天赋，坚持下去！"从那天起，查尔斯看见什么就画什么，把练习本都画满了，对老师所教的东西毫不在乎。

父亲离家后，查尔斯只有自己想办法过日子，并时常给父亲寄去一些认为会吸引他的素描画并眼巴巴地等着他的回信。父亲很少写信，但当他回信时，其中的任何表扬都会让查尔斯兴奋几个星期，他相信自己将来一定会有所成就。

在美国经济大萧条那段最困难时期，父亲去世了。除了福利金，查尔斯没有别的经济收入，他17岁时只好离开学校。受到父亲生前话语的鼓励，他画了三幅画，画的都是多伦多枫乐曲棍球队里声名大噪的"少年队员"，其中有琼·普里穆、哈尔维、"二流球手"杰克逊和查克·康纳彻，并且在没有约定的情况下把画交给了当时多伦多《环球邮政报》的体育编辑迈克·洛登，第二天迈克·洛登便雇用了查尔斯。在以后的4年里，查尔斯每天都给《环球邮政报》体育版画一幅画。那是查尔斯的第一份工作。

查尔斯到了55岁时还没写过小说，也没打算这样做。在向一个国际财团申请电缆电视网执照时，他才有了这样的想法。当时，一个在管理部门的朋友打电话来，说他的申请可能被拒绝,查尔斯突然面临着这样一个问题:"我今后怎么办?"查阅了一些卷宗后,查尔斯偶尔用十几句潦草的字体写下了一部电影的基本情节。他在办公室里静静地坐了一会儿,思索着是否该把这项工作继续下去。最后他拿起话筒,给他的朋友——小说家阿瑟·黑利打了个电话:

"阿瑟,"查尔斯说,"我有一个自认为不寻常的想法,我准备把它写成电影。我怎样才能把它交到某个经纪人或制片商,或是任何能使它拍成电影的人手里?""查尔斯,这条路成功的机会几乎等于零。即使你找到某人采用你的想法并把它变为现实,我猜想你的这个故事梗概所得的报酬也不会很高。你确信那真是个不同寻常的想法吗?""是的。""那么,如果你确信,哦,提醒你,你一定要确信,为它押上一年时间的赌注,把它写成小说,如果你能做到这一点,你会从小说中得到收入。如果很成功,你就能把它卖给制片商,得到更多的钱,这是故事梗概远远不能做到的。"

查尔斯放下话筒,开始问自己:"我有写小说的天赋和耐心吗?"他沉思后,对自己越来越有信心。他开始自己进行调查、安排情节、描写人物……为它赌上了一年还要多的时间。

一年零三个月后,小说完成了,在加拿大的麦克莱兰和斯图尔特公司,在美国的西蒙公司、舒斯特和艾玛袖珍图书公司,在大不列颠、意大利、荷兰、日本和阿根廷,这部小说均得到出版。结果,它被拍成电影——

《绑架总统》，由威廉·沙特纳、哈尔·霍尔布鲁克、阿瓦·加德纳和凡·约翰逊主演。此后，查尔斯又写了五部小说。

假如你有自信，你就会获得比你的梦想多得多的成功。

我们常会见到这样的人，他们总是对自己所在的环境不满意，由此产生了苦恼。例如，一个学生没有考上理想的学校，觉得自己比不上别人，很自卑。于是书也念不下，一天天无精打采地混日子。

有的人对自己的工作不满意，认为赚钱少、职位低，比不上别人，心里又是自卑又是消沉，天天懒洋洋的，做什么也打不起精神来。于是工作常出错，上司不喜欢他，同事也认为他没出息。如此一来，他就越来越孤独，越来越被单位的人排挤，越来越远离快乐和成功。

其实，一个人如果对自己目前的环境不满意，唯一的办法就是让自己战胜这个环境。就拿走路来说，当你不得不走过一段狭窄艰险的路段时，你只能打起精神克服困难，战胜险阻，把这段路走过去，而绝不是停在途中抱怨，或索性坐在那里听天由命。

成功者有一个显著特征，就是他们无不对自己充满了极大的信心，无不相信自己的力量。那些没有做出多少成绩的人，其显著特征是缺乏信心，正是这种信心的丧失使得他们卑微怯懦、唯唯诺诺。

坚定地相信自己，绝不容许任何东西动摇自己有朝一日必定事业成功的信念，这是所有取得伟大成就人士的基本品质。 许多极大地推进了人类文明进程的人开始时都落魄潦倒,并经历了多年的黑暗岁月。 在落魄潦倒的黑暗岁月里,别人看不到他们事业有成的任何希望。 但是他们却毫不气馁,始终如一兢兢业业地刻苦努力,他们相信终有一天会柳暗花明。

想一想这种充满希望和信心的心态对世界上那些伟大的创造者的作用吧! 在光明到来之前,他们在枯燥无味的苦苦求索中煎熬了多少年! 要不是他们的信心、希望和锲而不舍的努力,成功的时刻也许永远不会到来。 信心是一种心灵感应,是一种思想上的先见之明。

担任过美国足联主席的戴伟克·杜根说过这样一段话:"你认为自己被打倒了,那么你就是被打倒了;你认为自己屹立不倒,那你就屹立不倒;你想胜利,又认为自己不能,那你就不会胜利;你认为你会失败,你就失败。 因为,环顾这个世界成功的例子,我发现,一切胜利皆始于个人求胜的意志与信心。 你认为自己比对手优越,你就是比他们优越;你认为比对手低劣,你就是比他们低劣。 因此,你必须往好处想,你必须对自己有信心,才能获取胜利。 在生活中,强者不一定是胜利者;但是,胜利迟早属于有信心的人。"

信心是使人走向成功的第一要素。 换句话说,当你真正建立了自信,你就已开始步向事业的辉煌。

给自己编一本"心理辞典"

学会自我激励首先要学会自信,学会自信就要学会给我们自己编一本自己的心理辞典。

其实,每个人都有一本心理辞典,即在自己的内心中对生活、人格等一些重要品质的定义和认识,如自信、独立、责任、勇敢、友谊等,而每个人对这些词汇的理解,决定着他们的生活态度、生活取向和生活方式。

为什么有些人越活越糟糕?因为这些人的心理辞典中的词汇全是些消极错误的定义。为什么有些人越活越糊涂?因为他们心中的心理辞典就是模模糊糊、含混不清的。

晓云是位大学生,家住乡村的她来到大都市上学后,常常为自己家里的经济能力比不上城市的学生而感到自卑。她怕别人看不起自己,就装作家境很富裕、很宽绰的样子,把父母辛辛苦苦挣来的一点钱用来买高级化妆品和时装,请同学下馆子,甚至显得很"随便"地借钱给他人。这样在经济上晓云日益显得捉襟见肘，而在心理上她却并没有自信起来，反而有一种越活越累的感觉。

晓云找到心理医生进行心理咨询。心理医生建议她编一本自己的心理辞典，对生活和人格中的许多重要品质进行认真准确的定义，据此来指导自己的生活。心理医生建议她就从"自信"这个词开始。

心理医生向晓云指出，为怕别人看不起而故意"装富"的行为，显示了你内心中对"自信"的错误定义。自信是相信自己的内在价值，自己看得起自己，而不是怕他人的非议，特别是一些外在的条件如渴望他人的承认。晓云领悟后，渐渐活得自然了，放松了，真实了。

过了一阵子，晓云对心理医生说，自信就等于外向，而自己在班里显得过于内向，在公众场合下不敢大胆发言，与人交谈言语不多，还特爱脸红。为改变自己内向的性格，晓云故意装得很外向，和同学大声地说笑，大侃特侃她并不擅长的话题，甚至有一次和男生比赛喝酒。但这样做后，晓云仍没能自信起来，只觉得内心愈加空虚，对自信更加茫然了。

心理医生又和晓云一起分析，自信并不是某种固定的外在形式，而是一种内在的品质。自信并不等于能说会道，内向也不等于自卑。只有那些惧怕失败与否定、自我封闭、拒绝与别人交往、没有自己的人生优势的内向，才是自卑的一种外在表现形式。如果你不否定自己，不否定自己的所谓内向，悦纳自己，踏踏实实地在学业上努力，真实友好地做人，多多培养生活的爱好和情趣，提高自己不怕失败、不怕否定的心理承受能力，渐渐地你就会开朗起来。如果你只是在外在形式上去装得很自信，而此种行为的动机正是出于对自我的否定，那么你能真正自信起来吗？

晓云听后眉宇舒展开了："我懂了，自信是对自己能有一种基本的自我接受、自我悦纳的人生态度。"

又过了半年，晓云发现班上许多女生都谈起了恋爱，而自己却没有得到任何男生的青睐，于是她认定是自己的相貌比不过班上所有的女生，她又为此自卑起来。

对此心理医生向晓云指出，自信是一种稳定的、内在的人格品质，它是没有攀比性的。如果某个人因在某个团体中，在某个外在指标如相貌、金钱、分数上处于领先优势的地位而获得了自信，那么在另一个群体中当他丧失了这种领先优势后又该如何呢？人外有人，天外有天，如果我们的自信是通过将别人比下去、压下去而获得的，那么这种自信是暂时的、脆弱的、不稳定的。心理医生告诉晓云其实她有很多的人生优势，也有很多的优点，如努力、踏实、真诚、友善、聪慧、善解人意等，如果将之发扬光大，她也会显示出自己独特的人格魅力的。

从此以后，晓云对自信有了一种客观全面准确的认识，她的人生质量也在不断改变并最终发生质变。她学习成绩拔尖，多次获得奖学金；她体育运动成绩优秀，被选拔参加了校田径队；她和同学关系甚好，在同学中颇有人缘。毕业后她找到了一份好工作。而如今，她又有了一位情投意合的男朋友。

看来，对于那些想全面提高自己人格和心理品质的人，给自己编一本心理辞典，不失为一种很有效的心理训练方式。

信心是一切成就的基础。对自己有极大信心的人就不会怀疑自己是否处在合适的位置，不会怀疑自己的能力，更不会担心自己的将来。

信心能给你带来奇迹，它是不能用科学加以分析的神秘事物。正是信心使人们的力量倍增，使人们的才干倍增。如果没有信心，人们将一事无成。

事业的成功固然需要才干，但更需要你从心灵上、言行上、心态上拿出信心来。唯有十足的信心，才能使你保持事业的雄心，才能取得成功。很多人不相信"信心"的存在，将信心与幻想、想象混在一起。这主要在于他们不知道信心为何物。信心就是主观与客观之间的联系环节，是一种精神或心理能力，它不能被猜测、想象和怀疑，但它可以被感知。

心理上的成功是一种心态的成功。如果一个人的心态是一种怀疑的心态，那么其成功也是值得怀疑的。为了获得成功，必须树立坚定的信念和持久的信心，绝不允许任何东西动摇自己取得成功的信念。

只要紧紧盯住已经确定的目标，坚定地相信自己的能力，你就在精神上获得了成功。

为你的行动播下自信的"种子"

成功意味着许多美好、积极的事物,成功是人生的发展目标。

人人都希望成功,每个人都想获得一些美好的事物,每个人都希望自己是自己人生的主宰,没有人喜欢巴结别人,过一种平庸的生活,也没有人喜欢自己被迫进入某种状态。

人生最实用的成功经验,就是"坚定不移的信心能够移山",可是,在我们的生活中,真正相信自己能移山的人并不多,而真正移山的人就更少了。

虽然我们无法靠希望移动一座山,也无法靠希望实现自己的目标,但只要有信心就能移动一座山。只要你相信你能成功,你就会赢得成功。

可能你会说,我很勤奋,但就是对自己缺乏信心,不相信自己能够成功。的确,这是一种消极的力量。当你心里不以为然或怀疑时,就会想出各种理由来支持你的"不相信"。怀疑、不相信,潜意识要失败的心理倾向,以及不是很想成功的心态，都是失败的主要原因。

那么，在生活中，如何培养自信心呢？

在聚会、开会等场合，你要专挑前面的位子坐。可能你已经注意到，在上述场合，后面的位子总是最先被坐满。大部分占据后排座位的人，都希望自己不会太显眼，而他们怕受人注目的原因就是缺乏自信心。坐在前排能建立你的信心，你可以把它当成一个规则试试看，从现在开始就尽量往前排坐。坐前排是比较显眼，但成功又何尝不是一种显眼呢？

练习用你的目光正视别人。眼睛是心灵的窗户，一个人的眼神可以透露出许多有关他精神世界的信息。面对一个不敢正视你的人，你可能就会问自己：他想隐瞒什么呢？他怕什么呢？他会对我不利吗？如果你不敢正视别人，你的眼神就意味着：在你旁边我感到很自卑；我感到我不如你；我怕你。如果你总是躲闪别人的眼神则更糟，它通常告诉别人：我有罪恶感；我做了或想了我不希望你知道的事情；我怕一接触你的眼神你就会看穿我。如果你敢于正视别人，就等于告诉他：我很诚实，而且光明磊落，正所谓"君子坦荡荡"。

把你走路的速度加快25%。心理学家将懒散的姿势、缓慢的步伐跟对自己、对工作以及对别人的不愉快感受联系在一起。但是，姿势和速度可以改变，你可以借着这种改变来改变你自己的心理状态。如果你仔细观察，会发现身体语言是心灵活动的结果。那些屡遭打击、被排斥的人，连走路都拖拖拉拉，完全没有自信心。所以，使用这种加快走路速度25%的方法，抬头挺胸，你就会感到你的自信心在滋长。

经常练习当众发言。在生活中，你会发现，有许多思路敏捷、天资很高的人，却无法发挥他们的长处参与讨论，不是他们不想参与，而是因为他们缺少信心。尽量当众发言，就会增加信心，下次发言就更容易一些。所以，从现在开始，不要放过任何一个发言的机会，不要怀疑自己，你的发言的确很精彩。

经常性地放声大笑。笑能给自己带来很实际的推动力，它是医治信心不足的一服良药，不仅如此，笑还可以化解别人的敌对情绪。放声大笑，你会觉得好日子又来了。现在就放声大笑一次，体会一下其中的滋味。

在日本，某味精公司的社长对全体工作人员下达了"成倍地增长味精销售量，不管什么意见都可以提，每人必须提一个以上的建议"的命令。

于是，营业部门考虑营业部门的建议，宣传工作琢磨宣传工作的建议，生产部门提出生产部门的建议，大家纷纷提出销售奖励政策、引人注目的广告、改变瓶装的形状等方案。

然而，一位女工却苦于提不出任何建议来。她本想以"无论如何也想不出"为由拒绝参加，但考虑到这是社长的命令，并且言明不管什么建议都可以，她觉得拿不出建议又有些不合适。

就在这当中，某日晚饭时，她想往菜上撒调味粉，由于调味粉受潮而撒不出来，她的儿子不自觉地将筷子捅进瓶口的窟窿里，用力往上搅，于是调味粉立时撒了下来。

在一旁看着的女工的母亲对女儿说："如果你提不出

社长让提的建议,你把这个拿去试试看。"

"这个?"

"把瓶口开大呀!"

"这样的提案!"女工本来有些不以为然,但是又无其他建议可提,于是就提出了把味精瓶口扩大一倍的提案。

审核的结果出人意料。女工提出的建议竟进入15件得奖提案之列,领得奖金3万日元。而且此提案付诸实施后销售额倍增,为此,女工又破例从社长那里领取了特别奖。

受宠若惊的女工想:"出主意,原来以为很难,没料到这样的提案竟然也得了奖。像这样的提案,一天能提上两三个。"

创新并不一定需要天才,创新只在于你能够找出新的改进办法。任何事情的成功,都是因为找出了把事情做得更好的办法,世界上的所有大发明、大发现均是如此。

上述那位日本女工,与其说通过这次的提议获得了3万日元的奖励,还不如说通过这次提议获得了一种自信。我们可以设想,等以后公司再有这样的活动时,这位日本女工绝对不会再说自己没有任何提议了,她会成为一个提议专家,说不定会因此而成为一个成功的人。

人的自信心就是如此重要,它会使一个普普通通的人成为一个事业上成功的佼佼者。

不断激励自己

如果你想进行自我改造、自我管理，进行某方面的修养，你首先就应了解自己，认识自己，根据自身的条件和实际的可能，使自己的长处得到发挥。这样，你就会感到自己并不比别人笨，你有不及别人的地方，别人同样也有不及你的地方，自信心便会由此产生并不断增强。

人生最大的损失，除了丧失人格之外，就要算失掉自信心了。

春天到了，一位农夫听到两粒种子躺在土壤里对话。

第一粒种子说："我要努力拱出地面，并且将根深深扎入土壤；我要'出人头地'，让自己在大自然中迎风摇摆，大声歌唱生命的高贵。让我在有限的生命里得到阳光和雨露的爱护，虽然最终我会在秋天枯萎，但我的一生活得很充实。"

第二粒种子说："我没你那么勇敢。如果我用力向地面上钻，可能会伤到我脆弱的茎心；如果我向土壤里深深扎根,可能会碰到硬硬的石头;如果幼芽长出,难保不被昆虫吃掉;我若开花结果,只怕小孩子会将我连根拔起。一想到这些,我看我还是待在土壤里面最安全。其实,长出来也没什么意思,反正最终都会死的。"

农夫听完两粒种子的对话后,对第一粒种子充满信心,他辛勤护理,使其茁壮生长;对第二粒种子却失去信心,疏于管理,第二粒种子刚露出地面就逐渐枯萎了。

其实,农夫就是你自己,两粒种子代表了你的两种选择,两种心态。

人生就是一次无法回头的旅行,"不敢冒险就是最大的风险",它将使危险加速而至。

如果你充满自信和勇气,就会像第一粒种子那样,在有限的生命里尽情享受人世间的快乐;如果你缺乏自信和勇气,就会像第二粒种子那样枯萎。

缺乏自信是一件很可怕的事,它会让你丧失许多成功的机会,浪费你宝贵的时间,甚至会激活那些可能伤害到你的情感,把你击垮。

相信自己,相信自己内心深处所确定的东西,不要一遇到困难和挫折就随随便便地放弃自己,做出妥协。

有一位自我潜能开发者,在辅导过许多对自我能力的怀疑、生活、家庭、感情皆出现问题的个案后,特别提出了辅导成功的心得:"我有一个发现:一般我们所认定的'名人',他们中有部分人具有超乎常人的意志力。他们在接受训练时,大都能够达到预期的效果。"

其实是这些名人受了"盛名"的影响,具有高度的好胜心及荣誉心，比较容易达成目标。

你是不是觉得自己是一个重要的人物？你是不是家中不可缺少的一员？你是朋友中"励志话语"的宝库吗？下雨天时，你是不是可以帮助身边的陌生人过马路？

你是重要的！所以你的坚强对这个世界分外重要。

在比较贫穷的南美洲，一些吸毒、酗酒、流浪街头的孤儿，他们的堕落是为了忘记饥饿，忘记忧郁的生活；而这些孤儿生下来的小孩，有些被遗弃在医院，他们大都身体状态不佳，虚弱到无法行走的地步。

医疗人员正拿着玩具在一个小孩面前晃。这个小孩已经五岁了，还不会走路。

看见这部纪录片时，大多数人是热泪盈眶的。跌倒、挫折、沮丧，是每一个正常人都害怕的事；但对这些孩子而言，却是奢望。如此的对比之下，你是不是该自立自强，无悔生命中的每一次跌倒？

在一部以父爱为主题的电影中，剧中父母不断以仇人的面孔出现，逼迫自己的孩子，最后当孩子成为任何人都无法打败的人时，他竟以"爱他的父亲"自居，留下他所有的钱给孩子。

这是多么另类的教育方式，但是也让我们看到，"自强"需要一些压迫才能推进。

自强的个性，你一定拥有，请让上天给予你智慧，看穿所有困难障碍背后的"福分"；要不，就请你给你自己一点"压迫"，让自己瞬间自强起来。

把自信当成一切行动的前提

对自己没有信心的人就不能参与竞争。周恩来总理说得好:"自信是我爱国的源泉。"自信就是要相信和信任自己,从而激发自己去奋斗和拼搏的斗志;自信就是鼓舞和爱护自己,而不是去一味怀疑自己,否定自己,否则到后来真的没有勇气去面对竞争了。充满信心和缺乏信心,这两种截然不同的态度决定着一个人能不能在竞争中取胜。如果我们对自己够诚实,就知道自己是不是真有自信。自信是一种无形的品质,不是吃一片药就能得到的东西,但它却可以被开发出来。开发自信是对未来的一项重要投资。

你的自信能直接反映出你对自己的态度。你和自己的关系是你所遇到的最重要的一种关系,是你建立其他关系的基础。说某人没有自信,其实就是在暗示他的人格缺陷,缺乏自信是一个阻碍成功的自然弱势,但自信是可以获取的。我们可以开发它、增强它、利用它来创建自己的未来。

信心就是无须任何确证就相信某种事物的能力。信心的基础是相信自己，正面的、肯定的经验强化了这一点。

自信使一切都不同。

有这样一个男人，他在20世纪60年代在皇家海军当过7年的深海潜水员。有人问他：潜到水下61米深，只戴一顶旧头盔，与上面只有一根气管相连，是否曾有过恐惧？

"没有，"他答道，"我受过紧急情况的训练。"他说这话时非常自信，显然训练已经把他可能会产生的任何恐惧都消磨掉了，并使他对自己的安全产生了绝对的信心。

罗伯特·波顿说："信心并不只是心灵拥有的一种想法，而是一种拥有心灵的想法。"在实现理想的道路上会有很多障碍，我们必须树立信心去克服它们。你注意过那些演讲的孩子吗？儿童有着惊人的自信，他们能无畏地站在一屋子陌生人面前，因为他们还没学会畏惧。他们并不在意别人怎么看。他们对自己评价颇高，几乎没有负面的评价。刚组建的新公司常常在市场上显示出这种自信的品质：他们年轻、有野心、有活力。当然，充分的自信和致命的傲慢之间是有明显差异的，必须划清它们的界限。人们常说，"一事成功万事成"。的确，成功带来的自信具有持久性，相信你有能力把自信提高到成功所要求的高度。

让我们重复一下亨利·福特说过的话："如果你认为自己行或不行，你常常是正确的。"当我们回首往事时，发现自己做成的事情都是我们认为自己能做好的事情，我们觉得不会发生的事就从来也没发生过。 为什么这样呢？ 当我们在头脑中设计出一种未来的结果时，我们的潜意识就会朝那个方向努力，通常在我们还未知觉的情况下，潜意识已经悄悄满足了自己的愿望。 所以当你觉得自己能行时，你就会产生积极的意识，一种成功的意识；如果你觉得自己不行，你就会产生消极的意识，一种失败的意识。

当我们面对新的挑战或新的目标时，必须充分相信自己能够做好，能够出色完成。 即便我们尽了全力，并保持绝对的自信，有时也难免会担心和害怕。

有一个知名的电视明星，每次演出前都紧张得要命。他经受的痛苦很多演艺界人士都曾有过，只不过他格外严重一些罢了。每天晚上这个节目的制作人都得听他没完没了的唠叨，"今晚我知道肯定得演砸了"，"就在今晚他们会发现我根本一点才华都没有"等。但只要时钟接近演播时间，这位表演者就恢复了常态，走上前去，开始表演令观众叫绝的节目。

自信是一种良好的品质，自信而不自负是许多成功人士所共有的特点。 李白说得好："天生我材必有用。"伟大的开国领袖毛泽东更是说得自信至极："数风流人物，还看今朝。"正是因为这种自信，八路军才能用小米加步枪打败日本人的飞机大炮，才能在世界政治舞台上赢得一席之地。

信念的力量

一个人要想得到胜利女神的眷顾，首先就得向她展现你势在必得的信心，这是你迎接成功的最好方式。只要你有了信心，离成功的彼岸就只有半只脚的距离。

信心的力量到底有多大？

美籍华人科学家林先生，他个人已拥有24项国际专利。有一次林先生回国，飞机途经地中海上空，突然飞机发生故障，出现剧烈的颠簸。机上的人群开始由紧张而骚动，空中小姐尽力想控制局面，然而极度恐慌的人们仍然是慌作一团。

林先生也被这突如其来的变故吓得发抖，紧咬的牙关都渗出了血丝，脑袋一片空白。什么金钱、地位、荣誉，什么父母家庭、妻子儿女，此刻早已被吓得烟消云散，所剩的就只有对死亡的本能恐惧。然而，无意间他瞥见了邻座有一位乘客，非常奇怪，他居然一脸安详，在那里祈祷,可能是个教徒,正祈求上帝保佑。

后来飞机奇迹般地迫降成功。

飞机着陆后,可能是受惊过度,林先生发现自己好几分钟居然连站都站不起来。但是,他看到那位邻座的客人却从容地拎着行李走下飞机。一下飞机,只见他把皮箱往旁边一放,扑通一下跪在地上,感谢上帝。完毕,他好像什么事都没发生过,若无其事地拎着行李离开了机场。

林博士自认为自己是一个彻底的唯物主义者,本应该可以坦然面对死亡,可他想:为什么当时自己就是无法控制那本能的恐惧感,而那位教徒却可以轻易做到?这次事件对他刺激很大,这倒不是因为飞机事故本身,而是因为后来他终于"悟"透了其中的奥秘。其实道理非常简单,在飞机出事故的整个过程中,那位教徒满脑子都是"上帝保佑,快来搭救我"。试想,一旦飞机安全着陆,他会怎么想?哇,上帝果然无所不能,感谢上帝;如果飞机真的失事了,他又会怎么想?噢,上帝,我很快就能在天堂见到你了,感谢上帝。也就是说,不管飞机失事与否,面对死亡,这位教徒此刻都能保持一颗平静的心,因为他有一个信念:上帝与我同在!这位教徒,因为坚信"上帝与我同在",因此即使面对死亡也处事不惊;林先生因为对"死亡"没有足够牢固的信念,因此当死亡突然来临时几近崩溃。当然,事后林先生并没因此而信教,但后来他经常对他的学生、职员以及在许多场合都提起这个故事,他说自己最大的感悟是:信念是有力量的。

生活中，也许我们不曾经历过死亡的恐惧，但是类似的故事影片都经常能看到。比如，小时候看电影，常能看到一些这样的情景：一个正面人物被坏蛋打得奄奄一息，但他肯定不会死，因为坏人还没死。一旦坏人被除掉，他便立即头一低，含笑九泉了，因为支撑他生命到最后的支柱就是一定要把坏人彻底消灭的信念。

现实生活中我们也听说过，一位父亲病危，但一息尚存，因为他在等待远方正赶回来的儿子。当儿子赶到床前，痛楚地呼唤，父亲缓缓地睁开眼睛看儿子一眼，然后又缓缓地闭上双眼，幽幽地飘然仙去……是什么在支撑这位父亲的生命？这是信念的力量——"一定要看儿子最后一眼"在支撑着他。

类似能证明信念力量的例子多如牛毛。当你坚信某一件事情时，就无疑给自己潜意识下了一道不容置疑的命令，有什么样的信念，就决定你有什么样的力量。一切的决定、思考、感受、行动都受控于某种力量，它就是我们的信念。一个人若有了积极的信念，那么很多事情就会迎刃而解。

信念统摄灵魂，能给我们以积极的暗示，会促进我们用积极的态度去理解、解决问题。

做一个成功的"有心人"

世上真不知有多少失败者，只因没有坚强的自信力，他们所接近的也无非是些心神不定、犹豫怯懦之辈，他们三心二意，永无决定事情的能力；他们自身明明有着一种成功的要素，却被自己推了出去。

沉着冷静，永不气馁，这是每一个人所应养成的品格，任何人都应永远保持一副亲切和蔼的笑容，一种希望无穷的气魄，一种必能战胜任何突然袭来的逆浪的自信力和决心。我们应该不急躁、不懊恼，不轻易发怒，更不应该遇事迟疑不决，这些良好的品性，往往比焦心忧虑更容易解决许多困难。

喷泉的高度是无法超过它的源头的，一个人做事也是一样，他的成就绝不会超过自己所相信的程度。如果你已经有了适当的发展基础，而且你知道自己的确能愉快地战胜困难，就应该立刻拿定主意，不要再发生丝毫动摇，即使你遭遇一些困难和阻力，也千万不要想到后退。

无论你现在处于一种什么地步，千万不要失去最可贵的自信力！你应该昂起头，切勿被困难压下去；你坚决的心，切勿被恶劣的环境所压服。你要做环境的主人，而不是环境的奴隶。你无时无刻不在改善你的境遇，无时无刻不在向着目标迈进。你应该坚决地说：我全身的力量已经足以完成那个事业，绝不会有人来把我的这股力量抢了去。你应该从自己的个性改起，养成一种坚强有力的个性，把曾被你赶走的自信力和一切因此丧失的力量重新挽救回来。

有许多人对事业曾经失去过信心，但最后还是重新建立了自信，挽回了事业。世人应该保持这种价值连城的成功之宝，正如应该争取高贵的名誉一般重要。

诺贝尔的成功就充分说明了这一点。

我们知道，在诺贝尔的遗嘱中，他将价值瑞典币三十余亿克朗的财产，部分赠予亲友，大部分留作基金，以基金的利息作为奖金，每年颁发一次，给予在物理、化学、生理和医学、文学方面有贡献的人，以及有效地促进国际亲善、废除或裁减常备军、对促进和平事业有贡献的人，受奖人不受国籍限制。这就是自1901年起颁发的举世闻名的诺贝尔奖。

诺贝尔是因为发明了硝化甘油炸药的引爆装置而获得了巨额财富。

诺贝尔初次见到硝化甘油，是在圣彼得堡。当时，一个名叫西宁的教授拿硝化甘油给诺贝尔父子看，并放在铁砧上锤击，受锤击的部分立即发生爆炸。这引起了诺贝尔极大的兴趣。西宁教授说，如能想出切实的办法使它爆炸，在军事上大有用处。从这以后，年轻的诺贝尔就对此念念不忘，力求完成这一发明。

诺贝尔经过长期思考和实践，认识到要使硝化甘油爆炸，必须把它加热到爆炸点或以重力冲击。寻求一种安全的引爆装置，这正是诺贝尔为自己确定的课题。1862年五六月间，诺贝尔在圣彼得堡的实验室里进行了第一次探索性的实验。他先把硝化甘油封装在玻璃管里，再把玻璃管放进装满火药的锡管里，然后装进导火管。装好以后，诺贝尔兄弟三人一起来到水沟旁，将导火管点燃，丢入水中，结果，水花四溅，地面震动，爆炸力远大于一般火药，表明硝化甘油与火药都已爆炸了。这是一次用较多的火药引爆较少的硝化甘油的实验，它的意义不在于实用，而在于第一次发现了引爆硝化甘油的原理。

自此以后，诺贝尔努力寻求硝化甘油爆炸的引爆物。这种引爆物的用量，当然应该远小于硝化甘油才有实际意义。他经历了多次失败，仍以顽强的毅力坚持实验，以至于就连他的父亲和哥哥都嘲笑他"固执"。

有一次，诺贝尔以为已经找到了引爆硝化甘油的办法，满怀信心地进行实验。他用一只装满火药的小玻璃管与导火索接好后，浸入装有硝化甘油的容器内，点燃后，他像一个放爆竹的孩子一样期待着轰然一声巨响。但是，玻璃管内的火药爆炸却未引燃硝化甘油。现在看来，这次失败可能是偶然的。引爆硝化甘油并不困难。然而，在历史上诺贝尔曾走过这样的弯路。可贵的是，他遭到失败并没有急躁、没有灰心。又经多次反复实验和细致分析,他终于发现是由于玻璃管口没有封紧,火药不能炸碎玻璃管,没有产生足以使硝化甘油爆炸的冲击力和温度。于是他用蜡将管口封死,终于获得成功。

1868年2月,瑞典科学会授予诺贝尔父子金质奖章,奖励老诺贝尔用硝化甘油制造炸药的长期努力,奖励他的儿子阿尔弗雷德·诺贝尔首次使硝化甘油成为可以用于工业的炸药。

于是,诺贝尔给自己定出了新的目标,试制一种兼有硝化甘油的爆炸威力和炸药的安全性能的新品种。不久,坚结的胶质炸药和柔软的可塑性极好的胶质炸药相继问世。它的爆炸效力高,价钱又比较便宜。它比硝化甘油有更大的爆炸力,而又具有更大的稳定性,点燃不至爆炸,浸水不会受潮。胶质炸药很快在瑞士、法国、意大利的爆破工程中被广泛采用,盛行起来。

诺贝尔是一个具有丰富想象力的人。他在各个科学技术领域,都以进取的姿态竭力发挥自己的才能。他往往同时从事几种研究,用他自己的话来说:"我的工作是间歇的,我将一件事放下,过一阵子又重新做起。我差不多常常这样。不过,凡是我认为可以得到最后成功的事,我总会回过头去做好。"

诺贝尔就是这样,以顽强的意志和毅力,不怕失败,不怕困难,最终取得了成功。

用自信撑起一片天空

我们要想找到安全的避风港，就必须具有敢于承担风险的自信。只有当我们敢于承担风险时，我们才会在奋斗中逐渐改变。一个人如果没有冒险的勇气，他超越自我的机会就微乎其微。

"自信"之光将照亮每个人的心灵，将让自卑者在黑夜中找到光明。

坚定地相信自己，绝对不能因为任何东西而动摇，要坚定自己有朝一日必定能在事业上取得成功的信念，这就是所有取得了伟大成就的人士的基本品质。

2001年5月20日，美国一位名叫乔治·赫伯特的推销员，成功地把一把斧子推销给小布什总统。布鲁金斯学会得知这一消息，把刻有"最伟大推销员"的一只金靴子赠予他。这是自1975年以来，该学会的一名学员成功地把一台微型录音机卖给尼克松后，又一名学员登上如此高的领奖台。

布鲁金斯学会以培养世界上最杰出的推销员著称于世。它有一个传统，在每期学员毕业时，设计一道最能体现推销员能力的实习题，让学生去完成。克林顿当政期间，他们出了这么一个题目：请把一条三角裤推销给现任总统。八年间，有无数个学员为此绞尽脑汁，可是，最后都无功而返。克林顿卸任后，布鲁金斯学会把题目换成：请把一把斧子推销给小布什总统。

鉴于前八年的失败与教训，许多学员放弃了争夺金靴子奖，个别学员甚至认为，这道毕业实习题会和克林顿当政期间一样毫无结果，因为现在的总统什么都不缺少，再说即使缺少也用不着他们亲自购买。

然而，乔治·赫伯特却做到了，并且没有花多少功夫。一位记者在采访他的时候，他是这样说的："我认为，把一把斧子推销给小布什总统是完全可能的，因为布什总统在得克萨斯州有一座农场，里面长着许多树。于是我给他写了一封信，说：有一次，我有幸参观您的农场，发现里面长着许多大树，有些已经死掉，木质已变得松软。我想，您一定需要一把小斧头，但是从您现在的体质来看，这种小斧头显然太轻，因此您仍然需要一把不甚锋利的老斧头。现在我这儿正好有一把这样的斧头，很适合砍伐枯树。假若您有兴趣的话，请按这封信所留的信箱，给予回复……最后他就给我汇来了15美元。"

乔治·赫伯特成功后，布鲁金斯学会在表彰他的时候说:"金靴子奖已空置了26年。26年间,布鲁金斯学会培养了数以万计的推销员,造就了数以百计的百万富翁,这只金靴子之所以没有授予他们,是因为我们一直想寻找这么一个人。这个人不因有人说某一目标不能实现而放弃,不因某件事情难以办到而失去自信。"

事实上,不是因为有些事情难以做到我们才失去自信,而是因为我们失去了自信有些事情才显得难以做到。

许多推进了人类文明进程的人,开始时落魄潦倒,并经历了许多年的黑暗岁月,在那些最黑暗的岁月里,他们看不到事业成功的任何希望。但是,他们毫不气馁,兢兢业业,刻苦努力,他们知道终究有那么一天将会柳暗花明,事业有成。

信心是一种心灵感应,是一种思想上的先见之明,这种先见之明能看到我们的肉眼不能看到的景象。

信心是一位好导游,指导我们开启紧闭的大门,它将那些障碍背后的光明前景指给我们看,给我们指点迷津,而那些没有自信的人,没有这种精神能力的人是看不到这条光明大道的。

第五章

告别安逸,无惧一路风雨

像阿甘一样不停地"奔跑"

在 1995 年的第六十七届奥斯卡金像奖最佳影片的角逐中,影片《阿甘正传》一举获得了最佳影片、最佳男主角、最佳导演、最佳改编剧本、最佳剪辑和最佳视觉效果六项大奖。在影片中,阿甘是个智商只有 75 的低能儿,在学校里为了躲避别的孩子的欺侮,听从一个朋友珍妮的话而开始"跑"。他跑着躲避别人的捉弄。在中学时,他为了躲避别人而跑进了一所学校的橄榄球场,就这样跑进了大学。阿甘被破格录取,并成了橄榄球巨星,受到了肯尼迪总统的接见。

在大学毕业后,阿甘又应征入伍去了越南。在那里,他有了两个朋友:热衷捕虾的布巴和令人敬畏的长官邓·泰勒上尉。

在战争结束后,阿甘作为英雄受到了约翰逊总统的接见。在"说到就要做到"这一信条的指引下,阿甘最终闯出了一片属于自己的天空。在他的生活中,他结识了许多美国的名人。他告发了水门事件的窃听者，作为美国乒乓球队的一员到了中国，为中美建交立下了功劳。猫王和约翰·列侬这两位音乐巨星也是通过与他的交往而创作了许多风靡一时的歌曲。最后，阿甘通过捕虾成了一名企业家。为了纪念死去的布巴，他成立了布巴·甘公司，并把公司的一半股份给了布巴的母亲，自己去做一名园丁。阿甘经历了世界风云变幻的各个历史时期，但无论何时，无论何地，无论和谁在一起，他都依然如故，纯朴而善良……

贯穿阿甘一生的，是他的奔跑，无论在何时何地，都不停滞，奔跑给他带来了人生中一个又一个的辉煌。

在强者的字典里，没有"半途而废"这个概念，他们像阿甘一样，不停地"奔跑"。他们对生活中的每件事都认真到底，积极主动地面对各种挑战。在他们成功的字典里，你只会看到"坚持到底就是胜利""努力再努力""我从来不计较薪水的多少"等振奋人心的话。

强者总是用行动来说明他们的一切，他们的言谈举止都表现了他们的实干性，他们的语言与行动总是能很好地配合。所以，对那些没有任何行动支持的语言，他们是不喜欢的。他们会直接说，"让我们马上去干！行动是最好的语言。"

有时，一种只求稳定的心理束缚着半途而废者的行动，他们知道自己今天的地位是靠自己在逆境中努力拼搏得来的，知道它来得不容易。再次面对挑战的时候，他们总是故步自封，觉得自己付出的太多，收获的却太少。正是这种不幸的心理，使他们只顾权衡危险和收获，而错过了更多的机会。

就这样，半途而废者放弃了再次攀登的机会。半途而废者虽然已经走到了成功的门口，只要咬咬牙，迎接挑战，就能获取成功，但他们还是有着充足的理由放弃自己，放弃"往上爬"的机会。

强者的生活就是面对和克服那些像潮流一样涌来的逆境，他们不会放过"往上爬"的机会，因为他们经历了太多的逆境。在现实中我们看到许多成功者都来自不利的环境，而成功者却能在逆境淹没的世界里走出来。

在那些强者的创业故事里，你会发现一个普遍的特征：在生活的某一段时间里，他们会经常面对重大的逆境，这种逆境是每个人在人生中都会经历的。

迎接挑战要付出的代价是很大的，谁都不能掩饰这一点，但是在战胜挑战后收获同样也是丰厚的。正是因为这样的一个定理，那些懦弱的半途而废者所付出的代价，要比迎接挑战所付出的还多。

奇迹多是在厄运中出现的。好多事，在顺利的情况下做不成，而在受挫折后，经受悲痛的"浸染"，却能做得更完美、更理想。

压力能使人产生奇异的力量。人们最出色的工作往往是在逆境下做出的。思想上的压力，甚至肉体上的痛苦都可能成为精神上的兴奋剂。

压力为人创造了值得思考和琢磨的机会，使人尽快成熟起来。 木以绳直，金以淬刚。 世上成大事的人无不是经过艰苦磨炼的。 艰难的环境一般会使人沉沦下去，但是在试图成大事者的眼里，困难终会被克服，这就是所谓的"艰难困苦，玉汝于成"。

压力能使强者在思想感情上受到打击，从中感悟人生的真谛。

成为强者的"阿甘"们，一直都在"奔跑"，用自己的坚强与执着谱写着人生一曲又一曲的辉煌乐章。

追求内心的强大

1952年,海明威发表了中篇小说《老人与海》:老渔夫桑提亚哥在海上连续84天没有捕到鱼。起初,有一个叫曼诺林的男孩跟他一道出海,可是过了40天还没有钓到鱼,孩子就被父母安排到另一条船上去了,因为他们认为孩子跟着老头不会交好运。第85天,老头儿一清早就把船划出很远,他出乎意料地钓到了一条比船还大的马林鱼。老头儿和这条鱼周旋了两天,终于叉中了它。但受伤的鱼在海上留下了一道腥踪,引来无数鲨鱼的争抢,老人奋力与鲨鱼搏斗,但回到海港时,马林鱼只剩下一副巨大的骨架,老人也精疲力竭地一头栽倒在陆地上。孩子来看老头儿,他认为桑提亚哥没有被打败。那天下午,桑提亚哥在茅棚中睡着了,梦中他见到了狮子。

"一个人并不是生来要被打败的,你尽可以把他消灭掉,可就是打不败他。"这是桑提亚哥的生活信念。 虽然渔夫已老,但他依然胸怀壮志,这样一个坚强的人,怎么可以说不是强者?

或许,每个人对于"强者"的定义都不同。但无论千种万种结论,强者的本质在于内心,一个内心强大的人,远远强于只徒有外表的懦弱者。

从心理学上来说,强者要具备四种关键的品质。

1. 独立性

独立性是指个体倾向于自主地选取决定和行动,既不易受外界环境的偶然影响,也不易被周围人所左右。一个强者首先必须独立,不依赖别人,这样他才能成为自己的主宰,让自己能够独立存在。

意大利诗人但丁由于反对当时权重势大的教皇统治,被教皇罗织罪名,判处终身流放。在他逝世前5年,当局曾宣布,若他当众认罪,可允许回国。但丁为不使自己的清白遭受玷污,断然拒绝。他说:"一心循着你自己的道路走,让人家随便怎样去说吧!"这句为马克思十分欣赏的名言,显示出一种高度独立的意志特征。

2. 果断性

果断性是指善于在复杂的情境中迅速而有效地采取决定。欲求成功,把握时机很重要,时机是变化的、瞬间即逝的,只有处事果断,才能抓住有利时机。强者不仅要有强劲的韧性,还要有果敢的勇气。强者不是有勇无谋的武夫,而是智勇双全的勇士，他们能够随机应变，而不优柔寡断，"该出手时就出手"是强者的英雄本色。

3. 坚韧性

人生是一个漫长的过程，实现人生的总目标，需要数十年的奋斗。长时期地向着既定目标奋进、拼搏，必须具有意志的坚韧性。鲁迅在"风雨如磐"的旧社会，特别强调要坚持"韧性的战斗"。许多卓有成就的革命家、科学家、文艺家之所以取得成功，除了他们的才能之外，无一例外地都具有坚韧性这一心理品质。正是这种坚韧性，使他们数十年如一日地克服种种艰难险阻，百折不挠地向前搏击。"强者可以被打败，但不可以被打倒"，说的便是这种坚韧性。

4. 自制力

人不但是客观环境的主人，也应是自己的主人。人能根据正确的原则指挥自己、控制自己。自制力典型的范例是英雄邱少云，他为了不在敌人面前暴露目标，强忍烈火满身的煎熬，一动不动，直至失去生命。这一事例也证明，一个人的高尚而强烈的社会性动机可以在很大程度上制约和克服自己的生理性动机，体现出令人惊叹的意志力量。自制，让强者时时进行自我规范、自我完善。用强大的内心规范自我，使得强者比平常人更加优秀。

一夜之间，一场火灾烧毁了美丽的"森林庄园"，刚刚从祖父那里继承了这座庄园的乔治陷入了一筹莫展的境地。

　　他经受不住打击，闭门不出，茶饭不思，眼睛熬出了血丝。

　　一个多月过去了，年已古稀的祖母获悉此事，意味深长地对乔治说："小伙子，庄园成了废墟并不可怕，可怕的是你的眼睛失去光泽，一天一天地老去。一双老去的眼睛，怎么能看得见希望……"

　　乔治在祖母的说服下，一个人走出了庄园。

　　他漫无目的地闲逛，在一条街道的拐弯处，他看到一家店铺的门前人头攒动。原来，是一些家庭主妇正在排队购买木炭。那一块块躺在纸箱里的木炭忽然让乔治的眼睛一亮，他看到了一线希望。

　　在接下来的两个星期里，乔治雇了几名烧炭工，将庄园里烧焦的树木加工成优质的木炭，送到集市上的木炭经销店。

　　结果，木炭被抢购一空，他因此得了一笔不菲的收入。然后他用这笔收入购买了一大批新树苗，一个新的庄园初具规模了。几年以后，"森林庄园"再度绿意盎然。

　　在这则故事中，我们可以看出，古稀的祖母比年轻的乔治更加坚强。她使乔治用一颗强大的内心去抵御外界的灾难，从而获得了新生。

　　强者，是我们所追求的目标。我们之所以追求强者的脚步，是因为有了它我们才可能获得一次又一次的成功，才可能登上生命的巅峰。

我们追求内心的强大，它让我们无畏于征途中的艰难险阻，它让我们在一次次挫折之后仍不屈不挠，它让我们的心理在承受一次又一次的打击后仍能为心的向往而努力奋斗。因为只有在拥有坚韧的品格之后，我们才能具有坚强的心理承受力，而有了坚强的心理承受力之后，你才能去正视厄运——从厄运中吸取经验教训，去争取下一次的成功，而不是在遭受打击之后一蹶不振，永远陷于"厄运"的泥淖之中。

但是一颗坚强的心并不是说说就能拥有的，它需要我们通过艰苦的努力去树立一种正确的世界观和人生观，以便正确面对各种失败和挫折。只有正确地面对，才有失败后仍然坚持成功的信念；只有失败后的成功，才算拥有坚强的心理承受力，才能证明你是一个强者。

即使贫穷、潦倒、失败、一无所有，甚至疾病缠身，这种种的厄运围绕在一个人周围，都没有关系，只要你能拥有一颗强大的内心，终究会击退厄运之神的袭击，以强者之姿傲然挺立。

掌握战胜懦弱的方法

中国的传统文化一直提倡忍耐，人们认为人际交往中的矛盾冲突是难免的，只有互相忍耐才能相安无事，能忍耐的人才能宽容别人，忍耐被用来衡量人的意志，能忍耐的人会被认为是强者。但是，忍是有限度的，过分的忍耐对人是极为有害的。"忍"字头上一把刀，这是人们对"忍"字的形象注解，这把刀是会戳伤人的心灵的。因为忍耐使人的情绪得不到宣泄，大量消极情绪会郁结于心。人们误以为时间久了这种情绪会渐渐消失，但实际上并不是这样。未宣泄的情绪会埋在心里，历时几十年也未必会自行消失，这些郁结的情绪严重损害着人的身心健康。长期忍耐，会使一些人变得越来越懦弱，于是开始屈尊退让，这样会被人欺负，不能捍卫自己应得的权益。长此以往，他们就会开始变得顺从，崇尚宿命论，凡事皆认为是命中注定，无力面对自己所面临的一切，甚至被人当成弱者进行欺凌。因此，我们应该学会掌握战胜懦弱的方法。战胜懦弱的对策主要有以下几种。

1. 重塑性格

任何人都可以养成坚强的性格，不过，软弱的人大多有内向的气质，养成外向型坚强性格的确很困难。但是内向型坚强性格却是可以锻炼出来的。内向型坚强性格有三个特点：不锋芒毕露但有韧性；不热情奔放但有主见；不强词夺理但能坚持正确意见。

2. 坚持自己

富兰克林于1951年首先发现脱氧核糖核酸的螺旋结构，但因受到责难，竟承认这个发现是错误的。后来有两个科学家于1953年重新发现并确认这一结构，最终获得诺贝尔奖。

由于不敢坚持己见，将本属于自己的在生物学上划时代的杰出发现拱手让给了别人，多么可惜！战胜懦弱的心理基础是自己相信自己，敢于坚持己见，尤其是面对飞扬跋扈的所谓"强人"的时候。

3. 敢于反击

先是要学会发怒。懦弱的人多没有当众发脾气的体验，而习惯于沉默忍受。坚持己见，就要敢于适时发怒。虽然有一定难度，但可以逐渐学起。你可以选择经常粗暴对待顾客的售货员为对象，准备好台词："这样对待顾客，太不像话了，岂有此理！"说罢扬长而去。

4. 直接反驳

懦弱者对于别人的刁难与无端的责备总习惯妥协。战胜懦弱就要学会直接反驳，决不妥协。

5. 行为武装

心理学家认为，改善行为可以改善心理素质。你如果懦弱，就从行为上这样武装自己：

（1）遇见你有点害怕的人，不要绕道走，径直迎着对方过去。

（2）身体站直，挺起胸膛与对方讲话。

（3）讲话时盯住对方的眼睛，开始做不到，就先盯住他的鼻梁。

（4）声音洪亮，如果对方声音超过你，就突然把声音变轻。

（5）保持对话时的沉默间隔，不要急不可耐。

（6）不轻易用"对不起"之类的话。

这样就强化了自己的行为，你会感到自己突然变得坚强。

6. 善于交际

走向社会，走向人群，多和别人交往，特别是与性格比较开朗的同龄人交往。

强者的"狼道精神"

有一只名叫巴克的狗,它被人从南方主人家偷出来卖掉,几经周折后开始踏上淘金的道路,成为一条拉雪橇的苦役犬。在残酷的驯服过程中,它意识到了公正与自然的法则:恶劣的生存环境让它懂得了狡猾与欺诈,后来它将狡猾与欺诈发挥到了让人望尘莫及的地步;经过残酷的、你死我活的斗争,它最后终于确立了领头狗的地位。在艰辛的拉雪橇途中,主人几经调换,巴克与最后的一位主人结下了难分难舍的深情厚谊。这位主人曾将它从极端繁重的苦役中解救出来,而它又多次营救了它的主人。最后,在它热爱的主人惨遭不幸后,它便走向了荒野,响应它这一路上多次聆听到的、非常向往的那种野性的呼唤。

这就是杰克·伦敦最负盛名的小说之一《野性的呼唤》中的故事。故事讲述了一只良犬逐渐回归野性、重返荒野的过程,这一过程充满了野性与人性之间的交织与角斗，而最终野性占据了主导。作者借此深刻反映了"弱肉强食"的丛林法则，揭示了野性的力量、残酷的生存法则，最终肯定和礼赞的是人性的力量。

狼不是自然界中个头最大、跑得最快、最为凶猛的动物，但它们却是自然界中的强者，这是为什么？

强者，无论在怎样的恶劣环境下，都可以生存发展。他们的身上，闪烁着一种野性的光芒，不屈不挠，顽强执着，他们不是温室里圈养的温顺小绵羊，而是经历自然的磨炼后具有坚强品质的雄壮野狼。虽然狼没有虎的凶猛、豹的敏捷、狮的威严，但狼却依然不输给它们。所谓的强者心态，便是这样一种狼道精神。有人将狼道精神总结为下面几条：

（1）卧薪尝胆。狼不会为了所谓的尊严在自己弱小的时候去攻击比自己强大的敌人。

（2）众狼一心。狼如果不得不去攻击比自己强大的敌人，必群起而攻之。

（3）自知之明。狼也想当兽王，但狼知道自己是狼而不是老虎。

（4）顺水推舟。狼知道如何用最小的代价去换取最大的回报。

（5）同进同退。狼虽然通常独自活动，但狼却是最团结的动物，你不会发现有哪只狼在同伴受伤的时候独自逃走。

（6）知己知彼。狼尊重每一个对手。狼在每次攻击前都会去了解对手，而不会轻视它，所以狼一生的攻击很少失误。

（7）放手独立。狼会在小狼有独立能力的时候坚决离开它，因为狼知道，如果当不成狼，就只能当羊了。

（8）自由可贵。在狼的眼中，自由是最可贵的。它们如果掉入了猎人的陷阱，可以咬断自己被夹住的腿，可以把自己弄得浑身是伤，甚至是放弃生命，都要得到自由。因为在它们的信念中，自由是它们的一切。

上面这些都是狼在自然界称雄所具备的精神和采取的行动。我们要成为人生的强者，可以遵循狼道精神的精髓和原则，不断加强自我修炼，呼唤潜藏于我们心中的"野性"。

在这个竞争日益激烈的社会当中，人们越来越呼唤这种"狼道精神"，因为每一个人都是捕食者，同时又是其他人的"猎物"。金钱、地位、权力、爱情……这是所有人都在追求与竞争的目标。当你得到时，别人就失去了一次机会；当别人得到时，你也失去了一次机会。因为谁都不想失去一次机会，所以竞争变得异常激烈。

成功学大师罗宾说，人生有两种人，他们对待机会的态度各不相同。第一种人是像羊一样的弱者，总是等待机会，机会若不降临，他们就觉得寸步难行；第二种人是像狼一样的强者，他们总是创造机会，即使机会没有来临，也觉得脚下有千万条路可走。

人的一生是奋斗的一生，如果失去了奋斗，生命就失去了意义，人生也缺少了激情。一个人只有不惧挑战，勇于奋斗，具有"狼道精神"，才能走向成功的殿堂！

像"雄鹰"一样展翅高飞

很多时候，我们羡慕在天空中自由自在飞翔的雄鹰。人，其实也该像雄鹰一样，飞于九天之上，与白云为伴，立于悬崖之巅，与狂风为伍，无拘无束，无羁无绊。这才是雄鹰应有的生活，才是人类应有的生活。

人，要靠自己活着，而且必须靠自己活着，在人生的不同阶段，尽力达到理应达到的自立水平，拥有与之相适应的自立精神，这是当代人立足社会的根本基础，也是形成自身"生存支援系统"的基石，因为缺乏独立自主个性和自立能力的人，连自己都管不了，还能谈发展和成功吗？即使你的家庭环境所提供的"先赋地位"是处于天堂之乡，你也必得先降到凡尘大地，从头爬起，以平生之力练就自立自行的能力。因为不管怎样，你终将独自步入社会、参与竞争，你会遭遇到比学习生活要复杂得多的生存环境，随时都可能出现或面对你无法预料的难题与处境。你不可能随时动用你的"生存支援系统"，而必须得靠顽强的自立精神克服困难，坚持前进！

有很多人，躲在父母的羽翼下，让别人为他遮风挡雨，这种人都不会有很大出息的。而一旦当他们不得不依靠自己，不得不动手去做，或是在蒙受了失败之辱时，他们通常就能在很短的时间内发挥出惊人的能力来。

　　飞出"金丝笼"，变成独立的"雄鹰"，这是所有成功者的做法。其实，当一个人感到所有外部的帮助都已被切断之后，他就会尽最大的努力，以坚忍不拔的毅力去奋斗。结果，他会发现：自己可以主宰自己命运的沉浮！

　　完全依靠自己，绝没有任何外部援助的处境是最有意义的，它能激发出一个人身上最重要的东西，让人全力以赴。就像十万火急的关头，一场火灾或别的什么灾难会激发出当事人做梦都没想到过的一股力量。危急关头，不知从哪儿来的力量为他解了围。他觉得自己成了个巨人，他完成了危机出现之前根本无力做成的事情。当他的生命危在旦夕，当他被困在出了事故、随时都会着火的车子里，当他乘坐的船即将沉没时，他必须当机立断，采取措施，渡过难关，脱离险境。

　　一旦人不再需要别人的援助，自强自立起来，他就踏上了成功之路。一旦人抛弃了所有外来的帮助，他就会发挥出过去从未意识到的力量。如果我们决定依靠自己，独立自主，就会变得日益坚强，距离成功也就越来越近。

　　　　一个喜欢冒险的男孩爬到父亲养鸡场附近的一座山上去，发现了一个鹰巢。他从巢里拿了一只鹰蛋，带回养鸡场，把鹰蛋和鸡蛋混在一起，让一只母鸡来孵。孵出来的小鸡群里有了一只小鹰。小鹰和小鸡一起长大，因而不知道自己除了是小鸡外还会是什么。起初它很满足，过着和鸡一样的生活。

但是，它渐渐对鸡的生活感到不满足，渴望一种全新的独立生活。它不时在想："我一定不只是一只鸡!"只是它一直没有采取什么行动，直到有一天一只了不起的老鹰翱翔在养鸡场的上空，小鹰感觉到自己的双翼有一股奇特的新力量，感觉胸腔里心正猛烈地跳着。它抬头看着老鹰的时候，一种想法出现了："我和老鹰一样，养鸡场不是我待的地方。我要飞上青天，栖息在山岩之上。"

它从来没有飞过，但是这种飞翔的力量埋藏于它的内心深处。它展开了双翅，飞升到一座矮山的顶上。兴奋之下，它再飞到更高的山顶上，最后冲上了青天，到了高山的顶峰，它发现了伟大的自己。

你是否有这份勇气，让自己脱离"鸡"一般的生活，像故事中的幼鹰那样，独立"飞翔"？

只要拥有遇事求己的那份坚强和自信，人人都能摆脱"金丝笼"的束缚，成为独立的雄鹰。

过分依赖别人，失败的是自己。一味地把希望寄托在别人身上，而不积极地创造条件改变自己的命运，就如同没有大脑的白痴，自己的一切都掌握在别人手里。

因此，要成为生命的强者，我们就要摆脱依赖的心理，一切靠自己，用独立与坚强的翅膀为自己建造幸福的家园。

真正的强者会绝处逢生

中国历史上,有两次绝处逢生的著名战役,一次是破釜沉舟,另一次是背水一战。

秦朝末年,天下大乱。秦将章邯攻打赵国起义军。赵军退守巨鹿(今河北平乡西南),并被秦军重重包围。危难之中,楚怀王封宋义为上将军、项羽为副将,率军救援赵国。

但是面对赵军即将被围剿的结果。宋义却退守安阳,按兵不动,希望秦赵两军交手后两败俱伤,他再渔翁得利。

宋义的不义之举,再加上退守中粮草已经严重匮乏,导致军中怨声载道。项羽见此忍无可忍,进营帐杀了宋义,并声称他叛国反楚,于是将士们拥项羽为上将军。杀宋义的事,使项羽威震楚国,名闻诸侯。

随后,他率所有军队悉数渡黄河前去营救赵国,以解巨鹿之围。全军渡黄河之后，项羽下令把所有的船只凿沉，把所有烧饭的锅都打破，并烧掉自己的营房，只带三天干粮，断绝自己的后路，打算与秦军决一死战。

这支被自己逼上绝路的大军迅速到了巨鹿外围，并包围了秦军，截断了秦军外联的通道。楚军战士以一当十，杀伐声惊天动地。历经九次的生死激战，楚军最终大破秦军。而前来增援的其他各路诸侯却都因胆怯，不敢近前。楚军的骁勇善战大大提高了项羽的声威。战胜后，项羽于辕门接见各路诸侯时，各诸侯皆被项羽这种壮烈无敌的威严所震慑，不敢正眼相对。"破釜沉舟"由此得来。

公元前204年，韩信率一万新招募的汉军越过太行山，准备攻打项羽的同盟国赵国。赵王和大将陈余集中20万兵力，占据了太行山以东的咽喉要地井陉口，大有"一夫当关，万夫莫开"的迎战气势。井陉口以西是一条长约百里的狭道，两边是山，道路狭窄，是汉军的必经之地，形势对韩信十分不利。赵军谋士李左车献计：不要正面应战，派兵绕到汉军大后方，切断他们的粮道，把韩信困死在井陉狭道中。陈余刚愎自用，不听李劝，说："韩信只有几千人，千里袭远，如果我们避而不击，岂不让诸侯看笑话？"

探得敌方消息后，韩信迅速率领汉军进入井陉狭道，在离井陉口30里的地方扎下营来。夜半，韩信秘派两千轻骑，每人带一面汉军旗帜，从小道迂回到赵军大营的后方埋伏,并告诫他们,在两军对阵后,迅速冲进赵营,拔掉赵旗,换上己方旗帜。其余汉军在简单的休整装备后,马上向井陉口进发。到了井陉口,大队渡过挠蔓水,背水列下阵势,敌军见后,无不笑话韩信是自寻死路。

陈余率轻骑精锐蜂拥而出,要生擒韩信。韩信假装兵败不敌,逃回河边的阵地。陈余果然上当,下令赵军全营出击,直逼汉军阵地。汉军因无路可退,个个奋勇争先。双方厮杀半日,赵军丝毫占不到半点便宜。这时赵军想要退回营垒,却发现自己大营里全是汉军旗帜,军心立时大乱。韩信趁势反击,赵军大败,陈余战死,赵王被俘。战后,有人问:"兵法有云,背山、面水列阵是行军打仗之大忌。这次我们背水而战,居然打胜了,这是为什么呢?"韩信说:"兵法上不是也说'陷之死地而后生,置之亡地而后存'吗?在毫无退路的情况下,士兵才能发挥他最大的战斗力,这样才有可能扭转劣势,转败为胜。"

两次战役都是将自己置于死地,在毫无退路的绝境之中,士兵们反而没有退缩之意,更加勇猛直前,赢得胜利。

生活之中的我们,就是因为不能让自己置之死地,有太多的顾虑,才导致畏缩不前的。

经历苦难方为强者

贝多芬生下来就是个麻子脸,而且在自己风华正茂、踌躇满志之时,他竟然发现自己的听力在衰退。对于一个钢琴家和音乐家来说,听力的衰退不啻世界末日。但贝多芬进行了顽强的抗争,并说出了那句传颂千古的名言:"我要扼住命运的咽喉,它绝不能使我屈服。"

弥尔顿,这位英国伟大的诗人,这位失去了光明的战士,这位坚强地立足于苍茫大地的人,在描述自我的境遇时,是这样自勉的:"在茫茫的岁月里,我这无用的双眼,再也瞧不见太阳、月亮和星星,男人和女人,但我并不埋怨,我还能勇往直前。"

爱伦·坡是一位浪漫、神秘的天才诗人、小说家。他在小说《乌鸦》中这样写道:"那只乌鸦总不飞去,老是栖息着,老是栖息着,在我房门上方那苍白的帕拉斯半身雕像上。它眼中流露的神情,看上去就好像梦中的一个恶魔。在它头顶上倾泻着的灯光将它的阴影投射在地板上。"这恰恰是他的人生写照。

这位天才诗人,一生都在穷困中度过,他大部分时间付不起房租。他的妻子患有肺痨,因为没有钱寻医问药,只有终日缠绵病榻。他们没有钱买食物,有时候,他们一连好几天都没有一点东西可吃。当车前子草在院子里开花的时候,他们就把它摘下来,用水煮熟了当饭吃,有一段时间几乎天天如此。

然而,曾经只卖了10美元的《乌鸦》原稿,后来却成了无价之宝。

帕格尼尼是世界超级小提琴家,他的一生便是在诸多苦难与不幸的馈赠中度过的,但他善用苦难这根琴弦,所以他得到了上帝所赠予的更多的才华。

他所经历过的不幸可以列出长长的一张表:首先是4岁时,一场麻疹和强直性昏厥症,差点使他进入棺材;7岁时患上了严重的肺炎;46岁牙床突然长满脓疮,拔掉了几乎所有的牙齿,又染上可怕的眼疾,几乎失明;50岁后,关节炎、肠道炎、喉结核等多种疾病吞噬着他的肌体;后来声带也坏了,靠儿子按口型翻译他的思想。他仅活到57岁,就口吐鲜血而亡。

但他似乎觉得这还不够深重,又给生活设置了各种障碍和旋涡。他长期把自己囚禁起来,每天练琴10~12小时,忘记饥饿和死亡。13岁起,他就周游各地,过着流浪生活。

他把苦难拥抱得那么热烈和悲壮。

但同时,他也得到了回报。他的才华得到了举世的承认。12岁就举办首次音乐会,并一举成功,轰动音乐界。之后他的琴声遍及法、意、奥、德、英、捷等国。他的演奏使帕尔玛首席提琴家罗拉惊异得从病榻上跳下来,木然而立,无颜收他为徒。

他用独特的指法、弓法和充满魔力的旋律征服了整个欧洲和世界,几乎欧洲所有的文学艺术大师,如大仲马、巴尔扎克、司汤达等都听过他演奏并为之激动。音乐评论家勃拉兹称他为"操琴的魔术师"。歌德评价他:"在琴弦上展现了火一样的灵魂。"李斯特大喊:"天啊,在这四根琴弦中包含着多少苦难、痛苦和受到残害的生灵啊!"

贝多芬、弥尔顿、爱伦·坡、帕格尼尼,他们都在世界历史上占有举足轻重的地位,是抗争命运的强者。他们每个人都遭受着沉重的苦难,但同时,又享受着这些苦难。

苦难是人生的一大财富。不幸和挫折可能使人沉沦,也可能铸造一种坚强的意志品质,成就一个充实的人生。苦难是人生的一位良师,他能教给我们学会用感激的心情、积极的态度对待一切问题,拥有坚强的意志,勇敢地参与社会竞争。

苦难是一所学校。许多人的生命之所以伟大,都来自他们所承受的苦难。最好的才干往往是从烈火中冶炼出来的。

人类总要经历重重的苦难，没有苦难的人生也就没有辉煌，也正如孟子所说"生于忧患，死于安乐"。因为人们面对苦难，下意识地就会挑战苦难，并最终战胜苦难。

人生是苦难的，我们也是苦难的。有谁没面对过风霜的侵袭？又有谁在茫茫人海中漂泊，能顺利地觅得一栖安寝之地？也许我们应该问问那些成功之人背后的故事，其实每一个成功之人的背后都有一部苦难史。

高尔基说过："苦难是人生最好的大学。"念过这所大学而且还能挺着胸从这里走出去的人，必将会成为生命的强者。他们就像是山顶的树，狂风来时会低一下头，弯一下腰，但风一过，他又直直地挺起了头，刚强而又有韧性。

苦难会给人很多财富。人们在苦难中学会了坚强和忍耐，性格变得平和而达观。他们隐忍着自己的伤痛，而对他人充满着仁慈与关爱，甚至对曾经伤害过自己的人也给予宽容和理解。人性中那些轻狂浮躁、狡黠虚伪、庸俗势利等天性，离他们越来越远。因为他们知道，人生无常，命运无常，你费尽心机得到的浮华终将是过眼烟云，是你的跑不掉，不是你的强留也留不住。珍惜自己所拥有的，走好脚下的每一步，才是根本。

苦难虽然有时会把你一生的追求和信念一瞬间撕得粉碎，也可能对你穷追不舍，一点点地蚕食着你生命中的绿色。但是，无论你经历过多少苦难，走过多少坎坷，你都不会一无所有，你总会还拥有一些东西，它们是你生命里最为宝贵的财产。

其实苦难只是人生中不可避免的考验，有谁能不经历苦难就为自己争得一片天地？苦难是人生中不可或缺的一个角色，没有它，人生岂能活得精彩？

苦难，是一个人、一个群体与一个民族精神成长的素材。而贫乏的时代之所以贫乏，往往在于世人不知苦难的深刻，人民不知苦难的深广，民族不知苦难的深重。只有承受苦难之后的不屈不挠，才称得上是灵魂的一种坚实状态，才称得上是源自坚强而又返归坚强的精神存在。

只有从苦难这所学校毕业的人，才能拥有辉煌的人生，成为生命的强者。

不做懦夫做强者

西方有句名言说：失败的人不一定懦弱，而懦弱的人却常常失败。 这是因为，懦弱的人害怕有压力的状态，因而他们害怕竞争。 在对手或困难面前，他们往往不善于坚持，而选择回避或屈服。 懦弱者并非忽视自尊，而是他们常常更愿意用屈辱换回安宁。

懦弱者常常害怕机遇，因为他们不习惯迎接挑战。 他们从机遇中看到的是忧患，而在真正的忧患中，他们又看不到机遇。

懦弱者不善冲突，因而他们也害怕刀剑，进攻与防卫的武器在他们的手里捍卫不了自身。 他们当不了凶猛的虎狼，只愿做柔顺的羔羊，而且往往是任人宰割的羔羊。

懦弱总是会遭到嘲笑，而遭到嘲笑，懦弱者会变得更加懦弱。

懦弱者经常自怜自卑，他们心中没有生活的高贵之处。宏图壮志是他们眼中的浮云，可望而不可即。

懦弱通常是恐惧的游伴。 懦弱带来恐惧,恐惧加强懦弱。 它们都束缚了人的心灵和手脚。

懦夫常常会品尝到悲剧的滋味。 中国历史上的南唐后主李煜性格懦弱胆怯,终于没能逃脱沦为亡国之君、饮鸩而死的悲惨命运。

当初,宋太祖赵匡胤对南唐虎视眈眈。镇海节度使林仁肇有勇有谋,闻听宋太祖在荆南制造几千艘战舰,便向李煜奏明,赵匡胤的举动是图谋江南。南唐爱国人士获悉此事后,也纷纷向李煜奏请,要求前往荆南秘密焚毁战舰,破坏宋朝南犯的计划。可李煜却胆小怕事,不敢准奏,以致失去防御宋朝南侵的良机。

后来,南唐国灭,李煜沦为阶下囚,其妻小周后常常被召进宋宫,侍奉宋皇,一去就得好多天才能放出来。至于她进宫到底做些什么,作为丈夫的李煜一直不敢想象。只是小周后每次从宫里回来就把门关得紧紧的,一个人躲在屋里悲悲切切地抽泣。对于这一切,李煜忍气吞声,把哀愁、痛苦、耻辱往肚里咽,实在憋不住时就写些诗词,聊以抒怀。即使如此,李煜最终也未能逃脱被宋太祖毒杀的命运。

李煜虽然在诗词上极有造诣,然而作为一个国君、一个丈夫,他是一个懦夫,是一个失败者。

美国最伟大的推销员弗兰克说:"如果你是懦夫,那你就是自己最大的敌人;如果你是勇士,那你就是自己最好的朋友。"对于胆怯而又犹疑不决的人来说，一切都是不可能的，正如采珠的人如果被鲨鱼吓住，怎能得到名贵的珍珠？

事实上，总是担惊受怕的人，不是一个自由的人，他总是会被各种各样的恐惧、忧虑包围着，看不到前面的路，更看不到前方的风景。懦夫怕死，但事实上，他早已经不再活着了。

第六章

持之以恒,笑到最后

坚持就意味着胜利

坚持，是一个人意志的展现；坚持是一种品质，一种自信，更是一种勇气，是获得成功的一种方式。

这是一个发生在古希腊的故事：

开学第一天，大哲学家苏格拉底对学生说："今天咱们只学一件最简单也最容易做的事。每人把胳膊尽量往前甩。"说着，苏格拉底示范了一遍，并问道："从今天开始，每天做 300 下，大家能做到吗？"学生们都笑了，这么简单的事，有什么做不到的！过了一个月，苏格拉底问学生们："每天甩 300 下，哪些同学坚持了？"有 90% 的同学骄傲地举起了手。又过了一个月，苏格拉底又问，这回坚持下来的学生只剩下 50%。一年以后，苏格拉底再一次问大家："请告诉我，最简单的甩手运动，还有哪几位同学坚持了？"这时，整个教室里，只有一人举起了手。他就是后来成为古希腊另一位大哲学家的柏拉图。

柏拉图的成功就在于他做到了别人没有做到的事——坚持。谁坚持了，谁就成为成功者；谁半途放弃，谁就将以失败而告终。

这个故事告诉我们，干什么事，要取得成功，坚持不懈的毅力和持之以恒的精神是必不可少的。

在我们生活和工作中，有很多容易的事情，但绝大部分人因为太容易而没有去坚持，而真正能坚持下来的人往往最终都能取得成功。

两个年轻人一起挖金矿，开始时，他们都抱有坚定的信念——不挖出金子决不放弃。两人从黎明挖到黄昏，又从黄昏挖到黎明，没日没夜地干，手磨出了血，脚磨出了泡。这天，一队人马经过，说是山那头有人挖出了石油，其中一人再也按捺不住了，说哪有什么金子啊，不干了，去那头采石油。另一个人什么也没说，继续埋头干他的活儿。

结局是放弃的那个人没采到什么石油，更别提金子了，就这样两手空空回了家；而坚持下去的那个人，捧着金子乐开了花。

有的时候，成功者与失败者之间的区别仅仅在于是否能够坚持到底。

20世纪70年代是世界重量级拳击史上英雄辈出的年代。4年来未登上拳台的拳王阿里此时体重已超过正常体重9公斤，速度和耐力也已大不如前，医生给他的运动生涯判了"死刑"。然而,阿里坚信"精神才是拳击手比赛的支柱",他凭着顽强的毅力重返拳台。

1975年9月30日,当33岁的阿里与另一拳坛猛将弗雷泽第三次较量(前两次一胜一负),在进行到第14回合时,阿里已精疲力竭,濒临崩溃,这个时候一片羽毛落在他身上也能让他轰然倒地,他几乎再无丝毫力气迎战第15回合了。然而他拼着性命坚持着,不肯放弃。他心里清楚,对方和自己一样,也是只有出的气了。比到这个地步,与其说在比气力,不如说在比毅力,就看谁能比对方多坚持一会儿了。他知道此时如果在精神上压倒对方,就有胜出的可能。于是他竭力保持着坚毅的表情和誓不低头的气势,双目如电,令弗雷泽不寒而栗,以为阿里仍存着体力。这时,阿里的教练邓迪敏锐地发现弗雷泽已有放弃的意思,他将此信息传达给阿里,并鼓励阿里再坚持一下。阿里精神一振,更加顽强地坚持着。果然,弗雷泽表示"俯首称臣",甘拜下风。裁判当即高举起阿里的臂膀,宣布阿里获胜。这时,保住了拳王称号的阿里还未走到台中央便眼前漆黑,双腿无力地跪在了地上。弗雷泽见此情景,如遭雷击。他追悔莫及,并为此抱憾终生。

在最艰难也是最关键的时刻,阿里坚持到胜利的钟声敲响的那一刻,成就了他辉煌人生中的又一个传奇。

我们每个人都渴望成功! 那么,成功的秘诀是什么呢?是坚持! 成功出自坚持,坚持就是胜利!

从不轻率地放弃自己的目标

许多人遇到一点点困难或者受到一点点挫折,就轻率地放弃自己的目标,这是一种不负责任的态度。你对自己都不负责任,还有谁能对你负责任呢?

具有坚定的毅力和恒心的积极心态,之所以对于一个人的成功是如此的关键,一个很重要的原因是,这种坚持的心态,能激发你对事业的热忱,激发你面对追求成功过程的障碍不屈不挠、奋勇向前的精神。

雅诗·兰黛是世界首席女富豪,多年来一直位列《财富》与《福布斯》杂志女富商榜首。(英国女王伊丽莎白二世乃财富最丰厚的女士,但她是世袭皇室人员,不能算"自我创富者")

这位当代"化妆品工业皇后",白手起家,凭着自己的聪颖和对事业的高度热忱,成为世界著名的市场推广奇才。由她一手创办的雅诗·兰黛化妆品公司,首创卖化妆品送赠品的推销方法,使得公司脱颖而出,行进在同行业的前列。

能创造如此辉煌的事业，不是靠世袭，而是靠她自己的勤劳奋斗得来的。80岁前的兰黛，每天仍工作10余个小时，其创富热忱与旺盛精力实在令人惊讶。兰黛退休后，仍然是退而不休，她每天照例穿着名贵的服装，妆容高贵大方，精神抖擞，周旋于名门贵户之间，替公司做着"无形的宣传"。

许多人有这样的体会：当你工作勤奋、刻苦和心无旁骛时，你就会成功。有一位白手起家的百货商场老板说过："只有对工作毫无热忱的人才会到处碰壁，而对工作抱有热情的人，他做任何事都会成功。"

爱德华·亚皮尔顿是一位物理学家，发明了雷达和无线电报，获得过诺贝尔奖。《时代》杂志曾经引用他的一句话概括其成功的秘诀："我认为，一个人想在科学研究上取得成就，热忱的态度远比专门知识更重要。"已故的雷·克罗克是一位工作狂型的亿万富翁，到了73岁高龄，他仍风尘仆仆巡回视察各地麦当劳分店，看看停车场是否整洁及分店经理是否称职。

卡耐基和希尔这样的大富豪是如此，爱迪生这样的大发明家是如此，雅诗·兰黛、邵逸夫这样的大实业家是如此，亚诺·施瓦辛格、成龙这样的世界超级巨星也是如此。他们在各自的事业上都攀上了高峰。有宏大的志愿、极端的热忱、坚忍的意志，这些心态就是他们的成功之道。

坚持不懈才能成功

大多数人的智力水平都差不多，成功与否主要取决于自己的努力程度和有没有"坚持下去"的精神。

三位美国妇女玛丽、玛格达和多萝西，东拼西凑借了2000美元，创办了妇女服装生产公司。9年后，这家公司的年产值达到了250万美元。当人们询问她们取得成功的秘诀时，她们提到的第一点就是坚持不懈。

优秀的拳击选手在台上总是抱着这样一个信念：再坚持一个回合！正是这种坚持不懈的信念，才造就了一代又一代拳王。

如果你立志做好一件事，并能持之以恒、坚持不懈地做下去，就一定能达到自己的目标，实现自己的理想。郎力士就是由一个穷书生经过坚持不懈的奋斗跻身于美国百万富翁行列的。

郎力士原是美国佛罗里达州的一个中学化学教师，

家境贫寒，为了维持生计，他不得不在暑假去海滨浴场充当救生员。然而，他一直在琢磨如何才能改变自己的生活和处境。

作为化学教师兼救生员，他十分清楚市面上流行的由化学物质合成的太阳油不怎么理想。有一年暑假，他又来到海滨浴场充当救生员，百无聊赖的他懒洋洋地从瞭望塔上看着那些白晃晃、油光光的皮肤，不知怎的，他忽然灵机一动：何不搞一种有名的太阳油呢？这一定大有市场。

郎力士决定着手研究，他克服资金不足的困难，向父亲借了500美元，买来瓶子、罐子、油剂及其他实验必需品，投入了自己事业的开创之中。他没有辞职，而是利用休息日和晚上孜孜不倦地研究。经过两年的刻苦钻研，他获得了成功，纯天然椰子太阳油诞生了。不过，尽管他的新产品是人们所需要的最理想的产品，可是他没钱做广告。于是，他就请一些救生员试用，使用过的人都说效果好。满怀信心的郎力士又游说零售商经销他的产品。渐渐地，这种产品得到人们的青睐，"夏威夷热浪太阳油"的名字也就闻名于世了。

此后，郎力士辞去教师的工作，告别了那可爱的海滨浴场，全力以赴地从事太阳油的业务。他创建的夏威夷太阳油公司的规模迅速扩大，由原来的只有三名员工的寒酸小店一跃成为拥有2000多名职员的跨国公司，营业额高达1.5亿美元。郎力士也一反往日贫困窘迫之态，自己购买了一幢价值300万美元的海滨别墅。

在荷兰，有一个初中毕业的青年农民，来到一个小镇，找到了一份替政府看门的工作。他在这个门卫的岗位上一直工作了60多年，一生都没有离开过这个小镇，也没有再换过工作。

也许是当时工作太清闲，他又太年轻，需要打发时间。他选择了又费时又费工的打磨镜片作为自己的业余爱好。就这样，他磨呀磨，一磨就是60年。他是那样的专注和细致，技术已经超过专业技师了，他磨出的复合镜片的放大倍数，比别人的都要高。借着研磨的镜片，他终于发现了当时科技界尚未知晓的另一个广阔的世界——微生物世界。从此，他声名大振，只有初中文化的他，被授予了在他看来是高深莫测的巴黎科学院院士的头衔，就连英国女王都到小镇拜会过他。

创造这个奇迹的小人物，就是科学史上大名鼎鼎、活了90岁的荷兰科学家列文虎克。他踏踏实实地把手头上的每一个玻璃片磨好，用尽毕生的心血，致力于每一个平淡无奇的细节的完善，终于创造了科学的奇迹，也创造了成功的神话。

靠坚持的毅力创造奇迹

实践证明，所谓强者就是一个有坚强意志、顽强毅力、遇挫不挠、遇折不断的人。

不管你是上苍的宠儿，还是人世间的幸运儿，你的一生都不可能八面玲珑、左右逢源。当有一天不幸叩响了你人生的大门，譬如，你突然失去了自己的亲人，突然病魔缠身，突然生意破败，你怎么办？怨天尤人，号啕大哭甚或抛弃生命，那你就是一个弱者。你应该"临危而不惧，遇变而不惊"，应该沉着冷静，不灰心、不气馁，以超然之毅力、坚韧之意志面对困难，接受困难，并战胜困难！

毅力也称意志或坚持力，是成才者必须具备的重要品质之一。西方有一句谚语："有毅力的人，能从磐石里挤出水来。"安格尔认为："所有坚忍不拔的努力迟早会取得报酬的。"这些都说明了毅力的重要性。

英国《泰晤士报》的总编西蒙·福格经常应邀去为

英国各大学的应届毕业生作如何就业的演讲,因为他在求职方面创造过神话。

那是西蒙·福格刚从伯明翰大学毕业的第二天,他为了寻找工作来到伦敦,决定先到《泰晤士报》碰碰运气。经过充分的准备,他来到了报社总经理办公室。西蒙·福格问总经理:"你们需要编辑吗?""不需要。""记者呢?""不需要!""那么排字工、校对员呢?""不,都不。我们现在什么空缺都没有。"(谈话进行到这里,几乎所有的求职者都会失望地走开。因为总经理的态度表明,报社目前"不可能"录用任何人。而西蒙·福格却不这样想,他还要继续努力!这正是他之所以能够创造奇迹的原因。)"那么你们一定需要这个了。"他从包里掏出一块精致的牌子,上面写着:"额满,暂不雇用。"

可见,他事先已预感到了自己将被拒绝。"明知事不可为而为之",这正是创造"奇迹"的前提条件。当然,"精致的牌子"是福格的过人之处,也是他的创造,我们从中是否也能悟出某些东西呢?

结果,西蒙·福格被总经理留了下来,从事报社的宣传工作。25年后,他已升至总编的位置。

福格在"什么空缺都没有"的情况下,居然找到了工作,并经过多年的努力,成了总编,这正说明了"成功的大门永远敞开着"。 我们在那些表面上"不可能"的困难面前却止步不前,就是因为缺少了福格的这种坚忍不拔、百折不回的毅力。

狄更斯认为："顽强的毅力可以征服世界上任何一座高峰。"富兰克林认为："唯坚忍者始能遂其志。"马克·吐温则认为："人的思想是了不起的，只要专注于某一项事业，就一定会做出使自己感到吃惊的成绩来。"从这些伟人、名人的格言中，我们可以体会到，毅力对于事业的成功具有多么重要的意义。

有一天，一位蓬头垢面、愁眉苦脸、油污满手的中年男子，拖着疲乏的脚步，踏进旺角一位著名相士的命相馆。他明显地受了很大的挫折，希望这位相士能指点迷津，趋吉避凶。谁知道，相士如此地铁口狠批："你的命运，与富贵无缘。我看你还是安分地找一份工作，做个打工仔，你是不适宜自我创业的。"

受了这种挫折，大多数人会意志消沉，但这位已经50岁的落魄问津者，却是一位不折不扣的"造命人"。这位相士的话，反而激发了他的斗志。他凭着超乎常人的信心与毅力，面对逆境，逆流而上，越挫越勇而终成富豪。

1991年的农历大年初二，在中东炮火弥漫之际，香港维多利亚港举办了世界第二大规模的烟花会演。而这次悦目缤纷表演的赞助商"震雄集团"是一个工业机构，打破了历年来类似会演被商业机构垄断的传统。

"震雄"的创办人，就是当年那位落魄者、向相士"下马问前程"的中年人蒋震。而蒋震由"霉"至"发"的秘密，就是信心加毅力。

蒋震曾做过苦力,当过开矿工人,甚至有数年的时间漂泊到日本替美军当海外劳工。浑浑噩噩,无固定之职,无隔宿之粮。就这样,蒋震与家人过了数年朝不保夕的生活后,终于在一个偶然的机会,他由邻居介绍进入香港飞机工程公司工作。

这份工作,成了蒋震生命的转折点,他首次接触到机械修理的知识,为日后的工业生涯奠定了基础。他边做边学,买了不少关于机器与操作的书,充实自己,为将来的发展与成功铺路。离开了"港机"之后,蒋震转到一家由美国人开设的飞机零件生产工厂"石利洛"当总管。在这段时间,他不只对机器的认识进一步增加,更在管理方面上了宝贵的一课。"石利洛"由于未获港府发牌,最终被捷和集团接了手,而蒋震也只好辞职。

1958年,蒋震凭着一点积蓄,与友人谭雄在大堪村成立了一个小型的机械零件加工厂,而"震雄"就是取两人的名字而成的。

过了一年,蒋谭两人开始生产一些吹气机,制造医用的塑胶药水瓶。之后,他们尝试制造吹瓶机,又推出一系列薄膜压出机。

可惜,由于他们资金有限,生产技术落后,生产的机器很快便受到市场的淘汰。合伙人谭雄见生意不好,心灰意冷,提出退股。从此,蒋震便单枪应战,独资经营。

蒋震意志坚强,不为失败所挫,仍然埋头研究吹瓶机的制作与改善。他这个一人帮,无法与上海帮、潮州帮、福建帮和广东帮"挂钩",孤独地经营,每天花上近20个小时在工厂,很多时候连家也不回。

1965年,"震雄"推出了先进的螺丝直射注塑机,获得中华厂商会第24届工业展览会"最新产品荣誉奖"。

之后,"震雄"不断革新,不断改良它的产品,业务由本港发展到海外各地。1971年,他研制成香港首台全油压增压式四安士螺丝直射塑胶机,备受厂方赞扬,奠定了"震雄"的工业地位。

但是好景不长,1973年,中东爆发了全球灾难性的石油危机。香港的塑胶业首当其冲,单在1973年的8~10月期间,就有77家塑胶厂倒闭。

"震雄"欠下银行200多万债务,被银行逼迫着还款。蒋震与银行交涉,获准将存货与机器出售,按月摊还欠款。

这个时期的蒋震,每日工作20小时,尽自己最大的努力,去克服这个危机。结果,三个月之后,他偿还了100多万的债务。银行见"震雄"信誉良好,便没有进一步追讨欠款,而"震雄"便因此得以幸存,在经济复苏之后,震雄集团的货物立刻供不应求,它的发展如烟花一般,一飞冲天,光芒璀璨。

现在,震雄集团的机械远销全球40多个国家,雇用的员工有1400多名。

蒋震的前半生可谓历尽沧桑,但他认为这恰恰是他成功的基础:"一个真正懂得生活的人,必须亲身经历过内心的痛苦与皮肉的磨炼。"就是这种"内心的痛苦与皮肉的磨炼"，令蒋震自强不息，去克服和超越那令人窒息的艰苦环境，成为一位工业巨子。

黎淑贤在《名人发达档案》中引述蒋氏的成功之道："路是自己走出来的，只要贯彻始终，每个有心人都会成功的。"这句话，使人想起希尔博士的名言："所有伟大的领袖……都将他们的成功建筑于'确切目标'之上。"

蒋震也深感信心与毅力对于创富的重要："创业精神不分今昔……只要有信心、肯做、勤学，机会自然会来临。"

蒋震毫不犹豫地鼓励"有信心人士"去创业："当今社会商业活动多，社会经济繁荣，社会对人才的需求也相对增加。因此，在当今社会只要是人才，身怀本领，再加上勤奋和信心，白手兴家的机会就较以前大得多。"

勇敢地坚持下去，直到好运降临

电台广播员莎莉·拉斐尔在她的 30 年职业生涯中，曾遭辞退 18 次，可是每次事后她都放眼更高处，确立更远大的目标。现在莎莉·拉斐尔已成为自办电视节目的主持人，曾经两度获奖，在美国、加拿大和英国每天有 800 万观众收看这个节目。"我遭人辞退了 18 次，本来大有可能被这些遭遇所吓退，做不成我想做的事情。"她说，"结果相反，我让它们鞭策我勇往直前。"

罗纳德·皮尔经常对别人说："只要坚持下去，总有一天情况会好转的。"他这样讲述自己的亲身经历和体验：

每当我失意时，我母亲就这样说："最好的总会到来，如果你坚持下去，总有一天你会交上好运。并且你会认识到，要是没有从前的失望，那是不会发生的。"

母亲是对的，当我于 1932 年大学毕业后我发现了这一点。我当时决定试试在电台找份工作，然后，再设法去做一名体育播音员。我搭便车去了芝加哥,敲开了每一家电台的门,但碰了一鼻子灰。在一间播音室里,一位很和气的女士告诉我,大电台是不会冒险雇用一名毫无经验的新手的。"再去试试,找家小电台,那里可能会有机会。"她说。我又搭便车回到了伊利诺伊州的迪克逊。虽然迪克逊没有电台,但我父亲说,蒙哥马利·沃德公司开了一家商店,需要一名当地的运动员去经营他的体育专柜。由于我在迪克逊中学打过橄榄球,于是我提出了申请,那工作听起来正适合我,但我没能如愿。

我失望的心情一定是一看便知。"最好的总会到来。"母亲提醒我说。父亲借车给我,于是我驾车行驶了113千米来到了特莱城。我试了试爱荷华州达文波特的WOC电台。节目部主任是位很不错的苏格兰人,名叫彼特·麦克阿瑟,他告诉我说他们已经雇用了一名播音员。当我离开他的办公室时,受挫的郁闷心情一下子发作了。我大声地问道:"要是不能在电台工作,又怎么能当上一名体育播音员呢?"

我正在那里等电梯,突然我听到了麦克阿瑟的叫声:"你刚才说什么?你懂橄榄球吗?"

接着他让我站在一架麦克风前,叫我凭想象播一场比赛。前一年秋天,我所在的那个队在最后20秒时以一个快速的猛冲击败了对方。在那场比赛中,我打了15分钟。彼特告诉我,我将选播星期六的一场比赛。

在回家的路上,就像自那以后的许多次一样,我想到了母亲的话:"如果你坚持下去,总有一天你会交上好运。并且你会认识到,要是没有从前的失望,那是不会发生的。"

奥格·曼狄诺指出:"在生活中的不幸面前,有没有坚强刚毅的性格,在某种意义上说,也是区别伟人与庸人的标志之一。"巴尔扎克说:"苦难对于一个天才是一块垫脚石,对于能干的人是一笔财富,而对于庸人却是一个万丈深渊。"有的人在厄运和不幸面前,不屈服,不后退,不动摇,顽强地同命运抗争,因而在重重困难中冲开一条通向胜利的路,成了征服困难的英雄,掌握自己命运的主人。而有的人在生活的挫折和打击面前,垂头丧气,自暴自弃,丧失了继续前进的勇气和信心,于是成了庸人和懦夫。

没有一个人生而刚毅,也没有一个人不可能培养出刚毅的性格。我们不要神化强者,以为自己成不了那种钢铁般坚强的人。其实,普通人所有的犹豫、顾虑、担忧、动摇、失望等,在一个强者的内心世界也都可能出现。伽利略屈服过,哥白尼动摇过,奥斯特洛夫斯基想到过自杀,但这并不能否认他们是坚强刚毅的人。刚毅的性格和懦弱的性格之间并没有千里鸿沟,刚毅的人不是没有软弱,只是他们能够战胜自己的软弱。只要加强锻炼,从多方面对软弱进行斗争,那就可能成为坚强刚毅的人。

如果你想培养自己承受悲惨命运的能力,你可以在自己的生活中采用奥格·曼狄诺总结的下列技巧:

1. 下定决心坚持到底

局面越是棘手,越要努力尝试。过早地放弃努力,只会增加你的麻烦。面临严重的挫折，只有坚持下去，加倍努力和增快前进的步伐。下定决心坚持到底，并一直坚持到把事情办成。

2. 不要低估问题的严重性

要现实地估计自己面临的危机，不要低估问题的严重性。否则，去改变局面时，就会感到准备不足。

3. 做出最大的努力

不要畏缩不前，要使出自己全部的力量来，不要担心把精力用尽。成功者总是做出极大的努力，而面对危机时，他们却能做出更大的努力。他们不去考虑什么疲劳、筋疲力尽。

4. 坚持自己的立场

一旦你下定决心要突然冲向前去，要像服从自己的理智一样去服从自己的直觉。顶住家人和朋友的压力，采取你所坚信的观点，坚持自己的立场。是对是错，现在就该相信你自己的判断力和智慧了。

5. 不要试图一下子解决所有的问题

当经历了一次严重的危机或像亲人去世这样的严重事件之后，在你的情绪完全恢复以前，要满足于每次只迈出一小步。不要企图当个超人，一下子解决自己所有的问题。要挑一件力所能及的事，就干这么一件。而每一次对成功的体验都会增强你的力量和积极的观念。

6. 坚持尝试

克服危机的方法不是轻易就能找到的。然而，如果你坚持不懈地寻求新的出路，愿意在成功的可能性很低的情况下去尝试，你就能找到出路。要保持自己头脑的清醒，睁大眼睛去寻找那些在危机或困境中可能存在的机会。与其专注于灾难的深重，不如努力去寻求一线希望和可取的积极之路。即便是在混乱与灾难中，也可能形成你独到的见解，它将把你引导到一个值得一试的新的冒险之中。

第七章

虚怀若谷,低调做人,时刻保持最佳状态

低调处世，低调做人

古代有一位将军，在撤退的时候始终在后面。回到营地后大家都称赞他勇敢。他却说："非勇也，马不进也。"他虽然不承认自己勇敢，把自己断后的行为归结为马走得太慢，但人们更加赞扬他，并把他的勇敢和谦虚载入史册。

一个人的功过其实大家都心知肚明，只是大家都放在心里不说而已。如果一个人的能耐确实高于别人，而他自己又过分表现自己，就容易让别人产生逆反心理，或者别人会因此说："有什么大不了的。"相反，如果一个人保持低姿态，别人不仅会觉得他有能耐，还会觉得他为人谦逊。

"主动趴下，匍匐前进"是一种明智。然而主动趴下并不是因病倒下，匍匐前进并非趴着不动。而是你自己先倒下了，别人就无法再使你跌倒，匍匐前进可以无声无息地做别人做梦都没想到的事情。

匍匐前进看起来似乎速度太慢，太不痛快，缺乏英雄气概，但是能登上最高位者，往往就是与地面贴得最紧的那个。

从古至今，不少人爱把"吾不如"颠倒过来，变成了"不如吾"。

三国时期的祢衡，初见曹操，就把曹营文武将官尽数贬得一文不值，说："荀彧可使吊丧问疾，荀攸可使看坟守墓，程昱可使关门闭户，郭嘉可使白词念赋，张辽可使击鼓鸣金，许褚可使牧牛放马，乐进可使取状读诏，李典可使传书送檄，吕虔可使磨刀铸剑，满宠可使饮酒食糟，于禁可使负版筑墙，徐晃可使屠猪杀狗；夏侯惇称为'完体将军'，曹子孝呼为'要钱太守'；其余皆是衣架、饭囊、酒桶、肉袋耳！"

他把别人看成豆腐渣，却大言不惭地声称自己"天文地理，无一不通；三教九流，无所不晓。上可以致君为尧、舜，下可以配德于孔、颜，岂与俗子共论乎！"曹操自然没收留他这个眼空四海的狂徒。他又去见刘表、黄祖，还是走一处骂一处，最后终于被黄祖砍了脑袋，为后人留下了笑柄。

世界上没有十全十美的人，每个人都应该正确认识自己，认识到自己的优势和劣势、长处和短处。懂得低调处世，就能获得一片广阔的天地，成就一份完美的事业，更重要的是，我们能赢得一个丰富的人生。低调处世、低调做人，既是一种姿态，也是一种风度、一种谋略、一种胸襟。善于把鲜花和掌声让给别人的人，一定是拥有好人缘的人。

树大招风，明哲保身

生活中，如果有人过于醒目，就很可能遭到别人的妒忌，更甚至会遭别人的暗算，让自己处于不利的地位。很简单，鹤立鸡群，只能是孤芳自赏了。所以，很多时候，人在做事情的时候，不要过于高调，才能更好地保护自己。

曾国藩是在居家守丧期间响应咸丰帝的号召，组建湘军的。不能为母亲守三年之丧，这在儒家看来是不孝的。但由于时势紧迫，他听从了好友郭嵩焘的劝说，"移孝作忠"，出山为清王朝效力。

可是，他锋芒太露，处处遭人忌妒、受人暗算，连咸丰皇帝也不信任他。1857年2月，他的父亲曾麟书病逝，朝廷给了他三个月的假，令他假满后回江西带兵作战。曾国藩伸手要权被拒绝，还要承受来自各方的舆论压力。朋友的规劝、指责如潮水般席卷而来。曾国藩忧心忡忡，遂导致失眠。朋友欧阳兆熊深知其病根所在，便借用黄、老来讽劝曾国藩,暗喻他过去所采取的铁血政策,未免有失偏颇,锋芒太露,伤己伤人。面对朋友的规劝,曾国藩陷入深深的反思。

自率湘军东征以来,曾国藩有胜有败,四处碰壁,究其原因,主要是曾国藩没有得到清政府的充分信任且未得到地方实权。同时,曾国藩也感到自己在修养方面有很多弱点,在为人处世方面刚愎自用,目中无人。他对官场的逢迎、谄媚及腐败十分厌恶,为此所到之处,常公开表示不满,一针见血,从而遭人忌恨,受到排挤,总成为舆论讽喻的中心。经过多年的宦海沉浮,曾国藩深深地意识到,仅凭他一己之力,是无法扭转官场这种状况的,如若继续为官,那么唯一的途径,就是去学习、去适应。

攻下金陵之后,曾氏兄弟的声望可谓如日中天,达于极盛,曾国藩被封为一等侯爵,世袭罔替,所有湘军大小将领及有功人员,莫不论功封赏。时湘军人物官居督抚位子的便有十人,长江流域的水师,全在湘军将领控制之下,曾国藩所保奏的人物,无不如奏所授。

但树大招风,朝廷的猜忌与朝臣的妒忌随之而来。

颇有心计的曾国藩应对从容,马上采取了一个裁军之计。不等朝廷的防范措施下来,就先来了个自我裁军。正所谓忍一时风平浪静,退一步海阔天空。曾国藩意识到鸡蛋是不能与石头碰的,既然不能碰,那就必须改变思路,明哲保身。

曾国藩深谙老庄之法,洞悉清朝政治形势,对自己的仕途也有一套圆熟通达的哲学理念。

正是由于曾国藩居安思危,在功高位显之时洞悉世态人情之险,从而以退为进,保持一种低调通达的作风,才能确保和成就他的功德。

曾国藩说:越走向高位,失败的可能性越大,而惨败的结局就越多。因为"高处不胜寒",那么,每升迁一次,就要以十倍于以前的谨慎小心来处理各种事务。他借用烈马驾车、绳索已朽,形容随时有翻车的可能。

因此,我们万不可因一时的得意而麻痹大意,或者在平时的交谈中不断标榜自己,这样只会适得其反。人应不断反躬自省,修身立德。

谦虚行事，尊重他人

谦逊基于力量，高傲基于无能。谦虚行事、尊重他人是一条十分重要的准则。谁遵循这一准则，谁将有众多的朋友并经常感到幸福；谁违反这条准则，谁就会遭受挫折。

19世纪60年代，在法国巴黎，法朗士等一批文学青年，准备创办一份文学刊物，他们写信给大文豪维克多·雨果，请求他写一封回信作为该刊的序言。雨果几天后回了信，青年们打开一看，里面写着："年轻人，我是过去，你们是未来。我是一片树叶，你们是森林。我是一支蜡烛，你们是万道霞光。我是一头牛，你们是朝拜初生耶稣的三博士（指光荣而幸运的人物）。我只是一道小溪，你们是汪洋大海……"看了回信，他们简直不能相信这是雨果写的，后经雨果女友证实确是出自雨果之手，然而，他们担心此信会影响雨果的名誉，没敢发表。

其实，这封信恰恰是雨果谦虚品质的生动体现，它不仅无损大文豪的名誉，还从另一侧面反映了他高尚的品质。

高尔基说："智慧是宝石，如果用谦虚镶边，就会更加灿烂夺目。"

只有谦虚的人才能得到智慧，才能从挫折和阻碍中找出成功的契机。

富兰克林被人称为"美国之父"。少年时，他年轻气盛，走路常挺胸抬头，迈着大步。有一次，他到一位前辈家拜访，当他准备从小门进入时，因为小门低了些，他的头被狠狠地撞了一下。

出来迎接的前辈笑着说："很痛吧！可是，这将是你今天拜访我的最大收获。要想平安无事地生活在世上，就必须时时记得低头。这也是我要教你的，不要忘了谦虚！"

从此，富兰克林牢牢地记住这句话，并把"谦虚"列入人生的准则之中。

美国第三届总统托马斯·杰斐逊曾言："每个人都是你的老师。"

杰斐逊出身贵族，父亲曾经是军中的上将，母亲是名门之后。当时的贵族除发号施令以外，很少与平民百姓交往，他们看不起平民百姓。

然而，杰斐逊没有贵族阶层的恶习，他主动与各阶层人士交往。他的朋友中有社会名流，但更多的是普通的园丁、农民和贫穷的工人。他善于向各种人学习，懂得每个人都有自己的长处。

有一次，他和法国伟人拉法叶特说："你必须像我一样到民众家去走一走，看一看他们的菜碗，尝一尝他们吃的面包。只要你这样做，你就会了解到民众不满的原因，并会懂得正在酝酿的法国革命的意义了。"

这样，他在密切群众关系的基础上，成长为一代伟人。

古人说："满招损，谦受益。"学问广博的人，表现得好像还不充实；学识浅显的人，却急于让人知道自己。不敲击而不响的是朝廷重器黄钟大吕，响声喧闹刺耳的是低劣的陶盆瓦釜发出的声音。匣子里的珍宝，不达千金不会出卖；在市巷叫卖的东西，一文钱就可以买到。

最擅长辩论的人看起来不善言辞，最聪明的人看起来像笨拙的人。在人生的田地里，你愿意做高傲地举头向天的空心禾穗，还是低头向着大地母亲的充实禾穗？

谦逊，是你有所作为的前提和基础。只有不断发现自己的不足，永不自满，才能增长知识和才干。感到自己渺小的时候，将是巨大收获的开始。

做人一定要谦虚随和

我们看体育比赛，知道一个运动员要跳高，就必须先蹲下，没有人可以直着双腿跳高。

但凡成功的人在遇到瓶颈时，都会以退为进，退也是一种谦虚。成大事业者无不是谦虚好学之人。当他们想骄傲的时候，他们会立即想到谦虚，他们会以谦卑、感恩的心态去面对任何事、任何人。

山外有山，楼外有楼，强中自有强中手。无论你今天多么优秀，事业多么成功，一定还有比你更优秀、更成功的人。

明人陆绍珩说："人心都是好胜的，我也以好胜之心应对对方，事情非失败不可。人都是喜欢对方谦和的，我以谦和的态度对待别人，就能把事情处理好。"

有一个人寿保险公司的推销员，曾经多次向一位客户推销保险，任凭他磨破了嘴皮，跑烂了皮鞋，客户就是不买他的账。后来，他听说那位客户在另一家保险公司投保了,而且数额不小。推销员百思不得其解。这是为什么呢?原来他第一次向客户推销不成离开前,凶神恶煞地说了一句表示决心的话:"我将来一定会说服你的!"而那位客户也回敬了一句:"不,你做不到——毫无希望!"推销员就这样失去了一笔大生意。

无论是推销商品,还是说服人做某事,都要记着:我们要让别人同意自己,就要考虑到对方和我们一样,有好胜的愿望,有受到尊重的需求,我们必须顾全对方的脸面。

做人一定要谦虚随和,只有这样,才能使自己得到更大利益,获得更大成功。

老子曾经告诫世人:"不自见,故明;不自是,故彰;不自伐,故有功;不自矜,故长。"这句话的大意是,一个不自我表现的人,反而显得与众不同;一个不自以为是的人,会超出众人;一个不自夸的人会赢得成功;一个不自负的人会不断进步。

的确,你谦虚,就显得对方高大;你朴实和气,他就愿与你相处,认为你亲切、可靠;你恭敬顺从,他的指挥欲得到满足,就会认为与你配合得很默契;你愚笨,他就愿意帮助你。这种心理状态对你非常有利。 相反,你若以强硬姿态出现,处处高于对手,咄咄逼人,对方会感到紧张,做事没有把握,而且容易产生一种逆反心理,使交往和工作难以继续。

不论你想要取得什么样的成功,谦虚都是必要的品质。在你到达成功的顶峰后,你会发现谦虚真的十分重要。 因为,只有谦虚的人,才能得到智慧。

切勿失去做人的本色——谦逊

骄傲自大，目中无人，会让与你接触的人头痛不已，很难给别人一个好印象，从此你所能交到的新朋友，将远没有你所失去的老朋友那样多，直到众叛亲离的绝境而后悔不已。试想到了那时，你做人还有什么趣味？你行事还有什么伟大的成就？你的名誉还能靠谁来传扬呢？

喜欢听评书的人对这句话一定很熟悉："人前显圣，傲里多尊"，这通常是用来表示某个有本事的人为人心高气傲，爱出风头，喜欢高人一等的意思。在评书里，这些人或许真的是本领高强，但却很难受到别人的欢迎，其下场也不会怎么好，最典型的就是《隋唐演义》中的罗成。罗成一生心高气傲，"气死小辣椒，不让独头蒜"的脾气没几个人受得了，在他眼里，只有自己没有别人，最后的结局呢？就是因为不服于人、一心求胜而被万箭穿心而死。

回到现实中来，像罗成那样傲的人或许很少，但让自己优于别人，在地位上和物质上令人羡慕是大多数人追求的目标。正是这个原因，使得一些人难以安于现状，安于平淡，安于简单生活，甚至因此而使他们失去了做人的本色——谦逊。

所以我们在这里主张在某些时候还是"夹着尾巴做人"，这样做虽然有些窝囊，但处世过于骄傲，肯定很难得到他人的信任和帮助。

"一将功成万骨枯"，任何大的成功、丰功伟绩都不可能由一个人建立起来，都是靠无数仁人志士前赴后继、抛头颅洒热血积累起来的。没有他们，就没有所谓的盖世功名、所谓的英雄豪杰。如果一个成功者骄傲自满，把功劳全都占为己有，那他也就不是英雄，不是成功者了。事实上，不仅仅是成功者，即使我们生活当中的每一个普通人，在取得成功后也都必须谨记万勿骄傲。

骄傲自大者多以为自己无所不能，自己取得的成功是多么了不起。听说过"夜郎自大"这句成语的来历吗？据说汉王朝统治时期，南方有一部落，称夜郎国。汉使者来访夜郎国，夜郎王竟问使者："汉朝有我夜郎大吗？"使者愕然。司马迁在《史记》中评道："只知通道，故不知汉之广大。""夜郎自大"成语便出自于此。

能取得成功，固然可喜可贺，令人敬仰，但成功者骄傲多一点就会令人讨厌多一点。人们对妄自尊大者，只会嗤之以鼻，拒之于千里之外。

汉光武帝即位后，蜀地有位叫公孙述的人，自立为王，与中央对立。与此同时，西北陇地的隗嚣族王，正困惑于不知应投靠光武帝还是归顺公孙述,于是派部下马援前往公孙述处打探。马援与公孙述原是旧知,他以为:我这次前往,公孙述定会像以前那样欢迎我。然而到蜀后,公孙述迎接他的态度如同冷水一样,十分的严肃、傲慢。看到这里,马援就对跟随说:"够了!他们只是虚有其表,这种地方怎能容下天下之士呢?"

说完,便打道回府,报告隗嚣道:"公孙述只是外强中干的家伙,充其量是个井底之蛙,不足信也。"

之后,马援又奉命去拜访光武帝。马援刚到不久,光武帝便亲自来迎接,笑容可掬地寒暄道:"久仰先生才名,今日一见,果然不同凡响!"

马援受宠若惊,说:"前几天我去拜访我的旧知公孙述,他却一副盛气凌人的姿态。这次与大王初见,即受到如此亲切的接见,不疑我是刺客,这到底是为什么?"

光武帝好言相慰,始终不摆架子。隗嚣王得知光武帝的为人,便立刻率部投奔汉朝。

可见,成功者做人更应该谦逊、和蔼,这样人家才愿意亲近你,你做事才有群众基础;反之,若高傲自大,人皆远之,你就成了"孤家寡人"了。 谦虚使人进步,骄傲使人落后。故成功者只有更为谦虚,才不至于落得"孤家寡人"的下场。

谦虚者能赢取更多

火要空心,人要虚心。 谦虚是美德,古人曰:"满招损,谦受益。"能够自觉改正错误,敢于接受真理的人,终能成功。

东汉开国名将冯异为人谦虚谨慎,行军时,遇到其他将领,往往主动引车避道,走在他们的后面。自己军中,号令整齐。每逢宿营,其他将领一坐下来就争论功劳的大小,而他总独自一人靠着大树休息。时间一长,他有了个"大树将军"的雅号。有一次,光武帝刘秀将部队重新配备,将士们纷纷请求归到"大树将军"的部下。为此,刘秀特地多给了他许多人马。

后来,汉明帝为开国三十二位元勋画像,把冯异排列在第十三位。

由此可见,谦虚者,能赢取更多;不争者,却能争得天下。

恩格斯与马克思一起合写了《共产党宣言》，这部光辉著作从来都署着他们两个的名字，可马克思刚一逝世，恩格斯就在该书1883年德文版的序言中声明："这个基本思想完全是属于马克思一个人的。"他以后又曾多次指出："构成《共产党宣言》核心的基本原理是属于马克思一个人的。"

真正的伟人不与人争功，不觉得自己了不起，他们以极其谦逊的姿态面对人生、面对自我，他们能够在别人的赞扬声中寻找自身的不足，从而不断进步。而那些有一点成绩就开始扬扬自得的人注定不会走得很远，因为他们只满足于目前所取得的成绩。

老舍说，一个真正认识自己的人，没法不谦虚，谦虚使人的心缩小，像个小石卵，虽小却极结实，结实才真实。虚心，能使一个人保持冷静的头脑和敏锐的思维，最大限度地了解困难和不利条件；虚心，能使一个人具有涵养，吸取别人的优点，最大限度地掌握他山之石；虚心，能使我们积累丰富的知识，保持不断进取的精神。

所以，在人生的每一道关口，我们都要虚心向别人请教，学习别人的长处，不断吸收精华，去除自身的糟粕，在春风得意的时候不骄傲，在遇到挫折的时候不气馁，虚心学习，找出自己失败的原因，继续努力。

谦虚守礼地尊重上司

很多人都很反感自己的上司，可是，不管你怎样讨厌他，都要在他手下做事。因此，与其痛苦地面对，还不如开始接纳他，并从心里尊重他、理解他。

只有尊重上司，谦虚守礼、尽心尽力，才能得到领导的看重、关心和爱护，上下级关系才能做到良性互动，才能更为融洽和谐。

南齐的王僧虔楷书造诣极深，许多官宦人家都以悬挂他的墨宝为荣。一时之间，流传着一种说法：王僧虔楷书不输王羲之，乃当今天下第一！

当朝皇帝齐太祖萧道成素来爱好书法，对王僧虔的盛名一向很不服气，于是下旨传王僧虔入宫"比试"。在大臣、随从的簇拥下，君臣二人屏息凝气，饱蘸浓墨，各自挥毫写下一幅楷书。搁笔之际，齐太祖头一扬，双目紧紧盯住王僧虔，问道："你说我们两人，谁第一，谁第二?"

王僧虔额头冒出了冷汗,皇帝的书法虽有一定功力,但毕竟称不上炉火纯青。可是这位自负的皇帝又怎会甘心位居人后?昧着良心说谎,承认皇上技高一筹,固然不会得罪人,但这样的事王僧虔根本不屑去做。

王僧虔沉吟片刻,突然朗声长笑:"臣心中已有分晓。臣的书法,大臣中排名第一;而皇上的书法,绝对是皇帝中的第一!"齐太祖闻言,先是一怔,继而很快理解了王僧虔的良苦用心:他为皇帝留足了面子,同时又不失自己的气节。齐太祖不由得哈哈大笑,王僧虔也松了口气。

尊重能够增进你与上司之间的感情,化解矛盾冲突,使你赢得上司的好感,美化你在其心中的形象。尊重上司才能得到上司的尊重。出于对齐太祖足够的尊重,王僧虔才会在众目睽睽之下保全天子的威风,而不是傲慢地指出皇帝不如自己。

一般而言,上司在方方面面都应比下属厉害几分,如工作经验丰富,有较强的组织、管理能力,看问题有全局观念等,也有一些上司具备一些个性方面的优点,如性格直爽、办事果断、工作细心等,这些都值得下属尊重和学习。但毕竟人无完人,上司也是人,一样会有缺点,会犯错误,这是无法避免的,在这个时候,有些下属就会觉得上司水平太低,表面服从,心里却缺乏尊重,甚至顶撞上司,时时处处表现出自己高出上司一等。缺乏对上司最起码的尊重,会使你与上司的关系严重恶化；何况，不尊重他人本身就是缺乏修养的表现，更会导致同事的轻蔑和不满，这样的人在一个集体中是最不受欢迎的。

当然，尊重不是无原则地讨好、献媚，奉承会让上司放松自律之念，滋生骄傲情绪，也会让整个集体弥漫着一股不正之风。当上司有这样或那样的不足时，要掌握分寸，巧妙地提醒、善意地规劝。做一个好的下属，对上司应该是敬而不谀。

放下身段,永不自满

在生活中,我们经常会遇到这样一种人,他们总喜欢指出别人的缺点,说人家这做得不合适,那做得不够,似乎他们什么都行,对什么都可以说出大道理来。其实,他们这样做是一种不成熟的表现,正是人们常说的"一桶水不晃,半桶水响叮当"。

其实,他们之所以摆出一副"万事通"的面孔来,是因为他们内涵不够,底气不足,怕被别人藐视,想用这种习惯来显耀自己,以此提高自己的地位,可是这样做只会让人对其敬而远之,甚至遭人厌恶。

有一位博士搭船过江。在船上,他和船夫闲谈。

他问船夫:"你懂文学吗?"船夫回答:"不懂。"

博士又问:"那么历史学、动物学、植物学呢?"

船夫仍然摇摇头。博士嘲讽地说:"你样样都不懂,十足是个饭桶。"

不久，天色忽变，风浪大作，船即将翻覆，博士吓得面如土色。

船夫就问他："你懂游泳吗？"博士回答说："我样样都懂，就是不懂游泳。"

说着船就翻了，博士大呼救命。船夫一把将他抓住，救上岸，笑着对他说："你所懂的，我都不懂，你说我是饭桶。但你样样都懂，就不懂游泳。要不是我这个饭桶，恐怕你早就变成水桶了。"

故事中的博士自以为才高八斗，于是飘飘然，逢人就卖弄，结果却在"一无所知"的船夫面前出尽了洋相。

有一个角力高手，足有360种招数，每逢比武，灵活变化，交替使用，所以，每次出手都不同。他最喜欢长得英俊的小徒弟。他教了小徒弟359种招数，只保留一招未传。小徒弟力大无比，学成后谁也敌不过他。

后来，小徒弟跑到国王面前夸下海口，说："我之所以不愿胜过师傅，是因为敬他年老，又看他是自己的师傅。其实，我的本领和力气，绝不比师傅差。"

国王见他这样目无尊长，很不高兴，令他师徒二人当众进行比武。那小徒弟耀武扬威，不可一世地走进赛场，像头愤怒的大象，仿佛他的对手就是一座铁山，他也要推倒。师傅见他力气比自己大，只好使出留下来未传的那一招，一把将他扭住。他还不知怎样招架，就已经被师傅举过头顶，抛在地上。满场的人都欢呼叫好。

国王赏赐师傅一袭锦袍子,并斥责那小徒弟说:"你妄想和你师傅较量,可是你失败了。"

徒弟说:"陛下!他胜过我并不是凭力气,而是用他留下没教的那一点儿小本事,才把我打败的。"

师傅说:"我留下这一招,为的就是今天。圣人说过:'不要把本事全部教给你的朋友,万一他将来变成敌人,你怎样抵挡得住?'还有个从前吃过徒弟亏的人说过,'也不知是如今人心改变,还是世上本来没有情义。我向他们传授射箭技艺,最后他们却把我当作天上的飞鹄。'今天看来,我当时的决定是对的。"徒弟听完后,羞愧难当。

真正有本事、胸怀大志的人是不容易骄傲的,倒是那些胸无大志、一知半解的人,很容易骄傲。至于骄傲的本钱,有大有小,有的甚至根本没有,只会凭空骤生娇气,如一个有趣的寓言所说,长颈鹿因为能吃到几米高的树叶而骄傲,而小山羊因可以从篱笆缝隙里钻进去吃草而骄傲。要想在成功的道路上走得既坚定又稳健,必须放低自己,戒骄戒躁,永不自满。千万不要做半杯水,要以一种谦虚心态虚心学习,养成进取的良好习惯。这样,我们才会在有所成绩的基础上更进一步,才会在成功路上走下去。

励志人生

当你的才华还撑不起你的梦想时

宋犀堃

主编

新华出版社

图书在版编目（CIP）数据

励志人生 / 宋犀堃主编. -- 北京：新华出版社，2019.6
ISBN 978-7-5166-4712-7

Ⅰ.①励… Ⅱ.①宋… Ⅲ.①成功心理-青年读物 Ⅳ.①B848.4-49

中国版本图书馆 CIP 数据核字（2019）第 129021 号

励志人生

作　　者：宋犀堃	
责任编辑：唐波勇	封面设计：松　雪

出版发行：新华出版社
地　　址：北京石景山区京原路 8 号　　邮　　编：100040
网　　址：http://www.xinhuapub.com
经　　销：新华书店、新华出版社天猫旗舰店、京东旗舰店及各大网店
购书热线：010-63077122　　中国新闻书店购书热线：010-63072012
照　　排：松　雪
印　　刷：河北鹏润印刷有限公司
成品尺寸：145mm×210mm
印　　张：30　　　　　　　　字　　数：600 千字
版　　次：2019 年 6 月第一版　　印　　次：2019 年 9 月第一次印刷
书　　号：ISBN 978-7-5166-4712-7
定　　价：150.00 元（全 5 册）

版权专有，侵权必究。

前　言

　　路走对了，可以很快到达自己想去到的地方，如果走错了后果简直不可想象；对于每个人来说，人生只有一次，而且不可以重来！人生有许多十字路口，但关键处就在那么几步。人的一生有几个重要的需要认真对待的关键时期：初涉人世、升学就业、成家立业。每一个时期都对整个人生的成败影响深远，可见决定人生成败的关键几步大部分都集中在人的前半生。

　　谁都不愿过低配的生活，但世界是无情的，它不会因为你想要什么就给你什么，也不会因为你年轻、无知、迷茫、彷徨、孤独就对你格外开恩；世界又是仁慈的，它给了每个人雄厚而公平的资本，就是每个人都正拥有或曾拥有的年轻。只要你不虚度年华，只要你不辜负时光，年轻的资本必将绽放，便足以让你赢取你所渴望的未来。当你的才华还撑不起你的梦想时，请对自己进行提升与充电，尤其是心态和对自己的认知。

　　我们真的需要认真地思考一下，然后认真合理地规划和设定自己的人生目标、规划职业生涯、掌握高效的学习和工作方法、熟悉为人处世的艺术，搭建好属于自己的成功舞台，更快、更好地获得成功，如果觉得自己的人生还没有奇迹，那就自己创造一个奇迹，在属于自己的成功舞台上舞出精彩的人生。

每个不曾起舞的日子，都是对生命的辜负。每一份坚持，都是不甘于平庸；每一份成就，都是努力奋斗的结果；每一个细节，都是为了创造生命的奇迹。努力到无能为力，拼搏到感动自己，相信你的光芒终将照亮你的人生！

《当你的才华还撑不起你的梦想时》是写给成功路上的年轻人的一本成功励志书，书中精选了中外成功人士的精彩小故事，用真实案例中的经验智慧结晶告诉我们，只有拥有良好的心态和拼搏努力才能拥有美好的未来，为处于人生十字路口的你带来实质可靠的生命指导，从而通过自己的努力和打拼获得事业人生的成功幸福，把握好现在找到成功的捷径，让未来不再后悔。

2019 年 4 月

目 录
CONTENTS

第一章 正视自己，才华不够会让你无路可走

认识自我，发现最真实的自己 / 002

正视自己，包容自身的缺陷 / 006

面对现实，人生不可能一帆风顺 / 013

脚踏实地，路才能越走越宽 / 018

及时调整，不做无谓的坚持 / 027

第二章 你的未来，心有多大舞台就有多大

心中想赢才一定能赢 / 032

有野心但莫成为野心的奴隶 / 036

面对贫穷的困扰，给自己一些野心 / 041

生命因为有梦而丰满 / 045

你的财富始于你的梦想 / 049

远见为你打开财富之门 / 052

发掘你生命中的冰山 / 057
保持自己的理想高度 / 062

第三章　相信自己，你的伟大超乎想象
命运不完全由出身决定 / 066
改变自己，改变世界 / 071
相信自己，我就是奇迹 / 074
过去不等于未来 / 078
坚持不懈就一定成功 / 082
巧妙经营你的强项 / 086
漠视缺陷的力量 / 091

第四章　学习成功，锻造一个才华横溢的自己
将知识转化成财富 / 096

要有真才实学 / 100
做知识整合上的高手 / 104
随时随地求进步 / 107
从信息中寻找赚钱机遇 / 110
提高本领，向财富靠近 / 114
在与人交流中碰撞出智慧 / 117
从商更要不断地学习 / 121

第五章 勤奋专注，猎手的季节里没有冬天
勤奋最能挖掘潜能 / 126
比别人做得更多更彻底 / 129
每天多做一点 / 133
要善于控制注意力 / 136
95%的能力来自热情与专注 / 140

天才，首先是注意力 / 144

　　再多付出一点点 / 148

　　一次做好一件事 / 151

第六章　你要努力，不惧挫折梦想才会落地

　　永存希望在心中 / 156

　　坚韧战胜一切 / 161

　　在突破中超越自己 / 165

　　保持超常的勇气 / 169

　　用微笑迎接挫折 / 173

　　做一个坚强刚毅的人 / 176

　　信心不死，梦想不灭 / 181

第一章

正视自己,才华不够会让你无路可走

认识自我，发现最真实的自己

生活中，有人太重视自我，有人太轻视自我。太重视自我者往往目中无人，狂妄自大，在遭遇挫折后又容易一蹶不振、怨天尤人。太轻视自我者往往丧失信心，甚至自甘堕落。怎样认识自我，怎样发现自我的优势，怎样估价自我，怎样发挥自我，这绝不是一件小事。

纪伯伦在其作品里讲了一只狐狸觅食的故事：

狐狸欣赏着自己在晨曦中的身影说："今天我要用一只骆驼作午餐呢！"整个上午，它奔波着，寻找骆驼。但当正午的太阳照在它的头顶时，它再次看了一眼自己的身影，于是说："一只老鼠也就够了。"狐狸之所以犯了两次截然不同的错误，与它选择"晨曦"和"正午的阳光"作为镜子有关。晨曦拉长了它的身影，使它错误地认为自己就是万兽之王，并且力大无穷无所不能，而正午的阳光又让它对着自己已缩小了的身影忍不住妄自菲薄。

大师笔下的这只狐狸在现实生活中大有人在。对自己认识不足，过分强调某种能力或者无根无据承认自己无能。这种情况下，千万别忘记了上帝为我们准备了另外一块镜子，这块镜子就是"反躬自省"，它可以照见落在心灵上的尘埃，提醒我们"时时勤拂拭"，使我们认识并接受真实的自己。

据说在阿尔卑斯山的入口处，就写着"认识你自己"这样一句警语，让人们永远记住这句话。因为只有认识了你自己，你才能变得睿智，你才能胜不骄、败不馁，才能"不以物喜，不以己悲"，踏踏实实过自己的人生。

同时，中国传统典籍的《道德经》中也认为，能觉悟到自己的优点和缺点、能知道自己的长处和短处者可谓高明。之所以这样说，是因为人要做到自知是很不容易的，古往今来的人们都承认这一点，而且在说到自知的不易时常以"目不见睫"来比喻。是啊，每个人都有一双眼睛，这双眼睛能观天文、识地理、看社会，唯独对眼皮上的睫毛视而不见，所以唐代诗人杜牧也发出了"睫在眼前长不见"的感叹。由此可以悟到，一般情况下，我们发现别人的短处和劣势较容易，而发现自己的短处和劣势就如"目不见睫"一样困难了。所以，人们要用一个"贵"字来形容自知之明的难能可贵和崇高的价值。

楚汉相争，刘邦打败项羽，有人为他歌功颂德，他却说："运筹帷幄之中，决胜于千里之外，吾不如子房；镇国家，抚百姓，给馈饷，不绝粮道，吾不如萧何；统百万之军，战必胜，攻必取，吾不如韩信。此三者，皆人杰也，吾能用之，此吾所以取天下也。"

明末清初博学多才的顾炎武，在《广师》一文中说："坚苦力学，无师而成，吾不如李学中；险阻备尝，与时屈伸，吾不如路安卿；好学不倦，笃于朋友，吾不如王山石。"

刘邦、顾炎武都讲了三个"吾不如"。刘邦是封建皇帝，顾炎武是饱学之士。尽管他们所处的历史时代和阶级地位不同，所说的"吾不如"的内容也有区别，但其精神实质却是差不多的，共同之点是人贵有自知之明，人要了解自己、认识自己。自知是做人的最起码要求，有了自知，一个人才能对自己所处的环境有一个准确把握，才能知道自己的工作能力、学识水平、社会关系、家庭、社会背景等处在一个什么样的状况下，面对自己的现实情况，来把握自己的人生旅途，才能充分发挥自己的聪明才智，生活才能充实。

可悲的是，往往会有很多人不能做到这点，不能正确认识自己，从而在悲惨中度过了一生。这些人不是高估自己就是低估自己，如果说低估了自己，还有某种程度上的心理平衡的话，高估自己所带来的悲剧性后果，让人目不忍睹。

有的人望子成龙，对子女的现实情况不了解，一味给孩子施加压力，希望孩子能上个好学校、名牌学校，家长的愿望是好的，但脱离了实际，你根本就不了解自己的孩子，到头来事与愿违；有的人大学毕业后，想选一个较好的职业，这无可非议，但是你要有自知之明，你要针对自己的专业和特长而选，可是现实中有多少大学生因理想远大而在继续失业，又有多少大学生因选不对自己的专业在现有的工作岗位不能发挥自己的特长而感到痛苦；有的人这山望着那山高，在好单位工作不知足；还有的人不顾自己的现实和周围的环境，一味追求"进步"，再上一个台阶，逢风就是雨，见缝就插针，一心一意想当官，从中施恩行贿，到头来鸡飞蛋打，不仅没有达到目的，而且还因贪污、行贿、受贿触犯了刑律。这类的例子不胜枚举，究其原因，就在于对自己没有一个客观的认识，弄不清楚自己的优点与缺点。只有"自知"，才可能知其该做不该做，怎么去做。只有明白自我，才能悟出做人的道理。

尼采曾经说过："聪明的人只要能认识自己，便什么也不会失去。"正确认识自己，才能使自己充满自信，才能使人生的航船不迷失方向。正确认识自己，才能正确确定人生的奋斗目标。只有有了正确的人生目标，并充满自信，为之奋斗终身，才能此生无憾，即使不成功，自己也会无怨无悔。

要想全面深刻地了解自我，就必须找准自己在现实环境中的位置，要从生理的自我、心理的自我、社会的自我三个方面来全面深刻地了解自己，认识到你自己到底是个什么样的人，自己需要的是什么，自己的目标是什么。这样才能找准自己的位子，给自己准确地定位。具体的就是要能把自己放在大的社会现实环境和历史条件下认识自身的条件、能力、地位、作用、责任等，也能把自己放在小环境中认识自己的条件、能力、地位、作用和责任，给自己在社会大环境和小环境中恰当地定位，这样才对理想自我的构建、自我的发展以及人际关系的处理大有裨益。

正视自己,包容自身的缺陷

也许很多人都看过谢尔·希尔弗斯坦画的一幅名为《缺失的一角》的寓言:

由于缺了一角,它总是不快乐,于是动身去寻找那失落的一角。它唱着歌向前滚动,其间有苦有乐。它因为缺了一角,不能滚得太快,它和小虫说话,闻花香,蝴蝶还站在它头上跳舞。它经历了很多,也碰到很多失落的一角,可是有的太小,有的太大,有的太尖,有的太钝……终于它找到了恰到好处的一角,太合适了!它高兴极了,因为它再也不缺一角了,它滚得很快,快得都不能停下来了,它不能和小虫说话,也不能闻花香,蝴蝶也站不到它头上了……它累了,于是把那一角轻轻放下了,从容地向前滚动着……

我们每个人都是缺少了一角的,那缺失的一角,也许不够可爱，但那也是生命的一部分，我们要正视它的存在。正因为我们缺失了那一角，我们必须去认识、去找寻、去完善，那样才会丰富多彩。如果我们生下来就很完美，没有缺失一角，那我们还真的不知道自己怎么发展，怎么完善，那一生都不会有什么太大改变，也就没有多彩的人生了。

人的缺陷是先天形成的，遗憾则是自我的感受。缺陷是无法改变的，而遗憾却能更改。所以，我们千万不能把缺陷当遗憾。因为，一个人如果觉得自己的缺陷是一种遗憾，便会觉得生活没有希望，导致意志消沉，没有斗志，于是烦恼也就应运而生了。

人的许多缺陷有的是与生俱来的，譬如相貌、身材、脾气、秉性、智商、能力等方面的缺陷；有的是后天造成的，比如车祸、疾病、自然灾害等造成的缺陷，一经形成后，就很难改变，甚至根本无法改变。但是只要我们以积极的心态去面对，缺陷也就不成缺陷了。

一个名叫阿雄的男孩出生时两眼全盲，医生判断是先天性白内障。阿雄的父亲带着他四处去求医，每到一个地方都会用哀求的口吻问医生，能不能治好这种白内障。可是每个医生都会抱歉地给他同一个答案："对不起，我们目前还找不到治疗的办法。"

阿雄的父亲为此感到特别沮丧。但是，父母的爱和信心却使阿雄的童年生活依然过得多姿多彩，完全不觉得自己的残障。

然而，在阿雄6岁的时候却遇到了一件意想不到的事情。一天下午,他的小伙伴们约他一起去玩球,正玩得非常高兴的时候,一个名叫阿牛的伙伴忘记了阿雄看不见,向他丢过去一个球,并且说:"阿雄,球要打到你了!"

果然,双目失明的阿雄被球击中了,虽然他没有受伤,却十分不解。他问母亲:"为什么阿牛知道球会打到我,我自己却不知道?"

母亲叹了口气,知道她担忧的时刻终于到来了,她默默地握着儿子的小手,数着他的手指头说道:"1、2、3、4、5,这5根手指就像人的5种感官,听觉、触觉、嗅觉、味觉、视觉。这5种感官,会将信息传达到你的大脑。"

说罢,她把代表"视觉"的手指弯下来对阿雄说道:"你和别人不同。你只有4种感觉,听觉、触觉、嗅觉、味觉,但是没有视觉。"她轻声说。

忽然,母亲严厉地对阿雄说道:"阿雄,你站起来!"母亲见他站起来后,便把球捡起来,向他轻轻抛去:"准备接球!"阿雄感觉球已碰到手指,便合拢双手,把球接住了。

"太好了,阿雄!"母亲说,"你永远都不要忘了刚才做的事情。你虽然只有'4根'手指,但也一样能接到球。"

从此以后,阿雄永远都没有忘记"只用4根手指也一样能接到球"的事实,并且当他因为视觉的残障而受到挫折时,他从来都没把自己的缺陷当作一种遗憾。

所以，在生活中，我们不要为有缺陷而烦闷和忧愁，应当积极地去面对人生。这样，我们就会发现，正是缺陷让我们达到了人生真正意义上的完美。

生活中，总有一些人，尤其是一些身体有缺陷的人，认为别人所有的种种幸福是不属于他们的，以为他们不能与那些身心健康、知识渊博的人相提并论，总以为从此以后世界上种种最美好的东西就与自己无缘了，从此开始自暴自弃，陷入自卑自怜中。

有个女孩唱歌动听优雅，但遗憾的是，她长着一口龅牙，十分难看。

一次，她参加了歌唱比赛。当她在台上表演时，总是有意识地去掩饰自己难看的牙齿。如此一来，她的表演让评委和观众都觉得好笑，结果她的比赛以失败告终。

赛后，一个音乐人找到了这个女孩，然后很认真地告诉她："你会成功的，但是你必须忘掉你的牙齿。"

慢慢地，女孩忘记了自己长着龅牙的生理缺陷。在一次全国大赛中，她的极富个性的表演令所有的观众和评委都为之倾倒。她终于脱颖而出。

这个女孩就是美国著名的歌唱家——卡丝·黛丽。她的龅牙同她的名字一样响亮，甚至代表了她的形象，成了一种美丽的象征。

其实，在这个世界上没有任何一个人是完美的。世上的每个人都如同被上帝咬过一口的苹果，他们都是有缺陷的。

因此，要学会包容自己的缺陷，勇敢地面对自己的缺陷，并将这些缺陷化作自己前进的动力。

"上帝，为什么要这样对我？难道是我做错了什么吗？我看不到树木，看不到小鸟，看不见颜色，我什么都看不见，我还能干什么？"当乔治双目失明的时候，他常常这样悲伤地问自己。

每个亲人、朋友以及许多好心人，当他们知道乔治双目失明之后，都细心地关怀他，照顾他——当他过马路的时候，也会有人来搀扶他；当他坐公共汽车的时候，总是有人为他让座。但乔治把这一切都看成别人对他的同情和怜悯，他不愿意一直这样被同情、怜悯。

直到有一天，一件事情改变了乔治悲观的人生态度。那天，他来到了附近的教堂里，莱恩神父亲切地对乔治说："世上每个人都是被上帝咬过一口的苹果，都是有缺陷的。有的人缺陷比较大，因为上帝特别喜爱他的芬芳。"

"我真的是上帝咬过的苹果吗？"乔治疑惑地问莱恩神父。

"是的，你不是上帝的弃儿。但是上帝肯定不愿意看到他喜欢的苹果在悲观失望中度过他的一生。"莱恩神父轻轻地回答道。

"谢谢你，神父，您让我找到了力量。"乔治高兴地对神父说道。从此他把失明看作上帝的特殊钟爱，开始振作起来。

事实上，许多有先天缺陷的人之所以能取得成功，关键就在于他们能够正视自己的缺陷，正视现实促使他们把缺陷转化成为奋斗的动力。世界上没有十全十美的东西，也没有十全十美的人。有缺陷的人并非是一个无用的人，缺陷只是一个方面，每个人都可以在另一方面发现自己的优势。

一个寺庙的和尚每天都要挑着两个水桶到山下挑水，但他的两个水桶一个完好无损，另外一个则有一个长长的裂缝，每次和尚把水挑到庙里的时候，那只破桶里面都只剩半桶水了。

那个完好的水桶不禁为自己的成就和完美感到骄傲，那只可怜的有裂缝的水桶因自己天生的裂痕而感到十分惭愧和自卑，心里一直很难过，因此它对和尚说："我为自己感到惭愧，我想向你道歉。"

和尚笑着说："你为什么要感到惭愧？"

水桶答道："每次我都只能运半桶水。你尽了自己的全力，却没有得到你应得的回报。"

和尚听完水桶的话，然后说："在回去的路上，我希望你仔细看看小路旁那些美丽的花儿。你没有发现那些美丽的花儿只长在你这边，并没有长在完美的水桶那边吗？我经常摘下那些美丽的花去装饰我们的房子。如果没有你，我们的房子也不会这样美丽！我应当感谢你才对。"

没有人是完美的，每个人都会有缺陷，千万不能"破罐子破摔",只要学会正视缺陷,扬长避短,人生的另一面照样可以像盛开的花一样美丽。

赖斯利说:"人生的意义不在于拿到一副好牌,而在于怎么样打好一副烂牌。"缺陷不一定都是坏的,有可能就是我们的长处和优点。

只要会利用,可能还会给我们带来意想不到的收获。因此,要正视缺陷,包容缺陷。艰苦的日子总有结束的时候,心中充满希望,并继续为生活而努力的人,才能享有新的生命。

面对现实，人生不可能一帆风顺

有这样一个故事虽然简单，但却蕴含着深刻的哲理。故事讲的是一个小男孩为了超越自己的影子，便飞快地奔跑。可是，不管他跑多远、跑多快，影子总是在他的前头。小男孩不但跑累了，而且心情也沮丧到了极点。后来，有人告诉他一个最简单的方法："只要面对太阳，影子就永远在你身后。"

是啊，面对光明，阴影永远在我们身后。人生在世，什么样的困难和挫折都可能会遇到，像失恋、破产、疾病、死亡等种种苦难总在缠着生活中的一些人，当然也包括你和我。因此，我们常感到活得太累，肩上的担子把我们压得很疲惫，于是有人便停下来歇歇，从此以后生活慢慢变得颓废。

只有当你认识到人世间不可能一帆风顺，就像法拉第曾经说过："拼命去争取成功，但不要期望一定会成功。"在做人做事时，应考虑生活中既有好的一面，也有坏的一面。当身陷"一波未平，一波再起"的境地时，不妨往好处想；当身处"安居乐业，风平浪静"时，你又不妨往坏处想。因为看到坏的一面，能赢得提前做好准备的时间；看到好的一面，会给你带来黎明前的希望。

从前有一个国家，地不大，人不多，但是人民过着悠闲快乐的生活，因为他们有一位不喜欢做事的国王和一位不喜欢做官的宰相。

国王没有什么不良嗜好，除了打猎以外，最喜欢与宰相微服私访。宰相除了处理国务以外，就是陪着国王下乡巡视，他最常挂在嘴边的一句话就是"一切都是最好的安排"。

有一次，国王兴高采烈地到大草原打猎，随从们带着数十条猎犬，声势浩大。国王的身体保养得非常好，筋骨结实，而且肌肤泛光，看起来就有一国之君的气度，随从看见国王骑在马上，威风凛凛地追逐一头花豹，都不禁赞叹国王勇武过人！花豹奋力逃命，国王紧追不舍，一直追到花豹的速度减慢时，国王才从容不迫弯弓搭箭，瞄准花豹，嗖的一声，利箭像闪电似的，一眨眼就飞过草原，不偏不倚钻入花豹的颈子，花豹惨叫一声，倒在地上。

国王很开心，他眼看花豹躺在地上许久都毫无动静，一时失去戒心，居然在随从尚未赶上时，就下马检视花豹。谁想到，花豹就是在等待这一瞬间，使出最后的力气，突然跳起来向国王扑过来。国王一愣，看见花豹张开血盆大口咬来，他下意识地闪了一下，心想："完了！"

还好，随从及时赶上，立刻发箭射入花豹的咽喉，国王觉得小指一凉，花豹就重重地跌在地上，这次真的死了。

随从忐忑不安地走上来询问国王是否无恙，国王看看手，小指头被花豹咬掉小半截，血流不止，随行的御医立刻上前包扎。虽然伤势不算严重，但国王的兴致破坏光了。本来国王还想找人来责骂一番，可是想想这次只怪自己冒失，还能怪谁？所以闷不吭声，大伙儿就黯然回宫去了。

回宫以后，国王越想越不痛快，就找了宰相来饮酒解愁。宰相知道了这事后，一边举杯敬国王，一边微笑说："大王啊！少了一小块肉总比少了一条命来得好吧！想开一点，一切都是最好的安排！"

国王一听，闷了半天的不快终于找到宣泄的机会。他凝视宰相说："嘿！你真是大胆！你真的认为一切都是最好的安排吗？"

宰相发觉国王十分愤怒，却也毫不在意地说："大王，真的，如果我们能够超越自我一时的得失成败，确确实实，一切都是最好的安排。"

国王说："如果我把你关进监狱，这也是最好的安排？"

宰相微笑说："如果是这样，我也深信这是最好的安排。"

国王说："如果我吩咐侍卫把你拖出去砍了，这也是最好的安排？"

宰相依然微笑，仿佛国王在说一件与他毫不相干的事。"如果是这样,我也深信这是最好的安排。"

国王勃然大怒,大手用力一拍,两名侍卫立刻近前,国王说:"你们马上把宰相推出去斩了!"侍卫愣住,一时不知如何是好。国王说:"还不快点,等什么?"侍卫如梦初醒,上前架起宰相,就往门外走去。国王忽然有点后悔,他大叫一声说:"慢着,先抓去关起来!"宰相回头对他一笑,说:"这也是最好的安排!"

国王大手一挥,两名侍卫就架着宰相走出去了。

过了一个月,国王养好伤,打算像以前一样找宰相一块儿微服私巡,可是想到是自己亲口命人把他关入监狱里,一时也放不下面子释放宰相,叹了口气,就独自出游了。

走着走着,国王来到一处偏远的山林,忽然从山上冲下一队脸上涂着红黄油彩的蛮人,三两下就把他五花大绑,带回高山上。国王这时才想到今天正是满月,这一带有一支原始部落,每逢月圆之日就会下山寻找祭祀满月女神的牺牲品。他哀叹一声,这下子真的是没救了。其实他很想跟蛮人说:"我乃这里的国王,放了我,我就赏赐你们金山银海!"可是嘴巴被破布塞住,连话都说不出口。

当他看见自己被带到一口比人还高的大锅炉,柴火正熊熊燃烧,更是脸色惨白。大祭司现身,当众脱光国王的衣服,露出他细皮嫩肉的龙体,大祭司啧啧称奇,想不到现在还能找到这么完美无瑕的祭品!

原来,今天要祭祀的满月女神,正是"完美"的象征,所以,祭祀的牲品丑一点、黑一点、矮一点都没有关系,就是不能残缺。就在这时,大祭司终于发现国王的左手小指头少了小半截,他忍不住咬牙切齿咒骂了半天,忍痛下令说:"把这个废物赶走,另外再找一个!"脱困的国王大喜若狂,飞奔回宫,立刻叫人释放宰相,在御花园设宴,为自己保住一命也为宰相重获自由而庆祝。

国王向宰相敬酒说:"宰相,你说的真是一点也不错,果然,一切都是最好的安排!如果不是被花豹咬一口,今天连命都没了。"

宰相回敬国王,微笑说:"贺喜大王对人生的体验又更上一层楼了。"过了一会儿,国王忽然问宰相说:"我侥幸逃回一命,固然是'一切都是最好的安排',可是你无缘无故在监狱里蹲了一个月,这又怎么说呢?"

宰相慢条斯理地喝下一口酒,才说:"大王!您将我关在监狱里,确实也是最好的安排啊!您想想看,如果我不是在监狱里,那么陪伴您微服私巡的人,不是我还会有谁呢?等到蛮人发现国王不适合拿来祭祀满月女神时,谁会被丢进大锅炉中烹煮呢?不是我还有谁呢?所以,我要为大王将我关进监狱而向您敬酒,您也救了我一命啊!"

脚踏实地，路才能越走越宽

有一位大学生，在校时成绩很好，大家对他的期望也很高，认为他必定会成就一番大事业。

后来，他确实成就了一番事业，但不是在政府机关或在大公司里有成就，而是卖蚵仔面线卖出了成就。他那时还没找到工作，就向家人"借钱"，自己当老板，卖起蚵仔面线来。他的大学生身份曾招来很多不理解的眼光，也为他招徕不少生意。他自己倒从未对自己学非所用及高学低用产生过怀疑。

现在呢，他还在卖蚵仔面线，但也搞投资，钱赚得比一般人不知多多少倍。

放下身价，路会越走越宽。那位同学如果不去卖蚵仔面线或许也会成就大事，但无论如何，他能放下大学生的身价，还是很令人佩服的。你不必学他非得去做类似的事情，但在必要的时候，确实也应现实一点儿。放下身价，就是要在特定的情况下以屈求伸。一个人要成大事必须具备此精神。

人的"身价"是一种"自我认同",并不是什么不好的事,但这种"自我认同"也是一种"自我限制",也就是说"因为我是这种人,所以我不能去做那种事"。而自我认同越强的人,自我限制便越厉害,千金小姐不愿意和佣人同桌吃饭,博士不愿意当基层业务员,高级主管不愿意主动去找下级职员,知识分子不愿意去做"不用知识"的工作……他们认为,如果那样做,就有失他们的身份。

其实这种"身价"只会让人的路越走越窄,这并不是说有"身价"的人就不能有得意的人生,就不能成大事;而是说在非常时刻,如果还放不下身价,就会让自己无路可走。像博士如果找不到工作,又不愿意当业务员,那只有挨饿了。

有一位留美的计算机博士,毕业后想在美国找一份理想的工作,由于他要求太高,结果好多家公司都不录用他,思来想去,他决定收起所有的学位证明,以一种"最低身份"再去求职。

不久他就被一家公司聘为程序录入员。这对他来说简直是小菜一碟,但他仍干得一丝不苟。不久,老板发现他能看出程序中的错误,非一般的程序录入员可比。这时他才亮出学士证,老板给他换了个与大学毕业生对口的工作。

过了一段时间,老板发现他时常能提出许多独到的有价值的建议,远比一般的大学生要高明,这时,他又亮出了硕士证，老板随后又提升了他。

再过了一段时间，老板觉得他还是比别人优秀，就约他详谈，此时他才拿出了博士证。由于老板对他的水平已有了全面的认识，就毫不犹豫地重用了他。

所以说，人不怕被别人看低，而怕的恰恰是人家把你看高了。看低了，你可以寻找机会全面地展现自己的才华，让别人一次又一次地对你"刮目相看"，你的形象会慢慢地高大起来；可被人看高了，刚开始让人觉得你多么了不起，对你寄予了种种厚望，可你随后的表现让人一次又一次地失望，结果是越来越被人看不起。

能放下身价的人能比别人早一步抓到好机会，当然也就能比别人具有更多的成大事的资本。

你如果想在社会上成就一番事业，那么就要放下身价，即要放下你的学历、放下你的家庭背景、放下你的身份，让自己回归到"普通人"中。

维斯卡亚公司是20世纪80年代美国最为著名的机械制造公司，其产品销往全世界，并代表着当时重型机械制造业的最高水平。许多人毕业后到该公司求职遭拒绝，原因很简单，该公司的高技术人员爆满，不再需要各种技术人才。但是令人垂涎的待遇和足以自豪、炫耀的地位仍然向那些有志的求职者闪烁着诱人的光环。

史蒂芬是哈佛大学机械制造业的高才生，和许多人的命运一样，在该公司每年一次的用人测试会上被拒绝申请，其实这时的用人测试会已经徒有虚名了。史蒂芬并没有死心，他发誓一定要进入维斯卡亚重型机械制造公司。于是，他采取了一个特殊的策略——假装自己一无所长。

他先找到公司人事部，提出为该公司无偿提供劳动力，请求公司分派给他任何工作，他都不计任何报酬来完成。公司起初觉得这简直不可思议，但考虑到不用任何花费，也用不着操心，于是便分派他去打扫车间里的废铁屑。

一年来，史蒂芬勤勤恳恳地重复着这种简单而劳累的工作。为了糊口，下班后他还要去酒吧打工。这样，虽然得到老板及工人们的好感，但是仍然没有一个人提到录用他的问题。

20世纪90年代初，公司的许多订单纷纷被退回，理由均是产品质量问题，为此公司将蒙受巨大的损失。公司董事会为了挽救颓势，紧急召开会议商议对策，当会议进行一大半却未见眉目时，史蒂芬闯入会议室，提出要直接见总经理。

在会上，史蒂芬把对这一问题出现的原因做了令人信服的解释，并且就工程技术上的问题提出了自己的看法，随后拿出了自己对产品的改造设计图。这个设计非常先进，恰到好处地保留了原来机械的优点，同时克服了已出现的弊病。

总经理及董事会的董事见到这个编外清洁工如此精明在行，便询问他的背景以及现状。史蒂芬当即被聘为公司负责生产技术问题的副总经理。

原来,史蒂芬在做清扫工时,利用清扫工到处走的特点,细心察看了整个公司各部门的生产情况,并一一做了详细记录,发现了所存在的技术性问题并想出解决的办法。为此,他花了近一年的时间搞设计,获得了大量的统计数据,为最后一展雄姿奠定了基础。

所以说,"放下身价"比放不下身价的人在竞争上多了几个优势:能放下身价的人,他的思考富有高度的弹性,不会有刻板的观念,从而能吸收各种资讯,形成一个庞大而多样的资讯库,这将是他成大事的本钱。

美国一位大富商年轻时,曾在福特汽车公司助理柯金斯处任秘书。一天晚上,公司要发通知给所有的经理,事情紧急,在场职员都来帮忙。可是,这个年轻的秘书却认为,做这种事情有失身份,他说:"我到公司来,不是来做套信封的事的。"柯金斯听后大怒,说:"好吧,这件事既然对你是一种侮辱,你可以离开这里。"

秘书被炒鱿鱼后,试了不少工种,四处碰壁,结果还是硬着头皮回到福特公司。这次,他虚心了许多,对柯金斯说道:"我在外面经历了不少,却总是希望回到这里,你还要我吗?"

"当然要,"柯金斯说,"因为你现在已经完全变了。"

可见,如果你被上司安置在不被人关注的位置上,特别是当你羽翼未丰的时候，那是你的幸运。因为这样的位置很少被干扰，没有竞争，你可以像参禅者那样，潜心修行专业，修行处世之道，当然这种修炼对你以后的做人做事会有很大的帮助。总而言之，从卑微处起步，更益于立身。

现今，在日本民众中广为传颂着一个动人的故事：

许多年前，一个妙龄少女来到东京帝国酒店当服务员。这是她涉世之初的第一份工作，也就是说她将在这里正式步入社会，迈出她人生的第一步。因此她很激动，暗下决心：一定要好好干！可是她万万没有想到：上司竟安排自己洗厕所！洗厕所，实话实说没人爱干，何况她从未干过粗重的活儿，细皮嫩肉，喜爱洁净，干得了吗？洗厕所时在视觉上、嗅觉上以及体力上都会使她难以承受，心理暗示的作用更使她忍受不了。当她用自己白皙细嫩的手拿着抹布伸向马桶时，胃里立刻"造反"，翻江倒海，恶心得几乎呕吐却又吐不出来，太难受了！而上司对她的工作质量要求特别高，高得骇人：必须把马桶抹洗得光洁如新！

她当然明白"光洁如新"的含义是什么，她当然更知道自己不适应洗厕所这一工作，真的难以实现"光洁如新"这一高标准的质量要求。因此，她陷入极度的困惑、苦恼之中，也哭过鼻子。这时，她面临着人生第一步怎样走下去的抉择：是继续干下去，还是另谋职业？继续干下去，太难了！另谋职业知难而退吧，人生之路岂有退堂鼓可打？她不甘心就这样败下阵来，因为她想起了自己初来时曾下过的决心：人生第一步一定要走好，马虎不得！正在此关键时刻，同单位的一位前辈及时地出现在她面前，帮她摆脱了困惑、苦恼，帮她迈好了这人生第一步，更重要的是帮她认清了人生路应该如何走，而他并不是用空洞的理论去说教，只是亲自给她做了个示范。

首先，他一遍遍地抹洗着马桶，直到抹洗得光洁如新；然后，他从马桶里盛了一杯水，一饮而尽喝了下去！竟然毫不勉强。实际行动胜过万言千语，他告诉了少女一个极为朴素而且非常简单的真理：光洁如新，要点在于"新"，新则不脏，因为不会有人认为新马桶脏，也因为马桶中的水是不脏的，是可以喝的；反过来讲，只有马桶中的水达到可以喝的洁净程度，才算是把马桶抹洗得"光洁如新"了，而这一点已被证明是可以办到的。

同时，他送给她一个含蓄的、富有深意的微笑，送给她一束关注的、鼓励的目光。这已经够用了，因为她早已激动得几乎不能自持，从身体到灵魂都在震颤。她目瞪口呆、热泪盈眶、恍然大悟、如梦初醒！她痛下决心："就算一生洗厕所，也要做一名最出色的洗厕人！"

从此，她成为一个全新的、振奋的人；从此，她的工作质量也达到了那位前辈的高水平，当然她也多次喝过马桶里的水，为了检验自己的自信心，为了证实自己的工作质量，也为了强化自己的敬业心；从此，她很漂亮地迈好了人生第一步；从此，她踏上了成功之路，开始了她的不断走向成功的人生历程。

几十年光阴一瞬而过，如今她已是日本一家著名商社的董事长，她的名字叫家田惠子。

家田惠子是从一个不被关注的职位上成长起来的。在这里，她受到了锻炼，也经受了考验，正是在这个卑微的位置上，她长成了参天大树。

下面，我们再来看看另一个人的职业轨迹。

奥利勒是堪斯亚建筑工程公司的执行副经理，而在几年前，他只是作为一名送水工被堪斯亚一支建筑队招聘进来的。

奥利勒并不像其他的送水工那样把水桶搬进来之后就一面抱怨工资太少一面躲在墙角抽烟，他给每一个工人的水壶倒满水并在工人休息时缠着他们讲解关于建筑的各项工作。很快，这个勤奋好学的人引起了建筑队长的注意。

两周后，奥利勒当上了计时员。当上计时员的奥利勒依然勤勤恳恳地工作，他总是早上第一个来，晚上最后一个离开。由于他平常总是向有技术的工人请教，所以对所有的建筑工作比如打地基、垒砖、刷泥浆等已经非常熟悉，当建筑队的负责人不在时，工人们总喜欢问他。现在他已经成了公司的副总，但他依然特别专注于建筑专业的学习与积累。所不同的是，他现在不仅可以从工人那里得到帮助，同时也在一所大学的建筑系上培训班。他常常鼓励大家学习和运用新知识，还常常拟计划、画草图，向大家提出各种好的建议。只要给他时间，他可以把客户希望他做的所有的事做好。

相信只要看了上面的故事的人，就再也没有理由去轻视所谓"卑微"的工作，我们何不把这当作磨砺自己的机会。不是有句"宝剑锋从磨砺出，梅花香自苦寒来"吗？还有歌里唱道"不经历风雨，怎么见彩虹"，说的都是先要修炼才能立身的道理。

及时调整，不做无谓的坚持

有一句阿拉伯谚语："跛足而不迷路的人胜过健步如飞而误入歧途的人。"古希腊有个寓言：一头驴听到了蝉唱歌的声音很好听，便头脑发热，要向蝉学习发音的方法。于是蝉就说："你首先必须学我一样，每天以露水充饥。"那头昏了头脑的驴便照着蝉的话去做，结果饿得倒在地上再也起不来了。

我们早已耳闻了许多"天才在于坚持""坚持就是胜利""成功属于锲而不舍的人"之类的话。诚然，这些都是实践证明了的真知灼见，但却容易给一些思想单纯、片面的人造成错觉，他们认为仅有痴迷、坚持就够了。事实上，这种错觉又是十分愚蠢可笑的，正如那头坚持以露水充饥的驴一样，最终落了个饿死的下场。

歌德年轻时立下的志向是成为一个世界闻名的画家。为此，他一直沉溺于那变幻无穷的色彩世界中而不能自拔，也付出了长达10年的艰辛劳动，却收效甚微。在40岁那年，他游历意大利，看到了真正的造型艺术杰作后，终于恍然大悟过来：自己在这方面是难有成就的了。他痛苦地做出了抉择：放弃绘画，转攻文学。经过不懈的努力和摸索，歌德最终成为一名伟大的诗人。晚年的歌德在回顾自己的成长过程时，曾现身说法，告诫那些头脑发热的青年不要盲目相信兴趣。

纵观古今，似乎大多数人早期的自我设计都有一定的盲目性：马克思曾经想当诗人，鲁迅曾去日本学医，安徒生曾经想当演员，高斯曾经想当作家，但他们比常人高明的地方在于：他们能及时地调整自己奋斗的方向。

那么怎样识别盲目的自我设计呢？ 最有效的鉴别方法就是价值。 歌德就是意识到多年的劳动毫无价值才断定自我设计有误的。 这需要一个过程，甚至是一个痛苦的、付出艰辛代价的探索过程。 歌德感慨道："要发现自己多不容易，我差不多花了半生光阴"。 他又告诫后人说："这需要神志清醒，人只有经历欢喜和苦痛，才能懂得什么应该追求和什么应该避免。"

演技派电影明星达斯丁·霍夫曼在"金球奖"的颁奖典礼上接受终身成就奖时，提到一个真实的小故事。30年前，有一次，他为了《毕业生》那部电影宣传，碰巧与音乐大师史达温斯基在同一处接受访问。主持人问起史氏何时是他一生当中最感到骄傲的时刻——新曲的首度公演？功成名就、掌声四起？史氏都加以否认，最后，大师说："我坐在这里已经好几个小时了，这中间，我一直不断地在为我新曲中的一个音符绞尽脑汁，到底是'1'比较好？还是'3'？当我最后发现众里寻她千百度那一个音符的一刹那，是我人生中最快乐、最骄傲的时刻！"他被大师感动得当场哭了起来。

就像伟大的作曲家心无旁骛、孜孜不息地寻找一个最能感动他的音符，不管是从事何种行业的人，都必须认识自己的潜能，确定最适合自己的发展方向，否则就很可能埋没了自己的才能。

爱因斯坦大学时的老师佩尔内教授有一次严肃地对他说："你在工作中不缺少热心和好意，但是缺乏能力。你为什么不学医、不学法律或哲学而要学物理呢？"幸亏爱因斯坦深知自己在理论物理学方面有足够的才能，没有听那个教授的话。否则，也许我们的物理科学就不会像今天这样了。

科学的门类不同，需要的素质与才能也不同。比如：做一个杰出的临床医生，必须具有很好的记忆力；研究理论物理学，抽象思维能力不可少；一个化学家没有必要一定具备实际操作、设计和做实验的能力，虽然这种能力对于一个化学研究者来说是必不可少的；而天文学主要是一门观察科学，需要很好的观察能力、浓厚的兴趣和长久细致进行观察的毅力。

人的兴趣、能力、素质都是不同的。如果你不了解这一点，没能把自己的所长利用起来，那么，你将会自我埋没。

反之，如果你有自知之明，善于设计自己，从事你最擅长的工作，你就会获得成功。

一些遗传学家经过研究认为：人的正常的、中等的智力由一对基因所决定，另外还有5对次要的修饰基因，它们决定着人的特殊天赋，起着降低智力或升高智力的作用。一般说来，人的这5对次要基因总有一两对是"好"的。也就是说，一般人总有可能在某些特定的方面具有良好的天赋与素质。

汤姆逊由于"那双笨拙的手"，在处理实验工具方面感到很烦恼，因此他的早年研究工作偏重于理论物理，较少涉及实验物理，并且他找了一位在做实验及处理实验故障方面有惊人能力的年轻助手，这样他就避免了自己的缺陷，努力发挥了自己的特长。珍妮·古多尔清楚地知道，她并没有过人的才智，但在研究野生动物方面，她有超人的毅力、浓厚的兴趣，而这正是干这一行所需要的。所以她没有去攻数学、物理学，而是去了非洲深林里考察黑猩猩，终于成了一位有成就的科学家。

所以，每一个人都应该努力根据自己的特长来设计自己，量力而行。根据自己的环境、条件、才能、素质、兴趣等，确定主攻方向。不要埋怨环境与条件，应努力寻找有利条件；不能坐等机会，要自己创造机会。我们不仅要善于观察世界，善于观察事物，也要善于观察自己，了解自己。

第二章

你的未来，心有多大舞台就有多大

心中想赢才一定能赢

有学员在课堂上提问,如何才能获得成功的人生。我给出的答案是:要想获得成功的人生,就必须先有渴求成功的信念。也可以理解为,要有野心。

没有野心肯定不会有成就。如果一个人把时间都用在了闲聊和发牢骚上,就根本不会有想用行动改变现实的境况。对于他们来说,不是没有机会,而是缺少进取心。当别人都在为事业和前途奔波时,他只是茫然地虚度光阴,根本没有想到去跳出误区,结果只会在失落中徘徊。

有一天,尼尔去拜访多年未见的老师。老师见了尼尔很高兴,就询问他的近况。

这一问,引发了尼尔一肚子的委屈。尼尔说:"我对现在做的工作一点都不喜欢,与我学的专业也不相符,整天无所事事,工资也很低,只能维持基本的生活。"

老师吃惊地问:"你的工资如此低,怎么还无所事事呢?"

"我没有什么事情可做,又找不到更好的发展机会。"尼尔无可奈何地说。

"其实并没有人束缚你,你不过是被自己的思想抑制住了,明明知道自己不适合现在的位置,为什么不去学习其他的知识,找机会自己跳出去呢?"老师劝告尼尔。

尼尔沉默了一会儿说:"我运气不好,什么样的好运都不会降临到我头上的。"

"你天天在梦想好运,却不知道机遇都被那些勤奋和跑在最前面的人抢走了,你永远躲在阴影里走不出来,哪里还会有什么好运?"老师严肃地说,"一个没有进取心的人,永远不会得到成功的机会。"

如果一个人安于贫困,视贫困为正常状态,不想努力挣脱贫困,那么在身体中潜伏着的力量就会失去它的效能,他的一生便永远不能脱离贫困的境地。

众所周知,与拿破仑的成就一样显赫于世的还有他的一句名言:"不想当将军的士兵,不是好士兵。"这是对所谓"野心"的最好说明。古今中外,成大事者都是因为自己有一颗"想当将军"的野心而最后如愿以偿的。心理学认为,成绩有提升自我评价、增强自信心的作用,强大的野心能促使人更加积极、主动,富有智慧,所以,心中想赢的人,才能够赢。

富勒家中有7个兄弟姐妹,他从5岁开始工作,9岁时会赶骡子。他有一位了不起的母亲,她经常和儿子谈到自己的梦想:"我们不应该这么穷,不要说贫穷是上帝的旨意,我们很穷,但不能怨天尤人,那是因为你爸爸从未有过改变贫穷的欲望,家中每一个人都胸无大志。"这些话深植在富勒的心里,他一心想跻身于富人之列,开始努力追求财富,12年后,富勒接手一家被拍卖的公司,并且还陆续收购了7家公司。

他谈及成功的秘诀时,还是用多年前母亲的话回答:"我们很穷,但不能怨天尤人,那是因为爸爸从未有过改变贫穷的欲望,家中每一个人都胸无大志。"富勒在多次受邀演讲中说道:"虽然我不能成为富人的后代,但我可以成为富人的祖先。"

有些人认为野心对人的生活和工作会产生不利影响,殊不知,缺乏争取好成绩的冲劲,这会对工作产生更严重的负面作用。如果你对工作缺乏野心,将很难获得成大事的机会。

从富勒的故事中可以看出,正是这种深植内心的野心与欲望使富勒施展出全部的力量,最终如其所愿成为"富人的祖先"。所以,人要有适度的野心,这样才能尽力而为实现自我超越。

当你有足够强烈的欲望去改变自己命运的时候,所有的困难、挫折、阻挠都会为你让路,欲望有多大,就能克服多大的困难,就能战胜多大的阻挠。你完全可以挖掘生命中巨大的能量,激发成功的欲望,因为欲望有时就是力量。

那如何才能使自己拥有适度的野心呢？下面4条建议或许对你有所帮助。

（1）不要对成大事抱太大的期望，要设定可能达成的实际目标。

（2）没有强烈动机反能完成更多事，由此可知，野心应符合自己的个性，不必强求。

（3）当周围的人对自己的期望不太满意时，人往往会失去自信，偶尔会有更大的野心。因此，首先要检讨对自己的要求是否"合乎实际"，如果超过实际，必须立刻改进。

（4）过大的野心会影响健康。目标定得太高，被不可能实现的强烈野心侵蚀，容易患肠胃溃疡等疾病。

有野心但莫成为野心的奴隶

生活中，有许多人成为病态野心的奴隶，任内心的贪欲不断蔓延生长，最后成为支配他们头脑和灵魂的魔鬼。他们总是不满足，总是尽力追求着排场和门面。

比如，让自己的家居装饰保持在他们本来无法达到的水平上；在买不起自行车的时候就买汽车；穿着名牌时装，佩戴昂贵首饰……他们所做的这一切，实质上并没有获得那些真正值得追求的东西，反而被这些东西蒙蔽了眼睛，无法探究人生的真谛。

贫民窟里住着一个老乞丐，他每天晚上都会虔诚地向上帝祈祷：希望能够发财。

一天，天使降临，对他说："上帝被你的虔诚打动了，他可以帮助你实现三个愿望。"

老乞丐心中大喜，立刻许下第一个愿望：要变成一个有钱人。刹那间，他就置身于一座豪华的大宅院中，身边有无数的金银财宝。接着老乞丐马上又向天使许下第二个愿望：希望自己能年轻50岁。果然，一阵轻烟过后，老乞丐变成了20岁的年轻小伙子。这时，他兴奋到了极点，说出了第三个愿望：一辈子不需要工作。

但他立刻又变回了老乞丐。

乞丐奇怪地叫道："这是为什么？天使，你是不是弄错了？"

天使的声音从天边远远地传了过来："你太贪心了，工作是上帝对人类的恩赐，连工作你都不想要，当然就一无所有了！"

我们总是想从生活中索求更多的东西，却往往忽略了生活本身已经给予我们的宝贵财富。贪婪迷惑了我们的双眼，我们难以分清该要什么，又该放弃什么，最终失掉了生活的真谛却毫不自知。

我们的社会正在形成一种不好的风气，年轻人的健康状况不佳，过度工作使他们丧失了青春的活力。在病态的野心的驱使下，他们感到有些力不从心。

是愚蠢的虚荣心和自负，让我们在不具备条件时也要追赶潮流。我们的社会中，又有多少人为了满足虚荣心，而被房子、商业和生意上的债务逼进了坟墓？

有一种猴子，它们非常喜欢偷吃农民的玉米。尤其是晚上的时候，农民们没有时间照看，玉米常常会被洗劫一空。起初农民们拿它们没办法，后来他们发现猴子都有贪得无厌的习性,于是他们根据这种习性发明了一种捕捉猴子的巧妙方法。

农民们把一只只葫芦形的细颈瓶子固定好,然后把它们拴在一棵大树下,再在瓶子中放入猴子们最爱吃的玉米,然后就等着猴子们上钩了。

到了晚上,猴子们来到树下,见到瓶中的玉米十分高兴,就把爪子伸进瓶子去抓玉米。这瓶子的妙处就在于猴子的爪子刚刚能够伸进去,等它抓到一把玉米时,爪子却怎么也拿不出来了。而这些猴子十分贪婪,绝不可能放下已到手的玉米,就这样,它们的爪子也就一直抽不出来,于是只能死死地守在瓶子旁边了。

到了第二天早晨,当农民们抓住它们的时候,它们依然抓着玉米不放,直到它们把玉米送入嘴中。

其实,在生活当中,也有不少人,为了永无休止的贪欲而无谓地失去很多东西。为了生存,我们透支着体力和精力;为了爱情,我们透支着青春和情感;为了财富和地位,我们失去了健康和快乐。财富也好,情感也罢,或是其他方面的索求,都应把握有度,适可而止。贪婪,乃失败之根本。有多少人由贪而变贫,由贪而服法,由贪而寝食难安。

能否达到真正的成功,首先要看你的雄心所指。如果你的雄心壮志中包含的内容过于粗鄙,甚至包含了太多的本能特征,那么,无论这种"成功"目标在多大程度上实现了,其价值都是值得怀疑的。

许多年轻人在开始人生旅途时只抱着唯一的目的——赚

钱。这是多么可悲啊！赚钱竟然成了他们人生的首要目的，左右着他们观察世界的方式。与钱相比，仿佛其他东西都不重要。他们不会思考如何真正地生活，如何塑造个人的品格。他们在意的只是赚钱，赚钱是他们绝对的热门话题和唯一目标。

我们经常会思索这样的问题：什么才是我们生命中最重要的东西，什么才是我们所要追求的首要目标。如果一个人经年累月地为了一个不恰当的目标而奋斗，为了一个不必要的野心而用尽所有的力气时，他实际上已经被魔鬼控制了，这样的人是多么可怜啊！世界上最不幸的事情莫过于一个人完全被贪婪和冷漠所支配。在一种病态的野心的刺激下，他会疯狂地追逐金钱，直到所有的良知都泯灭，直到失去所有往昔单纯的快乐。

我们的人生目的会影响我们的生活状态，还会影响我们做事的才能。如果唯利是图，我们的所有力气都会用在赚钱这个目的上，而那些更出色的能力、更敏锐的触觉、更高尚的情感都会被这个目的扭曲。如果我们只顾着向钱看，贪婪地盯着钞票，随之而来的，只会是友谊、爱情和亲情上的巨大裂痕。对一个人来说，当友谊、爱情和亲情都变得不重要时，他身上除了凶残的魔鬼品质外，还有什么呢？

我们有时并不知道雄心的召唤会把我们带到哪里，但是，我们清楚地知道，如果不被自私和贪婪所左右，如果能尽力地朝着目标不断努力，我们会达到更完美的状态。如果能把自己放在一个更自由和更适合我们的地方，永不枯竭的进取心将使我们达到更高的自我实现境界，使我们获得更大的内心满足。 如果进取心和目标本来就是建立在一个错误的基础之上，如果我们受到了错误的指引，那么我们就不会获得快乐、满足和成功。

当一个人狂热地追逐财富、地位和名誉，以至于把全部心智和能力都用来实现一个狭隘自私的错误理想时，他只能开发自己巨大潜力的一小部分，而且他的路会越走越窄。

不要带着错误的目的开始人生的旅途，一个真正的大写的人绝不会为了获得地位、金钱和权力，而放弃自己的尊严、品格和快乐。

面对贫穷的困扰,给自己一些野心

有人说,贫穷是一种思想病,许多拥有巨额财富的人都没有令人艳羡的出身、财力雄厚的家庭背景和与生俱来的才能,他们甚至曾经在生存的贫困线上挣扎。但他们具有野心,敢于冒险,这使得他们摆脱贫穷,获得财富。

法国富翁巴拉昂去世后,《科西嘉人报》刊登了他的一份特别遗嘱:"我曾是穷人,但当我走进天堂时,我却是一个大富翁。在跨入天堂之门前,我不想把我的致富秘诀带走。在法兰西中央银行,我有一个私人保险箱,那里面藏有我的秘诀。保险箱的三把钥匙在我的律师和两位代理人手中。

"谁若能通过回答'穷人最缺少的是什么'而猜中我的秘诀,他将得到我的祝贺。当然,那时我已不可能从墓穴中伸出双手为其睿智欢呼,但他可以从那只保险箱里荣幸地拿走100万法郎,那是我给予他的掌声。"

遗嘱刊出后,《科西嘉人报》收到大量信件。绝大部分的人认为,穷人最缺少的是金钱。穷人还能缺少什么?当然是钱了。还有一部分人认为,穷人最缺少的是机会,穷人最缺少的是技能,穷人最缺少的是帮助和关爱。总之,答案五花八门。

一年后,也就是巴拉昂逝世周年纪念日,律师和代理人按巴拉昂生前的交代,在公证部门的监督下打开了那只保险箱。

在48561封来信中,一位叫蒂勒的小姑娘猜对了巴拉昂的秘诀。蒂勒和巴拉昂都认为,穷人最缺的是野心,即成为富人的野心。

颁奖之日,主持人问9岁的蒂勒,为什么想到野心,而不是其他。她说:"每次,我姐把她11岁的男友带回家时,总是警告我:'不要有野心!不要有野心!'我想,也许野心可让人得到自己想得到的东西。"

现今的社会生活中,每个人都想发财,每个人都有一个发财的美梦。 但是,许多人很快就放弃了自己的梦想,于是生活就失去了动力,以后的生活就是往下混了,人生也就失去了意义。 这就是大多数人失败而默默无闻的原因。 不要放弃野心,你即使一辈子都没有实现你的发财梦,你也会觉得没虚度此生。 只要行动,就会有收获。

致富首要从"心"开始,强烈的求富欲使你充满动力,致富目标促使你奋勇向前,可行使的计划使你稳步上升。 你要真正地热爱金钱,认识到没有金钱是万万不能的,立志要成为富豪，不断激励自己，挖掘和开拓自身的致富潜能。野心绝不是成就，但没有野心，肯定不会有成就。穷人缺少的不是金钱，而是成为富翁的野心。

1. 要有冒险的精神

想发财就要有冒险精神，因为你的想法要超出别人，才有可能获得胜利，如果你的想法与别人的一样，你就不会成功。冒险就是你要在别人不敢做某事时，能大胆地去做，当别人看不见希望的时候，你却看见了发财的希望。

2. 要有经济意识，有发财的梦想

现代人的观念不同于过去，经济社会的突出特点就是让人们都去努力发财，财富成了现代人成功的标志。经济意识一定要树立起来，要有发财的梦想和渴望，头脑里有这种准备，才有机会发财。没有准备，你就永远不会有发财的可能。

3. 要有具体的行动

任何梦想都是在行动中才有可能变为现实，有了发财的梦想就要付诸行动，就要按自己的设想去做，去努力。不行动的人是不会成功的。这种行动不是盲目的，也不是轻率的，而是有计划的、有具体步骤的，是切实可行的。

4. 要有不怕失败、能经受挫折的坚强意志

人生有时候容易，有时候很难，当你面对失败和挫折时

只要坚持不懈地努力就一定会有收获的。关键是你一旦相信自己的道路是正确的,你就应该坚持。人生是一次长途旅行,当一扇门关上了,你千万不要把自己也关在里面。因为世界上不止一扇门,一定还有另一扇门,你要做的就是去寻找并打开这扇门!

生命因为有梦而丰满

梦想越高,人生就越丰富,达成的成就越卓绝;梦想越低,人生奋斗力越差。 这就是惯常说的:"期望值越高,达成期望的可能性越大。"

把你的梦想提升起来。 它不应该退缩在一个不恰当的位置。 接受梦想的牵引吧!

一个梦想大的人,即使实际做起来没有达到最终目标,可他实际达到的目标可能比梦想小的人的最终目标还大。

生命正是因为有了多姿多彩的梦想而显得丰富、饱满。

这是美国北纽约州小镇上一个女人的故事。她从小就梦想成为最著名的演员。18岁时,在一所舞蹈学校学习3个月后,她母亲收到了学校的来信:"众所周知,我校曾经培养出许多在美国甚至在全世界著名的演员,但是我们从没见过哪个学生的天赋和才能比你的女儿还差,她不再是我校的学生了。"

被退学后的两年,她靠干零活谋生。工作之余她申请参加排练。排练没有报酬,只有节目公演了才能得到报酬。但是她参加排练的每个节目都能公演。

　　两年以后,她得了肺炎。住院三周以后,医生告诉她,她以后可能再也不能行走了,她的双腿已经开始萎缩了。已是青年的她,带着演员梦和病残的腿,回家休养。

　　她始终相信自己有一天能够重新走路。经过两年的痛苦磨炼,无数次的摔倒,她终于能够走路了。又过了18年——整整18年!她还是没有成为她梦想中的演员。

　　在她已经40岁的时候,她终于获得了一次扮演一个电视角色的机会。这个角色对她非常合适,她成功了。在艾森豪威尔就任美国总统的就职典礼上,有2900人从电视上看到了她的表演;英国女王伊丽莎白二世加冕时,有3300人欣赏了她的表演……到了1953年,看过她表演的人超过了4000万。

　　这就是露茜丽·鲍尔的电视专辑。观众看到的不是她早年因病致残的跛腿和一脸的沧桑,而是一位杰出的女演员的天才和能力,看到的是一位不言放弃的人,一位战胜了一切困苦而终于取得成就的大人物。

　　一个没有梦想的人是没有灵魂的生命,生活对于他们来讲只是空虚、寂寞的,他们不知道用梦想来充实自己的内心世界。

　　有了梦想的人从不会产生悲观厌世的念头,他们更不会有空去想怎么消遣无聊的岁月。因为在他们看来,时间只怕不够实现梦想，哪里有那么多可以虚度的年华呢？

一个有了梦想的人，会感到有股强大的力量推着自己不断前进，而促使他们为自己的将来做精心的设计。从没听过任何一个有卓越成就的人是个毫无梦想、毫无计划的人，人生不相信误打误撞。

罗马纳·巴纽埃洛斯是一位墨西哥姑娘，16岁就结婚了。在两年当中她生了两个儿子，丈夫不久后离家出走，罗马纳只好独自支撑家庭。但是，她决心谋求一种令自己及两个儿子感到体面和自豪的生活。

她用一块普通披巾包起全部财产，跨过里奥兰德河，在得克萨斯州的埃尔帕索安顿下来。她在一家洗衣店工作，一天仅赚1美元，但她从没忘记自己的梦想，即摆脱贫困过上受人尊敬的生活。于是，口袋里只有7美元的她，带着两个儿子乘公共汽车来到洛杉矶寻求更好的发展。

她开始做洗碗的工作，后来找到什么活就做什么。拼命攒钱直到存了400美元后，她和姨母共同买下一家拥有一台烙饼机的小店。

她与姨母共同制作的玉米饼非常成功，后来还开了几家分店。直到姨母感觉到工作太辛苦了，罗马纳便买下了她的股份。

不久，罗马纳经营的小玉米饼店铺成为美国最大的墨西哥食品批发商，拥有员工三百多人。

和两个儿子经济上有了保障之后，这位勇敢的年轻妇女便将精力转移到提高美籍墨西哥人的地位上。

"我们需要自己的银行",她想。

抱有消极思想的专家们告诉她:"不要做这种事。"

他们说:"美籍墨西哥人不能创办自己的银行,你们没有资格创办一家银行,同时永远不会成功。"

"我行,而且一定要成功。"她平静地回答说。结果她真的梦想成真了。

她与伙伴们在一个小拖车里创办起他们的银行。可是,到社区销售股票时却遇到另外一个麻烦,因为人们对他们毫无信心,她向人们兜售股票时遭到拒绝。

他们问道:"你怎么可能办得起银行呢?""我们已经努力了十几年,总是失败,你知道吗?墨西哥人不是银行家呀!"

但是,无论别人怎么看,她始终不放弃自己的梦想,努力不懈,如今,罗马纳创建的"泛美国民银行"取得伟大成功的故事在东洛杉矶已经传为佳话。后来她的签名出现在无数的美国货币上——她成了美国第三十四任财政部长。

当你内心有了一个梦想,便要为之不懈努力,不要让他人的看法和外在的环境偷走你的梦想,出卖了自己梦想的人是不可能取得成功的。 守住自己的梦想,不要让现实与困难磨碎它,成功是梦想的伴侣,想到的或许未必能得到,但不去想只能是永远也得不到。

你的财富始于你的梦想

梦想，是欲望的理想化。对于梦想，有各种不同的看法。有人认为健全的人会面对现实，不会沉溺于梦想。也有人觉得，爱梦想的人，根本不适合在现实社会存在。但我认为，只要懂得判断能够实现的梦想和近乎虚妄的梦想之间的差别，拥有梦想并不是一件坏事。

善于梦想的人，无论怎样贫苦、怎样不幸，他总有自信。他藐视命运，他相信好日子终会到来。一个伙计，会梦想到住在他自己的店铺中；一个贫苦的女工，会梦想着购置一所美丽的住宅。正是这种梦想，这种希望，这种永远期待着较好的日子到来，使我们可以维持勇气，可以减轻负担，可以肃清我们前进道路的困难、挫折。

哈佛·约翰以数百元的金钱创立了哈佛大学；耶鲁大学在初设时，只有少数的书籍。这是化梦想为现实的好例子。不要阻止你的梦想、信仰，并且鼓励你的憧憬，激发你的梦想，同时努力使之实现！你生命的方向，将全依你的梦想决定。

约翰·坦普登的高中时代是在田纳西州的曼彻斯特度过的。他内心里经常梦想着有朝一日要成为一家大公司的首脑。虽然这只是一个17岁男孩的梦，但却是其人生目标的萌芽。

进入耶鲁大学后不久，他的兴趣就从经营一般企业转移到研究评估公司财务之上。大学二年级时，他的父母由于生活拮据而无法再继续供他念书，迫使他陷入不知该休学就业还是该半工半读的窘状。

要做这个决定非常困难，但因为约翰有自己的梦想，所以他很快就做出决定：无论如何都要坚持到毕业。最后他也做到了。

3年后，他除获得经济学学士学位外，同时还获得著名的路德奖学金，并取得全国优等生俱乐部耶鲁分会会长的头衔，以极其优异的成绩毕业。

以后的两年，他前往英国牛津大学进修硕士。此行对于他后来从事财务经营有很大的影响。

约翰回到美国后，便与一名田纳西的女子结婚。

随后，他前往纽约，正式开始追求自己的目标。

他的起步是入职一家颇具规模的证券公司，他在里面的职位为投资咨询部办事员。

不久，朋友告诉他有一家公司正在招聘年轻上进的财务经理。

这家公司的名称是国家地理勘察公司，是一家石油勘探公司。

约翰听说之后，便前往这家公司应聘，因为他认为这家公司可让他进一步学到许多有关财务经营方面的东西，于是他就进了这家公司，一干就是4年。

4年之后，他又回到早先的那家公司工作，并等待机会。

最后，机会终于被他等到了，一名资深职员即将退休，这个人拥有8个相当有实力的客户，欲以5000美金出让。这对约翰来说是相当大的赌注，5000美金相当于他的全部财产，若此举失败，他将会变得一文不名。而且，这些客户接下来之后，能不能留住还是个问题。

这时约翰再一次面对重大抉择。最后，他一心想自立门户的野心战胜了一切，他接下这8个客户，并且立即前往拜访，十分坦率而且诚挚地向他们说明自己的理想与计划，客户们都被他的热情与直率感动了，都表示愿意留下观察一段时间。

当时的约翰才28岁。

两年的时间很快就过去了，熬到第3年，公司业务开始蒸蒸日上，客户也显著增加，约翰自立的梦想终于实现在现实生活中。今天，他已经是一家投资咨询公司的总裁，拥有将近一亿美元的资产，并兼任某大型互助银行的常务董事及数家公司的董事。

梦想对于人生对于创富具有重要的指引作用。 梦想，就是人的生命历程的预言。 梦想所激发出来的使我们向上面展望、攀登的能力，是指示我们走上财富之路的指南针。

财富始于梦想，如果想要成为一个富有的人，就要先怀揣富裕之梦想。

远见为你打开财富之门

对同时代人影响最深远的是那些看得比别人多、比别人远的人。换言之，成大事者是具有远见的人。《韦氏新世界英语词典》给"远见"一词下的定义是："被认为并非用眼睛看见的东西……感知到肉眼看不见的东西的能力……想象的力量或本领。"

从字面上说，"见"是看到物体的能力。我们说一个人视力好，是说他把眼前的物体看得清楚。如果他视力超常，就能看见远距离的东西。当我们用比喻的方式谈到"远见"时，意思就不一样了。远见是看到并非摆在眼前的东西的能力。远见指看到了别人未看到的重大意义的能力，是看到机会的能力。

远见也指看到将来的能力。指的不是神秘或预言方面的，而是想象方面的东西。作家乔治·巴纳说："远见是在心中浮现的、将来的事物可能或者应该是什么样子的图画。"

人生要想有所成就，必须具有高瞻远瞩的眼光，一旦认定目标就全力以赴。切不可把美好的光阴浪费在左右摇摆上，要记得举棋不定只会让你失去拥有财富的机遇。

希腊船王奥纳西斯，曾是流落在街头的穷人。他曾为了拥有一块面包而幻想了好久。

那时，不要说分布大城市里的高档豪宅和流动在街头的名牌轿车了，只要有一间能让他暂时避避风雨的草房，他都会感动得一塌糊涂，奥纳西斯几乎成了一名乞丐。可贵的是，他没有跟许多乞丐一样，一辈子碌碌无为地乞讨下去，盲目无奈地在城市寄生，而是用自己的汗水，换来了劳动所得，并善于抓住机会，终于成为一名具有真正实力的大富豪。

奥纳西斯从学徒工干起，没有工资，每天的工作只能换来简单的温饱。他性情沉默，为人极为低调，渐渐地受到老板的赏识，付给他比较高的工资。

以后，虽然自己有了一点积蓄，开始做生意，他也先干那些投资极少、人们所不愿干的电报公司的焊接工程，也经营过许多人们所不愿涉及的烟草生意。当时在希腊，烟草生意是极为萧条的。

有一年，一场空前的经济灾难，使不计其数的大资本家破产，许多工厂纷纷关门，失业率激增，不少人沦落街头。但他却在这场经济危机中奋起直追，把自己的事业推向了空前繁荣。这是为什么呢？

原来，这次世界范围内的经济危机，使世界上许多国家的经济堕入深渊，百业萧条。海上运输业也在劫难逃。第二年初,奥纳西斯得知,加拿大一家公司为了渡过危机,准备拍卖8艘货船,10年前价值100万美元,如今仅以每艘3万美元的价格拍卖。他像猎鹰发现猎物一样,极为神速地前往加拿大商谈这笔生意。

这一反常举止令同行们瞠目结舌。因为当时海运业空前萧条,当年的海运量仅为经济危机前一年的35%。那些精明的老牌海运企业家们避之唯恐不及,奥纳西斯在这样的情况下投资海上运输,无异于将钞票白白抛入大海。许多人规劝他,有些人甚至认为他智商低,成就不了大事业。

奥纳西斯清醒地看到,商业的发展很像股票行情,总是有起有落,经济的复苏和高涨终将代替眼前的萧条。危机一旦过去,物价就会从暴跌变为暴涨,如果能乘机买下便宜货,价格回升后再抛出去,转手就可赚到大钱。海运业虽暂受冲击,但交通非常重要,必有复苏之日,而且这一天肯定不远。奥纳西斯谢绝了亲朋好友的劝阻,果断将这些船全部买下。

果然不出所料,经济危机过后,海运业的回升居于各行之首,奥纳西斯买下的那些船只,一夜之间价格倍增。

几年后,奥纳西斯一跃成为海上霸主,他的资产几百倍地翻滚增加。1945年,他跨入了希腊海运巨头的行列。

远见可以给人们带来巨大的利益,打开不可思议的机会之门。远见可以增强一个人的潜力，一个人越有远见，就越有潜能。远见使工作轻松愉快。每一项任务都成了一幅更大的图画的重要组成部分。这样，当你努力工作，把工作做好时，没有任何东西比这种感觉更令人愉快的了。

远见使工作增添价值。同样，当我们的工作是实现远见的一部分时，每一项任务都具有价值。哪怕是最单调的任务也会给你满足感，因为你看到更大的目标正在实现。

远见预言你的将来。眼光长远的人往往能走在时代的前沿。他能看见别人所不能看见的东西，掌握事物发展的未来趋势，因而能先行一步。

一个人在成功的道路上能走多远，要看他是否有长远的眼光。有很多成功人士的例子都说明了这一点。他们有的面临过金钱的诱惑，有的经历过困境的阻挠。但他们往往能够执着于自己的梦想，从而摆脱眼前利益的诱惑，冲破困境的束缚。因为他们能够很清楚地看到未来的图景，所以他们能意志坚定、矢志不移。为了掌握自己的明天，你必须做一个有远见的人。

相信你能使自己活得更好，这只是第一步。要使自己的远见真正有价值，还必须与另一种能力——实现远见的能力相结合。有远见但不能把它变成现实的人，只是个空想家。

你需要一套实现远见的战略，下面的指导原则将对你有帮助。

（1）确定你的远见。如果你想成功，就必须确定你人生的远见。

（2）考察一下你当前的生活。将你自己的远见变成现实不是一蹴而就的事，这是一个过程，跟一次旅程十分相似。你决定去旅行之后，首先要做的事情之一就是选择出发点。没有这个出发点，就不可能规划旅行的路线和目的。

（3）为达远见放弃小选择。因为所有的梦想都是有代价的。

（4）按自己的远见来规划自己的成长道路。人生的任何积极转变必定需要个人成长。

（5）常与成功人士接触。个人成长的过程包括与人接触。学习如何成功的最佳方法就是与成功人士接触。

（6）不断地表达你对自己梦想的信心。实现梦想要求你不断努力，并发挥出最大的冲劲。加强韧性与冲劲的方法之一是不断地表达你对实现梦想的信心。

（7）预料到有人会反对你的梦想。那些自己没有梦想的人是不会理解你的梦想的。

（8）不要与消极思维者做密友。

（9）寻找实现理想的每条途径。全神贯注于你自己的理想，但对走哪条路才能实现理想，则应抱灵活的态度。

（10）不断自我超越。只付出一般努力是实现不了理想的。

（11）帮助与你有类似梦想的人。没有其他人的支持，就不可能有成功。

发掘你生命中的冰山

潜能是人类原本具备却忘了使用的能力,如果将人类的整个意识比喻成一座冰山的话,95%隐藏在冰山底下的意识就属于潜意识。

人类的潜意识具有超越一般常识,几乎可称之为全然未知的超意识能力。人类的直觉、灵感、梦境、催眠、念力、透视力、预知力等都是潜在能力的具体表现。

生命的能量到底有多大?相信下面的故事会给你一个答案。

一个铁块的最佳用途是什么呢?第一个人是个技艺不纯熟的铁匠,而且没有要提高技艺的雄心壮志。在他的眼中,这个铁块的最佳用途莫过于把它制成马掌,他为此竟还自鸣得意。他认为这个粗铁块每磅只值两三分钱,所以不值得花太多的时间和精力去加工它。他强健的肌肉和三脚猫的技术已经把这块铁的价值从1美元提高到10美元了。对此他已经很满意。

此时，来了一个磨刀匠，他受过一点更好的训练，有一点雄心和一点更高的眼光，他对铁匠说："这就是你在那块铁里见到的一切吗？给我一块铁，我来告诉你，头脑、技艺和辛劳能把它变成什么。"他对这块粗铁看得更深些，他研究过很多煅冶的工序，他有工具，有压磨抛光的轮子，有烧制的炉子。于是，铁被熔化掉，碳化成钢，然后被取出来，经过煅冶，被加热到白热状态，然后投入到冷水或石油中以增强韧度，最后细致耐心地进行压磨抛光。当所有这些都完成之后，奇迹出现了，他竟然制成了价值2000美元的刀片。

铁匠惊讶万分，因为自己只能做出价值仅10美元的粗制马掌。经过提炼加工，这块铁的价值已被大大提高了。

另一个工匠看了磨刀匠的出色成果后说："如果依你的技术做不出更好的产品，那么能做成刀片也已经相当不错了。但是你应该明白这块铁的价值你连一半都还没挖掘出来，它还有更好的用途。我研究过铁，知道它里面藏着什么，知道能用它做出什么来。"

与前两个工匠相比，这个匠人的技艺更精湛，眼光也更犀利，他受过更好的训练，有更高的理想和更坚韧的意志力，他能更深入地看到这块铁的分子——不再囿于马掌和刀片——他用显微镜般精确的双眼把生铁变成了最精致的绣花针。他已使磨刀匠的产品的价值翻了数倍，他认为他已经榨尽了这块铁的价值。当然，制作肉眼看不见的针头需要有比制造刀片更精细的工序和更高超的技艺。

但是，这时又来了一个技艺更高超的工匠，他的头脑更灵活，手艺更精湛，更有耐心，而且受过顶级训练，他对马掌、刀片、绣花针不屑一顾，他用这块铁做成了精细的钟表发条。别的工匠只能看到价值仅几千美元的刀片或绣花针，他那双犀利的眼睛却看到了价值10万美元的产品。

也许你会认为故事应该结束了，然而，故事还没有结束，又一个更出色的工匠出现了。他告诉我们，这块生铁还没有物尽其用，他可以用这块铁造出更有价值的东西。在他的眼里，即使钟表发条也算不上上乘之作。他知道用这种生铁可以制成一种弹性物质，而一般粗通冶金学的人是无能为力的。他知道，如果煅铁时再细心些，它就不会再坚硬锋利，而会变成一种特殊的金属，富含许多新的品质。

这个工匠用一种犀利的、几近明察秋毫的眼光看出，钟表发条的每一道制作工序还可以改进；每一个加工步骤还能更完善；金属质地还可以精益求精，它的每一条纤维、每一个纹理都能做得更完善。于是，他采用了许多精加工和细致煅冶的工序，成功地把他的产品变成了几乎看不见的精细的游丝线圈。一番艰苦劳作之后，他梦想成真，把仅值1美元的铁块变成了价值100万美元的产品，同样重量的黄金的价格都比不上它。

但是，铁块的价值还没有完全被发掘，还有一个工人，他的工艺水平已是登峰造极。他拿来一块钢，精雕细刻之下所呈现出的东西使钟表发条和游丝线圈都黯然失色。待他的工作完成之后，人们见到了几个牙医常用来勾出最细微牙神经的精致钩状物。1磅这种柔细的带钩钢丝，如果能收集到的话，要比黄金贵几百倍。

铁块尚有如此挖掘不尽的财富，何况人呢？我们每个人的体内都蕴藏着无限丰富的生命能量，只要我们不断去开发，它就可以是无限大。工匠们都在生铁里看到了经过加工后的成品，我们也应该在自己的生活中看到灿烂的前途，并去把它化为现实。

如果我们只目光短浅地看到马掌或刀片，我们所有的努力与辛劳都不可能产生钟表发条与游丝。我们必须目光远大、必须勇于拼搏、经受考验并付出必要的代价，这样我们就能把我们的生命能量发挥到极致。而且还要坚信，我们所经受的痛苦和所做的努力最终会得到酬谢。生命能量是无限的，但是，我们应该学会珍惜，而不是挥霍它。

我们每一个人都有无限的潜能，就看你发掘了多少。促使潜能开发应用的方法有许许多多，但从成功学的角度而言，主要有4个方面，即"诱、逼、练、学"。

（1）"诱"就是引导。寻求更大领域、更高层次的发展，是人生命意识里的根本需求，因此，具有主体自觉意识的自我、有理性的自我，是绝不愿意停留在任何一种狭小、有限的状态之中的，而总是想要不断开拓以取得更大的发展（成功），从而更好地生存。这种炽热的、旺盛的发展需要，是成功渴望的表现，是潜能蓄势待发的前兆。只要对这种发展意识给予有益的暗示、引发、规划和培育，就能把潜能很好地激发出来、释放出来。

（2）"逼"就是逼迫。人是一个复杂的矛盾体，既有求发展的需要，又有安于现状、得过且过的惰性。能够卧薪尝胆、自我警醒的人少之又少，更多的人需要的是鞭策和当头棒喝式的促动。自己逼自己，使自我经常处在一个积极进取、创新求变的紧张状态，使潜能时常处在激发状态。目标达成了，"被逼"的状态解除了，人也就发展了。

（3）"练"就是练习。此处特指专家为开发人的潜能而专门设计的练习、题目、测验、训练，如脑筋急转弯、一分钟推理等。另外，还包括"潜意识理论与暗示技术""自我形象理论与观想技术""成功原则和光明技术""情商理论与放松入静技术"等。

（4）"学"就是学习。学习绝对是增加潜能基本储量及促使潜能发挥的最佳方法。知识丰富必然联想丰富，而智力水平正是取决于神经元之间信息连接的面和信息量。

保持自己的理想高度

梦想的力量是无穷的，它关系到你的成就。就像一句话所说的："人一生的成就，永远大不过他所梦想的。"

因为梦想和现实总有距离，所以你的"梦想"可以不必过于"真实"。哪怕有人认为你的想法只是"痴人说梦"，你也大可不必放在心上，毕竟有超越了现实的梦想才值得我们用心去追逐，也才能够真正地发挥出我们的潜能。

有一次，一位叫布罗迪的英国教师在整理阁楼上的旧物时，发现了一叠练习册，它们是彼得金中学B（2）班51位孩子的春季作文，题目叫《未来我是×××》。他本以为这些东西在德军空袭伦敦时被炸了，没想到它们竟安然地躺在自己家里，并且一躺就是25年。

布罗迪顺便翻了几本，很快被孩子们千奇百怪的自我设计迷住了。比如：有个叫彼得的学生说，未来的他是海军大臣，因为有一次他在海中游泳，喝了3升海水都没被淹死；还有一个学生说，自己将来必定是法国的总统，因为他能背出 25 个法国城市的名字，而同班的其他同学最多只能背出 7 个；最让人称奇的是一个叫戴维的双目失明的学生，他认为，将来他必定是英国的一位内阁大臣，因为在英国还没有一个盲人进入过内阁。总之，31 个孩子都在作文中描绘了自己的未来：有当驯狗师的；有当领航员的；有做王妃的……五花八门、应有尽有。

布罗迪读着这些作文，突然有一种冲动——何不把这些本子重新发到学生们手中，让他们看看现在的自己是否实现了 25 年前的梦想。当地一家报纸得知他这一想法，为他发了一则启事。没几天，书信向布罗迪飞来。他们中间有商人、学者及政府官员……

一年后，布罗迪身边仅剩下一个作文本没人索要。他想，这个叫戴维的人也许死了。毕竟 25 年了，25 年间是什么事都可能发生的。

就在布罗迪准备把这个本子送给一家私人收藏馆时，他收到内阁教育大臣布伦克特的一封信。他在信中说："那个叫戴维的就是我，感谢您还为我们保存着儿时的理想。不过我已经不需要那个本子了，因为从那时起，我的理想就一直在我的脑子里，我没有一天放弃过，25 年过去了，可以说我已经实现了那个理想。今天，我还想通过这封信告诉年轻的朋友们，只要不让年轻时的理想随岁月飘逝，成功总有一天会出现在你的面前。"

布伦克特的这封信后来被发表在《太阳报》上，因为他作为英国第一位盲人大臣，用自己的行动证明了一个真理：假如谁能把儿时的理想保持25年，那么他现在一定是个非常成功的人。

保持自己的理想高度，站得高，才能看得远。美国潜能成功学大师安东尼·罗宾说："如果你是个业务员，赚1万美元容易，还是10万美元容易？告诉你，是10万美元！为什么？如果你的目标是赚1万美元，那么你的打算不过是能糊口罢了。如果这就是你的目标与你工作的原因，请问你工作时会兴奋有劲吗？会热情洋溢吗？"

虽然你还不是成功者，但可以在"白日梦"中以成功者的姿态出现一下，有一种成功的感觉，也会使你在别人面前显得信心百倍。事实上，这是一种增强自信心的方式。

花点时间想象一下，如果你登上事业顶峰，生活将是什么样子。不要让生活降低自己理想的高度，不论你想要的是什么，只要你真正愿意拥有梦想，必定能够得到你想要的一切。

第三章

相信自己,你的伟大超乎想象

命运不完全由出身决定

每个人的人生起点不尽相同,但这并不意味着,其人生的最后结果就被出身定型。在这个世界上,永远不存在穷富世袭,也不存在成败罔替,有的只是"我奋斗,我成功"的真理。我们应该坚信,我们的命运最终由我们自己的行动决定,而绝对不是完全由我们的出身决定。

约翰·D. 洛克菲勒小的时候,家境十分贫寒,又加上一次次的搬迁,日子十分不安稳。在保存下来的洛克菲勒出生地照片上,人们可以清楚看到的是一所简陋的木板房,周围是光秃秃的山坡和灰蒙蒙的天空。房子仿佛是用两节货车车厢拼凑在一起的,很是粗陋,唯一能使画面有点生气的就是搭在其中一个房门上的凉篷。"我敢肯定没有谁家的孩子比他们更可怜,"洛克菲勒的一位邻居说,"他们一年四季身上穿的衣服总是破破烂烂的,一副又脏又饿的样子,让人很同情。"

洛克菲勒和弟弟妹妹们一起睡在楼上一间连墙泥都没有的屋子里，冬天只能靠着与厨房相连的烟筒取暖；房子太过简陋，雪花和寒风会从墙缝径直往屋里灌进来。在黎明前的黑暗里，洛克菲勒常常被伐木工的砍树声或者雪橇在雪地上滑行时的咯吱声惊醒。清晨时分，母亲就会站在楼梯口喊身为长子的洛克菲勒："儿子，该起床了，是时候给牛挤奶了！"年少的洛克菲勒尽管还没有睡醒，但是总是不迟疑地走向谷仓。在昏暗而寒冷的谷仓里，约翰常常站在奶牛刚刚让出来的那块热乎地方，好让凉冰的双脚暖和一下。

1855年8月，美国的克里夫兰依旧暑热难当，年方16岁的洛克菲勒就开始四处求职。这个少年踌躇满志地翻开全城的工商企业名录，从中挑拣知名度高的公司。他求职的公司大多位于繁华的弗莱茨区。洛克菲勒很有一种"初生牛犊不怕虎"的劲头，每到一家企业，张口就要见老板。这些人当然是见不着的，他便直截了当地对老板的助手说："我会记账，想找个事情做！"

已经六个星期了，找工作的事情似乎颇为不顺，洛克菲勒屡屡碰壁，但是他并不气馁，每天早上8点，身着黑色高领衣裤、系着黑领带的他准时离开住处，去赴每一个预约的面试。他走遍了克利夫兰全城的知名公司，情况似乎越来越糟糕。

直到1855年9月26日的一天，他走进一家从事农产品运输代理的公司，老板看了他写的字之后对他说："留下来试试吧。"洛克菲勒脱下外衣马上开始工作，工资的事提也没提。他过了三个月才收到第一笔补发的微薄的报酬，周薪5美元。这就是洛克菲勒的第一份工作，是他自己都记不清被拒绝多少次后得到的工作。洛克菲勒以此为开端，在这家公司勤勤恳恳地工作，磨炼了自己的意志，为以后的创业奠定了基础。

洛克菲勒曾经对儿子说过："我小时候家境贫寒，记得我刚上中学时所用的书都是好心的邻居给买的。我的人生起点也只是一个周薪只有5美元的簿记员，但是经过不懈的努力奋斗，我却建立了一个令无数人艳羡的石油王国。"

在很多人看来，这似乎是天赐的幸运，无可复制的传奇。但是洛克菲勒认为这是对他持之以恒、积极奋斗的回报，是命运之神对他艰苦付出的奖赏。

洛克菲勒时刻给子女灌输自立、自强的思想。他告诉他们在商界很多人都曾经因为穷困而缺少机会，但后来都经过自己的努力奋斗白手起家，开创了一代伟业。

洛克菲勒一生有五个子女，其中唯一的儿子小约翰后来继承了洛克菲勒的大部分财产。但是在约翰和姐姐们小时候，洛克菲勒有意识地不让子女知道自己是个富人。他担心如果孩子们知道已经坐拥如此庞大的家产后就会腐化堕落，失去节俭与奋斗的美好品质。"我不能用财富埋葬我心爱的孩子，愚蠢地让他们成为不思进取，只知道依赖父母的果实的无能者。"

当然他不吝啬帮助自己的孩子。在小洛克菲勒从学校毕业后，洛克菲勒就让他进了百老汇大街26号的标准石油公司纽约总部——老约翰的办事处做了自己的助理。用老约翰自己的话说就是："我期望你在不远的将来就能卓尔不群，并胜我一筹。我决定将你留在我身边，无非是想让你的事业生涯有个高起点，让你无须艰难跋涉便可享有迅速腾达的机会。"

洛克菲勒强调，拥有巨额的家产和高的起点，没有什么值得骄傲的。洛克菲勒曾经做过这样一个比喻：我们这个世界就如同一座高山，当你的父母生活在山顶上时，注定你不会生活在山脚下；当你的父母生活在山脚下时，注定你不会生活在山顶上。在多数情况下，父母的位置决定了孩子的人生起点。但是决定你人生所能达到的高度的，却是你自己的奋斗。

当时美国马萨诸塞州的一项统计数字说，17个有钱人家的孩子里面，竟然没有一个在离开这个世界的时候还是富翁。当时美国社会上也有一个广为流传的故事：

在美国费城的一个小酒吧里，有一群人聚会。其中一位客人谈起某位百万富翁，心生羡慕地说："他是白手起家的百万富翁啊，可真了不起。""是啊，"旁边一位比较精明的先生回答说，"他继承了两千万的家产，然后'通过他的努力'，他把这笔钱变成了一百万。"

这是讽刺富家子弟无能的故事，听到这个故事的人多半会哈哈大笑,但是洛克菲勒却唏嘘不已。他毫不掩饰地说:"这是一个令人沮丧的故事。"

19世纪的很多继承人却与其父辈或祖辈的作为大相径庭,他们只热衷于寻欢作乐,穷奢极欲,日食万钱,直到巨额家产被挥霍干净。洛克菲勒对于自己的子女不无忧虑,他告诫儿子说:"今天这个社会,富家子弟正处在一种不进则退的窘境之中,他们中的很多人注定要受人同情和怜悯,甚至要下地狱。"他反复叮嘱孩子们,机会永远不会平等,但是结果却有可能平等,一定要踏实努力地奋斗。

小洛克菲勒显然没有辜负父亲对自己的期望,他一生始终遵循这一伟大家教,身体力行,克勤克俭,使家庭和睦兴旺。他不断壮大着父亲的事业,并对慈善事业做出了巨大贡献,维护了家族的声誉。

人生的起点有可能影响结果,但不会决定结果。能力、态度、性格、抱负、手段、经验和运气等因素,在我们的人生中扮演着极为重要的角色。大多数人都没有一个高的起点,有的只是平凡的家庭、平常的学历,但是这些人中却不乏成功者。即使暂时输在了人生的起跑线上,只要在冲向终点的过程中努力坚持,不放弃,终会有成功的可能。要有追求胜利的意志,并为此做好准备。起点低并不可怕,能笑到最后的才是真正的胜利者。

改变自己,改变世界

在威斯敏斯特教堂地下室里,英国圣公会主教的墓碑上刻着这样的一段话:

当我年轻自由的时候,我的想象力没有任何局限,我梦想改变这个世界。

当我渐渐成熟明智的时候,我发现这个世界是不可能改变的,于是我将眼光放得短浅了一些,那就只改变我的国家吧!

但是我的国家似乎也是我无法改变的。

当我到了迟暮之年,抱着最后一丝努力的希望,我决定只改变我的家庭、我亲近的人——但是,唉!他们根本不接受改变。

现在在我临终之际,我才突然意识到:如果起初我只改变自己,接着我就可以依次改变我的家人。然后,在他们的激发和鼓励下,我也许就能改变我的国家。再接下来，谁又知道呢，也许我连整个世界都可以改变。

这段墓文令人深思。

大文豪托尔斯泰也说过类似的话："全世界的人都想改变别人，就是没人想改变自己。"别说命运对你不公平，其实每个人上帝都分配给了美好的将来，只是看你有没有把握住自己的人生了。有的人用习惯的力量让自己抓住了命运的手。有的人虽然最初与命运擦肩而过，但是他们改变了自己，又让命运转回了微笑的脸。

  一夜之间，一场雷电引发的山火烧毁了美丽的"森林庄园"，刚刚从祖父那里继承了这座庄园的青年陷入了一筹莫展的境地，闭门不出，茶饭不思，眼睛熬出了血丝。

  一个多月过去了，年已古稀的祖母获悉此事，意味深长地对青年说："孩子，庄园成了废墟并不可怕，可怕的是，你我的眼睛失去了光泽，一天一天地老去。一双老去的眼睛，怎么能看得见希望……"

  青年在祖母的说服下，一个人走出了庄园。他没有目的地在街上闲逛，在一条街道的拐弯处，他看到一家店铺的门前人头攒动，原来是家庭主妇们正在排队购买木炭。那一块块躺在纸箱里的木炭让青年的眼睛忽然一亮，他看到了希望。

  此后，青年雇了几名烧炭工，将在园里烧焦的树木加工成优质的木炭，送到集市上的木炭经销店。结果，本炭被抢购一空。然后他用这笔收入购买了一大批新树苗，一个新的庄园初具规模了。几年以后，"森林庄园"再度绿意盎然。

在生活中，每个人都会经受失败的挫折，还可能出现形形色色的屏障和难关。耳聋、失明、瘫痪、贫困、口吃，怎么办？自我怜悯是羞见于人的，唯有愿意为生命负责，改变自己以做出更好表现的人，才能拥有成功的人生。

托马斯·爱迪生是聋子，他要听到自己发明的留声机唱片的声音，只能靠用牙齿咬住留声机盒子的边缘，通过头盖骨骨头受到震动，才得到声响感觉。

美国科学家弗罗斯特教授苦斗25年，硬是用数学方法推算出太空星群以及银河系的活动、变化。他是个盲人，一点也看不见他热爱了终生的天空。

达尔文被病魔缠身40年，可是他从未间断过从事改变了整个世界观念的科学预想的探索。爱默生一身多病，包括患有眼疾，但是他留下了美国文学第一流的诗文集。查理斯·狄更斯病不离体，却正是他在小说中为世界创造了许多最健康的人物。米开朗琪罗肠功能紊乱，莫里哀有肺结核，易卜生有糖尿病……

美国哲学家威廉·詹姆斯曾经说过："我们这一代最伟大的发现是，人类可以经由改变态度而改变自己的生命。"尝试一下改变自己，世界很可能就会变得美好起来。

相信自己，我就是奇迹

每个人走什么样的路只能由自己决定，不要指望会有圣人来帮助你。只有认识到自己的伟大，认识到自己身上无穷的力量，才能充分发挥你的潜能，活出最好的自己。

1947年，美孚石油公司董事长贝里奇到开普敦巡视工作，在卫生间里，看到一位黑人小伙子正跪在地板上擦拭水渍，并且每擦完一块地板，就虔诚地叩一下头。贝里奇感到奇怪，问他为何如此。黑人小伙子说，在感谢一位圣人。

贝里奇很为自己的下属公司拥有这样的员工感到欣慰，问他为何要感谢那位圣人？黑人小伙子说，是圣人帮着找了这份工作，让他终于有了饭吃。

贝里奇笑了笑说："我也曾遇到一位圣人，他使我成了美孚石油公司的董事长，你愿意见一下他吗？"黑人小伙子说："我是个孤儿，从小依靠锡克教会抚养，我很想报答养育之恩，这位圣人若使我吃饭之后，还有余钱了却心愿，我愿去拜访他。"

贝里奇说："你一定知道，南非有一座很有名的山，叫大温特胡克山。据我所知，那上面住着一位圣人，能为人指点迷津，凡是能遇到他的人都会前程似锦。20年前我去南非的时候登上过那座山，正巧遇到他，并得到他的指点。假如你愿意去拜访，我可以向你的经理说情，准你一个月的假。"

这位年轻的黑人在30天时间里，一路披荆斩棘、风餐露宿，走过草甸，穿越森林，历尽艰辛，终于登上了白雪覆盖的大温特胡克山，他在山顶徘徊了一天，除了自己，什么都没有遇到。

黑人小伙子很失望地回来了，他遇到贝里奇后说的第一句话是："董事长先生，一路上我处处留意，直到山顶，我发现，除我之外，没有什么圣人。"

贝里奇说："你说得很对，除你之外，根本没有什么圣人。"

20年后，这位黑人小伙子做了美孚石油公司开普敦分公司的总经理，他的名字叫贾姆纳。2000年世界经济论坛大会在上海召开，他作为美孚石油公司的代表参加了大会。在一次记者招待会上，针对自己传奇的一生，他说了这么一句话："您发现自己的那一天，就是您遇到圣人的时候。"

在美国西部，有个天然的大洞穴，它的美丽和壮观出乎人们的想象。但是这个大洞穴没有被人发现，没有人知道它的存在，因此它的美丽也等于没有。有一天，一个牧童偶尔来到洞穴的进口处，从此新墨西哥州的绿色洞穴成为世界闻名的旅游胜地。

每个人身上都蕴藏着无穷的潜力，我们要学会描绘自己的心理蓝图。我们每个人都有140亿个脑细胞，一个人只利用了肉体和心智能源的极小部分，可以认为，我们只是处在"半醒"状态，还有许多未发现的"绿色洞穴"。正如美国诗人惠特曼诗中所说："我，我要比我想象的更大、更美/在我的，在我的体内/我竟不知道包含这么多美丽/这么多动人之处……"

美国赫赫有名的钢铁大王安德鲁·卡内基就是一个能充分发挥自己创造机能的楷模。他12岁时由苏格兰移居美国，先在一家纺织厂当工人，当时，他的目标是决心"做全工厂最出色的工人"。因为他经常这样想，按此去做，终于成为全工厂最优秀的工人。后来命运又安排他当邮递员，他想的是怎样"做全美最杰出的邮递员"。结果他的这一目标也实现了。他在一生中总是根据自己所处的环境和地位塑造最佳的自己，他的座右铭就是"做一个最好的自己"。

20世纪最值得骄傲的是人类发现自身蕴藏着无穷的潜力。人是万物的灵长，是宇宙的精华，我们每个人都具有发扬生命的本能。我们每个人心里都有一幅"心理蓝图"或一幅自画像,有人称它为"自我心像"。 如果你的心想做最好的你,那么你就会在内心的"荧光屏"上看到一个踌躇满志、不断进取的自我。 同时,你会经常收到"我做得很好,我以后还会做得更好"之类的信息,这样你注定会成为一个最好的你。 美国哲学家爱默生说:"人的一生正如他一天中所设想的那样,你怎样想象,怎样期待,就有怎样的人生。"

过去不等于未来

学会经常把身后的门关上,把过去的一切留在身后。关上身后的门,并不是把你过去的经验和教训也关在身后,这些都是你人生的宝贵财富。你应把它们潜移默化地融化到你的血液里,让它变成一种本能,成为一种习惯,这样更有利于你奔向成功。

美国新泽西州的一所小学里,一个由26个孩子组成的班级被安排在教学楼一间很不起眼的教室里。他们都是一些曾经"失足"的孩子,有的吸过毒,有的进过少管所。家长、老师、学校对他们非常失望,甚至想放弃他们。

就在这个时候,一个叫菲拉的女教师接手了这个班,菲拉不像以前的老师那样整顿纪律,而是给大家出了一道选择题:选出一位在后来能够造福于人类的人,有三个候选人,他们分别是:

A. 笃信巫医，有两个情妇，有多年的吸烟史，而且嗜酒如命。

B. 曾经两次被赶出办公室，每天要到中午才起床，每晚都要喝大约一公升的白兰地，而且有过吸食鸦片的纪录。

C. 曾是国家的战斗英雄，一直保持素食的习惯，不吸烟，偶尔喝一点啤酒，年轻时从未做过违法的事。

大家都选择了C。

菲拉公布答案：A是富兰克林·罗斯福，担任过四届美国总统；B是温斯顿·丘吉尔，英国历史上最著名的首相；C是阿道夫·希特勒，法西斯恶魔。

大家都惊呆了。

此时，菲拉说："孩子们，你们的人生才刚刚开始，过去的荣誉和耻辱只能代表过去。真正能代表一个人一生的，是他现在和将来的作为。从现在开始，努力做自己一生中最想做的事情，你们都将成为了不起的人。"

一番话改变了这26个孩子一生的命运。其中就有今天华尔街上最年轻的基金经理人——罗伯特·哈里森。"过去的荣誉和耻辱只能代表过去。"菲拉老师哲理性的话语让我们感受到一种教育理念的闪光。

现实生活中，曾经获得荣誉或者犯过错误的孩子比比皆是。"荣誉"也好，"错误"也罢，只能代表他们的过去，绝不能以此断定他们的将来。有过不光彩经历的孩子,' 其未来未必就黯淡无光。

在美国有位私生子，没有家人，过着流浪的生活，身边很多人都耻笑她是私生子。故意问她："你是谁家的孩子"来给她难堪，她内心非常痛苦，她看不到人生的快乐，看不到前途的光明。

13岁那年的某一天，她在教堂做礼拜。临走的时候，牧师叫住了她，对她说："过去不等于未来，人生重要的不是你的过去，重要的是你的将来。只要改变你的态度，别人拥有的，你也可以拥有。如果别人问你是谁家的孩子，你可以说，'我是上帝的孩子。'"

从这一天起，那位女孩改变了她的态度。她不再在意别人的耻笑和白眼，遇到任何不开心的事，她对自己说"过去不等于未来"。最后她成为世界500强最著名的女企业家之一。

过去不等于未来，过去的都过去了，关键是未来。过去决定了现在，而不能决定未来，只有现在的作为及选择才能决定我们的未来。

曾为英国首相的劳合·乔治有一个习惯——随手关上身后的门。一天，有一个朋友来拜访他，两个人在院子里一边散步一边交谈，他们每经过一扇门，乔治总是随手把门关上。

朋友很是纳闷，不解地问乔治："有必要把这些门都关上吗？"乔治微笑着回答："哦，当然有这个必要。我这一生都在关我身后的门，这是必须做的事。当你关门时,也就是把过去的一切留在了后面,不管是美好的成就还是让人懊恼的失误,然后,你才可能重新开始。"

把过去的一切关在身后,也就是卸下身心的包袱,这样才会更好地重新开始新的生活,这个问题却往往为我们所忽略。 大多数人总是习惯于让过去的事情,无论成功或喜悦,失败或烦恼,挤占在脑海里不忍抛弃,结果使身心负载过重,浪费了精力,影响了事业的发展。 所以,我们应该试着放下昨天的包袱,从现在开始,为美好的明天而努力。

坚持不懈就一定成功

一个人在成功之前，一定会遭遇到很多挫折，甚至遭遇某种程度的失败。在失败重重打击一个人时，"最简单"和"最合逻辑"的方法就是放手不干，大多数人都是这样想的。

很多人看到不幸或失败迹象就心灰意冷，抛弃目标投降。而成功者则会抱定决心，坚韧不拔，坚持到底，直到实现他们的目标。

美国有史以来最成功的五百多位人士告诉记者，他们都是在受失败的打击以后获得成功的，失败是个骗子，狡猾又奸诈，它最喜欢在一个人接近成功之际，给出点磨难。

坚持其实是世间最容易也是最难的事，做事情贵在坚持，持之以恒。说它容易，是因为只要你愿意去做，人人都能做到。说它难，是因为在这个过程中总会出现一些使你信心和毅力动摇的事情。因此能够坚持到底的人终究是少数。

开学第一天，古希腊大哲学家苏格拉底对学生们说：

"今天咱们只学一件最简单也是最容易做的事。每人把胳膊尽量往前甩，然后再尽量往后甩。"说着，苏格拉底做了一遍示范。"从今天开始，每天做 300 下。大家能做到吗？"

学生们都笑了。这么简单的事，有什么做不到的？过了一个月，苏格拉底问学生们："每天甩手 300 下，哪些同学坚持了？"有 90% 的同学骄傲地举起了手。

又过了一个月，苏格拉底又这样问，这回，坚持下来的学生只剩下 80%。

一年过后，苏格拉底再一次问大家："请告诉我，最简单的甩手运动，还有哪几位同学坚持了？"这时，整个教室里只有一人举起了手。

这个学生就是后来成为古希腊另一位大哲学家的柏拉图。

古今中外，众多的成功者并不是依赖机会或好运气，而是得力于他们坚韧不拔的精神。一个人成就一番大事业，一般不可能一帆风顺。缺乏坚韧是失败的主要原因之一，也是大多数人常见的共同弱点。这个弱点可用努力加以克服。

为了你自己的目标，你有毅力坚持不懈吗？不管遇到多大的困难，多强的阻碍，你都能够坚持下来吗？想象我们有过多少次只因没有坚持到底而失败的事呢？许多失败，其实如果肯再多坚持一分钟，或再多付出一点努力，就可以转化为成功。

有位国际著名的推销大师，即将告别他的推销生涯，应行业协会和社会各界的邀请，他将在该城中最大的体育馆，做告别职业生涯的演说。

那天，会场座无虚席，人们在热切地等待着那位当代最伟大的推销大师作精彩的演讲。当大幕徐徐拉开，6个彪形大汉抬着一个巨大的铁球走到舞台中央。

一位老者在人们热烈的掌声中走了出来，站在铁球的一边。他就是那位今天将要演讲的推销大师。人们惊奇地望着他，不知道他要做出什么举动。

这时两位工作人员，抬着一个大铁锤，放在老者的面前。

老人请两个年轻力壮的人用这个大铁锤，去敲打那个铁球，直到把它滚动起来。

一个年轻人抢着铁锤，全力向铁球砸去，一声震耳的响声过后，那铁球动也没动。他用大铁锤接二连三地敲了一段时间后，很快就气喘吁吁了。

另一个人也不甘示弱，接过大铁锤把铁球敲得叮当响，可是铁球仍旧一动不动。

台下逐渐没了呐喊声，观众好像认定那是没用的，铁锤是敲不动铁球的。他们在等着老人做出什么解释。

会场恢复了平静，老人从上衣口袋里掏出一个小锤，然后认真地，面对着那个巨大的铁球。他用小锤对着铁球"咚"地敲了一下，然后停顿一下，再一次用小锤"咚"地敲一下。停顿一下，然后"咚"地敲一下，就这样持续地用小锤敲打着。

10分钟过去了，20分钟过去了，会场早已开始骚动，有的人干脆叫骂起来，人们用各种声音和动作发泄着他们的不满。老人好像当什么也没发生，仍然一小锤一小锤地工作着。人们开始愤然离去，会场上出现了大块大块的空缺。

大概在老人进行到40分钟的时候，坐在前面的一个妇女突然尖叫了一声："球动了！"霎时间会场鸦雀无声，人们聚精会神地看着那个铁球。那球以很小的幅度真的动了起来。老人仍旧一小锤一小锤地敲着，铁球在老人一锤一锤的敲打中越动越快，最后滚动起来了，场上终于爆发出一阵阵热烈的掌声。在掌声中，老人转过身来，说："当成功来临时，你挡都挡不住。"

成大事者身上最可贵的品质之一是坚持不懈，他们可能会有感到疲倦的时候，但是总能坚持、再坚持，直到渡过难关。可惜有很多人做不到这一点，所以被困难阻挡在成大事者的大门之外。人类历史上很多成大事者的故事都足以说明：坚韧是战胜平庸的最好药方。

巧妙经营你的强项

成功的关键不是克服弱点、弥补缺点，而是施展天赋、发扬长处。要想取得成就，就要擅长经营自己的强项。

一只小兔子被送进了动物学校，它最喜欢跑步课，一上跑步课就非常开心；它最不喜欢的是游泳课，一上游泳课就非常痛苦。但是兔爸爸和兔妈妈要求小兔子什么都学，不允许它有所放弃。

小兔子只好每天垂头丧气地到学校上学，老师问它是不是在为游泳太差而烦恼，小兔子点点头。老师说，其实这个问题很好解决，你跑步是强项，但是游泳是弱项。这样好了，你以后不用上游泳课了，可以专心练习跑步。小兔子听了非常高兴，它专门训练跑步，结果成为跑步冠军。

小兔子根本不是学游泳的料，即使再刻苦，它也不会成为游泳能手；相反，它专门训练跑步，结果成为了跑步冠军。

一个人天生内向,不善于表达,你却要他去学习演讲,这不仅是勉为其难,而且还浪费了大量时间和精力。 一个人天生有心脏病,你却要他去练习长跑,这不是要他的命吗?

自然界有一种补偿原则,当你在某方面很有优势时,肯定在另一个方面有弱项。 而当你在某个方面拥有缺点时,可能又在另一个方面拥有优点。 如果你想要出类拔萃,就必须腾出时间和精力来把自己的强项磨砺得更加犀利。

世界上没有两片完全相同的树叶,每个人的天赋也是不同的。 你也许在某个方面表现突出,而其他方面则可能有所欠缺。 所以,你最好集中自己的智慧潜能优势,寻找一个与之相符合的发展方向,这样成功的机会就可能更大。

经营自己的强项,必须学会借势,即把别人的强项变成自己的强项。 任何青年人一跨入社会都应该学会待人接物、结交朋友的方法,以便互相提携、互相促进、互相借重,否则,单枪匹马是很难成功的。 世界上很多富豪都是白手起家,他们的发家史上都有"借树开花"的辉煌一页。 世界船王丹尼尔·路维格即是如此。

丹尼尔·路维格的事业,完全是靠"借钱"来发展的。最初,路维格打算借钱把一艘货船买下来,改装成油轮,因为载油比载货更有利可图。他到纽约去找几家银行谈借钱的事,人家看了看他那磨破了的衬衫领子,又见他没有什么可做抵押,就拒绝借钱给他。

路维格来到大通银行，他对大通银行的总裁说，他把货轮买下后，立即改装成油轮，并已把这艘尚未买下的船租给了一家石油公司。石油公司每月付给的租金，正好可以用来每月分期还他要借的这笔款子。他提出把租契交给银行，由银行去跟那家石油公司收租金，这样就等于在分期还款。

大通银行的总裁听了路维格这番奇怪的言论后，心想：路维格一文不名，也许没有什么信用可言，但是那家石油公司的信用却是可靠的。拿着他的租契去石油公司按月收钱，这自然会十分稳妥，除非有预料不到的重大经济灾难发生。退一步而言，假如路维格把货轮改装成油轮的行动失败了，只要这艘船和石油公司存在，银行就不怕收不到钱。

大通银行于是同意把钱借给路维格。路维格买下了他所要的旧货船，改成油轮，租了出去。然后他利用这艘船做抵押来借另一笔款子，又买了一艘船。路维格的精明之处在于利用那家石油公司的信用来增强自己的信用。

这种情形继续了几年，每当一笔债付清之后，路维格就成了这条船的主人，租金不再被银行拿走，而是由他放入自己的口袋。

后来路维格又着手筹建造船公司。他设计普通油轮或其他用途的船只，在还没有开工建造的时候，他就与人签约，愿意在船完工的时候把它租出去。路维格拿着船租契约，跑到一家银行去借钱建船。这种借款采取延期分期摊还的还款方式,银行要在船下水之后才能开始收钱。船一下水,租费就可转让给银行,于是这笔贷款又像他开始借款买船时一样付清了。等到一切手续办妥,路维格就成了当然的船主,可是他当初并没有花一分钱。

在路维格"发明"的这种贷款方式通行无碍之后,他先后租借别人的码头和船坞,继而借银行的钱建造自己的船。就这样,路维格有了自己的造船公司。在第二次世界大战期间,美国政府购买了路维格所建造的每一艘船,他的造船公司就这样迅速地发展起来。

在漫漫的人生旅途中,找到自己的强项,也就找到了通往成功的大门。借助别人的优势,把它转化成你的优势,来为你服务。善于把别人的优势转化成自己优势的人一定能成功。

经营自己的强项,有以下建议:

(1)有条理地安排你的活动,否则你不可能有什么过人的强项。有些人自己失败以后常常想不出来其中的原因,其实,他面前的那张写字台已经把其中的原委老老实实地说出来了:桌面上到处是乱纸和信封;抽屉里塞满了各种物品;报架上报纸、文件、信纸、稿件和便条堆得混乱不堪,毫无头绪。

拿破仑·希尔要录用一个秘书,绝不在乎他的推荐人是谁,拿破仑·希尔最注意的还是他的房间里桌椅家具的陈设与整理。其实,大凡你身边的一切用具和摆设都是揭露你日常习惯的最可靠的证人;你的行动、谈吐、态度、举止、眼睛、服饰、装束……无不在毫不客气地揭露你是什么样的人。而且，它们往往也把你自己还不明白的失败原委给老老实实地说了出来，把你自己还如丈二和尚摸不着头脑的穷困理由也一五一十地告诉了你。

（2）要善于行动。选准自己的坐标以后需要立即行动，没有走出去的冒险精神，你的选择永远不会变成现实。如果你是鱼，就跳进大海，在茫茫的大海里尽情畅游；如果你是鹰，就飞向蓝天，在广阔的天空中自由翱翔。

（3）要学会坚持。千万不要做做停停、停停做做。有许多人往往今天说得头头是道，但明天还是毫无改善，这种人永远不会成功，因为他们不知道：没有一样事业可以靠喊口号而成功的，要成就事业，非得集中心思，有理有序，持之以恒，不断奋斗不可！

漠视缺陷的力量

有一次，芝加哥大学的罗勃·罗吉斯校长告诉我他如何获得了一个成功，更使我感到十足地震撼。他说："我一直这样来安排我的一生，如果有个柠檬，就做柠檬水。"

这种做法很伟大，但只有傻子才不这样做，要是傻子发现生命赐给他的只是一个柠檬而已，他马上会自暴自弃地说："我的命运让我垮了下去。我最后一点机会也消失了。这个世界让我觉得可厌而去诅咒。"

可是智者把一个柠檬放在胸口，他就会说："生命似乎有点吝啬，我们有什么办法？并且，从这件不幸的事情之中，我可以学到什么呢？我怎样才能改善我的情况？对了，我完全可以把柠檬做成一杯柠檬水。"

花了一辈子时间来研究人类和人们所隐藏的保留能力之后，伟大的心理学家阿佛瑞德·安德尔说，人类最奇妙的特性之一就是"把负变成正的力量"。我给你们讲述班·符特生的故事。

也许你不会相信,一个失去双腿的人,也可以把他的负变正。班·符特生做到了。

我是在弗吉尼亚州大西洋城一家旅馆的电梯中碰到了他。看上去他非常开心,坐在一张放在电梯角落里的轮椅上。

"事情发生在1930年",他微笑着告诉我,"我砍了一大堆胡桃树的枝干,准备做我菜园里豆子的撑架。我开我的福特车把这些枝条运回家时,意外的事很快便上演了,枝条卡在车的引擎之中,车辆滚出公路老远,我受了重伤,两腿残废了。"

"出事的那年我只有24岁,从那以后我从来就没有走过一步路。"

才24岁,就被轮椅限制了一生。我问他怎么能够这样有勇气去接受这个事实,他说:"我以前并不如此。"他说很长一段时间里,愤恨和难过占据了他的心灵,他抱怨命运。

可是,时间并不能改变一切,他继续说:"愤恨没有改变我的一点点现状,我终于了解,我应庆幸发生过那样一件事。"

他告诉我,当他克服了当时的震惊和悔恨之后,就开始生活在一个完全不同的世界里,他开始看书,对好的文学作品产生了喜爱,读书帮他找到了生命的意义。好的音乐也能给他莫名的感动。

"有生以来第一次",他说,"我能让自己仔细地看看这个世界,有了真正的价值观念。我开始了解,以往我所追求的事情,大部分实际上一点价值也没有。"

尼采对"超人"的定义是:"不仅是在必要的情况之下忍受一切,而且还要喜爱这种情况。"我们愈研究那些有成就者的事业,就愈加深刻地感觉到,他们之中的非常多的人之所以成功,是因为他们开始的时候有一些会阻碍他们的缺陷,促使他们加倍地努力而得到更多的报偿。正如威廉·詹姆斯所说:"我们的缺陷对我们有意外的帮助。"

我们无法否认,很有可能密尔顿就因眼瞎,才能写出更好的诗篇;而贝多芬的耳聋也使他创作更好的曲子。

如果柴可夫斯基不是那么地痛苦——而且他悲剧性的婚姻常逼他走向自杀的边缘——如果他自己的生活不是那么地悲惨,我们哪里还有可能去欣赏那首不朽的《悲惨交响曲》。

如果陀思妥耶夫斯基和托尔斯泰的生活不是那样地充满折磨,他们可能也永远写不出那些不朽的小说。

如果海伦·凯勒不眼盲和耳聋,又哪有后来光辉的成就?

我们将为你提供两条理由,可能会让你远离颓丧,也会让你学会如何把一个柠檬做成一杯柠檬水,更会告诉你为什么只赚而不赔。

理由一:我们相信可能成功。

理由二:即使我们没有成功,只是有让负为正的企图,也就会使我们只向前看而不会向后看。所以,用肯定的思想来替代否定的思想,能从深处激发创造力,能刺激我们忙到根本没有时间也没有兴趣去忧虑那些已经完成的事情。

这两条理由就是你的生活,而你这样地生活,便已获得了生命的胜利,获得缺陷的帮助。

快乐大部分是胜利,而不是享受。柠檬变成柠檬水给你的是一种成就感,一种得意和快乐。

一个人的性格和他的幸福,来自各种不同的环境。我们得肩负起个人的责任,以一种快乐和和气的心理来面对生活。不过,请你记住:"当命运交给我们一个柠檬的时候,让我们试着去做一杯柠檬水。"

第四章

学习成功,锻造一个才华横溢的自己

将知识转化成财富

人类知识可分为两大类：一类是普通知识；另一类是专门知识。普通知识，不论其数量和种类有多少，对于聚敛金钱，是很少能派上用场的。它是基本的、积聚性的，是在大学各科系所有的，几乎是所有文明社会都知道的。能够赚钱的是专门知识。

知识本身不会吸引金钱，更不会去攫取权力，除非我们懂得运用我们的智慧，通过一个实际的行动方案，我们才能达到目的。知识本身只是一种"潜力"，我们必须懂得运用自身的组织与计划，通过一系列有目的的行为，才能将这种潜在的东西变为现实的，使它给我们带来实实在在的物质与权力，同时还有荣誉。

真正有才能、能成功的人，是那些有专门知识的人，他们能把自己智慧的灵光发挥得淋漓尽致，在追求中将普通知识升华为自己的专门知识，从而达到成功的目标，实现自我价值。尤其是在知识大爆炸、信息产业化的今天，专门知识已成为这个社会中最直接最有力的力量。

知识是创富的基础，也是创富的手段。鲍罗·道密尔的成功凸显了知识整合的意义，以及专门知识的作用，鲍罗·道密尔是在美国工艺品和玩具业中享有盛誉的传奇性的人物。

1945年，这位21岁的匈牙利青年，身上只带了5美元到美国闯天下。20年后，他成为百万富翁。道密尔初到美国的18个月，就换了15份工作，有些甚至是别人梦寐以求的。这在别人看来是无法理解的，但道密尔觉得，那些工作，除了能维持生存外，都不能展示他的能力。

通过当推销员，他获得了人生的第一桶金。随后，他用自己所挣的钱收购了一个濒临倒闭的工艺品制造厂。当时道密尔只提出两个条件，不负责工厂旧的债务，他接手以后的亏损由他自己负责。另外，尽管他只占有工厂70%的股份，但这个工厂将来如果挣了钱，他的利益要占90%。一年后，这家工厂起死回生，获得了惊人的利润。道密尔是怎么成功的呢？

原来，他接手工厂后，首先仔细研究公司的每一项作业程序，由定价、消耗到销售，由生产到管理，把每一项缺点记录下来。他对这些可能导致工厂亏损倒闭的要素进行排列分析，确定哪些是不合理的，哪些是可调整的，然后，他针对这些缺点进行了一系列的调整。通过对一系列因素的比较和测算，道密尔最终得出结论：工厂濒临倒闭的主要原因在于管理成本太高和产品定价太低。

　　针对这一结论,他采取了行动。首先,要降低管理成本,他就必须裁减大批职员。道密尔把留下来的管理人员的工作量加倍,薪水也加倍,以与工作量相适应。这些留下来的人,由于待遇提高也增加了责任心。其次提高产品价格,以此来增加盈利。在加价前,道密尔先提升服务质量,以减少顾客的埋怨,改变消费者对公司的看法,让他们觉得物有所值。当时机成熟时才加价。

　　事实证明他是正确的,道密尔通过对工厂各个环节的精细化管理,工艺品制造厂不仅扭亏为盈,还使道密尔赚到了人生的第一个一百万。

在知识经济时代里,富翁大都是知识大亨;但知识大亨却不见得都是富翁,二者之间还有着相当大的距离。如果认为在知识经济时代,有了知识就能发财,持有多少知识就能立即兑换成多少财富,那是非常幼稚的想法。

　　我们说知识能创造财富,但不是笼统地指一般的知识,也不是指存在于人的大脑或书本上的那种知识,而是指资本化以后的知识,而如何将知识资本化,是决定知识能否转化为财富的关键。过去许多人皓首穷经,学富五车,但却终生一贫如洗,原因就在于没有将掌握的知识资本有效地转化为产业资本。

　　看不到自身的价值可以说是广大知识分子的通病。他们尽管知识渊博、才华出众、富于创造,但由于认识不到自己的价值或者耻于将智慧与知识转化成金钱,于是他们的知识与智慧只能像被埋没的宝藏一样,一钱不值;或者为别人偶然得到,钱让别人赚走了。

在知识经济时代,一个人的富有与他本身拥有的知识的多少并不一定成正比。一个高中毕业生,如果能将自己的知识资本化,并善于借用别人的智慧,他可以财源滚滚;相反,一个知识渊博的大学教授,如果无法将自己的知识资本化,他就永远富不起来。

总之,在知识经济时代,仅有知识是不够的,重要的是如何将知识资本化。谁能勇敢地将自己的知识与智慧推向市场转化成产品,谁就能成为新一代富翁。

要有真才实学

鼯鼠掌握了5种技能：飞翔、游泳、攀树、掘洞和奔跑。它为此感到非常自豪：在动物世界里，有谁像我这样多才多艺？雄鹰飞得高，但它会游泳、掘洞、攀树、奔跑吗？老虎跑得快，但它会飞翔、游泳、攀树、掘洞吗？海豚是游泳能手，但它会其他四种技能吗？

鼯鼠把自己和各种动物都比了个遍，越比越觉得自己的本领高，越比越觉得自己了不起。在它看来，老虎当兽中之王，雄鹰为鸟中之王，都是徒有虚名而已。真正的动物首领，非它莫属。

然而，人们还是把它与老鼠并列，划入啮齿目；又将它与弱小动物排在一起，归进松鼠科。鼯鼠为此愤愤不平："胡闹，胡闹！老鼠、松鼠算什么东西？我可是动物中的通才、全才啊！"

有一天，鼯鼠正在向几只老鼠炫耀自己的五种技能，突然，一只老虎出现在它面前："小兄弟，你在说什么？"

鼯鼠吓得魂飞魄散，撒腿就跑。但是，它用尽力气跑了半天，老虎几步就追上来了。没办法，它慌忙爬上一棵树，这时，一只金钱豹又蹿了过来，三下两下就蹿上了树顶。情急之中，鼯鼠张开四肢飞到空中。但是，它的"翅膀"并不能像鸟一样扇动，只能滑翔。一只雄鹰轻轻扇了两下翅膀，眼看就要抓住它。无路可走了，鼯鼠"扑通"一声钻进水里。它刚想喘口气，一只水獭已箭一般地向它扑来。鼯鼠狼狈地爬上岸，伸出利爪掘洞藏身。水獭跟踪追来，没费吹灰之力，就扒开了它的洞穴，把它抓在手中。

"兄弟，我想领教领教，你还有什么招数吗？"水獭讥讽地问。

鼯鼠浑身像筛糠一样颤抖不止，后悔不迭地说："拥有一身平庸的本领，不如掌握一件过硬的技巧啊！"

人都喜欢贪多，却不明白一个道理：贪多而"消化不良"反而会一无所获。正如鼯鼠的感悟所得："业广不如业专。"与其掌握许多平庸的本领，不如精通一门过硬的技术。

然而在这样一个竞争激烈的社会，我们的成功学又增加了一条新的内容，那就是要求你尽可能成为脱颖而出者。根据社会的需要，许多专家向年轻人提出了这样一种看法：最有价值的人才往往是"T"型结构的。所谓"T"型结构，最简单地说就是"通才+特长"。

如果你智商很高，有良好的情绪控制能力，知识面很宽，就可以说你是一个通才。但最好你还有一个特长，比如善于写文章、演讲能力强等。这样你就会成为一个脱颖而出者，而且会大大提升你的价值。

从前，福特可以一个人制造出一辆汽车，爱迪生一个人就发明了无数电器。但如今，恐怕没有人能单枪匹马制造波音飞机或者发明蒸汽机了，而每一个人从事的都是很专门领域的一个具体工作。所以，你要是不能在某一专门的领域脱颖而出，就很难跻身最出色的人之列。

任何人要想成为脱颖而出者，都需要艰苦的努力、坚韧不拔的毅力甚至是对枯燥乏味的准备工作长时间的忍受。下面我们讲讲格雷厄姆的故事。

美国人本杰明·格雷厄姆是著名的"现代证券分析之父"。20世纪20年代，他在哥伦比亚大学毕业后，放弃了哥伦比亚大学文学、哲学和数学三个不同的系同时邀请他执教的难得机会，毅然进入证券经纪公司工作。

由于他勤奋钻研、细心观察，很快熟悉了证券市场的运作技巧。1929年股市暴跌时，他运用自己发明的证券投资价值评估方法，帮助客户避免了资金的巨大损失，因而声名鹊起。1934年，他和戴维·多德合著了《证券分析》，此书迄今已出了第五版，有些学者把它奉为"华尔街的圣经"。

《证券分析》奠定了现代证券分析理论的基础，这本书也曾对证券投资专家沃伦·巴菲特、马里奥·加贝利等产生过很大的影响。为了纪念和表彰他在证券分析领域的卓越建树，美国哥伦比亚大学商学院已设立了永久性的"格雷厄姆/多德教授讲座"。

那我们是追求通才还是专才呢？这是一个很难说清的问

题，并不能一刀切地说专才好或通才好。对此类问题不能作"是"或"否"那样简单的回答，也不应当把辩论双方观点视为势不两立的，而应当具体问题具体分析，辩证地看待它们之间的关系。

首先，通才与专才不是绝对不相容的两极，而是相互渗透、相互依存、相互转化的矛盾两方面。同时，专又能促进博。精通某一领域知识的专家，有助于他获取更广泛的知识，成为博学多才的人。19世纪唯心主义辩证法大师黑格尔，通晓当时数、理、化等自然科学和文、史、哲等人文科学，因而能创造出庞大的、独特的哲学体系。

其次，是偏重朝通才还是专才方向发展，要视工作岗位、职业需要而定。一个人的生命有限，而学问无涯。要克服这个有限与无限的矛盾，必然根据自己岗位或职业的需要，决定偏重于朝通才或是专才方向发展。对于有条件的人来说，可以使博与专兼顾。

再次，随着知识经济时代的到来，各学科的融会、交叉成为当今科技发展的趋势，因而要求人们学会一专多能。例如航天工程，需要一批既懂专业知识又善于经营管理的领导人才，需要大批懂得各种科学技术知识、能够解决许多疑难问题的人才。

我们在个人成长的过程中，要根据实际情况找准自己的方向：是做专家还是多面手。但无论怎样选择，都不要忘了，无论是专才还是通才，都必须有真才实学才行。

做知识整合上的高手

在美国,帮人扭转人生的特别知识俯拾皆是:在每个书局、每家录影带店、每座图书馆里,从各类的演讲、研讨会、教学课程中,你都能得到所需的知识;书店的畅销书排行榜,更不乏追求个人成功的书籍,这样书单日日增长,我们所需的知识亦在其中。 然而,为什么有人卓然有成,有人却依然故我? 又为什么不是人人都能获得能力、快乐、财富、健康以及成功?

社会上,总有这么一群人,他们读书求学的目的,不是学到真正的本领,而是为了一个炫目的学历,一个炫耀的资本。知识并没有从根本上改变他们的思维结构,他们没有从书本中学到真正相应的本领,而是学会了虚荣和炫耀。

彼得退学以后,独自搬了出来,租了一个小房间,醉心于自己的音乐创作,由于没有足够的资金,彼得常常拆了东墙补西墙,忙得是焦头烂额。

有一天，彼得开着自己二手的小汽车出门办事，忽然看来一位曾经的同学，彼得于是很愉快地和这个同学打了一声招呼，两个人寒暄了一会儿，那位同学问彼得现在在做什么。"在筹备一个乐队，现在天天可把我忙坏了。对了，你现在在做什么呢？"

这位同学扬起了眉毛，有些得意地说："我啊，我现在在当教授的助教，呵呵。"然后和彼得侃侃而谈自己最近正在做的项目，言语之中对彼得这种"不务正业"颇有一些揶揄之色。

和这位同学分手以后，彼得感到又好气又好笑。他分明从这个同学的眼中看出把知识当成了狂妄的资本。

丰富的知识是帮助你成功的工具，但绝不是用来炫耀和看低别人用的。不要因一些虚幻的东西迷失了自我，而是要踏踏实实地做事。但凡取得卓越成就的人，必然在一个领域甚至在多个领域里占有高人一筹的知识。追求卓越的人总是能综合知识并使其迸发最大的能量。

仅仅拥有知识是不够的，我们在看到那些有不凡成就的人时，经常会有一种错觉，以为他们拥有某些特别的天赋。可是在深入探究后我们就会知道，他们之所以异于常人，乃在于他们知道应该采取什么样的行动。

行动是指达成目标的做法，是成功所不可或缺的；而知识在没有到达能活用它的人的手中之前，它只能算是潜藏的力量，还不能算是利器，不过这种利器是我们任何人都可以发展出来的。难道只有洛克菲勒看见家用石油的远景？难道只有特纳看见了有线电视的广阔市场？ 绝对不止他们，差别就在于他们知道该怎样做，并勇往直前，进而造就他们成为时代的巨人。

我们需要记住的是，吸收知识的时候，必须加以组织和使用，借着务实的计划达成确切目标。 除非知识能针对某个值得努力的目标应用才能获益，否则知识本身是没有价值的。

各行各业的成功人士从不停止学习与其行业、主要目标、生意相关的专业知识。 你应该向他们学习这一点。 当你拥有知识并擅于使用它们的时候，你就能获得成功。

随时随地求进步

一杯新鲜的水，如果放着不用，不久就会变臭。同样，一个经营得很好的商店，店主如果不时刻做更好更新的改进，他的经营也必定会逐渐地衰退。

如果把这句话挂在自己的办公室里，一定会有所功效："今天我应该在哪里改进我的工作？"一个积极的成功者的特征，就是他能随时随地追求进步。

他深惧退步，害怕堕落，因此总是自强不息地力求改进。一件事做到某一个阶段，绝不可停止下来，而应该继续努力，以达到更高的高度。一个人在事业上自以为满足而不再追求进步时，便是他的事业由盛转衰的开始。

每天早晨，我们都应该下定决心：要力求在职务上做得更好些，较昨天当有所进步，而晚上离开办公室、离开工厂或其他工作场所时，一切都应安排得比昨天更好。这样做的人，在短短的时间之内其业务必定有惊人的成就。

不断改进这一习惯，具有极大的感染力。不断改进的雇主，会感染他的雇员，使得雇员们也养成习惯来改进日常的工作。如果雇主能通过这种做法来激励自己的雇员，促使他们加以自觉的努力，那么，这样的雇主在他的事业生涯中相当于获得了强有力的同盟者。

一个想成就大业的人，必须常同外界接触，常同其竞争者接触。应前往模范店铺、商场、展览会以及一切管理良好的机构团体参观访问，借鉴新的有效的管理方法。

一个成功的零售商，利用了一个星期的假期，去参观访问国内的大商场，由此他得到了改良自己商场的办法。在此之后，他便每年到东部做旅行，专门去研究几家大规模商场的销售方法和管理方法。他认为，这样的参观是绝对必要的。否则，墨守成规、一成不变地做下去，必定会走向失败。

这位商人的商场经过几番改进后和以前大不相同了。以前从未注意的缺点，比如货品的摆设不能吸引顾客、雇工工作不认真等，经过对优秀同业者的参观，便历历在目，引起他极大的注意。于是，他开始大刀阔斧地调整，比如改变橱柜的陈列、辞退不忠于职守的雇员等，这样做以后，店内的气象就此焕然一新。

但相反，一个从不出自己店铺的大门、不同别人及别的商店沟通的人，对于自己商店中的营业、店员的缺点，往往是盲目的，往往对各种问题都不易察觉。

所以，要使自己的店铺发达，唯一的方法就是使新的光线进入店铺，就需要经常去看看同行的做法，与同行的差别往往可以作为改进的借鉴。

众所周知，人的身体之所以能保持健康，是因为人体的血液时刻在更新。同样，从事商业的人，应该时常吸收新鲜的思想，获得改进的方法。唯其如此，他的事业才能一天一天地发展起来，直至成功。

那些老是处在安逸环境中的人，必定要走入失败的迷途。他们往往对现实状况心满意足，对存在的缺陷又毫不察觉。对于种种缺陷，他们如果不变换自己的环境，是绝对发现不了的。

只有才能出众的人，才会领悟到时刻改进的巨大价值，才会用客观的态度去观察别人的优点，考察自己的缺陷，以求改进。

一个旅馆的经理，在他踏进另一家旅馆的刹那间，便会注意到许多应该加以改进的事情。他在很短时间内所看到的值得改良之处，一定要比那旅馆中终年不外出的主人在一年之内看到的更多。

在现实生活中，有许多人，他们认为要改进自己的事业必须是整个地改进。他们不知道改进的唯一秘诀，乃是随时随地求改进，在小事上求改进，即大处着眼，小处着手。

只有随时随地地求改进，才能收到最后的成效。

从信息中寻找赚钱机遇

《塔木德》中说,即使是风,嗅一嗅它的味道,你就可以知道它的来历。在如今这个信息化的社会,一切东西都可以用信息来代替和表示。信息是这个时代的最大财富,拥有了信息就等于拥有了财富。信息满天下,专寻有心人。

一个有着聪明头脑的人,一定会对周围出现的有用信息非常敏感,只要善加利用,就一定能获得成功。如果你想改变现状,必须多多培养自己搜集和辨别信息的能力,善于利用你周围的信息,成功的机会不会离你太远。

洛克菲勒知道信息的重要性,并很早就开始利用信息赚钱了。他曾说:"一条有价值的信息,一个准确的情报,会使一大笔生意成功。"

1858年是洛克菲勒开始工作的第三年,在那三年里,洛克菲勒的工作井井有条,他的勤劳和头脑令老板赞叹不已。在那一年他无意中听到从国外来的客商谈论英国发生饥荒的事情,就是这样一个消息令洛克菲勒激动不已。他翻看了近期的很多关于英国的报纸,通过分析,他判断英国在不久之后将发生大饥荒,这对很多人来说是个不幸的消息,可洛克菲勒从这个消息中嗅出了巨大的商机。

于是,在洛克菲勒的主张之下,公司购买了大量的小麦、面粉甚至还有火腿、食盐等。不久之后,英国果然发生了饥荒,公司的货物销往外国,从而赚取了大量的利润。因为这件事情,很多人对年仅19岁的洛克菲勒刮目相看。

值得一提的是,洛克菲勒非常关注外界的一举一动,看报是他每天必须做的一件事情,多年以来,他已经养成了看报的习惯。不论生意多么繁忙,他每天早上都会翻阅秘书送来的各类报刊。洛克菲勒的贸易依赖于市场信息,来自全国各地的电报汇聚到他的办公室,这里也就变成了解各种信息的俱乐部。

在当今的信息时代,谁掌握了信息,谁就掌握了商机。我们都听过"井底之蛙"的故事,故事中的青蛙由于不了解外面的信息,便以为世界只有"井口那么大",从而不愿跳出井口,寻找另外的生活,最终落得个被渴死的下场。

不懂得掌握信息优势的创业者就如同"坐井观天"的青蛙,最终只能走向末路。 而看得到"井"外面更广阔天空的创业者,有了信息,行动就不会盲目,才能够以更客观的视角来面对市场,更好地应对激烈的市场竞争。 这一点不仅在投资领域成立,在商业争斗、人际往来中都一样有效。

信息是有价的,从信息里赚钱首先要从信息里发现商机,抢在别人之前抓住信息,你就比别人先抓住了商机,进而抢先抓住了财富。

我们来看一下美国政治家和哲人伯纳德·巴鲁克赚钱的故事。

巴鲁克是靠那种对信息的敏感,而一夜之间发了大财。

1898年的一天晚上,他正和父母一起待在家里聊天,突然广播里传来消息,西班牙船队在圣地亚哥被美国海军消灭,听后,父母继续聊天,但是布鲁克的心情却再也难以平静。他知道,西班牙船队的覆灭意味着美西战争即将结束。

那天正好是星期天,第二天是星期一,在当时美国的证券交易所在星期一都是关门的,但伦敦交易所则照常营业。巴鲁克立刻意识到,如果他能在黎明前赶回自己的办公室,就有可能发一笔大财。

在那个年代,汽车还没有出现,而火车在夜间是不运行的。巴鲁克急中生智,他赶到火车站,租了一列专车。他终于在黎明前赶到了自己的办公室,在其他投资者尚未"醒"来之前,做成了几笔大交易。就这样,巴鲁克一举成功了。

成功的秘诀,在于随时随地把握时机。有了宝贵的信息,得到了好的主意,还需要有切实可行的措施,才能使愿望变成现实,把信息变为金钱,否则一切都只是空想。

经营者获取市场信息,制定经营策略,为的是把握机会。所谓机会是指一时一地出现的某种特殊条件,它带有一定的偶然性,往往稍纵即逝。精明的人,一旦顺手"牵"着机会,就会以最快的速度利用它。正所谓快一步天高地阔,慢一着满盘皆输。

靠信息发财,是办实业做买卖必不可少的法宝,没有信息,经营者就像盲人,面对四通八达的交叉路口不知如何起步。

不仅是经营者,生活中许多人缺乏信息意识,不做调查,仅凭主观愿望就盲目去做,结果导致在激烈的竞争中一败涂地;而有些人尽管重视信息,但常常由于不能对得来的信息做出快速决策而错失良机。成功的秘诀,就是随时随地把握时机。

提高本领，向财富靠近

虽然人人都想赚钱，个个都希望创富，并且许多人也想了办法，尽了努力，但真正赚了钱的却总是极少数，大多数人还是两手空空、囊中羞涩。为什么辛勤耕耘却毫无收获？难道真的是"生死有命、富贵在天"？不！导致这个社会有人富、有人穷的一个重要原因，在于创富素质的高低、赚钱本领的大小。

赚钱是一门学问，创富更是一种艺术。要想在商界有所收获，你必须首先具备商界中人最基本的素质，掌握赚钱创富最起码的本领，否则的话，你很难达到创富的目的。有人不服气，说我并不比那些创富者笨，不比那些创富者懒，甚至我比他们更有文化、更有水平，为什么就赚不到钱呢？把文化水平等同于赚钱的本领，这是许多人认识上的误区，实际上这是两个并不相同的概念。许多人学历不高、文化不多，却能成为巨富，这是因为他们有赚钱的素质；有的人学富五车、才高八斗，却偏偏穷困潦倒，这是因为他们没有赚钱的本领。

有的人做生意亏本，办企业破产，很大一部分原因就是他们缺乏这种创富的素质和赚钱的本领。所谓素质，是一个人本质的、内在的东西，指人平日的修养，既包括先天性的特征，又包括通过后天的学习、积累所具备的思想和认识水平。所谓本领，是一个人在某一方面所拥有的能力，是从事某项事业的技能。创业者自身素质的高低和赚钱本领的大小，是决定其成败得失的关键。

创富学者研究表明，知足的人、保守的人、怯懦的人、懒惰的人、孤僻的人、自以为是的人、狭隘的人、有一点成绩就忘乎所以的人、狂妄的人、消极的人、容易轻信别人的人、容易冲动的人、多疑的人，往往也是缺乏赚钱本领的人。商人之始祖白圭说过，一个人如果智谋不足以权变，勇敢不足以决断，仁爱不能够取舍自如，强硬不能够坚守不移，就不可能成为一个真正的商人。这是对赚钱本领最精辟的见解。

曾经有人问过美国汽车大王福特："假如您失去了现在所有的财产会怎么样呢？能再赚回来吗？"福特一笑，回答道："再给我5年的时间，我就能把它们重新赚回来。"这不是福特吹牛皮、说大话，会赚钱的人在哪里都能赚到钱，而不会赚钱的人你给他钱也不见得能够守住。一位创富学者甚至断言，假使把目前占世界人口10%的富豪所拥有的钱全部分给目前占世界人口10%的最低收入者，不出三五年，这些钱又会回到这些富豪们的口袋里去。

显然，这种说法有点夸张，但是，赚钱本领有高低，却是不争的事实。不过，赚钱本领并不完全是天生的，而是可以通过学习提高，可以通过实践培养的。

有人说江山易改，本性难移，那是错误的。实际上，只要我们有恒心、有毅力，肯学习、善思考，就完全可以提高赚钱的素质，培养赚钱的本领。

在与人交流中碰撞出智慧

智慧与智慧交换，能得到更多、更有效的智慧，与他人交换想法，你会从中获得意想不到的启发，这也是有效利用发散思维的一种表现。

一位发明家曾经讲过这样一个故事：

有一家工厂的冲床因为操作不慎经常发生事故，以至于多名操作工手指致残。技术人员设计了许多方案，以解决这一问题，就是要让冲床在操作工的手接近冲头时自动停车。他们先后采用红外线超声波、电磁波构成的许多复杂的检测控制系统，都因为成本高或性能不可靠等原因而放弃了。

正当技术人员一筹莫展时，他想到了交流，便带着自己的想法和工人们一块儿讨论，大家七嘴八舌，你一个点子，我一个想法，围绕避免事故这一中心，大家的建议就像放射性的线一样，射向四面八方，每一条线就是一种不同的方法。讨论了半天,最终确定了一个方案:让工人坐在椅子上操作,在椅子两边扶手上各装一个开关,只有它们同时接通时,冲床才能启动。

操作工两手都在按开关,怎么会发生事故呢?这样一来,交换一下想法,在发散性的建议中得出最佳的方案,原本看似复杂的问题也得到了有效的解决。

当代科学研究,不仅要充分挖掘个人智慧,而且还要积极倡导一种团队智慧,各学科、各门类的人才坐在一起,实行智慧的大融合、大交流、大碰撞,才能实现团队智慧成果的最优化。 美国的硅谷聚集了那么多高科技企业,那么多科技精英,大家"扎堆"的目的就是近距离地搭建一个交流平台,在信息大融合中,实现信息共享、智慧共享。

许多人都知道库仑定律。据说库仑早年是巴黎的一位中学教师,对电荷之间的相互作用力很感兴趣,想找出它们的规律,但苦于无法测量这种微小的力。法国大革命时期,库仑为求安宁去乡下暂住,对农家的纺车又发生了兴趣,看着用棉花纺的细细的纱线,觉得妙不可言。他随手抽断一根刚纺成的纱线,拿到眼前细看,注意到纱的接头总是向相反的方向卷曲,拧得越紧,反卷的圈数就越多。库仑便和纺纱的农妇交谈起来。

一位科学家和一位农妇的交谈随即引发了一个划时代的发现。

与农妇的交谈使库仑的思维更加发散,针对纱线卷曲的问题，库仑进行了许多方面的设想。最后，他终于意识到，根据纱线卷曲的程度可以度量扭力的大小，可以用同样的原理来测量电荷之间的作用力。不久库仑回到巴黎，做出了一支利用细丝扭转角度测量力矩的极为灵敏的秤，精确测量了电荷的相互作用力与距离的电量的关系，发现了成为电学重要基础的库仑定律。

科学家与普通人之间的差别，比人们想象的要小得多，两者的交流，只有行业和性质的差别。事实证明，不同行业的交流具有极大的互补性，促使思维可以向更多的方向发散，得到更多的创见，以利于问题的解决。

每个人都需要与他人进行交流，一个人自锁书城，两豆塞耳，必然孤陋寡闻，难以超越。你有一个水果，我有一个水果，交换后仍旧是一人一个。但是人的想法却不是如此，你有一个想法，我有一个想法，交换后每人至少有两个想法，由此还会衍生出许许多多其他的想法。这也是启发发散思维的好方法。

现在我们常说的"头脑风暴"方法就是大家在一起就一个问题各抒己见，思想碰撞的一种方法。当一群人围绕一个特定的兴趣领域产生新观点的时候，这种情境就叫作"头脑风暴"。由于会议使用了没有拘束的规则，人们就能够更自由地思考，进入思想的新区域，从而围绕一个中心点发散性地产生很多新观点和问题解决方法。当参加者有了新观点和想法时，他们就大声说出来，然后在他人提出的观点之上建立新观点。所有的观点被记录下但不进行评估，只有头脑风暴会议结束的时候，才对这些观点和想法进行评估。

那么你就清楚了，头脑风暴会帮助你提出新的观点。你不但可以提出新观点，而且你将只需付出很少的努力。头脑风暴是个尝试——检测的过程。头脑风暴中应用什么技巧取决于你欲达到的目的。你可以应用它们来解决工作中的问题，也可以应用它们来发展你的个人生活。

如果你遵循头脑风暴的规则，那么你的个人风格无论是什么样，头脑风暴也会奏效。很自然，某些技巧和环境对一些人更适合，但是头脑风暴足够柔性化，能够适合每个人。

从商更要不断地学习

经商的头脑需要不断用丰富的知识与武装，知识和金钱是成正比的。 只有掌握了知识，特别是掌握了大量业务知识，在经商中才会少走弯路，才会先于别人到达目的地，也才能更快地赚更多的钱。 知识需要不断地学习、积累，而平时的经商活动更是学习的大好时机。

一个商人拥有各方面的丰富知识，是商人的基本素质，也是在生意场上能赚钱的根本保证。 因为拥有丰富的学识，视野就变得十分广阔，一个仅能从一个角度观察事物的人，不但不配做商人，也不能算一个完整的人。 而有一个广阔的视野对商人们形成正确判断，作用实在太大了。

每个人要掌握尽可能多的知识，并且不断学习。 我们最好不要和那些学识浅陋、品行粗俗、眼光狭隘的人来往。 若与这些人来往，可能暂时会给自己带来一些愉快，生意场上甚至能带来一些暂时的利益，但是为此会付出很惨重的代价，这个代价就是会损失自己的信誉。 洛克菲勒曾说："物以类聚，人以群分，不要和那些浅陋的人混在一起，否则你将会变得和他们一样，被品行高尚的人排斥。"

只有谦逊的人才能做到不断学习，不停地获取知识。一个已经装满了水的杯子难以再装别的东西了，人心也是如此。人生来就站在同一起跑线上，可为什么所达到的高度不同？有的人功成名就，有的人却一事无成？主要在于，前者总是"留一些空杯子"虚心接纳，而后者总是自我满足，自以为是，最终故步自封，自己淘汰了自己。

人生旅行，就是汲取各种养分、滋养生命的过程。如果我们带着太多的自满上路，就会像一个装满水的杯子，再也容不得半点水进入，这将是人生最大的悲哀。在人生的旅途中，每一个即将上路或已在路上的年轻人，一定要牢记，不论什么时候，都要给自己的心灵留一些空间，虚心求教。学无止境，心有空余，才能装物。面对新的工作、新的领域，我们抱着归零心态，努力学习新知识，这样才能够不被时代抛弃，不断走向人生的前方。

每个人都应该不断吸收新的知识，不断学习，作为商人更应如此。要随时随地学习，那些说没有时间学习知识的话统统都是借口，学习不仅不会耽误时间，反而会提高工作的效率。

有一位勤劳的伐木工人，被指令砍伐100棵树。接受任务以后，他毫不拖延地投入到了工作当中，每天工作10个小时。可是渐渐地，他发觉自己砍伐的数量在一天天减少。他开始想，一定是自己工作的时间还不够长，于是除了睡觉和吃饭以外,其余的时间他都用来伐树,一天要工作12个小时。但他每天砍伐的树木仍越来越少,他感到非常迷惑。

一天,他把这个困惑告诉了主管,主管看了看他,再看了看他手中的斧头,若有所悟地说:"你是否每天都用这把斧头伐树呢?"工人认真地说:"当然了,没有它我可什么也干不了。"主管接着问道:"那你有没有磨利这把斧头呢?"工人的回答是:"我每天勤奋工作,伐树的时间都不够用,哪有时间去干别的?"

其实生活中的许多人都像那位伐木工,那把斧子就是自己原有的知识和技能。每天吃老本,只输出而不输入新的知识,只能让工作越来越吃力。

美国有专门的机构调查结果显示,现在职业半衰期越来越短,所有高薪者若不学习,5年后就会变成低薪者。就业竞争加剧是知识折旧的重要原因。

未来社会只有两种人:一种是忙得要死的人,另外一种是找不到工作的人。学习是任何职业人员的第一课堂,要想在竞争激烈的商业环境中胜出,就必须学会从工作中汲取经验、探寻智慧的启发以及获取有助于提升效率的资讯。

在知识经济时代,竞争日趋激烈,信息瞬息万变,盛衰可能只是一夜之间的事情。在激烈的竞争中,只有不断学习、善于学习的人,才能具有高能力、高素质,才能不断获得新信息、新机遇,才能够获得成功。

如果不能不断提高素质,跟不上时代发展的步伐,就会成为"吃老本"的掉队者。那么怎样才能做到不掉队呢？毫无疑问，答案是不断学习、善于学习。学习，是人的一生中一项最重要的投资，一项伴随终身最有效、最划算的投资，任何一项投资都比不上这项投资。

罗曼·罗兰就说："成年人慢慢被时代淘汰的最大原因不是年龄的增长，而是学习热忱的减退。"如果你始终保持学习热忱，在走出校门后继续学习、终生学习，就能获得成功。

第五章

勤奋专注，猎手的季节里没有冬天

勤奋最能挖掘潜能

谁能不停止勤奋的脚步,谁就能够发展自己的强项,挖掘自己的潜能,成就自身的伟业。天道酬勤,那些勤勤恳恳工作的人不怕找不到可以经营的强项,正如优秀的航海家总能驾驭大风大浪中的船一样。对人类历史的研究表明,在成就一番伟业的过程中,一些最普通的品格,如公共意识、专心致志、持之以恒等,往往起着很大的作用。即使是盖世天才也不能小觑这些品质的巨大作用,更别说普通人了。

约翰·弗斯特认为,天才就是点燃自己的智慧之火,激发自己的潜能;波思认为,"天才就是耐心"。强项是靠勤奋来获取的,而不是天才的产物。事实上,真正伟大的人物只相信常人的智慧与毅力的作用,而不相信什么天才,甚至有人把天才定义为潜能升华的结果。一位大学校长认为,天才就是不断努力的结果。

道尔顿是英国物理学家及化学家,他不承认自己是什么天才,约翰·亨特曾评论他:"他的心灵就像一个蜂巢一样,从外表看来是一片混乱、杂乱无章,到处充满嗡嗡之声,实际上一切都整齐有序。 每一点食物都是通过勤劳在大自然中精心采集的。"道尔顿认为他所取得的一切成就都是靠勤奋、靠点滴积累而成的。 翻一翻一些大人物的传记,我们可以发现,大多数杰出的发明家、艺术家、思想家和各种著名的工匠,他们之所以能成大事,在很大程度上都归功于非同一般的勤奋和持之以恒的毅力。

英国作家兼政治家狄斯累利(1804~1881年,于1874~1880年任首相)认为,要成大事就必须有自己的强项,而要获得强项,只有通过连续不断的苦心钻研,除此别无良策。正如意大利民谚所云:"走得慢且坚持到底的人才是真正走得快的人。"因此,从很大程度上讲,那些拥有强项的人并不是严格意义上的天才人物,而是那些智力平平但却非常勤奋、埋头苦干的人;不是那些天资卓越、才华横溢的天才,而是那些不论在哪个行业都刻苦劳作、奋斗不息的人。

有一位事业有成的女性在谈及她那才华横溢却毫不努力的儿子时曾慨叹:"唉! 他太缺少坚持到底、顽强拼搏这份毅力,如何能成大器?"天赋过人的人如果没有毅力和恒心做基础,只会成为转瞬即逝的火花,无法挖掘自己的潜能。 即使是在一些最简单的事情上,持之以恒的磨炼也会产生惊人的结果。 拉小提琴看起来十分简单,但要使之成为自己的强项,必须花费很多精力去反复练习。

有一个年轻人曾问卡笛尼学拉小提琴要多长时间,卡笛尼回答道:"每天12个小时,连续坚持12年。"一个芭蕾舞演员要练就一身绝技,不知道要流下多少汗水、饱尝多少苦头,一招一式都要花费难以想象的辛劳。芭蕾舞演员泰祺妮准备她的夜晚演出之前,往往得接受她父亲两个小时的严训,等到歇下来时已是筋疲力尽,有时甚至达到完全失去知觉的地步。舞台上她那轻灵如飞的舞步,往往令人心旷神怡,但舞台下她的勤奋耕耘又是常人所不能想象的。常言道:台上一分钟,台下十年功。这十年功的酸甜苦辣,泰祺妮作为一个芭蕾舞演员似乎有更深刻的体会。

对于想成大事的人来说,勤奋是最好的资本,只要你足够勤奋,就能开发自己的潜能,发挥自己的强项。一点点进步都是来之不易的,任何伟大的事业都不可能轻易成功。许多著名的科学家和发明家的一生就是顽强拼搏、刻苦奋斗的一生。

比别人做得更多更彻底

西谚有云:"工作中的傻子永远比睡在床上的聪明人强。"对于那些刚刚踏进社会的年轻人来说更是如此。要想取得成功,必须做得更多更好,成功的人永远比一般人做得更好更彻底。

每一个人都应牢记一句俗语:"对未来的真正慷慨在于向现在献出一切。"如果你能成功地选择工作态度,那么幸福就会找到你。

"马无夜草不肥,人无勤劳不富",所以工作中,你只有比别人做得更多更彻底,才能够在职场的"秋天"收获丰硕的果实。

我们一定要有所作为,不能枉度人生。有一些人,他们得过且过,事不关己,高高挂起,本着独善其身的原则平庸过活。这样的人迟早会葬身于生活的海洋,与海草同腐。

在柯金斯担任福特汽车公司总经理时,有一天晚上,公司里因有十分紧急的事，要发通告信给所有的营业处，所以需要全体员工协助。不料，当柯金斯安排一个做书记员的下属去帮忙套信封时，那个年轻的职员傲慢地说："这不是我的工作，我不干！我到公司里来不是做套信封工作的。"

听了这话，柯金斯一下就愤怒了，但他仍平静地说："既然这不是你分内的事，那就请你另谋高就吧！"

每一个员工要想纵横人生，乘风破浪，除了尽心尽力做好本职工作，还要比别人多做一些分外的工作。多做一点点，可以让你时刻保持昂扬斗志，在工作中不断地激发自己，充实自己。当然，分外的工作，也会让你拥有更多的表演舞台，让你把自己的才华适时地表现出来，引起别人的注意，同时得到老板的重视和认同。

当其他人放弃的时候，你要去继续找寻下一位顾客。

当顾客拒绝你的时候，你要继续追问："您到底需要什么？"

当顾客不买的时候，你仍然要坚持去调查了解："您为什么不买？"

美国一位年轻的铁路邮递员，和其他邮递员一样，用陈旧的方法分发着信件。大部分的信件都是凭这些邮递员不太准确的记忆拣选后发送的，因此，许多信件往往会因为记忆出现差错而无谓地耽误几天甚至几个星期。于是，这位年轻的邮递员开始寻找另外的新办法。他发明了一种把寄往某一地点去的信件统一汇集起来的制度。就是这一件看起来很简单的事，成了他一生中意义最为深远的事情。他的图表和计划吸引了上司的广泛注意，很快，他获得了升迁的机会。5年以后，他成了铁路邮政总局的副局长，不久又被升为局长，从此踏上了美国电话电报公司总经理的路途。他的名字叫西奥多·韦尔。

做出一些人们意料之外的成绩来，尤其留神一些额外的责任，关注一些本职工作之外的事——这就是韦尔获得成功的原因。

萨姆是一家连锁超市的打包员，日复一日地重复着几乎不用动脑甚至技巧也不复杂的简单工作。但是，有一天，他听了一个主题为建立岗位意识和重建敬业精神的演讲，便想如何通过自身的努力使自己的单调工作变得丰富起来。他让父亲教他如何使用计算机，并设计了一个程序，然后，每天晚上回家后，他就开始寻找"每日一得"，输入微机，再打上好多份，在每一份的背面都签上自己的名字。第二天，他给顾客打包时，就把这些写着温馨有趣或发人深省的"每日一得"纸条放入买主的购物袋中。

结果，奇迹发生了。一天，连锁店经理到店里去，发现萨姆的结账台前排队的人比其他结账台多出3倍！经理大声说："多排几队！不要都挤在一个地方！"可是没有人听，顾客们说："我们都排萨姆的队——我们想要他的'每日一得'。"一个妇女走到经理面前说："我过去一个礼拜来一次商店。可现在我路过就会进来，因为我想要那个'每日一得'。"

一个普通的小职员萨姆的创造激发了很多人的灵感：在花店中，员工要是发现一朵折坏的花或用过的花饰，他们会到街上把他们给一个老太太或是小女孩戴上。一个卖肉的员工是史努比的发烧友，就买了5万张史努比的不干胶面，贴到每一个他卖出的货物上。

人生面临的最致命的挑战不是天灾人祸也不是改变命运的选择，而是日复一日、年复一年、重复而又极其枯燥的工作的每一天。能在旷日持久的平凡工作中孕育伟大，在重复单调的工作中享受生活，才是工作最大的意义。所以，我们要努力在平凡的岗位上创造出不平凡，把简单的事情做得不简单。

许多成功的人都知道要想使自己平凡的工作不再平凡，就要明白一个道理——超过别人所期望你做的，你会如愿以偿。这种额外的工作可以使人对本行业拥有一种宽广的眼界，与此同时获得宽广的机会。

著名的企业家彭尼说："除非你希望在工作中超过一般人的平均水平，否则你便不具备在高层工作的能力。"每个年轻人都应该尽力去做一些他职责范围以外的事，而且要比别人做得更多更彻底，只有这样，你才能将辛劳的汗珠变成丰收的蜜汁。

每天多做一点

凡是做出事业的人,往往不是那些幸运之神的宠儿,反倒是那些"没有天生机遇"的苦孩子。败者之所以失败,不是因为他们不具有和别人一样的能力,不是没有人帮助他们,没有人提拔他们,而是他们并没有足够的勇气,敏锐的观察力、判断力,更没有苦干的精神。

那些成功者则完全不同于失败者,他们只是迈步向前,他们依靠的是自动。现今世界需要但却缺少的,正是那些能够脚踏实地、埋头苦干的人。

生活在都市而每天怨天尤人的青年,如果与那生长在边区丛林中的人们易地相处,让他们住在一所旷野中简陋的木棚房子中,远离学校、铁道,没有报纸、书籍、金钱,没有日常生活上的享受,甚至没有日常生活上的必需品,他们将作何感想?

使他们必须在荒野中跋涉五十里,才能借到一本书籍,然后在白天辛勤工作后,借着木柴的火焰之光而阅读,他们将作何感想？

让他们如同林肯一样，受学校教育只满一年，即不得不投身工作，他们将作何感想？

其实我们每个人只要有百折不回的毅力，有为目标而苦干的精神，都有获得成功的可能。但你应牢记，成功的可能性就在你自己的生命中，正像参天大树的种子埋在灌木丛中一样，你的成功就是自我的演进、展开与实现。

有许多发现和发明看起来是偶然，其实，探究一下就会发现，这些发现和发明并非偶然得来的，更不是什么天才灵动或运气极佳。事实上，在大多数情形下，这些在常人看来纯属偶然的事件，不过是从事该项研究的人长期苦思冥想的结果。人们常常引用苹果落在牛顿脚前，导致他发现万有引力定律这一例子来说明所谓纯粹偶然事件在发现中的巨大作用。

但人们却忽视了，多年来，牛顿一直在为重力问题苦苦思索、研究这一现象的艰辛过程。苹果落地这一常见的日常生活现象之所以为常人所不在意，而能激起牛顿对重力问题的理解，能激起他灵感的火花并进一步做出异常深刻的解释，这是因为牛顿对重力问题有深刻的理解的结果。生活中，成千上万个苹果从树上掉下来，却很少有人能像牛顿那样引发出深刻的定律来。

同样，从普通烟斗里冒出来的五光十色像肥皂泡一样的小泡泡，这在常人眼里就跟空气一样普通，但正是这一现象使杨格博士创立了著名的光干扰原理，并由此发现了光衍射现象。

人们总认为伟大的发明家总是论及一些十分伟大的事件或奥秘，其实像牛顿、杨格以及其他许多科学家，他们都是研究一些极普通的现象，他们的过人之处在于能从这些人所共见的普遍现象中揭示其内在的、本质的联系，而这些都是凭着他们的全力以赴、苦心钻研得来的。

　　许多人喜欢掷硬币测运气，但好运气更偏爱那些埋头苦干的人。没有充分的准备和大量的汗水，你就只能眼睁睁地看着一个个成功的机会从身边溜走。

　　对于成功，它意味着需要你忍受常人无法忍受的艰苦和穷困，以及你献身工作的漫漫长夜。为获得成功，你必须明白只有踏实苦干、全力以赴，成功才能降临。

　　当然，苦干，不仅意味着要尽全力完成自己的任务，而且还意味着每天要比别人多做一点。只有这样，苦干的意义才算得到了充分的体现，苦干的精神才可以称得上获得了完美的发扬，基于此，成功才能降临在你的身旁。

要善于控制注意力

聚焦意志是实现聚焦效应的自控力、自制力。有了坚强的聚焦意志,就能自觉地制约自己,迈向设定的目标。聚焦意志就要目标如一,穷追不舍,要瞄准既定目标,向事业的主峰冲刺。皮埃尔·居里曾说过:"要将自己当作一个陀螺,只围绕一个中心旋转。"

在一次公开的空手道表演赛中,空手道高手以七段的实力,徒手劈开十余块叠在一起的实心木板,赢得观众热烈的掌声。

表演结束后,一位好奇的小男孩到后台找这位空手道高手,请教他是如何做到这一点的。

空手道高手将十余块木板叠了起来,亲切地搭着男孩的肩头,问他:"如果你想劈开这叠木板,你的着力点会放在木板的哪里?"

小男孩指着木板的中心部分:"这里,我想一定要打在中心点。"

空手道高手笑道："对，木板架高时的中心点的确是最脆弱的部分。不过，如果你将着力点放在最上面这块木板的中心，当你的掌缘击中那一点时，将遭受同等力量的反击，将令你的手掌反弹且疼痛不已。"

保证重点是成功的规律。要巧妙运筹，随时将次要目标让位于首要的目标。在攻克重点时，不要左顾右盼，徘徊彷徨，而要穷追不舍，直逼主攻目标。

将你的全部精力倾注在你某一方面的才能上，并给它不断地积累、加码。只要你认准了目标，始终如一，并深信这个目标适合于你，就能排除万难，用辛勤的耕耘收获成功之果。

明确目标即是焦点强化，聚焦实际上就是将精力、才华聚焦在奋斗目标上。聚焦是一个不断调节，使目标越来越明确，精力愈来愈集中的过程。聚焦可以分级进行……焦点可以逐步缩小，亦可反向放大。一旦认准，则全力以赴。

我们要集中力量专攻既定的目标，但并非说相关学科的知识信息都不用涉及。大量成功者的实践证实，要在某一领域有所作为，不仅须在主攻方向上下足功夫，还须了解相关学科的知识，力求做到博而有核（中心）、杂而有序，为了预定目标积累知识。这样布局精力才是最"经济"的，最有成效的。

开发与限制并重，是人生的睿智。所谓开发，即是将人的潜能极大地调动、唤醒，得以最大限度地发挥。而限制，则是要学会分清轻重缓急，做到善于存大略小，求本舍末，祛除芜杂，直探精髓。这也是成功的重要战略之一。

聚焦意志还需要限制自己。一个精力不集中的人，是难以在某一领域取得突破的。因此，必须要约束自己，制约自己。拿破仑深刻地说："我们唯一能控制的便是我们的头脑，如果我们不能控制它的话，别的力量就会来左右它了……"一个人若不能控制自己的头脑，思想总被其他各种思想干扰、左右的话，这样的头脑就成了"大杂烩"。

男高音歌唱家帕瓦罗蒂在介绍自己的成功经历时写道："我在家乡跟一位专业歌手学唱歌，同时还在师范学院上学。毕业时，我问父亲，自己今后'是当教师还是当歌唱家'，父亲说，'如果你想同时坐两把椅子，你只会掉到两个椅子中间的地上。在生活中，你应该选定一把椅子'。我选择了唱歌，经过14年奋斗，我终于获得了成功。"

成功的决策者，不仅意味着明确做什么，而且也意味着明确不做什么。果断取舍，懂得不干什么，确实是一种大智慧，一种睿智。在种种诱惑面前，你还能"咬定青山不放松"，始终目标如一，这就是难能可贵了。将一把椅子一坐到底，那就是一种执着。

会限制自己的人，就会发展自己；会发展自己的人，也会限制自己。正如女作家三毛说的："坚持自己该做的事情，是一种勇气。绝对不做那些良知不允许的事，是另一种勇气。"

有了这种勇气，我们就能为着预定的目标，选择该做的，舍弃不该做的。

限制自己是一种强制行为，它不仅表现在对精力的运筹上，还表现在对时间的调度上；不仅表现在对其他专业兴趣的控制上，也表现在对娱乐活动、应酬串门方面的限制上。

人的生命是有限的，它经不起折腾和浪费。限制自己需要顽强的意志和毅力，这种意志是一个逐步积累的过程。平时，要从调节自己的情绪做起。以自己的情绪控制其行动的人是弱者；反之，能用行动来控制自己情绪的人，则是强者。有人谈到自己对不正常情绪的"制约"，采取"反其道而行之"的方法：

如果你觉得沮丧，你就唱歌；如果你觉得悲伤，你就大笑。

如果你觉得无法胜任，你就想想过去的成就；如果你觉得无足轻重，你就想想你的目标。

经常注意将情绪调整到较佳的状况，久而久之，就能增强自己的聚焦意志，使聚焦效应结出丰硕的果实。

95%的能力来自热情与专注

一个人不论他面对的是烦琐的小事、艰巨的任务还是重要的计划，只要他执着热忱地去完成，成果就会远胜于聪颖却是懒散的人。

任何才智平平的人，如果有乐观积极与合作的处世态度，将会比一个才智杰出却悲观消极并且不愿合作的人，赚得更多的金钱，赢得更多的尊敬，并获得更大的成功。

一个人找到智者约瑟，看到约瑟正在树上摘苹果。"尊敬的约瑟，我有一个问题要问你。"这个人喊道。"我现在不能下树回答你的问题，因为我今天受雇于这里的庄园主，我的时间是属于他的。"约瑟因为在树上说了拒绝回答问题的一句话，影响了摘苹果，收工之后主动向庄园主提出扣下一点工钱。

约瑟因专注工作而不与人闲谈。 生命虽然各有长短，有人长命百岁，有人青壮之时夭折，但不管怎样，每个人都有其宝贵的一生。这一生，每个人只有一次。因此，人必须珍惜自己难得的一生，在这有限的人生中实现自己的愿望，专注于自己要做的每件事情。

当然，人各有志，在不同社会、不同背景、不同时期，人的志向是会发生变化的。洛克菲勒家族的孩子们普遍都能从小怀志，确立自己人生的奋斗目标。正因为这样，洛克菲勒家族的很多人都能集中人生有限的时间和力量去实现目标。

长时间全身心投入到一件事情中，的确不是一件容易的事情。这需要自我控制。

有一次，洛克菲勒公司的某个部门要招聘一个职位。招聘广告是这样的："招聘：一个能自我克制的男士。""自我克制"这个术语引起了争论，这引起了众多人的思考，自然也引来了众多求职者。每个求职者都要经过一个特别的考试。一名叫欧文的年轻人也来应聘，他忐忑地等待着，终于，该他出场了。

"能阅读吗？"

"能，先生。"

"你能读一读这一段吗？"他把一张报纸放在卡特的面前。"

"可以，先生。"

"你能一刻不停顿地朗读吗？"

"可以，先生。"

"很好，跟我来。"负责招聘的工作人员把欧文带到他的私人办公室,然后把门关上。他把那张报纸送到欧文手上,上面印着欧文答应不停顿地读完的那一段文字。

阅读刚一开始,招聘人员就放出6只可爱的小狗,小狗跑到欧文的脚边,在欧文的脚边玩耍打闹,甚至撕咬欧文的裤脚,这太过分了。许多应聘者都忍不住要看这些小狗,视线离开了阅读材料,因此而被淘汰。但是,欧文始终没有忘记自己的角色,在排在他前面的70个人失败之后,他不受诱惑一口气读完了材料。

洛克菲勒公司的招聘人员很高兴,他问欧文:"你在读材料的时候没有注意到你脚边的小狗吗?"欧文答道:"对,先生。"

"我想你应该知道它们的存在,对吗?"

"对,先生。"

"那么,为什么你不看一看它们?"

"因为我告诉过你我要不停顿地读完这一段。"

"你总是遵守你的诺言吗?"

"的确是,我总是努力地去做,先生。"

这时,按照洛克菲勒要求进行招聘的工作人员高兴地说道:"你就是我们想要的人。"

专注于你所要做的事情就是成功的第一大要素,年轻人只有善于克制自己,把精力投入到工作和学习中去,完成自己的职责,才有成功的希望。做事必须将所有精力投入到一点上,三心二意,只能一事无成。正如俗话说的:"你要想把天下的麻雀捉尽,结果会一只也捉不到。"最悲哀的情形,莫过于心神离散；最大的病态，莫过于反复无常。

专注来自淡泊和宁静。一个人在为工作和事业奋斗的过程中，困难和挫折在所难免，孤独和寂寞也在所难免。面对这些情况时，要能做到不受干扰、专注如一，关键是保持淡泊和宁静。经验表明，对一件事情，专注一时者众，而始终专注者寡。这其中的一个重要原因就在于，一般人很难长期耐得住寂寞、经得起考验。任何一个成功者的背后，都有着坚持不懈的执着追求和艰苦劳动。

一个人生活在社会中，面对纷繁复杂的世界，要想成就一番事业，就必须努力克服各种消极因素的影响。一个人如果总是瞻前顾后、左思右想，就永远不可能取得成功。

天才，首先是注意力

注意力集中，做事专注对我们来说是一件十分重要的事。保持良好的注意力，是大脑进行感知、记忆、思维等认识活动的基本条件。在我们的学习过程中，注意力是打开我们心灵的门户，而且是唯一的门户。门开得越大，我们学到的东西就越多，但是一旦注意力涣散了或无法集中，心灵的门户就关闭了，一切有用的信息都无法进入。

每个人的精力和时间都是有限的，一心多用不可能做好事情，人如果能够专心致志，那么什么事情办不到呢？聪明的人懂得专注的重要性，他们做事的时候，坚决不让自己的精力分散开来。只有这样，人才能坚持于一件事而最终取得成功。"集中注意力"听起来似乎很简单，而真正做起来还是有难度的，因为这要求我们专心，不受外界的干扰。

一所公园里，一个在当地很有名望的主教在虔诚地祷告。就在这时候，一个心慌意乱的女士跑过来，她刚会走路的孩子不见了,她焦急地去寻找。由于她的心情太过急切,并没有注意到跪在那里祈祷的主教,结果在他身上绊了一跤后,半句道歉的话也未说,就走了。

主教被那位女士踩了一脚后,心中很不高兴。就在他将要祈祷完时,那位女士找到了小孩,高高兴兴地走回来。一看到主教满面怒容地站在那里,她不禁吃了一惊。主教看着一头雾水的女士说:"您可不可以解释一下刚才的行为?"女士回答说:"对不起,主教,我刚才一心惦念着孩子的安危,所以没有注意到您在那里。当时,您不是正在祈祷吗?您所祈祷的对象,不是比我的孩子还要珍贵千万倍吗?您怎么还会注意到我呢?"听了这些话,主教低头不语。

在现实生活中,我们常常会被一些事物干扰,以至于无法专注于眼前的事,这让我们注意力涣散,做事效率低下。注意力分散,主要表现为无法将心理活动指向某一具体事物,或者是无法将全部精力集中到这一事物上来,而且也无法抑制对无关事物的注意。做事情不专注,时间长了,容易造成心理压力过大,而造成高度的紧张和焦虑,从而导致了注意力无法集中的障碍。另外,还有可能造成睡眠不足,大脑得不到充分休息,天长日久,人就会处在一种精神萎靡的状态。

在正常情况下,注意力使我们的心理活动朝向某一事物,有选择性地接受某些信息,而抑制其他活动和其他信息,并集中全部的心理能量用于所指向的事物。所以说,良好的注意力会提高我们工作与学习的效率。做事情专注就得集中注意力，这首先要求我们有好的睡眠习惯，睡眠可以让我们的机体充分休息；其次要做些放松训练，学习自我减压。一旦开始做一件事情，就要迅速地集中自己的注意力，这是一种才能。

注意力不集中，就不能专注于眼前的事，就会胡思乱想，把时间都耗费在没有任何意义的胡思乱想上。常用克制方法有：

一是假物法。就是利用身边的人或事物提醒自己，自己正在干什么，以防走神。

二是感官刺激法。比如，在疲劳的时候搓热双掌，然后轻轻地按住眼睛部位少许，接着轻轻拍打双颊，并且反复向上揉搓。这样可以让我们恢复部分精力，放松心情。

三是运动法。这是很多人都经历过的一种克服注意力不集中的方法。人们发现，在人体进行一定量的活动后，大脑思维更容易进入工作状态。于是就有人提出了以劳逸结合来对待学习和工作。

还有很重要的一点是要发现自己工作或做事的兴趣所在。人只有在做自己感兴趣的事情时精神才会高度集中。爱迪生在实验室里可以两天两夜不睡觉，可是一听音乐便会呼呼大睡。可见，注意力与兴趣有着直接的关系。兴趣越大的事情，对人的刺激越大，兴奋程度就越高，注意力也就越容易集中。

洛克菲勒说："善于排除外界因素的干扰，也是我们提高注意力的一个重要方面。"他为我们提供了两种可供选择的办法：一种是闹中取静；一种是闭门谢客。一心一意地专注于自己的工作，几乎是每一个成功人士必备的品质。当你能够专注地做每一件事时，成功也就指日可待了。

集中注意力还应该注意，一次不要同时关注多件事情。一个人的精力和时间本来是很有限的，如果选不准目标，到处乱闯，只能任时光匆匆溜掉。如果想取得突破性的进展，就该像学打靶一样，迅速瞄准目标；像激光一样，把精力聚于一束。

再多付出一点点

多付出一点点是一种经过几个简单步骤之后，便可付诸实施的原则。它实际上是一种你必须好好培养的心境；你应使它变为成就每一件事的必要因素。

如果你愿意提供超过所得的服务，迟早会得到回报。你所播下的每一颗种子都必将会发芽并带来丰收。你一生中所得到的最好的奖赏，就是因你以正确心态提供高品质服务，而为你自己带来的奖赏。

巴恩斯是一位决心坚定，但却没有什么资源的人。他决定要和当代一位最伟大的智者爱迪生合作。但是当他来到爱迪生的办公室时，他不修边幅的仪表，惹得职员们一阵嘲笑，尤其当他表明将成为爱迪生的合伙人时，大家笑得更厉害了。爱迪生从来就没有什么合伙人，但巴恩斯的坚持为他赢得了面试的机会，并在爱迪生那儿得到一份打杂的工作。

爱迪生对他的坚毅精神有着深刻印象，但这还不足以使爱迪生接受他作为合伙人。巴恩斯在爱迪生那儿做了数年的设备清洁和修理工，直到有一天他听到爱迪生的销售人员，在嘲笑一件最新的发明品——口授留声机。

他们认为这个东西一定卖不出去，为什么不用秘书而要用机器？

这时巴恩斯却站出来说道："我可以把它卖出去！"从此他便得到这份销售的工作。

巴恩斯以他做杂工时所得的薪水，花了一个月时间跑遍了整个纽约城。一个月之后他卖了7部机器。当他抱着满腹的全美销售计划回到爱迪生的办公室时，爱迪生便接受他成为口授留声机合伙人，这也是爱迪生唯一的合伙人。

爱迪生有数千位员工为他工作，到底巴恩斯对爱迪生有什么重要性呢？原因就在于巴恩斯愿意展露他对爱迪生发明品的信心，并将此信心付诸实施。同时巴恩斯完成任务的过程中，也没有要求过多的经费和高薪。

巴恩斯所提供的服务已超过他作为杂工的薪水程度，他是爱迪生所有员工中唯一有这种表现的人，也是唯一从这种表现中获得利益的人。

为了帮助你时时不忘多付出一点点，我设计了一个非常简单的公式：

$Q1 + Q2 + MA = C$

$Q1 =$ 表示服务品质（Quality）

Q2 = 表示服务量（Quantity）

MA = 表示提供服务的心态（Mental Attitude）

C 表示你的报酬（Compensation）

这里所谓的"报酬"，是指所有进入你生命的东西：金钱、欢乐、人际关系的和谐、精神上的启发、信心、开放的心胸、耐性，或其他任何你认为值得追求的东西。

一次做好一件事

专注的力量是惊人的，集中精力专注于自己正在做的事情，做起事来不仅轻松、有效率，而且也能够把事情做得更好。那些能够在事业上取得卓越成就的人无不是做事十分认真投入的人。

在历史上，阿基米德不仅是一位伟大的数学家，还是一位伟大的力学家。他通过大量实验发现了杠杆原理，又用几何演绎的方法推出了许多杠杆命题，并给出了严格的证明。其中就有著名的"阿基米德定理"。不仅如此，阿基米德还是一位十分出色的工程师，他能够把数学和生活中的具体问题结合起来考虑，大胆地运用数学方面的知识去解决天文学和物理学的问题……他之所以能够取得如此辉煌的成就，就是因为他是一个非常投入的人。

据记载，阿基米德钻研数学的时候非常专心，往往因为过于投入而忘记了其他的事情。比如在冬天吃饭的时候,他就坐在火盆旁边,一只手端着饭碗,一只手在火盆的灰烬里比画着,进行各种数学习题的运算,因过于投入,常常都忘了吃饭。

有一次,因为一道数学题没有找到答案,他很长时间都把自己关在房间里苦思冥想,由于一直没有时间去洗澡,他身上的污垢散发出一股难闻的气味。在家人的一致要求下,阿基米德才勉强进了浴室。

那时候的人们都有个习惯,洗完澡之后要往身上擦香油膏。阿基米德待在浴室里好半天还不出来,家里人感到十分奇怪。他们站在门外喊了几声,可是一点回应也没有。这是怎么回事?会不会出了什么意外?

家人赶紧推开门,令人哭笑不得的是,他们发现阿基米德已经忘了自己是在洗澡,他把浴室当成了工作室,正坐在浴盆的边缘,用手指头蘸着香油膏在皮肤上画几何图形哩!

伊格诺蒂乌斯·劳拉有一句名言:"一次做好一件事情的人比同时涉猎多个领域的人要好得多。"在太多的领域内都付出努力,我们就难免会分散精力,阻碍进步,最终一无所成。和阿基米德一样,著名的科学家居里夫人也有着非凡的专注精神。

居里夫人小时候读书很专心,完全不知道周围发生的一切,即使别的孩子为了跟她开玩笑,故意发出各种使人不堪忍受的喧哗，都不能把她的注意力从书本上移开。有一次，她的几个姊妹恶作剧，用六把椅子在她身后造了一座不稳定的三脚架。她始终在认真看书，一点也没有发现头顶上的危险。突然，"木塔"轰然倒塌，引起周围的孩子们的哄笑。

化学家告诉我们，如果把一英亩草地所具有的全部能量聚集在蒸汽机的活塞杆上，那么它所产生的动力足以推动世界上所有的磨粉机和蒸汽机。但是，因为这种能量是分散存在的，所以从科学的角度来说，它基本上毫无价值可言。这也说明，能量一旦聚焦于一点，将会产生多么大的动力。

圣·里奥纳多在一次给福韦尔·柏克斯顿爵士的信中谈到他的学习方法，并解释自己成功的秘密。他说："开始学法律时，我决心吸收每一点有用的知识，并使之同化为自己的一部分。在一件事没有充分了解清楚之前，我绝不会开始学习另一件事情。"

专注是成功的重要保证。一位记者问爱迪生："成功的首要条件是什么？"他回答道："如果你有一种能够让自己的身心全部投入到同一个问题上而且不知疲倦、锲而不舍的能力，你离成功就不远了。我们每个人拥有的学习、工作、生活的时间差不多，早上 7 点起床晚上 11 点睡觉。之所以我能够取得成功，是因为很多别的人会在这些时间里做许多许多的事情，而我只做一件，这就是区别。倘若他们将时间和精力放到同一个方向上，他们也能成功。"

一旦专注某种事物，人们会将自己有限的资源投入这种事物，对于别的事物则不会产生兴趣，从而节约了时间和精力。这种专注能够让你的思维处于连续的工作中，积极地思考必将取得好的结果。同时，专注会蓄积你全身的热忱，你的思维、你的行动会变得积极而迅速。

第六章

你要努力,不惧挫折梦想才会落地

永存希望在心中

按照我们所希望的方式,或者说按照事物所应有的方式去思考和评判事物,并相信我们自身的完美,相信我们不会有任何缺憾,这样一种思维方式会成为一种巨大的内在力量,从而改变我们的生活,改变我们的人生。要时时记得我们所想要成为的那种理想的人,牢记你对自己能力、自己各方面素质的期望,不断地克制自己。不要总是想着自己的弱点、不足或失败,而要牢记理想,勇往直前,顽强拼搏,这才有助于你实现自己的目标。

时时期望,相信自己能实现雄心壮志,这种习惯会产生一种神奇的力量,促使我们的梦想变成现实。时时充满希望,坚信事物是在向好的方向发展而不是朝着坏的方向发展,相信我们是在走向成功而不是在走向失败,这种积极向上的生活态度会使我们精神振奋,备受鼓舞。无论发生任何事情,我们都会感到快乐。

当法国被战争浓浓的硝烟笼罩的时候,一群艺术家住在巴黎一栋破旧的房子里。他们中有音乐家、作家、诗人,还有画家。贫穷的人们挤在一栋房子里相互帮助着,而冬天的寒冷和疾病缠绕着他们。在每天面包和水都岌岌可危的日子里,能挺过疾病的人真是太少了,隔不了多久,就有人被抬出这栋破房子。在房子对面的矮墙上曾爬满了常春藤,可冬天的风使一切生命都失去了颜色与活力。

在房子最下一层一个房间里,住着两位年轻的姑娘,她们极可能成为未来巴黎舞台上的舞蹈家。但现在她们中的一位因疾病来袭,已经躺在病床上很久了。缺乏食物的人们更无力承担医药费用。早晨,病床上的姑娘对自己的同伴说:"我从我的窗口可以看见对面的矮墙,我可以看见上面还有五片树叶,如果那里还有一片树叶,我就会看到下一个春天的来临。"姑娘了解自己的病情已十分严重,医生的脸上也流露出不太乐观的神情。每一天,姑娘都会睁开双眼去看对面矮墙上的树叶。狂风吹过,树叶也一一掉落,到了第三天,墙上只剩下最后一片树叶了。

姑娘的同伴很焦急。她们的家里已没有任何值钱的东西,能卖的已经全卖了。这位好心的伙伴来到同一栋楼的老画家那儿,请求他去帮帮忙,想办法挽留那片树叶。同样一贫如洗的画家对那位好心的姑娘说:"风一夜能吹落所有的树叶,我也没有办法,冰天雪地的又怎么去想办法呢?"大家都充满悲伤地等待着明天,希望明天病床上的姑娘还能活着。第二天早上,姑娘从病床上睁开眼,疲惫而又欣喜地说:"我就知道还会有一片绿色的树叶悬挂在枯萎的藤蔓上。"

她不知道那是老画家晚上提着灯,赶在天亮前在矮墙上画上了一片绿叶,是他给了病危的姑娘一个新的希望。

永远充满希望,保持乐观向上的态度——朝最好处着想,用最高标准要求,保持最快乐的心态——而绝不容许自己陷入悲观、绝望的心境。

你要完全相信,你能完成你想做的事情。对此,你不能有一丝一毫的怀疑。如果这种怀疑的念头爬上你的心头,你要毫不客气地把它驱逐出去。在你的脑子里,只能保留那些与你的理想一致、对你理想的实现有帮助的思想,而要排斥一切敌对的思想,抛弃一切令人沮丧的情绪,包括那些有可能导致失败和不愉快的情绪。

你想做什么事,或者说,你想成为什么样的人,这倒没什么关系。重要的是,你要时时充满希望,保持乐观的态度。这样,你各种能力的增长,你全面素质的提高,会令你本人也大吃一惊。

有位医生素以医术高明享誉医学界,事业蒸蒸日上。但不幸的是,就在某一天,他被诊断患有癌症,这对他无疑是当头一棒。他一度情绪低落,但最终还是接受了这个事实,而且他的心态也为之一变,变得更宽容、更谦和、更懂得珍惜所拥有的一切。在勤奋工作之余,他从没有放弃与病魔搏斗。就这样,他已平安度过了好几个年头。有人惊讶于他的事迹,就问是什么神奇的力量在支撑着他。这位医生笑盈盈地答道：是希望。

一旦你形成了乐观、快活、充满希望的精神风貌，你就不会轻易陷入与之相反的颓靡状态。

一个受到此种训练的心灵会时时保持一种良好的状态，它会最大限度地发挥自己的潜力，克服人生旅途中的种种不和谐、不友善，消除那些妨碍我们的安宁、舒适和成功的敌对因素。

你的前途无限光明，你会变得富有和幸福，你会拥有一个温馨舒适的家，你会事业有成，正是这些对未来的憧憬和向往，构成了你生活中的最大资本。

把自己所要达到的目标大胆地表达出来，即使这种目标表面上看来希望渺茫，甚至完全遥不可及。如果我们常常把自己的理想表达出来，我们所期盼的结果往往会变成现实。我们所想获得的东西——不管是强壮的身体、高尚的品德，还是上等的职业，如果我们尽可能地使之具体化，并全力以赴地为之奋斗，那么，这种目标实现的可能性要比我们消极无力时大得多。

布莱恩·布洛辛拥有过他想要的一切：美式足球的球员合约、漂亮的妻子珍和即将诞生的儿子班。布莱恩回想以往，说："突然有一天，我的美好世界开始支离破碎。球队排挤我，我失业了，没有能力找一份好工作。更糟的是，我的儿子生来没有双脚、少了一只手，医生遗憾地告诉我们，他得了非常罕见的疾病，全加拿大仅有3桩病例。几年前我的妻子驾车失控，迎面撞上一辆时速 65 英里的货柜车,我就坐在她旁边,亲眼看见她断气。被送到加护病房后,医生发现我的脖子断裂,所幸仍能走路。"

假如你觉得相信未来是困难的,记住布莱恩的故事,他像浴火凤凰般从梦想的残骸里劫后余生。他说:"那实在是一段艰苦的岁月,没有上帝和朋友的支持,我早已陷入绝望的无底深渊了。"

他没有绝望。我们问他是如何走过那段黯淡的岁月的,他说:"我对美式足球很在行,我可以阻球、抱球、运球,但我对自由创业一无所知,所以我渴望获得知识。我每个星期读一本书,每天听一卷录音带,我发现良师益友和心中理想的人物。我并不害怕问他们问题,我接受各方的指导,相信上帝可以帮我度过每一天,而且我一直相信自己。"

如今布莱恩有成功的事业、美丽的新妻子黛卓和快乐的家庭。15 岁的儿子班克服了残障,成为一个杰出的学生和出色的作家。

是什么因素使布莱恩相信他自己呢? 那是个秘密,但这是通往未来的关键。 假如你相信自己,你将会成功;假如你不相信自己,不妨听从布莱恩的建议,阅读他人战胜困难的故事,找寻一群积极、相信你的人,相信上帝和你自己。 就像布莱恩一样,你会从悲剧中走出来,实现新梦想。

坚韧战胜一切

在西班牙，斗牛之前，小公牛要在斗牛场里接受考验。每一头被带进场的牛，得攻击一名用长矛刺它的骑马斗牛士。每一头牛的勇敢程度，就按照它不顾刺伤，勇往直前的冲锋的次数，定出高低。我们也要承认，生命每天都在接受类似的考验。如果坚韧不拔，不断尝试，继续向前，就会成功致富。

我们并不是在失败中来到这个世界的，血管里也没有失败的血液在流动。我们不是一只等待牧人来戳刺的绵羊，而是一头猛狮，不能和绵羊在一起谈话，在一起走路，在一起睡觉。我们不想听哭泣者的哭泣，抱怨者的抱怨。因为，那些都是有传染性的疾病。让他们加入羊群吧！失败的屠宰场不是命运的归宿，致富的康庄大道才是我们的前途。

生命的评价是在每一次旅程的终点，而不在起点的附近，但我们不知道要走多少步才能达到致富的目标。虽然可能在第一千步的地方遭遇失败，但成功就隐藏在失败的后面。我们不知道它有多远,除非我们迈过它。如果一步没有用,我们就再迈一步。实际上,一次一步不会太困难。坚持到最后者必能成功,不懈努力者才能创富。

坚韧是解决一切困难的钥匙。试问诸事百业,有哪一种能不经坚韧的努力而获得成功呢?有无数因坚韧而成功的事例。坚韧可以使柔弱的女子们养活她们的全家;使穷苦的孩子,努力奋斗,最终找到生活的出路;使一些残疾人,也能够靠着自己的辛劳,养活他们年老体弱的父母。除此之外,如山洞的开凿、桥梁的建筑、铁道的铺设,没有哪一样不是靠着人的坚韧而成功的。在世界上,没有别的东西可以替代坚韧。教育不能替代,父辈的遗产和有势者的垂青也不能替代。而命运则更不能替代。

秉性坚韧,是成大事立大业者的特征。这些人获得巨大的事业成就,也许没有其他卓越品质的辅助,但肯定少不了坚韧的特性。从事苦力者不厌恶劳动,终日劳碌者不觉疲倦,生活困难者不感到志气沮丧,原因都是由于这些人具有坚韧的品质。

依靠坚韧为资本而终获成功的年轻人,比以金钱为资本而获得成功的人要多得多。人类历史上所有成功者的事例都足以说明:坚韧是克服贫穷的最好药方。已过世的克雷夫人说过:"美国人成功的秘诀,就是不怕失败。他们在事业上竭尽全力,毫不顾及失败,即使失败也会卷土重来,并立下比以前更坚韧的决心,努力奋斗直至成功。"

有这样一种人,他们不论做什么都全力以赴,总是有着明确而必须达到的目标,在每次失败时,他们能够站起来,然后下更大的决心向前迈进。他们从不知道屈服,从不知道什么是"最后的失败",在他们的词汇里面,也找不到"不能"和"不可能",任何困难、阻碍都不足以使他跌倒,任何灾祸、不幸都不足以使他灰心。

坚韧勇敢,是伟大人物的特征。没有坚韧勇敢品质的人,不敢抓住机会,不敢冒险,一遇困难,便会自动退缩,一获小小成就,便感到满足。历史上许多伟大的成功者,都是由于坚韧而造成的。发明家在埋头研究的时候,是何等艰苦,一旦成功,又是何等愉快。世界上一切伟大事业,都在坚韧勇敢者的掌握之中,当别人放弃时,他们仍然坚定地去做。真正有着坚强毅力的人,做事时总是埋头苦干,直到成功。

有许多人做事有始无终,在开始做事时充满热忱,但因缺乏坚韧与毅力,不等做完便半途而废。任何事情往往都是开头容易而完成难。所以要估计一个人才能的高下,不能看他所做事情的多少,而要看他最终完成的成就有多少。例如,在赛跑中,裁判并不计算选手在跑道上出发时怎样快,而是计算跑到终点时间的多少。

要考察一个人做事成功与否,要看他有无恒心,能否善始善终。持之以恒是人人应有的美德,也是完成工作的要素。一些人和别人合作完成一件事时,起先是共同努力,可是到了中途便感到困难,于是多数人就停止合作了,只有少数人还在勉强坚持。可是这少数人如果没有坚强的毅力,工作中再遇到阻力与障碍,势必也将随着那放弃的大多数人,同归失败。

有人在向其从事商业的朋友推荐店员时，举出了某人的许多优点，那位商人问道："他能保持这些优点吗？"这实在是最关键的问题。首先是，有没有优点？然后是，有了优点能否保持？遇到失败，能否坚持不懈？所以，具有坚忍勇毅的精神是最宝贵的，具有这种精神才能克服一切艰难困苦，获得成功。

在突破中超越自己

每个人都不应该在现实面前故步自封,而应该不断地突破自己,突破和超越的对象包括他人既定的模式和那个沉迷在一时荣耀中不思进取的心灵。

根据《圣经》记载,上帝照着自己的样子用土造了一个男人,名叫亚当,看着他寂寞,使用他的肋骨造了一个女人夏娃来陪伴他。本来他们没有羞耻之感,没有智慧之脑,整天在园里游玩,无忧无虑,但是在蛇的引诱之下,他们偷吃了智慧树上的果子,于是便知道了羞耻,被上帝逐出了伊甸园。

这便是所谓的"原罪"。但是我们不难看出,正是由于这原罪,人类才知道羞耻,拥有意识,从而超越了浑浑噩噩的原始状态。意识缔造了人类,向上的意念缔造了杰出人士。而这一论断的前提便是:他们从不沉湎于既定的认知当中。

数千年来，人类便一直认为4分钟跑完1英里（约1609米）是件不可能的事。但在1954年，罗杰·班纳斯特就打破了这个信念。在此之前，他曾在脑海里多次模拟4分钟跑完1英里，长久下来便形成极为强烈的信念，因而对神经系统有如下了一道绝对命令，必须完成这项使命。他果然做到了大家认为不可能的事。谁也未想到，在班纳斯特打破纪录后的两年里，竟然有近400人进榜。

心理学家是这样分析这种状况产生的原因的，人作为社会的个体，都会有一种超越的意识，超越自己的对手，在竞争中取胜，是一种内心的意识，是认为自己不如别人的恐惧心理。同时，此种心理又化作一种行动，千方百计地想要使自己高出别人一筹，此时超越也是一种结果，是经过努力之后确实超过了他人。

因此，从此种意义上来说，超越不仅是一种心理活动的过程，同时也是社会化的过程。超越心理往往是无意识的，在有意无意中超越力量和冲动会自然而然地爆发出来，但超越的行动及过程却是有意识的，并且要将动机转化为各种具体的行动。

从这几个层次中我们不难看出，超越的过程实质上是一个从隐到显，从内到外，从弱到强，从虚到实的过程。

一位哲学家带着他的一群学生去漫游世界，10年间，他们游历了所有的国家，拜访了所有有学问的人，现在他们回来了，个个都满腹经纶。在进城之前，哲学家在郊外的一片草地上坐了下来，说："10年游历，你们都已是饱学之士。现在学业就要结束了，我们上最后一课吧！"弟子们围着哲学家坐下来。

哲学家问："现在我们坐在什么地方？"弟子们答，现在我们坐在旷野里。哲学家又问，旷野里长着什么？弟子们说："旷野里长满杂草。"哲学家说："对，旷野里长满杂草，现在我想知道的是如何除掉这些杂草。"弟子们非常惊愕，他们都没有想到，一直在探讨人生奥妙的哲学家，最后一课问的竟是这么简单的一个问题。

一个弟子首先开口，说："老师，只要有铲子就够了。"哲学家点点头。另一个弟子接着说："用火烧也是很好的一种办法。"哲学家微笑了一下，示意下一位。第三位弟子说："撒上石灰就会除掉所有的杂草。"接着讲的是第四个弟子，他说："斩草要除根，只要把根挖出来就行了。"等弟子们都讲完了，哲学家站了起来，说："课就上到这里了，你们回去后，按照各自的方法去除一片杂草。一年后，我们再来相聚。"

一年后，他们都来了。不过原来相聚的地方已不再是杂草丛生，它变成了一片长满谷子的庄稼地。弟子们坐下，等待哲学家的到来，可是哲学家始终没有来。几十年后，哲学家去世，弟子们在整理他的言论时，私自在最后补了一章：要想除掉旷野里的杂草，方法只有一种，就是在上面种上庄稼。同样，要想完善自己，唯一的办法就是用一个更高层次的自己覆盖现今的自己。

而这，正是超越。我们每个人都能从中获得这样的启示：要想实现人生的不断突破，就需要我们不断地更新观念，具有前瞻性的眼光和意识，在突破中实现超越，获得更大成功。

保持超常的勇气

勇气是你必须有的，只有时刻保持一种超常的勇气，你才有可能扭转不利局面。

勇气使人奋发，绝不允许人在困难面前畏缩、退却。在激动、兴奋的时刻，勇气让你形成了自己的决心；在沉着、冷静的时刻，勇气则更加坚定了你的决心。不屈不挠的顽强毅力，如果用在刀刃上，即使是那些极其卑微的人，也将获得丰厚的报酬。

很多时候，成功只需要伸出一只手的勇气。

有一个国王，他想委任一名官员担任一项重要的职务，就召集了许多孔武有力和聪明过人的官员，想试试他们之中谁能胜任。

"聪明的人们，"国王说，"我有个问题，我想看看你们谁能在这种情况下解决它。"国王领着这些人来到一座大门——一座谁也没见过的最大的门前，说："你们看到的这座门是我国最大最重的门。你们之中有谁能把它打开?"许多大臣见了这门都摇了摇头,其他一些比较聪明一点的,也只是走近看了看,没敢去开这门。

当这些聪明人说打不开时,其他人也都随声附和。只有一位大臣,他走到大门处,用眼睛和手仔细检查了大门,用各种方法试着去打开它。最后,他抓住一条沉重的链子一拉,门竟然开了。其实大门并没有完全关死,而是留了一条窄缝,任何人只要仔细观察,再加上有胆量去开一下,都会把门打开的。国王说:"你将要在朝廷中担任重要的职务,因为你不光限于你所见到的或所听到的,你还有勇气靠自己的力量冒险去试一试。"

"推销大王"史东就是一个有勇气推开大门的人。 史东是"美国联合保险公司"的主要股东和董事长,同时,也是另外两家公司的大股东和总裁。 然而,他能白手起家,创下如此巨大的事业,是经历了无数次磨难的结果,或者我们可以这样说,史东的发迹史也是他勇敢的结果。

在史东还是个孩子时,就为了生计到处贩卖报纸。有家餐馆赶了他好多次,但是他却一再地溜进去,并且手里拿着更多的报纸。那里的客人为其勇气所动,纷纷劝说餐馆老板不要再把他踢出去,并且都解囊买他的报纸。

史东一而再、再而三地被踢出餐馆,屁股虽然被踢痛了,但他的口袋里却装满了钱。

史东常常陷入沉思:"哪一点我做对了呢?""哪一点

我又做错了呢?""下一次,我该这样做,或许不会挨踢。"这样,他用自己的亲身经历总结出了引导自己达到成功的座右铭:"如果你做了,没有损失,而可能有大收获,那就放手去做。"

当史东16岁时,一个夏天,在母亲的指导下,他走进了一座办公大楼,开始了推销保险的生涯。当他因胆怯而发抖时,他就用自己总结出来的座右铭来鼓舞自己。

就这样,他抱着"若被踢出来,就试着再进去"的念头推开了第一间办公室。

他没有被踢出来,那天有两个人买了他的保险。从数量而言,他是个失败者。然而,这是个零的突破,他从此有了自信,不再害怕被拒绝,也不再因别人的拒绝而感到难堪。

第二天,史东卖出了4份保险。第三天,这一数字增加到了6份……

20岁时,史东设立了只有他一个人的保险经纪社。开业第一天,销出了54份保险单。有一天,他更创造一个令人瞠目的纪录——122份。以每天8小时计算,每4分钟就成交了一份。在不到30岁时,他已建立了巨大的史东经纪社,成为令人叹服的"推销大王"。

在人生路上追求成功,绝不能缺少勇气。只有有勇气去想去做,才有可能成功。如果连想和做的勇气都没有,成功怎能与你为伍呢?

伟大的美国总统林肯之所以可以废除黑奴制度,发表

《解放黑奴的宣言》，据一段采访他的笔记上说："并不是我能够废除黑奴制度，皮尔斯和布坎南（注：上两届总统）都曾想过废除黑奴制度，可是他们都没拿起笔签署它。如果他们知道拿起笔需要的仅仅是一点勇气，我想他们一定非常懊丧。"

西方有句名言说："失败的人不一定懦弱，而懦弱的人却常常失败。"这是因为，懦弱的人害怕有压力的状态，因而他们害怕竞争。在对手或困难面前，他们往往不善于坚持，而选择回避或屈服。懦弱者并非忽视自尊，而是他们常常更愿意用屈辱换回安宁。

懦弱者常常害怕机遇，因为他们不习惯迎接挑战。他们从机遇中看到的是忧患，而在真正的忧患中，他们又看不到机遇。懦弱者不善冲突，因而他们也害怕刀剑，进攻与防卫的武器在他们的手里捍卫不了自身。他们当不了凶猛的虎狼，只愿做柔顺的羔羊，而且往往是任人宰割的羔羊。懦弱总是会遭到嘲笑，而遭到嘲笑，懦弱者会变得更加懦弱。懦弱者经常自怜自卑，鸿图壮志是他们眼中的海市蜃楼，可望而不可即。懦弱通常是恐惧的游伴，懦弱带来恐惧，恐惧加强懦弱，它们都束缚了人的心灵和手脚。

面对困难，一定不能懦弱，无论何时，都要保持超常的勇气，才有可能扭转人生的牌局。

用微笑迎接挫折

困难和挫折是人生中不可避免的。有的人成功了，是因为他们能够坚强地面对，而有的人失败了，则是因为他们面对困难一蹶不振，失去了继续拼搏的勇气。伟大的发明家爱迪生说过，厄运对乐观的人无可奈何，面对厄运和打击，乐观的人总会选择笑脸迎接挫折。

泰戈尔说："不要让我祈求免遭危难，而是让我能大胆地面对它们。"

琼妮小姐是新西兰一位建筑商的女儿，移居美国后，曾在休斯敦一家电视台工作，1920年起任摄影记者。1922年6月，她被派往萨拉热窝进行战地采访。在那里，曾有多名记者丧生。

琼妮在萨拉热窝逗留6个星期后，已经习惯周围的流弹，一天清早，一颗子弹击穿车玻璃，正好击中她的脸部，几乎掀掉了她的半边脸，她的颧骨被打得粉碎，牙齿没有了，舌头被打断。送到诊所时，大夫们直摇头，认为她不行了。

经过二十多次手术后,她又奇迹般地回到了工作岗位。这时的她,下颌仍无感觉,脸部还留着弹片,体重减轻了8公斤。令大家吃惊的是,她要求重返萨拉热窝。

她幽默地说:"说不定我还能在那里找回我的牙齿。"她甚至想认识一下当初袭击她的枪手。有人问她,见到那个枪手后怎么办。她说:"我会请他喝一杯,问他几个问题,比方说当时距离有多远。"

琼妮面对厄运的乐观态度证明她是一个具有坚韧毅力的女孩,正是这种乐观的性格,使她能够迅速摆脱挫折的阴影,积极地投入到新的工作中去。

威廉·詹姆斯说:"完全接受已经发生的事,这是克服不幸的第一步。"快乐是什么? 快乐是血、泪、汗浸泡的人生土壤里怒放的生命之花,正如惠特曼所说:"只有受过寒冷的人才感觉得到阳光的温暖,也只有在人生战场上受过挫败、痛苦的人才知道生命的珍贵,才可以感受到生活之中的真正快乐。"

逆境是人生中不可避免的事件。既然逆境是不能避免的,那就让我们从逆境找到动力吧,让逆境成为推动我们走向成功的动力。我们应该将逆境视为成功的预兆。

困难与挫折其实是上天故意安排来考验我们的,其实,它就是成功的化身。成功与失败把握在我们自己手中。因此,面对苦难和挫折,你要抬起头来,笑对它。

要想能够在挫折面前微笑起来,就必须注重抗挫能力的培养。

（1）正确对待挫折。 当你面对挫折的时候，不要回避，不要气馁，要冷静地分析失败的原因，总结经验教训，并以乐观主义精神，"用笑脸来迎接悲惨的厄运，用百倍的勇气来应付一切的不幸。"在挫折中磨炼意志，继续奋斗。

（2）提高承受能力。 有位叫布朗的心理学者说得好，一个人如果想没有任何阻碍，永远保持其满足水平和平庸状态，悠然自得，那是愚蠢的。 为了提高承受挫折的能力，一方面对工作、学习和生活中可能遇到的困难和失败应有充分的心理准备，以防止或减轻受到挫折时的沉重打击；另一方面，若能学些诙谐、幽默的谈吐，培养开朗、豪放的性格，养成乐观、深沉的处事态度，也将有助于提高承受挫折的能力。

（3）调整抱负水平。 个人的抱负应符合主、客观的具体条件，实事求是，从实际出发。 力避志大才疏，想入非非。要懂得人的抱负应该随时随地做适当的调整，否则的话，极易产生受挫感。

（4）寻找补偿途径。 积极的补偿途径大致有两条：一条是"失之东隅，收之桑榆"。 当你在某一方面受到挫折时，可在另一方面谋求成功，从中获得心理上的快慰。 例如，情场失意者可埋头攻读，以求事业有成；数理化思维能力差的学生可竭力在文学、体育等方面一显才能。 再一条是发愤图强，矢志不移。 在受到挫折的时候，把眼光放远一点，想得开一点，以顽强的毅力和百折不挠的精神去转败为胜，转弱为强。 从逆境中找有利条件。

做一个坚强刚毅的人

在生活中的不幸面前,有没有坚强刚毅的性格,在某种意义上说,也是区别伟人与庸人的标志之一。巴尔扎克说:"苦难对于一个天才是一块垫脚石,对于能干的人是一笔财富,而对于庸人却是一个万丈深渊。"

有的人在厄运和不幸面前,不屈服,不后退,不动摇,顽强地同命运抗争,因而在重重困难中冲开一条通向胜利的路,成了征服困难的英雄,掌握自己命运的主人。而有的人在生活的挫折和打击面前,垂头丧气,自暴自弃,丧失了继续前进的勇气和信心,于是成了庸人和懦夫。培根说:"好的运气令人羡慕,而战胜厄运则更令人惊叹。"

罗吉尔·冯·奥赫讲过这样一个故事:

两只青蛙掉进了奶油桶。第一只看见四周黏糊糊白乎乎一片,只觉得浑身黏稠,无处下脚,接受了命运的安排,淹死了。第二只不喜欢这种结局,不停地乱蹬乱踢，无论如何也要让自己浮起来。很快，这种剧烈搅动产生了奇迹，使奶油化成了固状的黄油，于是青蛙一下子就跳出来了。

这个故事的寓意在于：环境状态与人的奋争状态往往是有着微妙的内在联系的，有时是可以随着人的奋争状态的优劣而发生改变的。也就是说，原本貌似无望的环境，也是可能由于人们锲而不舍、韧性生存的执着态度，转化为有利的环境因素的。

谁能以不屈的精神对待生活中的不幸，谁就能最终克服不幸。在不幸事件面前愈是坚强，就愈能减轻不幸事件的打击。贝多芬以他那孤独痛苦然而又是热烈追求的一生，给世界留下一句名言："用痛苦换来欢乐。"它曾经鼓舞无数人奋起和自己的不幸进行斗争。

一个人能在任何情况下都勇敢地面对人生，无论遭遇到什么，依然保持生活的勇气，保持不屈的奋斗精神，他就是生活中的强者，一个真正刚强的人。相反，有些人在失恋、失学、疾病或工作中的挫折、失败，或其他生活不幸事件的打击面前，之所以一蹶不振、精神崩溃，弄到十分可怜的地步，原因之一就在于缺乏坚强刚毅的性格。

美国的四星上将弗兰克斯，在他当少校时，因手榴弹片戳进了他的左腿，只得做了截肢手术。但他以惊人的毅力重返沙场，经历了一次次穿越恶劣地形的野战训练。这位一条腿的四星上将谈到成功的体会时说："失去一条腿使我认识到：限制因素的大小，取决于你的态度。""关键是要全力集中于你所拥有的，而不是你所没有的。"

没有一个人生而刚毅，也没有一个人不能培养出刚毅的性格。

我们不要神化强者，以为自己成不了那种钢铁般坚强的人。其实，普通人所有的犹豫、顾虑、担忧、动摇、失望，等等，在一个强者的内心世界也都可能出现。伽利略屈服过，哥白尼动摇过，奥斯特洛夫斯基想到过自杀，但这并不妨碍他们是坚强刚毅的人。

刚毅的性格和懦弱的性格之间并没有千里鸿沟，刚毅的人不是没有软弱，只是他们能够战胜自己的软弱。只要加强锻炼，从多方面对软弱进行斗争，那就可能成为坚强刚毅的人。

毅力是一种心理状态，因此它是可以培养的。正如其他的心理状态一样，毅力乃基于明确的缘由而来，其中有：

（1）目标的明确性。知道自己要什么，是培养毅力最初、可能也是最重要的步骤。强烈的动机驱使人超越重重困难。

（2）欲望。一旦我们矢志去追求，有强烈欲望的目标时，毅力就比较容易获得和保持。

（3）自恃。相信自己有实现计划的能力，可激励一个人有毅力地贯彻计划。

（4）计划之明确可行性。条理分明的计划即使不切实际,也能激发毅力。

(5)正确的知识。 基于经验或观察,知道自己的计划的确可行,也能激发毅力;以"猜测"取代"真正认知",则会摧毁毅力。

(6)合作。 取得同情、体谅以及与他人协调合作,易于培养毅力。

(7)意志力。 将自己的意念专注于构筑达成目标所需的计划,可引发毅力。

(8)习惯。 毅力是习惯直接的结果。 心灵会吸收日常经验且成为所吸收经验的一部分。 恐惧(人类最糟糕的一个敌人)能借助"强迫式的重复勇气行为"来治愈。 每一个在战场上出生入死、身经百战的人,都了解这一点。

培养你的毅力必须克服"毅力薄弱症"。 在以下所列的16个弱点里,你将发现横阻于你和卓越成就之间的真正敌人。 你不只会看到表现毅力薄弱的"症状",更可看到这个弱点深处于潜意识层的原因。 假如你想知道自己能做什么,那么就仔细地研究这份清单,并客观地面对自己。

(1)无法认清和明确定义自己究竟要什么。

(2)有理由或没理由地拖延(通常总有一连串有力的托词或借口撑腰)。

(3)缺乏获取专业知识的兴趣。

(4)犹豫不决且习惯于在任何情况下,推诿责任、不肯正视问题(这也总是由托词所支撑)。

(5)习惯于诸事不顺遂时依赖托词、借口,而不愿研拟解决问题的明确计划。

（6）自满。这项为无药可医。患有此症的人是没有希望的。

（7）漠不关心、凡事不在乎。通常的反应便是，随时准备妥协、不愿面对逆境的态度。

（8）习惯因自己的错误而责怪他人，且认为不利环境乃不可避免的。

（9）欲望薄弱。原因在于，忽略了选择能驱策行动的动机。

（10）一见失败之征兆就准备放弃。

（11）缺乏条理分明的计划，而且也没有将它写出来，置于看得见并可经常分析检视之处。

（12）疏于将构想化为实际行动，或者没有在机会现身时及时掌握它的习惯。

（13）徒然空想，未能凝聚成意志。

（14）安于贫穷而不想成功致富。通常欠缺了"实现""执行"和"拥有"的雄心壮志。

（15）寻找致富捷径，企图不付出相当代价便有收获。这点通常反映在赌博的习惯上，即从事投机买卖。

（16）害怕批评。只因担心别人的想法、做法和说法，而导致无法拟订计划，并付诸实行。这个敌人该列于清单之首，因它通常存于潜意识中个人无法察觉之处。

信心不死,梦想不灭

每个人在身处逆境时,总是有着超出自己想象的忍受力,而只有从逆境中走出来的人才比别人更深刻地感受到成功的芬芳。

阿兰·米穆是一位历经辛酸从社会最底层拼搏出来的法国当代著名长跑运动员、法国一万米长跑纪录创造者、第十四届伦敦奥运会1万米跑亚军、第十五届赫尔辛基奥运会5千米亚军、第十六届墨尔本奥运会马拉松赛冠军,后来在法国国家体育学院执教。

米穆出生在一个相当贫寒的家庭。从孩提时代起,他就非常喜欢运动。可是,家里很穷,他甚至连饭都吃不饱。这对任何一个喜欢运动的人来讲都是颇为难堪的。例如,踢足球,米穆就是光着脚踢的。他没有鞋子。他母亲好不容易替他买了双草底帆布鞋,为的是让他去学校念书穿的。如果米穆的父亲看见他穿着这双鞋子踢足球，就会狠狠地揍他一顿，因为父亲不想让他把鞋子穿破。

11岁半时，米穆已经有了小学毕业文凭，而且评语很好。他母亲对他说："你终于有文凭了，这太好了！"可怜的母亲去为他申请助学金。但是，遭到了拒绝！

这是多么不公正啊！他们不给米穆助学金，却把助学金给了比他富有很多的殖民者的孩子们。鉴于这种不公道，米穆心里想："我是不属于这个国家的，我要走。"可去哪里呢？米穆知道，自己的祖国就是法国。他热爱法国，他想了解它。但怎么去了解呢？因为他太穷了。

没有钱念书，于是米穆就当了咖啡馆里的跑堂。他每天要一直工作到深夜。此外，他还是坚持锻炼长跑。为了能进行锻炼，每天早上5点钟就得起来，累得他脚跟都发炎脓肿了。总之，为了有碗饭吃，米穆是没有多少功夫去训练的。但是，他还是咬紧牙关报名参加了法国田径冠军赛。米穆仅仅进行了一个半月的训练。他先是参加了1万米冠军赛，可只得了第三名。第二天，他决定再参加5000米比赛。幸运的是，他得了第二名。就这样，米穆被选中并被带进了伦敦奥林匹克运动会。

对米穆来说，这简直是不可思议的事情！他在当时甚至还不知道什么是奥林匹克运动会，也从来想象不到奥运会是如此宏伟壮观。全世界好像都凝缩在那里了。不过，在这个时刻，最重要的是，他知道自己是代表法国。他为此感到高兴。

但是，有些事情让米穆感到不快。那就是，他并没有被人认为是一名法国选手,没有一个人看得起他。比赛前几小时,米穆想请人替自己按摩一下。于是他便很不好意思地去敲了敲法国队按摩医生的房门。

得到允许以后,他就进去了,按摩医生转身对他说:"有什么事吗,我的小伙计?"

米穆说:"先生,我要跑一万米,您是否可以助我一臂之力?"

医生一边继续为一个躺在床上的运动员按摩,一边对他说:"请原谅,我的小伙计,我是派来为冠军们服务的。"

米穆知道,医生拒绝替自己按摩,无非就是因为自己不过是咖啡馆里一名小跑堂罢了。

那天下午,米穆参加了对他来讲具有历史意义的1万米决赛。他当时仅仅希望能取得一个好名次,因为伦敦那天的天气异常干热,很像暴风雨的前夕。比赛开始了。米穆并不模仿任何人。同伴们一个接一个地落在他的后面。他成了第四名,随后是第三名。很快,他发现,只有捷克著名的长跑运动员扎托倍克一个人跑在他前面进行冲刺。米穆终于得了第二名。

米穆就是这样为法国和为自己争夺到了第一枚世界银牌的。然而,最使米穆感到难受的,还是当时法国的体育报刊和新闻记者。他们在第二天早上便边打听边嚷嚷:"那个跑了第二名的家伙是谁呀?啊,准是一个北非人。天气热,他就是因为天热而得到第二名的!"瞧瞧,多令人心酸!

令米穆感到欣慰的是,在伦敦奥运会4年以后,他又被选中代表法国去赫尔辛基参加第十五届奥运会了。在那里,他打破了1万米法国纪录,并在被称之为"二十世纪5000米决赛"的比赛中,再一次为法国赢得了一枚银牌。

随后,在墨尔本奥运会上,米穆参加了马拉松长跑比赛。他以1分40秒跑完了最后400米。终于成了奥运会冠军!他不用再去咖啡馆当跑堂。可是,米穆却说:"我喜欢咖啡,喜欢那种香醇,也喜欢那种苦涩……"

咖啡总是苦涩与香醇并存,人生也是痛并快乐着,在米穆从咖啡馆跑堂跑到奥运会冠军的这条路上,布满了障碍,几乎没有一种境遇是有利的,但是这并没有阻碍他的发展,逆境给了他锻炼意志、增加能力的机会,他最终喜欢上了咖啡的苦涩,从这苦涩中他获得了晋身之阶。

人生没有一帆风顺的,人总要经历这样或那样的挫折。泰戈尔曾说:"让我不要祈求免遭危难,只要我能大胆地面对它们。"因为有了苦味,咖啡才香醇;因为有了不幸的阻力,我们才更能飞奔向前。 困苦永远是坚强之母,它所蕴藏的力量能让你永远跑在最前面,只要你不被它击倒。 只要不失去信心,梦想就不会破灭,就能重燃希望。